高职高专机电类
工学结合模式教材

电工基础与技能

许　璐　丁艳玲　张海红　主　编
林　敏　林生红　副主编

清華大學出版社
北　京

内 容 简 介

本书结合高等职业院校现有学生的学情和培养目标而编写，意在帮助学生打好专业基础，并进行相关技能培养。本书在编写过程中采用任务驱动的教学模式，把理论知识学习和动手能力培养密切地融合为一体。全书将整个知识与技能体系分为安全用电、常用直流电路测量与制作、单相交流电路的制作与测试、三相交流电的测量及电工操作技能5个模块，每个模块设置若干典型的工作任务，通过任务的实施，锻炼学生将理论知识应用于实践的能力，以及分析和解决问题的能力。

本书适合作为高等职业院校机电一体化技术、电气自动化技术、供用电技术等相关专业的“电工基础”或“电工技能”课程的教材，也可作为相关从业人员的自学用书。

图书在版编目(CIP)数据

电工基础与技能/许璐，丁艳玲，张海红主编. —北京：清华大学出版社，2022.9
高职高专机电类工学结合模式教材
ISBN 978-7-302-61220-9

Ⅰ. ①电… Ⅱ. ①许… ②丁… ③张… Ⅲ. ①电工—高等职业教育—教材 Ⅳ. ①TM1

中国版本图书馆CIP数据核字(2022)第110235号

责任编辑：颜廷芳
封面设计：傅瑞学
责任校对：袁 芳
责任印制：沈 露

出版发行：清华大学出版社
网 址：http://www.tup.com.cn，http://www.wqbook.com
地 址：北京清华大学学研大厦A座 **邮 编**：100084
社 总 机：010-83470000 **邮 购**：010-62786544
投稿与读者服务：010-62776969，c-service@tup.tsinghua.edu.cn
质量反馈：010-62772015，zhiliang@tup.tsinghua.edu.cn
课件下载：http://www.tup.com.cn，010-83470410
印 刷 者：北京富博印刷有限公司
装 订 者：北京市密云县京文制本装订厂
经 销：全国新华书店
开 本：185mm×260mm **印 张**：17 **字 数**：385千字
版 次：2022年9月第1版 **印 次**：2022年9月第1次印刷
定 价：49.00元

产品编号：094479-01

FOREWORD

前言

本书为满足高等职业院校对培养高技能型人才的需求而编写，在不打破原有理论体系的原则下，采用模块—任务的方式来编写。在每个任务中都安排了实操内容，例如，在安全用电模块设置了安全事故案例分析和安全急救；在常用直流电路测量与制作模块设置了电阻识别与测量、简单照明电路的安装、简单照明电路的测量、电阻元件特性测试、电阻箱改进等实操内容。通过各个任务的实现，学生能同时提高自己的理论知识和实践技能水平。在每个任务后都安排了思考与练习，用习题巩固的方式来帮助学生抓住学习重点，夯实知识基础。在附录中，我们安排了科学记数法和工程记数法、科学计算器的使用、数字万用表的使用、常用线缆类型、电学量和单位等内容。教师在教学过程中可以根据学生的知识基础决定该部分的讲解深度。

目前高等职业院校招收的学生分为文科和理科，包含了高考统招、中职3+3、提前招生等途径。每个批次的学生知识结构及知识基础都不同。教材内容的选择充分考虑了目前高等职业院校生源文理兼收以及各批次生源基础参差不齐的因素。基础薄弱的同学可以比较容易地通过本书自学，减小与其他同学的差距。本书的参考教学课时数为64学时。

本书由南京机电职业技术学院电工基础精品共享课程团队成员编写。其中，模块1由林生红编写，模块2由许璐编写，模块3由丁艳玲编写，模块4由张海红编写，模块5由林敏编写。全书由许璐统稿。

本书在编写过程中查阅、参考了众多教材、文献和专著，得到了许多教益和启发，在此向参考文献的作者致以诚挚的谢意。

由于编者水平有限，本书难免存在不足之处，敬请广大读者提出宝贵意见。

编　者

2022年5月

CONTENTS

目录

模块 1

安 全 用 电

安全用电包括供电系统安全、用电设备安全以及人身安全等方面，它们之间是紧密联系的。供电系统的故障如果不及时处理，发展成用电事故，就会导致用电设备的损坏，造成局部或大范围停电，甚至人身伤亡，引发社会灾难。因此，在用电过程中确保电气安全显得尤为重要。

任务 1.1 安全用电常识

学习目标

知识目标：了解电力系统的基本概念，包括组成、电压和供电质量要求；理解接地的定义和分类；掌握供配电系统，尤其是 380/220 V 系统的分类；熟悉安全操作规程以及人身安全注意事项。

技能目标：检查和测试保护线的接头；检查电气设备的工作接地、保护接地装置。

素质目标：树立安全用电意识。

任务要求

观察生活、生产中的供配电系统类型，以及安全用电的各种操作规程和安全管理制度，并进行简单的举例叙述。

1.1.1 电力系统

电能可以方便地输送、分配、控制、调节和测量，同时易于转换为其他形式的能量，如机械能、光能、热能等。因此，电能在现代化工农业生产及整个国民经济生活中得到了广泛的应用。

电力系统为人们的生活和生产提供电能，它是由发电厂、变压器、电力线路及各种用电设备共同组成的一个集发电、输电、变电、配电和用电为一体的整体。发电机能将一次能源（如煤、油、水、原子能等）转换成电能，变压器和电力线路可以变换电能、输送电能和分配电能，电动机、电灯、电炉等用电设备能够使用电能。

与电力系统相关联的还有“电力网络”和“动力系统”。电力网络(或电网)是指电力系统中除了发电机和用电设备之外的部分,即电力线路中各级电压的电力系统及与其关联的变配电所。大家熟知的国家电网有限公司就是一家以建设运营电网为核心业务的电力供电公司。动力系统是指在电力系统中加上发电厂的“动力部分”。所谓动力部分,包括水力发电厂的水库、水轮机,热力发电厂的锅炉、汽轮机、热力网和用电设备,以及核电厂的反应堆等。因此,电力网络是电力系统的一个组成部分,而电力系统又是动力系统的一个组成部分,这三者的关系如图 1.1 所示。

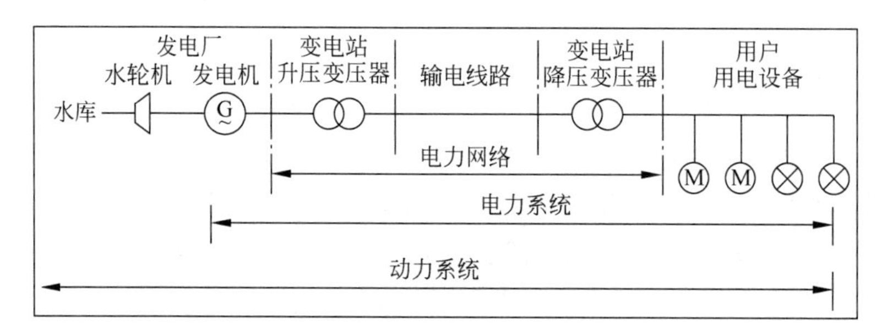

图 1.1 电力网络、电力系统、动力系统的关系

1. 电力系统的组成

1) 发电厂

发电厂是将自然界蕴藏的各种一次能源转换成电能(二次能源)的工厂。

发电厂有很多类型,按其利用的能源不同,可分为火力发电厂、水力发电厂、核能发电厂以及风力发电厂、地热发电厂、太阳能发电厂、潮汐发电厂等。目前在我国接入电力系统的发电厂中,最主要的有火力发电厂和水力发电厂,以及核能发电厂(又称核电站)。部分可再生能源利用技术也逐渐取得了发展,并在世界各地形成了一定的规模。生物质能、太阳能、风能以及地热能等的利用技术已经得到了一定的应用。

2) 变电所和配电所

变电所的任务是接收电能、变换电压和分配电能,即受电—变电—配电。

变电所分为升压变电所和降压变电所。升压变电所一般建在发电厂,降压变电所一般建在靠近负荷中心的地点。

配电所的任务是接收电能和分配电能,但不改变电压,即受电—配电。

3) 电力线路

电力线路的作用是输送电能,并把发电厂、变配电所和电能用户连接起来。通常将电压在 35 kV 及以上的高压电力线路称为输电线路,将电压在 35 kV 及以下的电力线路称为配电线路。

4) 电能用户

电能用户又称为电力负荷。在电力系统中,一切消费电能的用电设备均称为电能用户。

2. 电力系统的电压

我国三相交流电网和用电设备、发电机和电力变压器的额定电压见表 1.1。

表 1.1 三相交流电网和电力设备的额定电压

分　类	电网和用电设备电压/kV	发电机额定电压/kV	电力变压器额定电压/kV	
			一次绕组	二次绕组
低压	0.38 0.66	0.40 0.69	0.38 0.66	0.40 0.69
高压	3 6 10 — 35 66 110 220 330 500 750	3.15 6.3 10.5 13.8,15.75,18,20,22,24,26	3,3.15 6,6.3 10,10.5 13.8,15.75,18,20,22,24,26 35 66 110 220 330 500 750	3.15,3.3 6.3,6.6 10.5,11 — 38.5 72.5 121 242 363 550 820

3. 供电电能的质量

电力系统中的所有电气设备都必须在一定的电压和频率下工作。电气设备的额定电压和额定频率是电气设备正常工作并获得最佳经济效益的条件。因此,电压、频率和供电的连续可靠性是衡量电能质量的基本参数。其中,我国采用的工业频率(简称工频)为 50 Hz。

1.1.2 接地

1. 接地的分类

接地是指电力系统和电气设备的中性点、电气设备的外露导电部分和装置外导电部分经导体与大地相连。埋入地下与大地直接接触的金属导体称为接地体或者接地极。专门为接地而人为装设的接地体称为人工接地体;兼做接地体的直接与大地接触的各种金属构件、建筑物的混凝土基础等称为自然接地体。连接接地体与电气设备接地部分的导线称为接地线。接地线和接地体共同组成接地装置。

由若干接地体在大地中通过接地线连接而成的总体称为接地网。接地网中的接地线又可分为接地干线和接地支线,如图 1.2 所示。

接地的作用主要是防止人身遭受电击、设备和线路遭受损坏,预防火灾和防止雷击,防止静电损害和保障电力系统正常运行。接地可以分为工作接地、保护接地、防雷接地、屏蔽接地、防静电接地等。

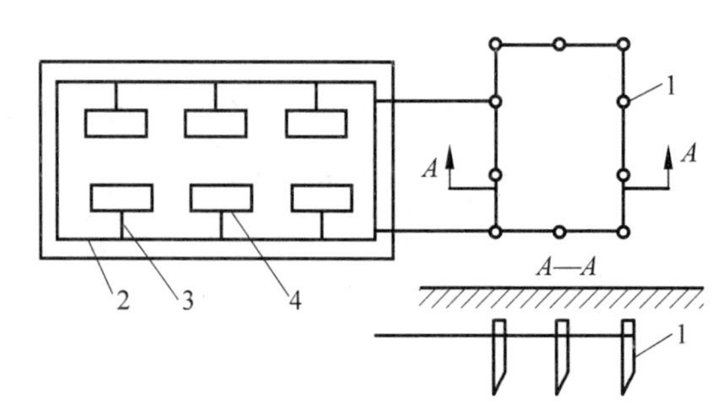

图 1.2 接地网示意

1—接地体；2—接地干线；3—接地支线；4—设备

1）工作接地

电力系统的工作接地也称为系统接地，即电力系统的中性点接地。它是为了保证电力系统和电气设备达到正常工作要求而进行的一种接地，如电源中性点的接地、防雷装置的接地等。

2）保护接地

保护接地即负载侧的接地，它是为了保障人身安全，将在正常情况下电气设备不带电的金属部分与接地极之间做良好的金属连接来保护人身安全。

由于绝缘的损坏，在正常情况下不带电的电力设备的外壳有可能带电。对于有接地装置的电气设备来说，当绝缘损坏、外壳带电时，接地电流将同时沿着接地极和人体两条通路流过。流过每条通路的电流值将与其电阻的大小成反比，接地极电阻越小，流经人体的电流也就越小。当接地极电阻极小时，流经人体的电流趋近于零，人体因此可避免触电的危险。

2. 接地电阻的测量

接地装置在投入使用前及使用中都需要测量接地电阻的实际值，从而判断接地电阻是否符合要求。目前，常用的测量方法有电流—电压表法（图 1.3）和接地电阻测试仪测量法（图 1.4）。

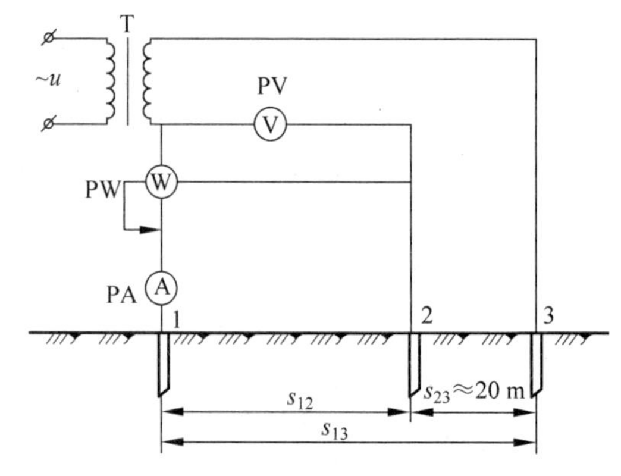

图 1.3 电流—电压表法测量接地电阻的电路

1—被测接地体；2—电阻极；3—电流极；

T—试验变压器；PV—电压表；PA—电流表；PW—功率表

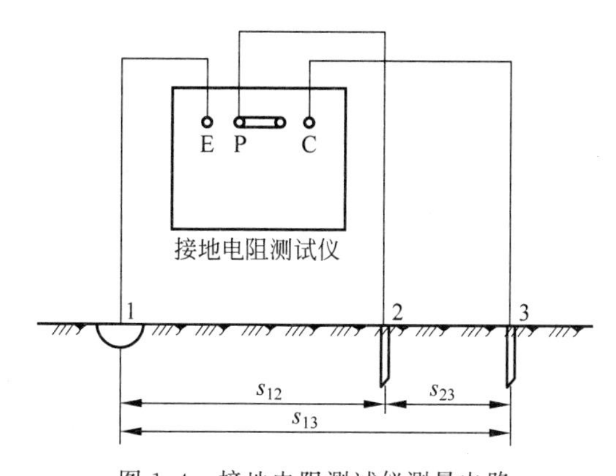

图 1.4 接地电阻测试仪测量电路

1—被测接地体；2—电压极；3—电流极

3. 三条重要的线

中性线(N 线)即电力系统中性点与负载中性点的连线。它具有三大功能，一是用来接额定电压为系统相电压的单相用电设备；二是用来传导三相系统中的不平衡电流和单相电流；三是减小负荷中性点的电位偏移。

保护线(PE 线)是用来保障人身安全、防止发生触电事故用的接地线。系统中所有设备的外露可导电部分(正常情况下不带电,但故障情况下可能带电的易被触及的导电部分。例如,设备的金属外壳、金属构架等)通过保护线接地,可在设备发生接地故障时减少触电危险。

保护中性线(PEN 线)兼有中性线(N 线)和保护线(PE 线)的功能。

1.1.3 供配电系统

供配电系统由变配电所和配电线路组成。电压在 1 kV 以上,主要用于高压发电、输电及用电设备的供配电系统,称为高压供配电系统；电压在 1 kV 以下的称为低压供配电系统,我们在生产和生活中接触比较多的是 380/220 V 低压供配电系统。因此,本书重点给大家介绍电压等级为 380/220 V 的低压供配电系统。

根据供电系统的中性点及电气设备的接地方式不同,低压供配电系统有三种不同的类型：TN 系统、TT 系统以及 IT 系统。

1. TN 系统

TN 系统为电源中性点直接接地,所有设备的外露可导电部分均接公共保护线或保护中性线。我国 380/220 V 低压供配电系统广泛采用电源中性点直接接地的运行方式,根据电气设备的不同接地方式,TN 系统又分为 TN-C 系统、TN-S 系统、TN-C-S 系统三种形式。

1) TN-C 系统

TN-C 系统的 N 线和 PE 线合用一根保护中性线(PEN 线),所有设备外露可导电部分(如金属外壳等)均与 PEN 线相连,如图 1.5(a)所示。PEN 线兼有中性线(N 线)和保护线(PE 线)的功能,当三相负荷不平衡或接有单相用电设备时,PEN 线上均有电流通过。

这种系统一般能够满足供电可靠性的要求,而且投资较省,节约有色金属,在我国低压配电系统中应用最为普遍。但是当 PEN 线断线时,会导致设备外露可导电部分带电,人体有触电危险。因此,在安全要求较高的场所和要求抗电磁干扰的场所均不允许采用本系统。

2) TN-S 系统

TN-S 系统的 N 线和 PE 线是分开的,所有设备的外露可导电部分均与公共 PE 线相连,如图 1.5(b)所示。这种系统的特点是公共 PE 线在正常情况下没有电流通过,因此不

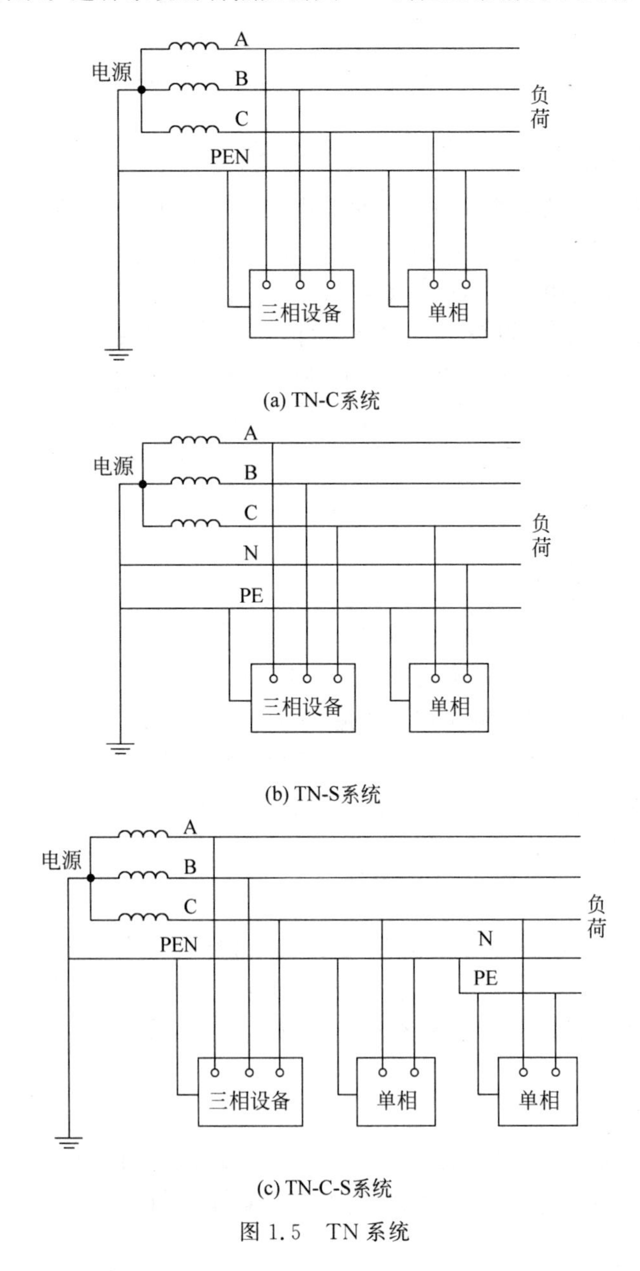

图 1.5 TN 系统

会对接在 PE 线上的其他用电设备产生电磁干扰。此外,由于 N 线与 PE 线分开,因此 N 线断线也并不影响接在 PE 线上的用电设备的安全。该系统多用于环境条件较差、对安全可靠性要求较高及用电设备对抗电磁干扰要求较严的场所。

3) TN-C-S 系统

TN-C-S 系统前一部分为 TN-C 系统,后一部分为 TN-S 系统(或部分为 TN-S 系统),如图 1.5(c)所示。它兼有 TN-C 系统和 TN-S 系统的优点,常用于配电系统末端环境条件较差且要求无电磁干扰的数据处理或具有精密检测装置等设备的场所。

2. TT 系统

TT 系统为电源中性点直接接地的三相四线制系统,电气设备的不带电金属部分经各自的接地装置直接接地,如图 1.6 所示。

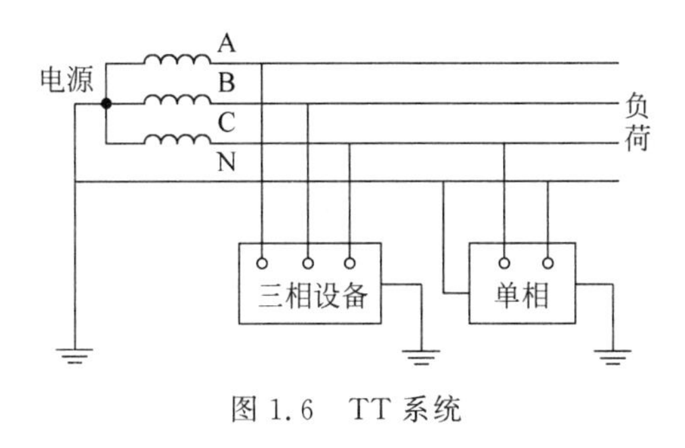

图 1.6 TT 系统

3. IT 系统

IT 系统为电源中性点不接地或者经阻抗接地的三相三线制系统,电气设备的不带电金属部分经各自的接地装置接地,如图 1.7 所示。

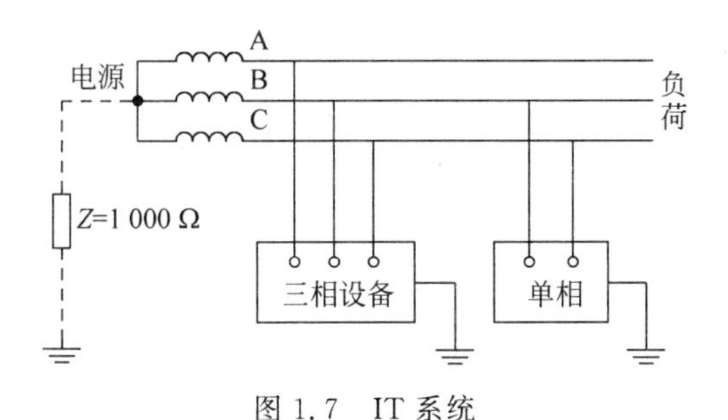

图 1.7 IT 系统

1.1.4 用电设备安全操作规程

(1) 工作前必须检查工具、测量仪表和防护用具是否完好。任何电气设备未经检测证明确实没有带电时,一律视为带电,不准用手触摸。

(2) 必须在设备停止运转后,切断电源、取下熔断器,挂出“禁止合闸,有人工作”的警示牌,并在验明设备不带电后,方可进行设备的搬移、拆卸检查和修理。工作临时中断后或每班开始工作前,都必须重新检测设备的电源是否已经断开,只有验明设备未带电后,方可继续工作。

(3) 在总配电盘及母线上进行工作时，在验明无电后，应挂上临时接地线。拆装接地线都必须由值班电工进行。由专门检修人员修理电气设备时，值班电工必须进行登记，完工后要求做好交接，共同检查后，方可送电。每次维修结束时，必须清点所带的工具、零配件，以防遗留在设备内部而造成事故。

(4) 禁止带负载操作动力配电箱中的刀开关。在低压配电设备上带电进行操作时，必须经过领导批准，并有专人监护。操作时，必须站在绝缘物上，头戴安全帽，身穿长袖衣服，手戴绝缘手套，并使用绝缘工具。邻相带电部分和接地金属部分用绝缘板隔开后方可操作，严禁使用有裸露金属部分的器具进行操作。

(5) 熔断器的容量要与电气设备、线路的容量相适应。带电装卸熔断器时，必须站在绝缘垫上，戴防护眼镜、绝缘手套方可操作，必要时还要使用绝缘夹钳。拆除电气线路或设备后，对可能继续供电的裸露线头必须用绝缘胶布包扎好。电气设备的外壳必须可靠地接地，接地线要符合国家标准。

(6) 对临时安装的电气设备，必须将金属外壳接地，严禁将电动工具的外壳接地线和工作零线拧在一起接入插座。必须使用两线接地的三孔插座，或者将外壳单独接在接地保护干线上，以防止接触不良而引起外壳带电，用橡胶软电缆线给移动设备供电时，专供保护接零的芯线中不允许有工作电流通过。

(7) 安装白炽灯的灯头开关时，开关务必控制相线，灯头(座)的螺纹端必须接在工作零线上。动力配电盘、配电箱(柜)、开关及变压器等各电气设备附近不准堆放各种易燃、易爆、潮湿或其他影响操作的物品。电气设备发生火灾时，要立即设法切断电源，并使用1211 灭火器或二氧化碳灭火器灭火，严禁使用水性泡沫灭火器灭火。

(8) 使用各类电动工具时，人要站在绝缘垫上，并戴绝缘手套操作。供电线路装漏电保护器或安全隔离变压器。

1.1.5 人身安全注意事项

(1) 不得随便乱动或私自修理车间内的电气设备。

(2) 经常接触和使用的配电箱、配电板、闸刀开关、按钮开关、插座、插销以及导线等，必须保持完好，不得有破损或将带电部分裸露。

(3) 不得用铜丝等代替保险丝，并保持闸刀开关、磁力开关等盖面完整，以防短路时发生电弧或保险丝熔断飞溅伤人。

(4) 经常检查电气设备的保护接地、接零装置，保证连接牢固。

(5) 在移动电风扇、照明灯、电焊机等电气设备时，必须先切断电源，并保护好导线，以免磨损或拉断。

(6) 在使用手电钻、电砂轮等手持电动工具时，必须安装漏电保护器，工具外壳要进行防护性接地或接零，并要防止移动工具时导线被拉断，操作时应戴好绝缘手套并站在绝缘板上。

(7) 在雷雨天，不要走进高压电杆、铁塔、避雷针的接地导线周围 20 m 内。当遇到高压线断落时，周围 10 m 之内禁止人员进入；若已经在 10 m 范围之内，应单足或并足跳出危险区。

（8）对设备进行维修时，一定要切断电源，并在明显处放置“禁止合闸，有人工作”的警示牌。

思考与练习

1. 电力系统由哪几个部分组成？与我们生活息息相关的配电系统的电压等级为多少？

2. 说明电力系统接地的基本概念和分类。

3. 如何测量接地电阻？

任务 1.2 电气安全与触电急救

学习目标

知识目标：了解触电种类、触电原因；了解电气火灾原理及处理；了解安全用电常识。

技能目标：学会分析触电常见的原因；能够对触电现场进行正确处理；学会快速实施人工急救。

素质目标：树立安全用电意识。

任务要求

（1）阅读案例，应用安全用电知识对下述案例进行分析。

案例一：

张某路过本村配电变压器，因站住提鞋，一只手去扶电杆时手接触配电变压器外壳的接地线和中性线接地线而造成触电死亡。事故发生后，村电工检查现场接地线带电原因时，发现接地体连接固定螺栓已丢失。

案例二：

王某家今年新买一台电风扇，因家中三孔插座已被其他家用电器占用，所以将电扇的三孔插座改装成两孔插座，电扇外壳没有接地。接上电源，电扇转动后，他的儿子看到电扇很高兴，就去摸电扇底座，小孩“哇”的一声倒在电风扇底座边。王某看到小孩栽倒在地，忙去拉小孩，刚一接触小孩身体，就喊一声“有电”，急忙把电扇插头拔下，并迅速将小孩送往医院。经过医生检查，小孩已经因误时较长，无法抢救而死亡。

案例三：

韩某与其他 3 名工人从事化工产品的包装作业。班长让韩某去取塑料编织袋，韩某回来时一脚踏上盘在地上的电缆线，触电摔倒，在场的其他工人急忙拽断电缆线，拉下闸刀。他们一边在韩某胸部按压，一边报告领导并拨打 120 急救电话。待急救车赶到现场开始抢救时，韩某已出现昏迷、呼吸困难、脸及嘴唇发紫、血压忽高忽低等症状。经现场抢救 20 min 后，送往医院继续抢救。韩某经住院特护 12 天、一般护理 3 天后，病情稳定出院。

思考：由于用电不当可能导致的其他不良后果，如何防护及处理？

(2) 对模拟复苏进行口对口人工呼吸法及胸外心脏按压法的模拟训练。

1.2.1 电流对人体的作用

1. 人体触电

电流通过人体时，人体内部组织将产生复杂的作用。人体触电可以分为两类。

(1) 雷击或高压触电：较大的电流数量级通过人体所产生的热效应、化学效应和机械效应，将使人体受到严重的电灼伤、组织炭化坏死以及其他难以恢复的永久性伤害。

(2) 低压触电：在几十至几百毫安的电流作用下，会使人体产生病理、生理性反应，轻者出现针刺痛感，或痉挛、血压升高、心律不齐以致昏迷等暂时性功能失常，重者可引起呼吸停止、心搏骤停、心室纤维性颤动等危及生命的伤害。

2. 安全电流及有关因素

安全电流是指人体触电后最大的摆脱电流。我国规定电流为 30 mA(50 Hz 交流电)，触电时间不超过 1 s。当通过人体的电流不超过 30 mA 时，对人体不会有损伤。如果通过人体的电流达 50 mA，则会对人体产生致命危险，当通过人体的电流达 100 mA 时，一般会致人死亡。安全电流与下列因素有关。

(1) 电流的大小。人体触电后能自主摆脱的电流是 10～16 mA，当电流超过 50 mA 且通电时间大于 1 s 时，对人体就有致命危险。

(2) 触电时间。通过人体的电流越大，通电时间越长，对人体的伤害程度越大。触电时间超过 0.2 s 和低于 0.2 s，电流对人体的危害程度是有很大区别的。

(3) 电流性质。不同频率的电流触电对人体的危害是不同的，以 50～100 Hz 的电流对人体的危害最为严重。

(4) 电流路径。不同路径的电流对人体的危害是不同的，电流从手到脚，特别是从右手到左脚的流经路径对人体来说是最危险的。

(5) 体重和健康状况。人的心理、情绪好坏、健康状况以及体重等因素也会使电流对人体的危害有所差异。

1.2.2 安全电压和人体电阻

1. 人体电阻的大小

人体电阻的大小会对触电后果产生一定的影响，人体皮肤角质外层的厚度、皮肤表面干湿污洁的程度、接触面积、接触压力等都是影响人体电阻的因素。通常情况下，人体的电阻为数百欧至数万欧，当角质外层遭到破坏时，则电阻会降到 1 000～2 000 Ω。

2. 安全电压

安全电压是指不会使人死亡或伤残的电压。一般正常环境条件下，允许持续接触的安全特低电压为 24 V。我国规定安全电压额定值的等级分别为 42 V、36 V、24 V、12 V、6 V。当电气设备采用 24 V 以上的安全电压等级时，必须有防止直接接触带电体的保护措施。在一般情况下，采用的安全电压为 36 V，如机床照明或手提式照明灯；在特别潮湿的环境中，或者在金属容器、隧道、矿井内使用的手提式及插卡式照明灯，应采用 12 V 及以下的安全电压。

1.2.3 人体触电形式

按照人体触电及带电体的方式和电流通过人体的途径不同，最常见的人体触电形式可分为以下几种情况。

1. 直接接触触电

直接接触触电是指人体直接接触或者过分靠近带电导体而发生的触电，当发生直接接触触电时，电流流过人体，会给触电者造成生命危险。常见的人体直接接触触电方式有单相触电和两相触电，而两相触电是最危险的。

1）单相触电

单相触电是指人体的某一部分与一相带电体及大地（或中性线）构成回路，当电流通过人体流过该回路时，即造成人体触电，如图 1.8 所示。

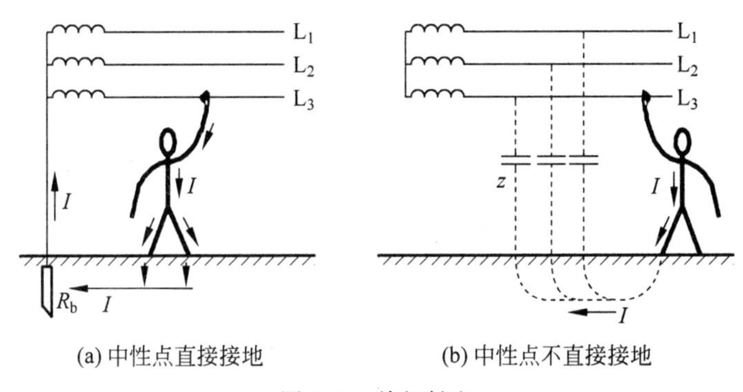

图 1.8 单相触电

2）两相触电

人体的两处同时触及两相带电体的触电事故，如图 1.9 所示。这时人体承受的是 380 V 的线电压，其危险性一般比单相触电大。人体接触两相带电体时，流经人体的电流比较大，轻者会引起触电烧伤或导致残疾，重者可以导致触电死亡事故，而且两相触电使人触电身亡的时间只有 1～2 s。因此，在人体的触电方式中，以两相触电最为危险。

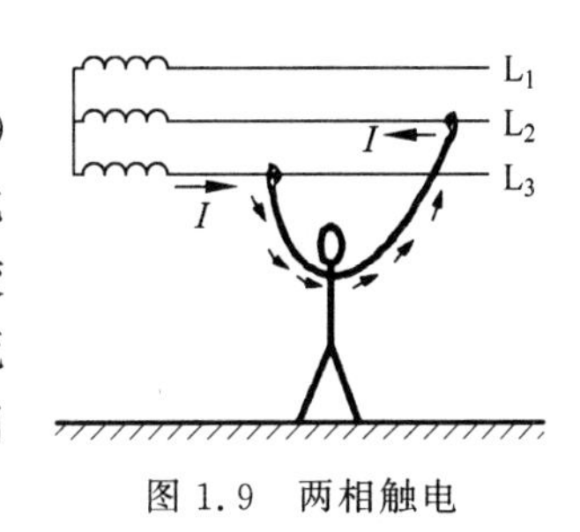

图 1.9 两相触电

2. 间接接触触电

间接接触触电是指由于电气设备内部的绝缘故障，而造成其外露可导电部分带有危险电压，当人员误触到设备的外露可导电部分时，便可能发生触电。

3. 跨步电压触电

当带电体接地且有电流流入地下时，电流在接地点周围土壤中会产生电压降。人体在接地点周围，两脚之间出现的电位差即为跨步电压。跨步电压触电时，电流从人的一只脚流入下身，通过另一只脚流入大地形成回路。触电者双脚就会抽筋，跌倒在地，这不仅会使作用在身体上的电流增加，而且会使电流经过人体的路径发生改变，导致电流流经人体重要器官，造成生命危险。

1.2.4 触电防护

触电防护分为直接触电防护和间接触电防护两类。

1. 直接触电防护

直接触电防护是指对直接接触正常带电部分的防护，如对带电导体加隔离栅栏或保护罩；设置安全距离、挂安全标志、穿戴绝缘防护用具等。

1）安全距离

为了保证电气工作人员在电气设备操作、维护检修时的人身安全，规定了工作人员与带电体的安全距离。对于电气设备，要充分考虑人与带电体的最小安全距离，规定电压为0.4 kV时，人与带电体的最小安全距离不小于0.4 m；电压为10 kV时，人与带电体的最小安全距离不小于0.7 m；电压为35 kV时，人与带电体的最小安全距离不小于1 m；等等。

2）绝缘安全用具

保证工作人员安全操作带电体，以及人体与带电体安全距离不够时所采用的绝缘防护工具。绝缘安全用具按使用功能不同，可分为绝缘操作用具和绝缘防护用具。

绝缘操作用具主要用来进行带电操作、测量和其他需要直接接触电气设备的特定工作。常用绝缘操作用具必须具备合格的绝缘性能和机械强度，而且只能在和其绝缘性能相适应的电气设备上使用。

图1.10 绝缘防护用具

绝缘防护用具主要用于对泄漏电流、接触电压、跨步电压和其他接近电气设备存在的危险等进行防护，对可能发生的有关电气伤害起到防护作用。常用的绝缘防护用具有绝缘手套、绝缘靴、绝缘隔板、绝缘垫、绝缘台等，如图1.10所示。值得注意的是，当绝缘防护用具的绝缘强度足以承受设备的运行电压时，才可以用来直接接触运行的电气设备，一般不直接触及带电设备。当使用绝缘防护用具时，必须做到使用合格的绝缘用具，并掌握正确的使用方法。

2. 间接触电防护

间接触电防护是指对故障时可带危险电压而正常时不带电的外露可导电部分（如金属外壳、框架等）的防护，如将正常不带电的外露可导电部分接地，并装设接地保护等。

1.2.5 触电事故急救处理

人体触电后，会导致严重的损害，触电时间越长，危险性越大。一旦发生触电事故，应迅速使触电者脱离电源，并立刻采取急救措施。急救现场力争做到动作迅速、方法正确。

1．迅速使触电者脱离电源

当发现有人触电，在保证自身和现场其他人员的生命安全的情况下，要用最快的方法使触电者脱离电源。电源开关或者插头在触电者附近时，要迅速切断有关电源的开关或者拔掉电源插头，使触电者迅速地脱离电源。电源开关不在附近时，可用绝缘钳或者干燥的木柄斧头切断电源，需要注意的是剪断电线要分相，一根一根地剪断，并尽可能站在绝缘物体或干燥的木板上。另外，应通知相关部门立即停电。

如果没有绝缘钳或者干燥的斧头，则要因地制宜地使用绝缘物品，使触电者迅速脱离电源。可以抓住触电者干燥不贴身的衣服使其脱离电源；也可以戴绝缘手套或用干燥衣服等包起绝缘后解脱触电者；或者救护人员也可站在绝缘垫上或干木板上，绝缘自己进行救护。

注意：急救人员禁止使用金属棒、潮湿物品进行救护，触电者未脱离电源前，救护人员禁止直接用手触及触电者。

2．触电急救

1）根据触电人体的身体状况采用正确的急救方法

触电者如神志清醒，应使其就地平躺，暂时不要站立或走动，严密观察；触电者如神志不清或呼吸困难，应使其就地仰面平躺，且确保气道通畅，迅速测其心跳情况，禁止摇动伤员头部呼叫触电者，要严密观察触电者的呼吸和心跳，并立即联系车辆送往医院抢救；触电者如意识丧失，应在10 s内，用看、听、试的方法判定触电者的呼吸和心跳情况。

如果触电者呼吸停止，但有心跳，应立即在现场采用口对口呼吸，即心肺复苏法进行急救；如果触电者有呼吸，但心跳停止或极其微弱，应采用人工胸外心脏按压法来恢复触电者的心跳；如果触电者呼吸、心跳均停止，应同时采用心肺复苏法和人工胸外心脏按压法。在运送触电者的途中，要继续在车上对触电者进行急救。

2）心肺复苏法

心搏骤停一旦发生，如得不到及时地抢救复苏，4～6 min后，会对触电者的大脑和其他人体重要器官组织造成不可逆的损害，因此心搏骤停后的心肺复苏必须在现场立即进行。

首先，需要清理口腔防堵塞。如发现伤员口内有异物，可将其身体及头部同时侧转，迅速用一个手指或用两个手指交叉从口角处插入，取出异物，操作中要注意防止将异物推到咽喉深部，如图1.11(a)所示。

清理口腔异物后，可采用仰头抬额法，通畅气道。将左手放在触电者前额，右手的手指将其下颌骨向上抬起，两手协同将头部推向后仰，使触电者鼻孔朝上，舌根随之抬起，气道即可通畅，如图1.11(b)所示。严禁用枕头或其他物品垫在触电者头下，头部抬高或头部平躺会加重气道阻塞，并会使胸外按压时流向脑部的血液减少。

在保持触电者气道通畅的同时，救护人员用放在触电者额上的手指捏住触电者的鼻翼。救护人员深吸气后，与触电者口对口贴紧，在不漏气的情况下，先连续大口吹气两次，每次吹气为1.0～1.5 s，放3.5～4.0 s。如图1.11中(c)和(d)所示。除了开始时大口吹气两次外，正常口对口(鼻)呼吸吹气量不需要过大，以免引起触电者的胃膨胀，吹气和放松时要注意触电者胸部应有起伏的呼吸动作，吹气时如有较大阻力，可能是头部后仰不够，应及时纠正。另外，如果触电者牙关紧闭，可进行口对鼻人工呼吸。口对鼻人工呼吸吹气时，要将伤员嘴唇紧闭，防止漏气。

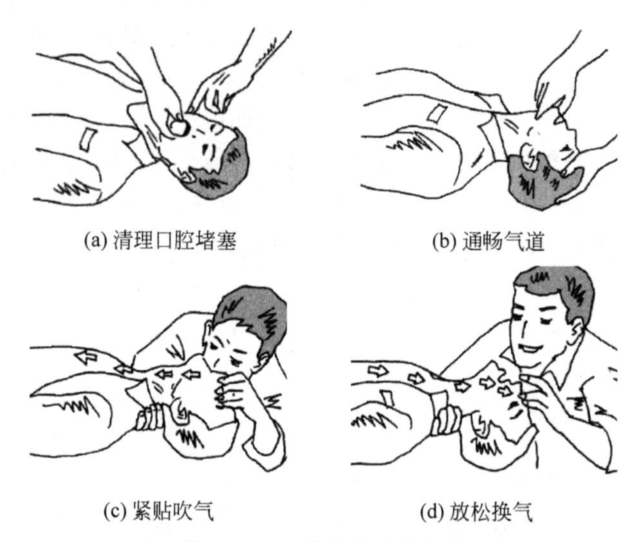

(a) 清理口腔堵塞　(b) 通畅气道

(c) 紧贴吹气　(d) 放松换气

图 1.11　心肺复苏法的步骤

3）胸外心脏按压法

在急救者进行两次吹气后，应速测触电者颈动脉，如无搏动，可判定为心跳已经停止，要立即进行胸外心脏按压。

首先，正确的按压位置是保证胸外心脏按压效果的重要前提。确定正确的按压部位是胸骨中、下 1/3 处。具体定位方法是：抢救者以右手食指和中指沿肋弓向中间滑移至两侧肋弓交点处，即胸骨下切迹；然后将食指和中指横放在胸骨下切迹的上方，食指上方的胸骨正中部即为按压区；将另一只手的掌根紧挨食指，放在触电者胸骨上；再将定位之手取下，将掌根重叠放于另一只手手背上，使手指翘起脱离胸壁，也可采用两手手指交叉抬手指，如图 1.12 所示。

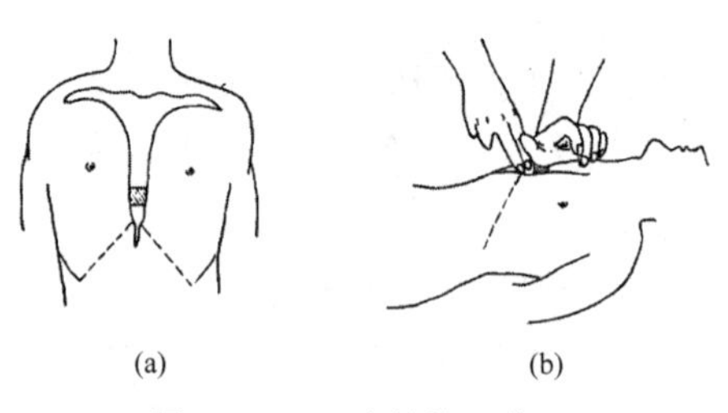

(a)　(b)

图 1.12　正确的按压位置

其次，需要将触电者仰面躺在平硬的地方，救护人员应跪在触电者右侧肩位旁，两臂伸直，肘关节固定不屈，两手掌根相叠，手指翘起，不接触伤员胸壁。以髋关节为支点，利用上身的重力垂直将伤员胸骨压陷 3～5 cm（儿童和瘦弱者酌减）。压至要求程度后，立即全部放松，但放松时救护人员的掌根不得离开胸壁，如图 1.13 所示，按压必须有效，有效的标志是在按压过程中可以触摸到触电者的颈动脉搏动。胸外按压要以均匀的速度进行，成年人每分钟 50 次，儿童每分钟 100 次，每次按压和放松的时间相等。必要情况下，胸外按压与口对口(鼻)要同时进行，单人抢救时每按压 15 次后吹气 2 次，反复进行。双人抢救时，每按压 5 次后由另一人吹气 1 次，反复进行。

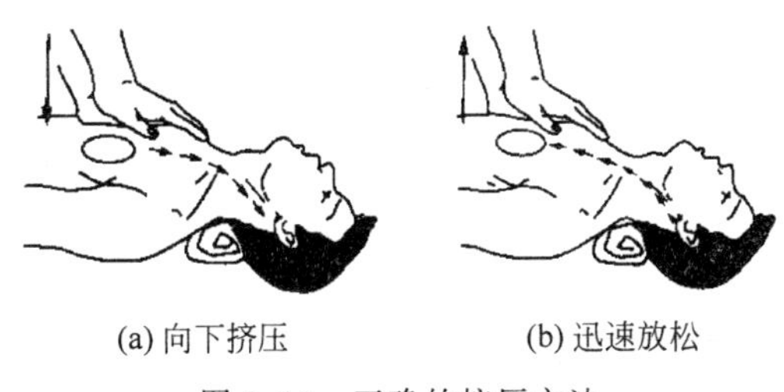

(a) 向下挤压　　(b) 迅速放松

图 1.13　正确的按压方法

4) 急救时应注意的问题

首先，触电者脱离电源后，需要视触电者状态确定正确的急救方法。不要使触电者躺在潮湿冰凉的地面，要保持其身体的余温，防止血液的凝固。

触电急救必须争分夺秒，在现场立即用心肺复苏法进行抢救，抢救过程不准中断，只有医务人员接替救治后方可中止，在抢救时不要为了方便移动伤员，如确有必要移动时，抢救中断时间不应超过 30 s。移动或送医院途中必须保证触电者平躺在床上，保证呼吸道的通畅，不准将触电者半靠或坐在轿车里送往医院。如呼吸或心脏停止跳动，应在运往医院途中的车上进行心肺复苏法，抢救不得中断。心肺复苏法的实施要迅速准确，要保证将气吹到触电者的肺中，并压在触电者心脏的准确位置。

在救护触电者过程中，切除电源时，有时会同时使照明停电，在此情况下应先进行心肺复苏法，其他人员应立即解决事故照明，可采用应急灯等临时照明。新的照明要符合使用场所防火、防爆的要求。

1.2.6　安全用电的防护措施

1. 安全操作规程

在用电过程中，必须特别注意电气安全，操作人员应按安全规程进行操作，防止触电事故的发生。

(1) 在进行电工安装与维修操作时，必须严格遵守各种安全操作规程，不得玩忽职守。

(2) 在进行电工操作时，要严格遵守停、送电操作规定，切实做好突然送电的各项安全措施，不准进行约时送电。

(3) 在邻近带电部分进行电工操作时，一定要保持可靠的安全距离。

(4) 严禁采用一线一地、两线一地、三线一地(大地)安装用电设备和器具。

(5) 在一个插座或灯座上，不可引接功率过大的用电器具。

(6) 不可用潮湿的手去触及开关、插座和灯座等用电装置，更不可用湿抹布去擦电气装置和用电器具。

（7）操作工具的绝缘手柄、绝缘鞋和手套的绝缘性能必须良好，并做定期检查。登高工具必须牢固可靠，并做定期检查。

（8）在潮湿环境中使用移动电器时，一定要采用 36 V 的安全低压电源。在金属容器内（如锅炉、蒸发器或管道等）使用移动电器时，必须采用 12 V 的安全电源，并应有人在容器外监护。

（9）发现有人触电，应立即断开电源，并采取正确的抢救措施抢救触电者。

2. 技术防护

漏电保护是近年来推广采用的一种新的防止触电的保护装置。在电气设备中发生漏电或接地故障而人体尚未触及时，漏电保护装置已切断电源，或者在人体已经触及带电体时，漏电保护器能在非常短的时间内切断电源，减轻对人体或者设备的危害。

思考与练习

1. 什么是安全电流？什么是安全电压？
2. 人体的电阻是多大？
3. 常见的触电形式有哪些？
4. 触电急救的方法有哪些？

2 模块

常用直流电路测量与制作

电广泛应用于我们的日常生活和工农业生产中。电路一般可分为两大类：直流电路和交流电路。直流电路包括手电筒、照相机、手机等，交流电路包括家庭中的电灯、洗衣机、冰箱、电视、空调等。

本模块通过电阻的识别与测量、简单照明电路的安装、简单照明电路的测量、电阻元件特性测试等12个基本任务，讨论直流电路的基本知识。

任务2.1　电阻的识别与测量

作为电路中最常用的器件，电阻器通常简称为电阻，电阻几乎是任何电路中不可缺少的一种器件。电阻在电路中的作用是负载、分压分流、保护等。通过该任务的学习，能够掌握电阻器的基本知识。

学习目标

知识目标：了解电阻器的种类、基本特性参数、表示方法及选用常识；掌握电阻器的使用方法和使用时的注意事项；掌握色标法识读电阻器的标称阻值和允许偏差。

技能目标：能够区分不同电阻的种类；学会正确使用万用表测量电阻值；培养学生应用色标法、直标法识读电阻器阻值的能力。

素质目标：规范操作；团队合作。

任务要求

(1) 识别电子元器件识别板上电阻的类型，读出其标称值并填入表2.1。

(2) 用万用表测量各电阻的实际阻值。

(3) 判定电阻是否出现断路、短路、老化(实际阻值与标称阻值相差较大的情况)及调节障碍(针对电位器或微调电阻)等故障现象，是否能够正常工作。

表 2.1　电阻的标识与测量

电阻	标注	标称值	允许偏差	测量值	可能出现的问题
R_1					
R_2					
R_3					
R_4					
R_5					
R_6					

2.1.1　电阻定义与分类

1. 电阻的定义及电阻定律

电阻的英文名称为 resistance，它是材料限制电流移动的特性，用符号 R 表示。

导线的电阻 R 与导线的长度 l 成正比，与导线的横截面积 S 成反比，并与导线材料的电阻率 ρ 有关，即

$$R=\rho\frac{l}{S} \tag{2.1}$$

电阻的单位是欧姆，简称欧，符号是 Ω。比较大的单位有千欧(kΩ)、兆欧(MΩ)(兆=百万，即 100 万)。它们的换算关系为

$$1\ \text{M}\Omega=1\ 000\ \text{k}\Omega;\ 1\ \text{k}\Omega=1\ 000\ \Omega$$

式(2.1)中的 ρ 叫作电阻率，它是反映材料导电性能好坏的物理量，数值上等于用该材料制成长度为 1 m、横截面积为 1 m^2 的导体在 20℃时所具有的电阻值。在国际单位制中单位为 Ω·m。几种导体材料在不同温度下的电阻率见表 2.2。

表 2.2　常见材料的电阻率表

材　料	ρ(0℃)/(Ω·m)	ρ(20℃)/(Ω·m)	ρ(100℃)/(Ω·m)
银	1.48×10^{-8}	1.6×10^{-8}	2.07×10^{-8}
铜	1.43×10^{-8}	1.7×10^{-8}	2.07×10^{-8}
铝	2.67×10^{-8}	2.9×10^{-8}	3.80×10^{-8}
钨	4.85×10^{-8}	5.3×10^{-8}	7.10×10^{-8}
铁	0.89×10^{-7}	1.0×10^{-7}	1.44×10^{-7}
锰铜合金	4.4×10^{-7}	4.4×10^{-7}	4.4×10^{-7}
镍铜合金	5.0×10^{-7}	5.0×10^{-7}	5.0×10^{-7}

【例 2.1】　一根铜导线的直径 $d=4$ mm，①求此铜导线 1 km 长的电阻值；②求此铜导线 50 km 长的电阻值；③若将 50 km 长的导线对折使用，其阻值为多少？

解：(1) 直径 $d=4\ \text{mm}=4\times10^{-3}$ m，铜导线的截面积为

$$S=\frac{\pi d^2}{4}=\frac{3.14\times(4\times10^{-3})^2}{4}=12.56\times10^{-6}(\text{m}^2)$$

1 km=1 000 m，每千米铜导线的电阻为

$$R=\rho\frac{l}{S}=1.7\times10^{-8}\times\frac{1\ 000}{12.56\times10^{-6}}\approx1.35(\Omega)$$

（2）根据式(2.1)可知，导线电阻大小与导线长度成正比。所以，50 km 长的电阻值为

$$50\times1.35=67.5(\Omega)$$

（3）若将 50 km 长的导线对折使用，则导线的长度变为原来的一半，即 25 km。截面积为原来的 2 倍，即

$$2\times12.56\times10^{-6}=25.12\times10^{-6}(\mathrm{m}^2)$$

根据式(2.1)可知电阻值与长度成正比，与截面积成反比。所以电阻值为原来的$\frac{1}{4}$，即

$$\frac{67.5}{4}=16.9(\Omega)$$

电阻也可以用电导表示，符号为 G，单位为西门子(S)，即

$$G=\frac{1}{R}\tag{2.2}$$

【例 2.2】 已知电阻值为 2 Ω，求其电导。

解：$G=\frac{1}{R}=\frac{1}{2}=0.5(\mathrm{S})$

2. 电阻的分类

电阻按电阻值是否可调，可分为固定电阻、可调电阻。阻值不能调节的电阻，称为定值电阻或固定电阻；而可以调节的，称为可调电阻。可调电阻按照电阻值的大小、调节范围、调节形式、制作工艺、制作材料、体积大小等可分为许多不同的型号和类型。常见的可调电阻主要是通过改变电阻接入电路的长度来改变阻值，对于对温度较敏感的电阻也可通过改变温度来达到改变阻值的目的，这叫热敏电阻；还有对光敏感的电阻，通过改变光照强度来达到改变阻值的目的，这叫光敏电阻；除此之外，还有压敏电阻、气敏电阻等。电阻根据构造不同可分为绕线电阻和非绕线电阻；按照制造材料不同，可分为碳膜电阻、金属膜电阻、金属氧化膜电阻等。

图 2.1 所示为常见的电阻器的外形。

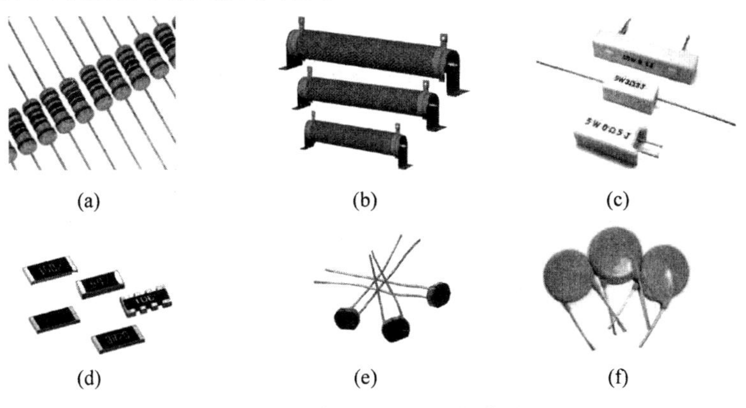

(a)　(b)　(c)

(d)　(e)　(f)

图 2.1　常见的电阻器的外形

2.1.2 电阻值的标注方法

1. 电阻元件的主要参数

电阻元件的基本参数包括标称阻值、允许误差、额定功率等。

(1) 标称阻值。标称在电阻器上的电阻值称为标称阻值。单位为 Ω、kΩ、MΩ。标称阻值是根据国家制定的标准系列标注的,不是生产者任意标定的。并非所有阻值的电阻器都存在。

(2) 允许误差。电阻器的实际阻值对于标称值的最大允许偏差除以标称阻值所得的百分数,称为电阻的允许误差,即

$$允许误差=\frac{(实际阻值-标称阻值)_{\max}}{标称阻值}\times 100\%$$

例如,电阻标称值为1 000 Ω,允许误差为5%。则电阻的实际阻值应该在950~1 050 Ω。常用电阻允许误差的等级见表2.3。

表2.3 常用电阻允许误差的等级

文字符号	误差/%	文字符号	误差/%
Y	±0.001	D	±0.5
X	±0.002	F	±1
E	±0.005	G	±2
L	±0.01	J	±5
P	±0.02	K	±10
W	±0.05	M	±20
B	±0.1	N	±30
C	±0.25		

(3) 额定功率。在规定的环境温度下,假设周围空气不流通,在长期连续工作而不损坏或基本不改变电阻器性能的情况下,电阻器上允许的消耗功率称为额定功率。常见的额定功率有1/16 W、1/8 W、1/4 W、1/2 W、1 W、2 W、5 W、10 W。

2. 电阻阻值的标志方法

电阻器标称阻值和误差的标注方法有直接标注法、文字符号法、数码标注法和色环标注法。

1) 直接标注法

在一些电阻器表面,可以直接用阿拉伯数字和文字符号标注出其主要参数。该方法一般用于体积较大的元器件上。

我国电阻器的型号命名方法主要由以下几部分组成,即主称、电阻体材料、分类、序号(不适用敏感电阻)。见表2.4,第一部分用字母表示主称;第二部分用字母表示电阻体材料;第三部分用数字或字母表示电阻器的类别;第四部分用数字表示生产序号(包括额定功率、阻值、允许误差、精度等级)。具体实例见表2.5。

表 2.4 电阻型号命名

第一部分		第二部分		第三部分		第四部分
符号	意 义	符号	意 义	符号	意 义	
R	电阻器	T	碳膜	1,2	普通	额定功率
		P	硼碳膜	3	超高频	阻值
		U	硅碳膜	4	高阻	允许误差
		C	沉积膜	5	高温	精度等级
		H	合成膜	7	精密	
		I	玻璃釉膜	8	电阻器——高压	
		J	金属膜(箔)	9	特殊	
		Y	氧化膜	G	高功率	
		S	有机实心	T	可调	
		N	无极实心	X	小型	
		X	绕线	L	测量用	
		R	热敏	W	微调	
		G	光敏	D	多圈	
		M	压敏			

表 2.5 直接标注法实例

类 型	RJ71-0.125-5.1KI	RXG6-H2-15 510 Ω ±5%	RT 100 Ω ±5%	RJ7 10 kΩ 1%
主称	电阻器	电阻器	电阻器	电阻器
材料	金属膜	绕线式	碳膜	金属膜
分类	精密	大功率		精密
序号	1	6		
	额定功率：1/8 W 标称电阻：5.1 kΩ 允许误差：I 级 ±5%	标称电阻：510 Ω 允许误差：±5%	标称电阻：100 Ω 允许误差：±5%	标称电阻：10 kΩ 允许误差：±1%

2）文字符号法

文字符号法用阿拉伯数字和文字符号两者有规律地组合，在电阻上标出主要参数的标注方法。电阻的大小用阿拉伯数字表示，单位用文字符号表示。

该方法用 R 或 Ω 表示 Ω；K 表示 kΩ；M 表示 MΩ。电阻值(阿拉伯数字)整数部分写在符号的前面，小数部分写在符号的后面。

【例 2.3】 说明以下电阻标注的含义。

(1) 3R9 (2) 4K7 (3) 3K3 (4) R22

解：(1) 3R9 表示电阻的标称阻值为 3.9 Ω

(2) 4K7 表示电阻的标称阻值为 4.7 kΩ

(3) 3K3 表示电阻的标称阻值为 3.3 kΩ

(4) R22 表示电阻的标称阻值为 0.22 Ω

3）数码标注法

用三位数码表示元器件的标称值，用相应字母表示允许偏差的方法，以欧姆为单位。主要用于体积较小的电阻（贴片电阻）的阻值。

其中，数码按从左到右的顺序，第一、二位为元件的有效值；第三位为数值的倍率（0的个数），第三位是9时为特例，表示10^{-1}，电阻的单位为Ω；第四位为字母时表示误差。

【例 2.4】 说明以下电阻标注的含义。

（1）102J （2）105 （3）272 （4）209

解：（1）102表示电阻的标称阻值为10×10^{2} Ω=1 kΩ；J表示允许误差，查表2.3可知电阻允许误差为±5%。

（2）105表示电阻的标称阻值为10×10^{5} Ω=1 MΩ。

（3）272表示电阻的标称阻值为27×10^{2} Ω=2.7 kΩ。

（4）209，第三位是9时为特例，表示10^{-1}，所以209表示电阻的标称阻值为20×10^{-1} Ω=2 Ω。

4）色环标注法

为了便于从任何一个角度都能看清电阻的阻值，可采用不同颜色的色环来表示电阻器的阻值及误差等级。普通电阻一般用4环表示，精密电阻用5环表示。这种表示方法一般在小型电阻器上用得比较多。其优点是在装配、调试和修理过程中不用拨动元件，即可在任意角度看清色环，读出阻值，使用方便。

4个色环的电阻中，三条表示电阻器的电阻值，一条表示误差，如图2.2所示。第一、二环分别代表阻值的前两位有效数；第三环代表乘数；第四环代表允许误差。5个色环（精密电阻）中，第一、二、三环分别代表阻值的前三位有效数；第四环代表乘数；第五环代表允许误差。表2.6列出了色环颜色所表示的有效数字和允许误差。色环电阻的单位一律为Ω。

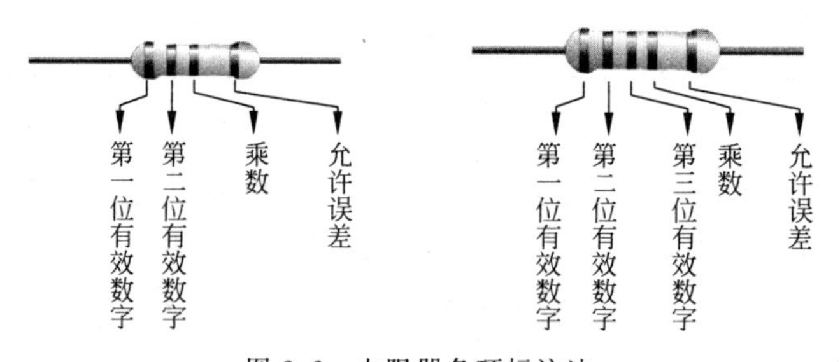

图 2.2 电阻器色环标注法

【例 2.5】 说明以下电阻标注的含义。

（1）黄橙红金；（2）红红黑金；（3）红红橙无色；（4）黄紫黑黄红

解：（1）黄橙红金。4个色环的电阻标注的读取方法为第一、二环分别代表阻值的前两位有效数；第三环代表乘数；第四环代表允许误差。

根据表2.6，黄橙分别表示有效数字43，第三位红表示10^{2}。

所以该电阻的阻值为43×10^{2} Ω=4 300 Ω=4.3 kΩ。

查表 2.6,第四位金色表示允许误差为±5%。

(2) 红红黑金。查表 2.6,该电阻的阻值为 $22\times10^0\ \Omega=22\ \Omega$;允许误差为±5%。

(3) 红红橙无色。查表 2.6,该电阻的阻值为 $22\times10^3\ \Omega=22\ \text{k}\Omega$;允许误差为±20%。

(4) 黄紫黑黄红。5 个色环的电阻标注的读取方法为第一、二、三环分别代表阻值的前三位有效数;第四环代表乘数;第五环代表允许误差。

根据表 2.6,前三位黄紫黑分别表示有效数字 470,第四位黄表示 10^4。

所以该电阻的阻值为 $470\times10^4\ \Omega=4.7\ \text{M}\Omega$。

第五位红表示误差为±2%。

表 2.6 色环颜色所表示的有效数字和允许误差

色别	银	金	黑	棕	红	橙	黄	绿	蓝	紫	灰	白	无色
有效数字			0	1	2	3	4	5	6	7	8	9	
乘数	10^{-2}	10^{-1}	10^0	10^1	10^2	10^3	10^4	10^5	10^6	10^7	10^8	10^9	
允许误差	±10%	±5%		±1%	±2%			±0.5%	±0.2%	±0.1%			±20%
误差代码	K	J		F	G			D	C	B			M

注意:

(1) 熟记第一、二环每种颜色所代表的数。可这样记忆:彩虹的颜色分布,红橙黄绿蓝靛(diàn)紫,去掉靛,后面添上灰、白,前面加上黑、棕,对应数字 0、1 开始。

(2) 第一色环的辨别方法:

① 金色和银色只能做倍率或误差,倍率和误差处于色环的尾部,所以金、银色环所处的位置为电阻色环的尾部。

② 棕色环既常用作误差环,又常用作有效数字环,且常在第一环和最末一环中同时出现,使人难以识别谁是第一环。在实践中,可以参照色环之间的间隔加以判断,对于一个五色环的电阻而言,第五环和第四环之间的间隔比第一环和第二环之间的间隔要宽一些。

③ 利用电阻的生产序列值加以判别。例如,一个电阻的色环读序是棕、黑、黑、黄、棕,其值为 $100\times10^4\ \Omega=1\ \text{M}\Omega$,误差为±1%,属于正常电阻系列值。若反读,其值为 140 Ω,误差为±1%,在电阻生产系列中是没有的,故后一种顺序是不对的。

2.1.3 电阻的检查

对电阻器的检测主要看其实际阻值与标称阻值是否相等。具体检测方法是:采用万用表的欧姆挡,欧姆挡的量程应视电阻器阻值的大小而定,一般情况下应使指针指在标度盘的中间段,以提高检测精度。

万用表又叫多用表,是一种用来测量交直流电压、直流电流、电阻等物理量的多功能便携式电工仪表。有些万用表还可以测量交流电流、电容、电感以及晶体管的 h_{FE} 值等。万用表有模拟式和数字式两种类型。模拟式万用表的种类很多,外形各异,但其基本使用方法相同。

1. 模拟式万用表测电阻

下面以 MF47 型万用表为例,来介绍模拟式万用表测量电阻的方法。

1）MF47 型万用表简介

MF47 型万用表外形如图 2.3 所示，背面有电池盒。万用表主要由以下几个部分构成。

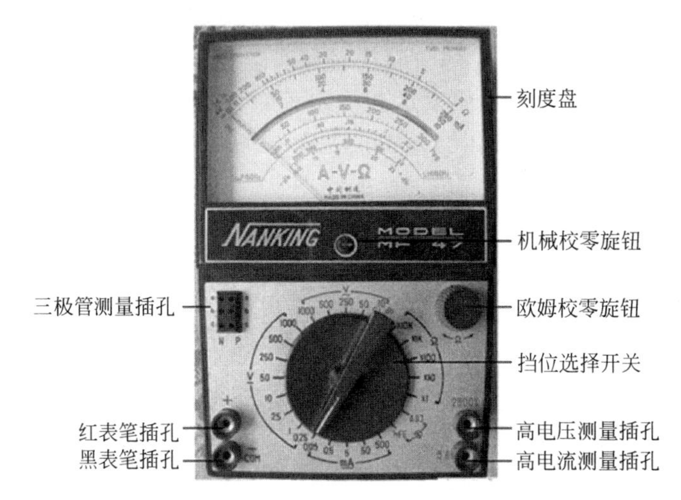

图 2.3　MF47 型万用表外形

（1）表头。表头是万用表的重要组成部分，它决定了万用表的灵敏度。表头由表针、磁路系统和偏转系统组成。为了提高测量的灵敏度和便于扩大电流的量程，表头一般都采用内阻较大、灵敏度较高的磁电式直流电流表。另外，表头上还设有机械调零旋钮，用以校正表针在左端的零位。万用表的表头是一个灵敏电流表，电流只能从正极流入，从负极流出。在测量直流电流时，电流只能从与“＋”插孔相连的红表笔流入，从与“－”插孔相连的黑表笔流出；在测量直流电压时，红表笔接高电位，黑表笔接低电位；否则，一方面测不出数值，另一方面很容易损坏表针。

（2）刻度盘。刻度盘由多种刻度线以及带有说明作用的各种符号组成。只有正确理解各种刻度线的读数方法和各种符号所代表的意义，才能熟练、准确地使用好万用表。MF47 型万用表的表盘如图 2.4 所示。

表盘上的符号 A—V—Ω 表示这只表是可以测量电流、电压和电阻的多用表。表盘上印有多条刻度线，其中右端标有“Ω”的是电阻刻度线，其右端表示零，左端表示∞，刻度值的分布是不均匀的。符号“—”或“DC”表示直流，“～”或“AC”表示交流，“≃”表示交流和直流共用的刻度线，h_{FE} 表示晶体管放大倍数刻度线，db 表示分贝电平刻度线。

（3）挡位选择开关。挡位选择开关用来选择被测电量的种类和量程（或倍率），是一个多挡位的旋转开关。MF47 型万用表的测量项目包括电流、直流电压、交流电压和电阻。每挡又划分为几个不同的量程（或倍率）以供选择。具体挡位如图 2.5 所示。

（4）机械调零旋钮和电阻挡调零旋钮。机械调零旋钮的作用是调整表针静止时的位置。万用表进行测量时，其表针应指在表盘刻度线左端“0”的位置上，如果不在这个位置，可调整该旋钮使其到位。电阻挡调零旋钮的作用是，当红、黑两表笔短接时，表针应指在电阻（欧姆）挡刻度线右端的“0”位置，如果不指在“0”位置，可调整该旋钮使其到位。需要注意的是，每转换一次电阻挡的量程，都要调整该旋钮，使表针指在“0”位置上，以减小测量的误差。

(5) 表笔插孔。表笔分为红、黑两支,使用时应将红色表笔插入标有“+”号的插孔中,黑色表笔插入标有“-”号的插孔中。另外,MF47 型万用表还提供 2 500 V 交直流电压扩大插孔以及 5 A 的直流电流扩大插孔。使用时分别将红表笔移至对应插孔中即可。

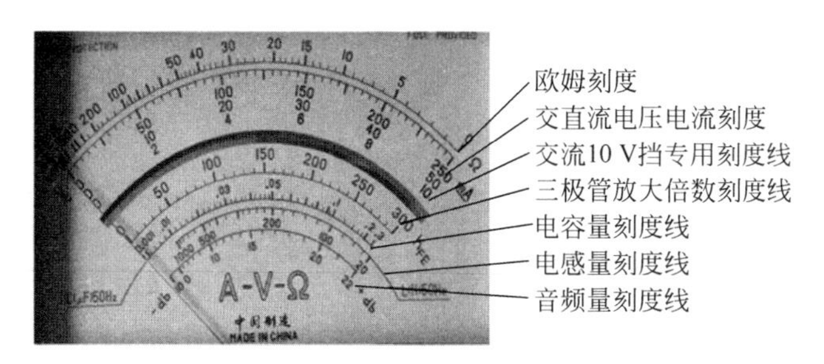

图 2.4 MF47 型万用表的表盘

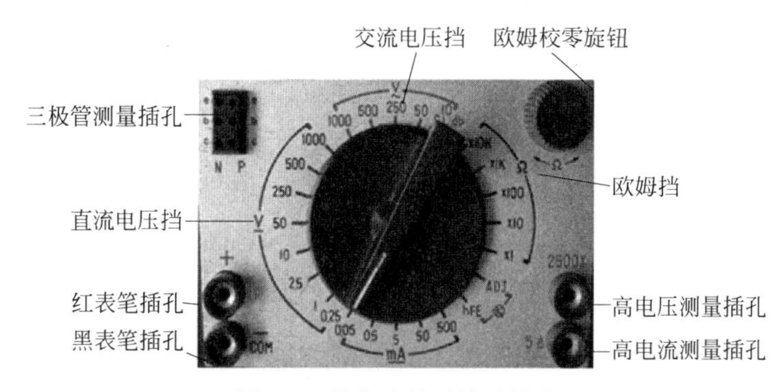

图 2.5 挡位选择开关及插孔

2) 万用表使用的注意事项

(1) 在使用万用表之前,应先进行“机械调零”,即在没有被测电量时,使万用表指针指在零电压或零电流的位置上,如图 2.6 所示。

(2) 在使用万用表的过程中,不能用手去接触表笔的金属部分,这样一方面可以保证测量的准确,另一方面也可以保证人身安全。

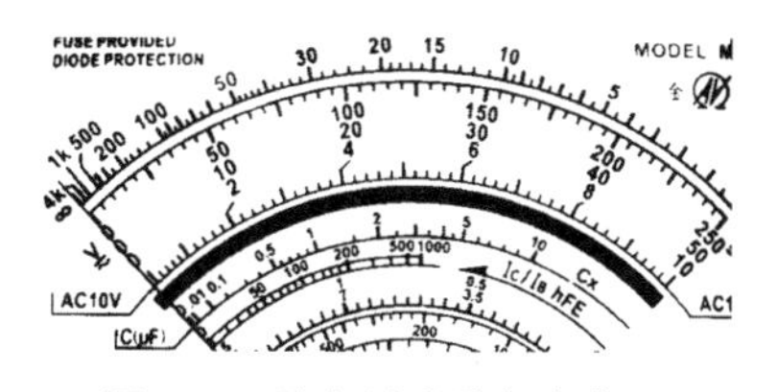

图 2.6 零电压或零电流位置

(3) 在测量某一电量时,不能在测量的同时换挡,尤其是在测量高电压或大电流时,更应注意。否则,会使万用表毁坏。如需换挡,应先断开表笔,换挡后再去测量。

(4) 万用表在使用时,必须水平放置,以免造成误差。同时,还要注意避免外界磁场对万用表的影响。

(5) 万用表使用完毕,应将转换开关置于交流电压的最大挡。如果长期不使用,还应将万用表内部的电池取出来,以免电池腐蚀表内其他器件。

3) 万用表欧姆挡的使用步骤

(1) 使用前要调零。在使用仪表前,若发现表头指针不在机械零位,为了减少测量误差，首先要进行“机械调零”。其方法如图 2.7 所示，先将万用表红、黑表笔分开，再用一字螺钉旋具旋动机械调零旋钮，使指针调整在电流或电压刻度的刻度线上(“机械调零”的零位)。

(2) 选择合适的倍率。用欧姆表测量电阻时，应选择适当的倍率，使指针指示在中值附近，如图 2.8 所示。最好不使用刻度左侧 1/3 的部分，这部分刻度密集，测量精度较差。

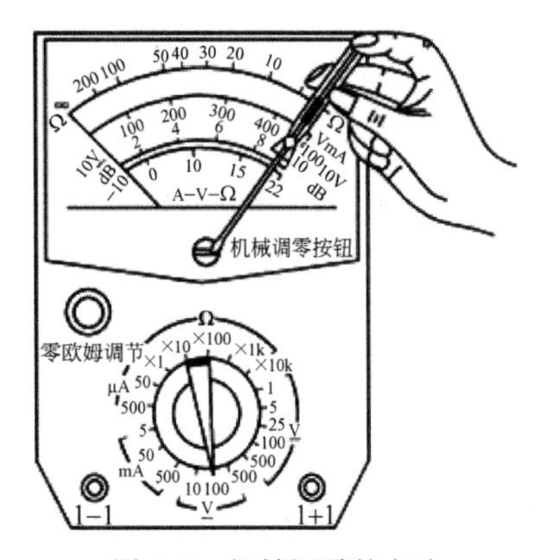

图 2.7 机械调零的方法

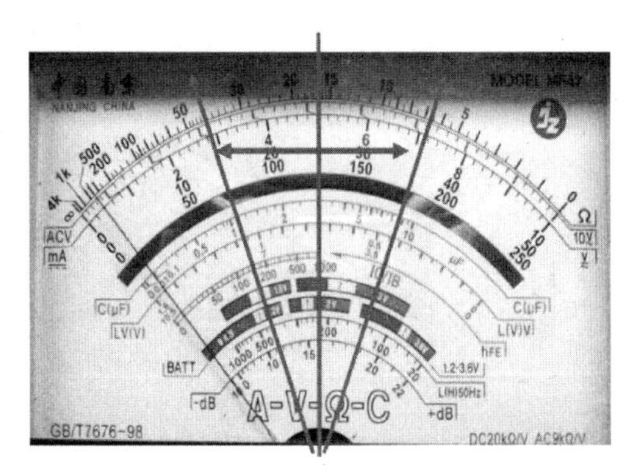

图 2.8 合适的指针位置

(3) 正确读数。记录测量数据时，最后一位数字为估读值，它反映了测量所使用仪表刻度的精确度，不能漏记。电阻的读数计算方法为阻值=刻度值×倍率。如图 2.9 所示，刻度值大致为 37.0，若此时选择的挡位为 10 K 挡，则阻值为 37.0×10 K=370 K，即 370 kΩ。

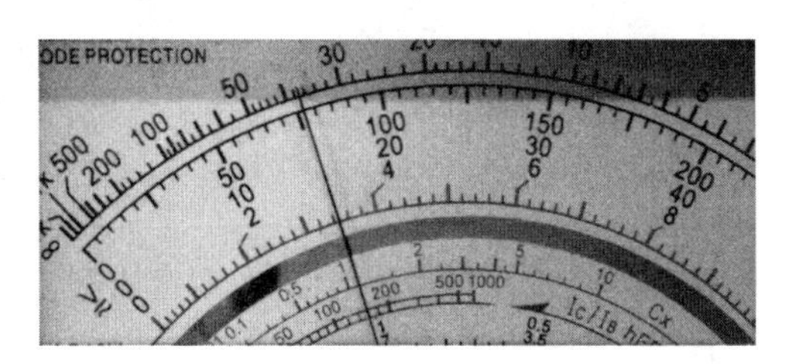

图 2.9 电阻读数

(4) 工作结束。工作结束后，为防止下次误操作，在测量结束后，应将万用表量程开关旋至空挡(或 OFF)处，若没有空挡(或 OFF)处，则应将量程开关旋至交流电压最高挡。

注意：测量电阻时不能带电测量。被测电阻不能有并联支路。图 2.10(b)为正确的电阻测量方法。

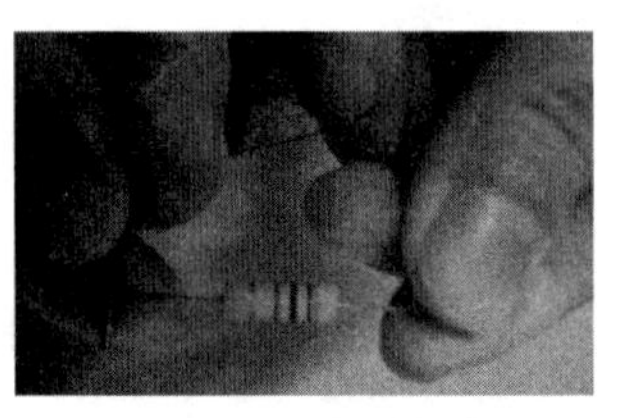

(a) 错误的电阻测量方法

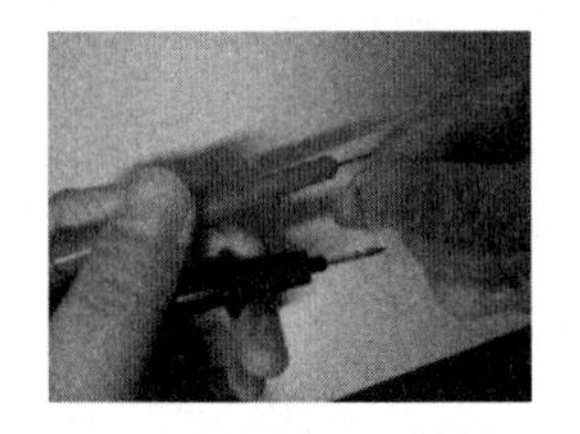

(b) 正确的电阻测量方法

图 2.10 电阻测量方法

2. 数字万用表测电阻

数字万用表简介见附录 B。新买回来的数字万用表要拆开后盖,安装电池,如图 2.11 所示。安装时要注意电池正、负极方向。电池安装完毕,要将后盖重新装好。然后将红、黑两只表笔安装在正确的插孔内。本次任务是要测量电阻值,所以红、黑表笔插入方式如图 2.12 所示。红表笔应该插入"Ω"符号标注的孔内,黑表笔应插入"COM"符号标注的孔内。

图 2.11 电池的安装

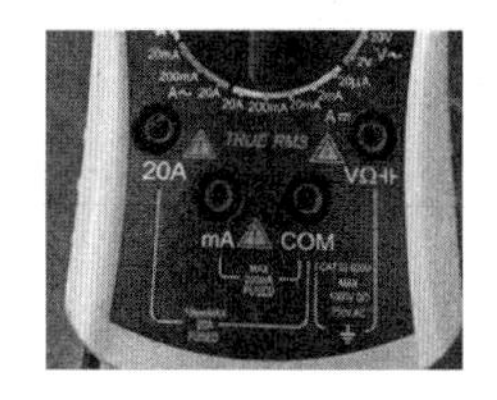

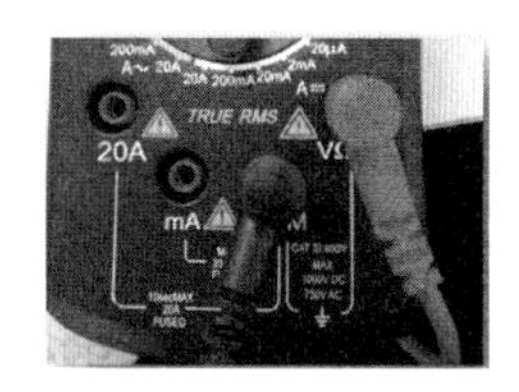

图 2.12 电阻测量红、黑表笔的位置

在正式测量相关电阻前,首先要确认万用表能够正常使用。将万用表功能旋钮旋至蜂鸣挡(图 2.13),然后将两只表笔短接(图 2.14)。如果万用表发出蜂鸣的声音,则说明该万用表可以正常使用。需要注意的是,有的数字万用表没有蜂鸣声音,而是用一个红灯来显示蜂鸣。

将功能旋钮旋到"Ω"中所需要的量程,用表笔接在电阻两端金属部位即可测量电阻大小。在测量中可以用手接触电阻,但不要把手同时接触电阻两端,否则会影响测量的精确度。

如图 2.15 所示,该万用表电阻测量有 6 个不同的量程,测量时应选择大于电阻值且最接近所测电阻值的挡位,这样测出的电阻精度较高。

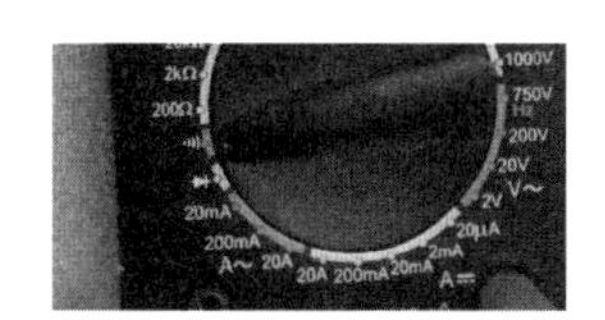

图 2.13 蜂鸣挡示意

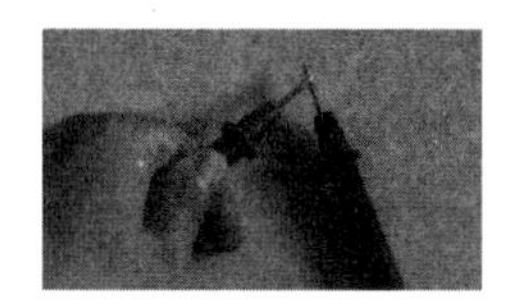

图 2.14 表笔短接

图 2.15 欧姆挡各量程示意

如图 2.16 中所测电阻值为 38.7 kΩ,测量该电阻所选择的量程为 200 kΩ;若选择 20 kΩ 挡进行测量,则会出现超量程显示(图 2.17)。

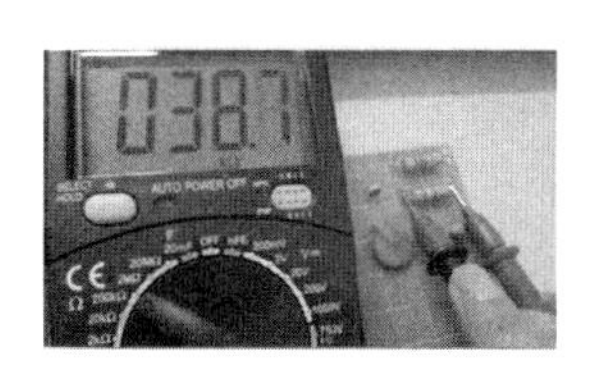

图 2.16 电阻测量案例

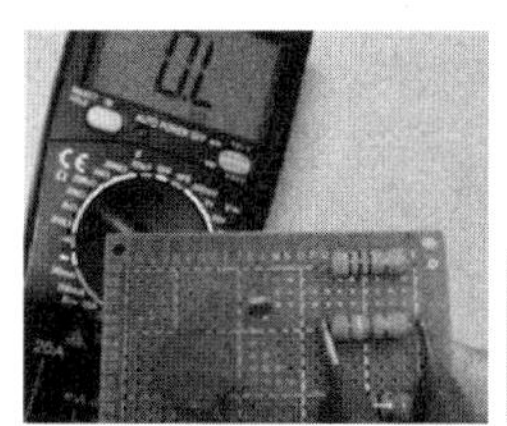

图 2.17 超量程显示

若某电阻值为 47 Ω，则测量该电阻时应选择的量程为 200 Ω。当待测电阻值不确定时，可以先选择较大的量程，如果不合适再进行挡位调整。

思考与练习

一、填空题

1. 导线的电阻是 10 Ω，对折起来作为一根导线使用，其电阻变为________Ω，若把它均匀拉长为原来的 2 倍，电阻变为________Ω。

2. 两根同种材料的电阻丝，长度比为 1∶5，横截面积比为 2∶3，则它们的电阻比为________。

二、选择题

1. 下列关于电阻率的说法正确的是(　　)。

A. 电阻率与导体的长度有关　　B. 电阻率与导体的材料有关

C. 电阻率与导体的形状有关　　D. 电阻率与导体的横截面积有关

2. 导体的电阻是导体本身的一种性质，对于同种材料的导体，下列表述正确的是(　　)。

A. 截面积一定，电阻与导体的长度成正比

B. 长度一定，电阻率与导体的横截面积成正比

C. 电压一定，电阻与通过导体的电流成正比

D. 电流一定，电阻与导体两端的电压成反比

3. 一只 220 V、100 W 的灯泡，测量它不工作时的电阻应为(　　)。

A. 等于 484 Ω　　B. 大于 484 Ω

C. 小于 484 Ω　　D. 无法确定

4. 一段粗细均匀的镍铬丝，横截面的直径为 d，电阻为 R，把它拉成直径为 $\frac{1}{10}d$ 的均匀细丝后，它的电阻变为(　　)。

A. $\frac{1}{10\,000}R$　　B. $10\,000R$　　C. $\frac{1}{100}R$　　D. $100R$

5. 一段导体的电阻为 4 Ω，将其对折后的等效电阻为(　　)Ω。

A. 2　　B. 1　　C. 8　　D. 4

6. 某金属导线的电阻率为 ρ，电阻为 R，现将它均匀拉长到直径为原来的一半，那么该导线的电阻率和电阻分别变为(　　)。

A. 4ρ 和 $4R$　　B. ρ 和 $4R$　　C. 16ρ 和 $16R$　　D. ρ 和 $16R$

7. 两根材料相同的导线，质量比为 2∶1，长度比为 1∶2，加上相同的电压后，通过的电流比为(　　)。

A. 8∶1　　B. 4∶1　　C. 1∶1　　D. 1∶4

三、问答题

1. 电阻有无正负极？

2. 如果电阻器只有三环，是什么原因？

3. 两个电阻的色环完全颠倒，它们的阻值是否相同？
4. 我们怎样知道电阻的实际值呢？
5. 电阻在电路中有什么作用？
6. 电阻的基本单位是什么？
7. 根据下列色环确定电阻阻值和允许偏差：
(1) 红、紫、橙、金　(2) 棕、辉、红、银　(3) 绿、棕、红和金色
8. 列出下列阻值的色环：
330 Ω，2.2 Ω，56 kΩ，100 kΩ 和 39 kΩ
9. 求下列阻值电阻的电导：
(1) 5 Ω　(2) 25 Ω　(3) 100 Ω
10. 求与下列电导相对应的阻值：
(1) 0.1 S　(2) 0.5 S　(3) 0.02 S
11. 确定下列电阻标记法中的电阻值和允许偏差：
(1) 4R7J　(2) 5602M　(3) 1501F
12. 通过查找资料，自主学习其他电阻的相关知识。

任务 2.2　简单照明电路的安装

学习目标

知识目标：了解电路的工作状态；掌握电路的组成及作用；了解电路故障的分析方法。

技能目标：学会安装简单照明电路；学会对简单电路进行诊断。

素质目标：提高学生学以致用，将所学知识应用于实际电路的能力；培养学生的逻辑思维能力。

任务要求

根据表 2.7 中的实物图连接电路，使负载能够正常工作，并绘制各个电路的原理图。

表 2.7　实物连接图

实物连接图 1	实物连接图 2
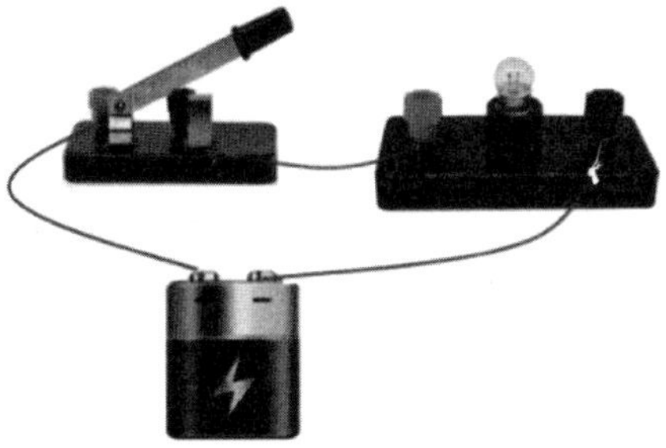	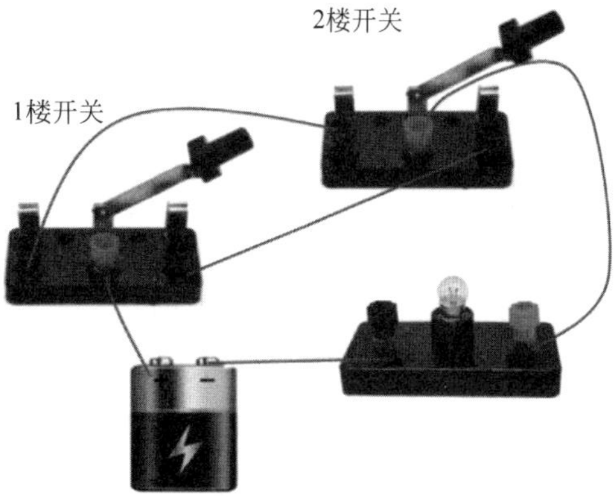 2楼开关 1楼开关

续表

实物连接图 3	实物连接图 4
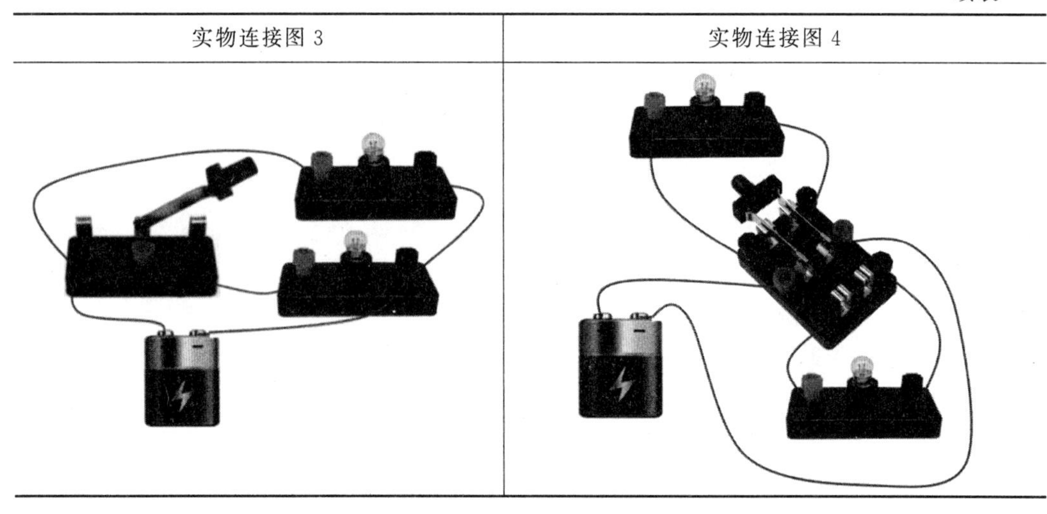	

2.2.1 电路的组成和作用

1. 电路的组成

电路是为了完成某种功能，将电气元件或设备按一定方式连接起来而形成的系统，通常构成电流的通路。从日常生活使用的用电设备到工、农业生产中用到的各种生产机械的电气控制部分及计算机、各种测试仪表灯，从广义上说，都是实际的电路。表 2.7 中第一张图所示的照明电路为最简单的电路。从图中可知，电路主要由电源、负载、中间环节三部分组成。

1）电源

电源是将其他形式的能量转化为电能的装置。电源的作用是为用电器提供符合要求的电压和工作所需要的电能。如干电池、蓄电池、太阳能电池、发电机等。

2）负载

负载是指各种用电设备将电能转化为其他形式的能量。如电烙铁中发热元件将电能转换为热能，电灯将电能转换为光能等。负载的作用是消耗电能。

3）中间环节

中间环节是将电源与负载连接起来的部分，起传递和控制电能的作用。中间环节有的简单，如导线、开关等；有的复杂，如超大规模的集成电路或电力输送电路。

（1）开关。开关是通过机械或电子的方法，用来控制电路的开路和闭路。开关的种类繁多，实验室常见的开关形式有单刀单掷开关、单刀双掷开关、双刀单掷开关、双刀双掷开关、按钮开关、旋转开关等。

① 单刀单掷开关。单刀是指可动的导电刀闸片只有一个。如图 2.18 所示，刀闸片上接有电源，当刀闸片与静刀口接通时则为其供电，电路中的灯泡与电源接通会被点亮。当刀闸片与静刀口分开时，电路中的灯泡与电源断开，灯泡熄灭。

② 单刀双掷开关。单刀双掷开关有一个刀闸片和两个静刀口，设有三个接线柱。如图 2.19 所示，当刀闸片与左边的静刀口接通时，接线柱 1 和接线柱 2 导通，接线柱 2 和接

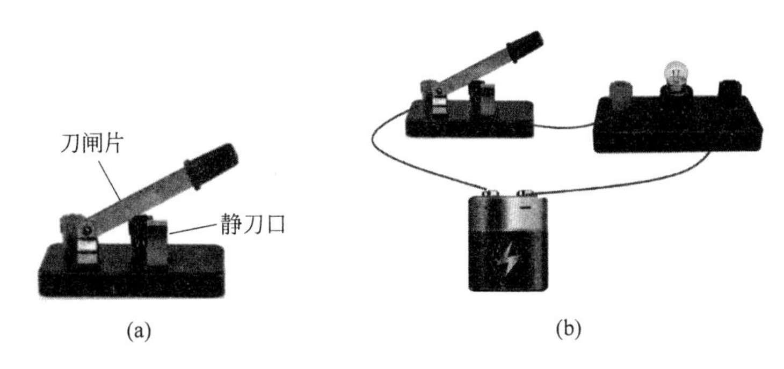

(a)　　(b)

图 2.18　单刀单掷开关

线柱 3 断开，上面的灯泡被点亮。当刀闸片与右边的静刀口接通时，接线柱 3 和接线柱 2 导通，接线柱 2 和接线柱 1 断开，下面的灯泡被点亮。两只灯泡无法同时点亮。

我们从单刀双掷开关的结构中可以看出，如果只使用刀闸片和某一个静刀口，另一个静刀口就会闲置，则其功能与单刀单掷开关是相同的。

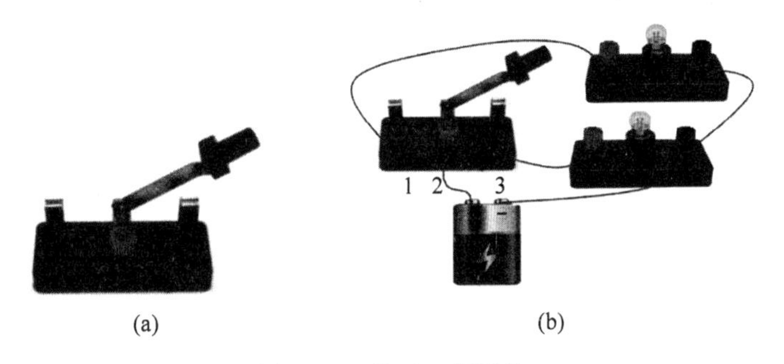

(a)　　(b)

图 2.19　单刀双掷开关

家庭等场所常用两个开关控制同一盏灯，一般进门一个开关，床头一个开关，方便开关灯。此处两个开关必须都是单刀双掷开关才行。双控照明电路的连接如图 2.20 所示，用导线将两组单刀双掷开关的控制线分别连接，公共端一端连到电源正极（日常照明中为火线）上，另一端串接负载灯泡后连到电源负极（日常照明中为零线）上。这样，操作任意一个开关，都能控制负载灯的亮和灭。

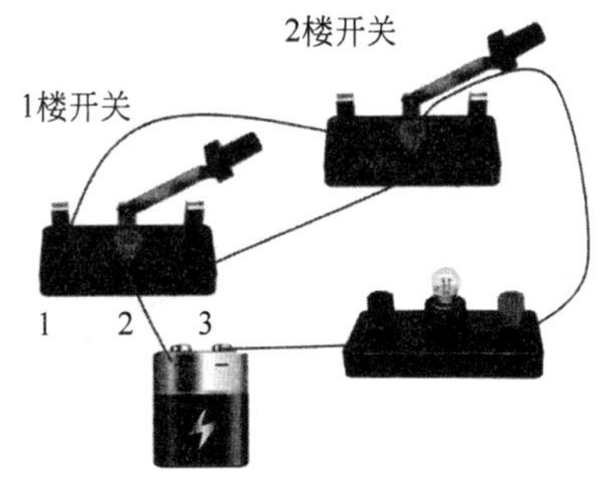

图 2.20　双控照明电路的连接

③ 双刀双掷开关。双刀双掷开关有两个可动的刀闸片和 4 个静刀口。双刀双掷开关其实是两个单刀双掷开关并联而成，两个单刀双掷开关同时动作。

如图 2.21 所示电路，灯泡 1、灯泡 2、电源 1 和开关构成一个电路，其功能与图 2.19(b) 相同；灯泡 3、灯泡 4、电源 2 和开关构成一个电路，其功能也与图 2.19(b) 相同。当刀闸片切到上端与上面的静刀口接通时，静刀口 1 和静刀口 2、静刀口 4 和静刀口 5 同时接通，灯泡 1 和灯泡 3 同时点亮。当刀闸片切到下端与下面的静刀口接通时，静刀口 2 和静刀口 3、静刀口 5 和静刀口 6 同时接通，灯泡 2 和灯泡 4 同时点亮。

如图 2.22(b)所示，两片刀闸片上接有电源；当刀闸片切到上端与静刀口接通时，则为其供电，此时下面静刀口无电，上面的灯泡会亮，下面的灯泡不亮。当刀闸片切到下端与静刀口接通时，则上面静刀口无电，下面静刀口有电，上面的灯泡不会亮，下面的灯泡会亮。这种用法是一路电源为两路用电设备不同时供电的用法。

还有一种用法就是刀闸片连接的是用电侧的线路，而上、下静刀口则分别接入两路电源，通过动刀口与不同的静刀口接通实现两路电源为一条线路供电。即将图 2.22(b)中的电源更换为负载，将两个负载更换为两个不同的电源。

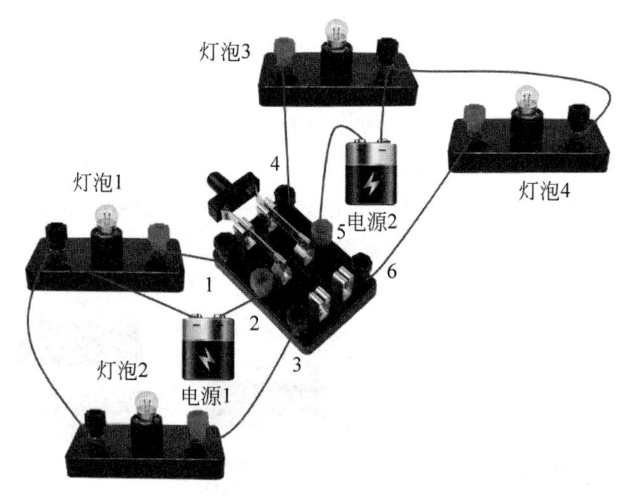

图 2.21 双刀双掷开关的电路连接

1,2,3,4,5,6—静刀口

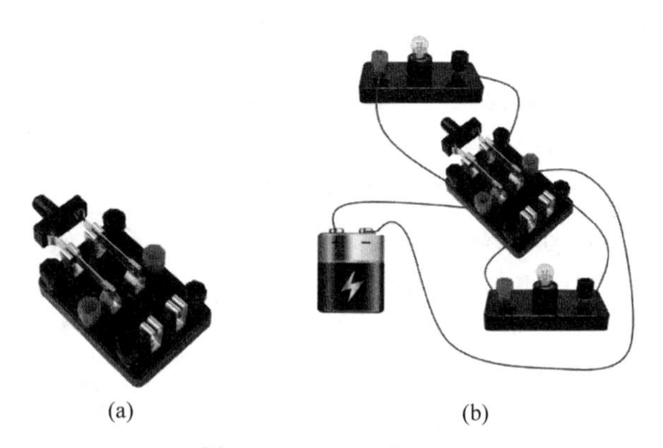

图 2.22 双刀双掷开关

④ 按钮开关。按钮开关有常开和常闭两种形式。常开式按钮开关，在常态时其两个触点断开；当按钮按下时，两个触点接通。常闭式按钮开关，在常态时其两个触点闭合；当按钮按下时，两个触点断开。

⑤ 旋转开关。转动一个旋钮开关的旋钮可以使一个触点与其他几个触点中的任意一个相连接。如电风扇及万用表的挡位选择开关。

以上介绍的开关均是闸刀开关,开关也可以是拨动式、面板式、旋钮式等结构。图 2.23 列举了一些在生活、学习以及工业中常见的开关。

(a) 单刀单掷拨动开关 (b) 单刀双掷拨动开关 (c) 双刀双掷拨动开关

(d) 按钮开关 (e) 面板开关 (f) 多路开关

(g) PC板上的按钮开关 (h) 拨码开关 (i) 船型开关

图 2.23 其他形式开关

(2) 导线。导线一般由铜或铝制成,也有用银线所制(导电、热性好),用来疏导电流或者导热。我们常说的电线或电缆都属于导线,电线和电缆并没有严格的界限。通常将芯数少、产品直径小、结构简单的产品称为电线,没有绝缘的称为裸电线;其他的称为电缆。

常用的导线也可分为硬导线和软导线两大类。其中,硬导线又分为单股、多股以及多混合股。软导线多为绝缘线,其芯线是多股细铜丝。表 2.8 中列举了一些导线的用途。附录 D 介绍了常用线缆类型及线缆符号含义。

表 2.8 电线、电缆规格型号说明

型 号	名 称	用 途
BX(BLX)	铜(铝)芯橡皮绝缘线	适用交流 500 V 及以下或直流 1 000 V 及以下的电气设备及照明装置
BXF(BLXF)	铜(铝)芯氯丁橡皮绝缘线	
BXR	铜芯橡皮绝缘软导线	
BV(BLV)	铜(铝)芯聚氯乙烯绝缘线	适用于各种交流、直流电器装置,电工仪表、仪器,电讯设备,动力及照明线路固定敷设
BVV(BLVV)	铜(铝)芯聚氯乙烯绝缘氯乙烯护套圆形电线	
BVVB(BLVVB)	铜(铝)芯聚氯乙烯绝缘氯乙烯护套平形电线	
BVR	铜(铝)芯聚氯乙烯绝缘软导线	
BV-105	铜芯耐热 105℃聚氯乙烯绝缘软导线	

续表

型　号	名　　称	用　　途
RV RVB RVS RV-105 RXS RX	铜芯聚氯乙烯绝缘软导线 铜芯聚氯乙烯绝缘平行软导线 铜芯聚氯乙烯绝缘绞形软导线 铜芯耐热105℃聚氯乙烯绝缘连接软电线 铜芯橡皮绝缘棉纱编织绞形软电线 铜芯橡皮绝缘棉纱编织圆形软电线	适用于各种交流、直流电器、电工仪表、家用电器、小型电动工具、动力及照明装置的连接
BBX BBLX	铜芯橡皮绝缘玻璃丝编织电线 铝芯橡皮绝缘玻璃丝编织电线	适用电压分别在500 V及250 V，用于室内外明装固定敷设或穿管敷设

实验室中为了使用方便，常将导线做成特定的接头，方便快速接线。常用导线的接头有U形端头、鳄鱼夹端头和香蕉头，如图2.24所示。

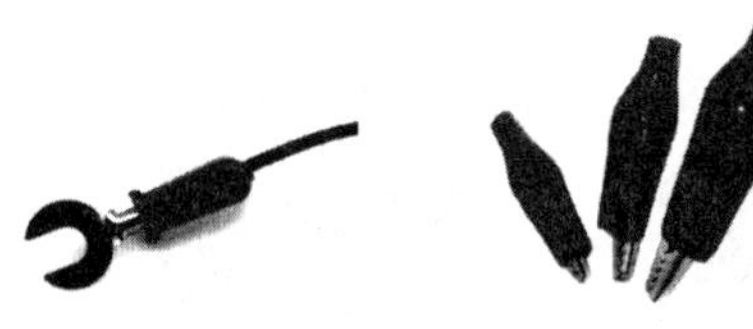

(a) U形端头　(b) 鳄鱼夹端头　(c) U形端头、鳄鱼夹端头的连接方法

图2.24　实验室导线及连接方法

（3）电路保护器件。保险丝和断路器是用于电路出现故障或反常情况，致使电流超过一定数值时，使电路开路的装置。例如，一个20 A的保险丝或者断路器，当电流超过20 A时，将使电路断开。

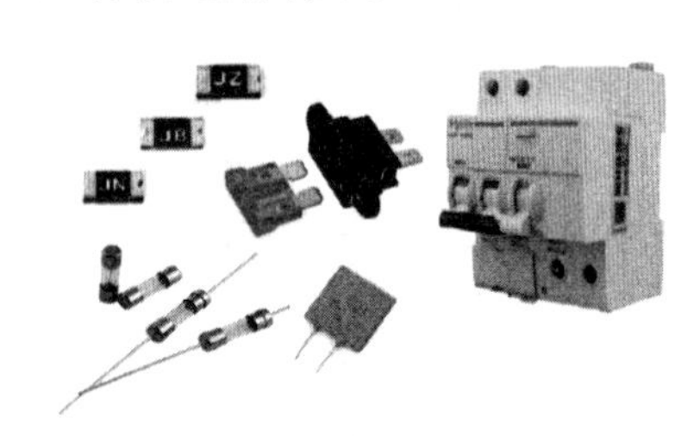

图2.25　几种典型的保险丝和断路器

保险丝和断路器的基本区别在于，当保险丝损坏时需要重新替换，但当断路器断开时，只需要重新复位就可以重复使用。这两种器件都用来防止过载电流损坏电路，或者防止当电流过大导致导线或其他元件过热而产生的危险情况。几种典型的保险丝和断路器如图2.25所示。

提示：熔断器俗称保险丝，是低压供配电系统和控制系统中最常用的安全保护电器，主要用于短路保护，有时也可用于过载保护。

2. 电路的作用

电路的种类繁多，用途各异，概括起来主要有以下两个方面。

1）能够实现电能的输送和转换

如图2.26(a)所示，电源发出电能，通过中间环节（导线、开关及其他设备）将电能送给负载（电灯），用以照明。其将电能转化为光能，实现了电能的输送与转换。

电路的这种作用侧重于传输效率的提高，所研究电路的电压、电流相对较高，称为强电。

2）能够实现电信号的传递和转换

如图 2.26(b)所示是扩音机的工作示意图。话筒将声音(信息)转换成电信号，经过中间环节(放大器)，信号被放大，并传递到负载(扬声器)，还原原来的声音，实现电信号的传递与转换。

电路的这种作用侧重于信号在传递过程中的保真、运算的速度和抗干扰性等，所研究电路的电压、电流相对较低，称为弱电。

图 2.26　电路的种类

2.2.2　电路模型和电路图

1. 电路模型

无论电路的结构和作用如何，都可以看成是由实际的电源、负载和中间环节三部分组成。但实际电路元件的电磁性质比较复杂，难以用简单的数学关系表达式表达它们的物理特性，如各种电源、电阻器、电感器、变压器、电子管、晶体管、固体组件等，它们发挥各自的作用，共同实现电路功能。但这些电器元件和设备在工作运行中所发生的物理过程很复杂，因此，为了研究电路的一般规律，我们将实际的电路元件进行理想化，即在一定的工作条件下将其近似看成理想元件。如电灯、电炉、电烙铁、电阻器等各种消耗电能的实际元器件，可以理想化为电阻元件，如干电池、蓄电池、太阳能电池、发电机等各种提供电能的实际器件，都用“电源”来表示。

同一个实际电路元件在不同的应用条件下，它的模型可以有不同的形式。如实际电感器，当考虑其主要物理性能是存储磁场能力时，其电路模型可以看成一个理想的电感元件；当考虑线圈间的损耗时，其电路模型可以看成一个理想的电感元件与理想电阻元件串联的形式。

实际电路的电路模型是由理想电路元件相互连接而成的。

理想电路元件分为两类：一类是有实际元件与它对应的电路元件，如电阻器、电感器、电容器、电压源、电流源等；另一类是没有实际元件直接与它相对应的电路元件，但是它们的某种组合却能反映出实际电路元件和设备的主要特性和外部功能，如受控源等。

2. 电路图

用特定图形符号和文字符号表示电路连接情况的图称为电路图，简称电路。电路图主要反映元器件的性能和它们之间的连接关系，它不是实物图，不反映电路中元器件的几何尺寸。

电路图中各种元器件都采用国家统一标准的图形和文字符号来表示，表 2.9 为部分常用电器的图形符号。

表 2.9　部分常用电器的图形符号

名　称	图形符号	名　称	图形符号	名　称	图形符号
电池		连接导线		电流表	A
单刀单掷开关		电阻器		端子	
单刀双掷开关		电位器		接地	
双刀双掷开关		电容器		接机壳	
熔断器		电感		电压表	V
二极管		不连接导线		灯	

图 2.18(b)、图 2.19(b)、图 2.20、图 2.21、图 2.22(b)所示电路对应的电路图，如图 2.27 所示。

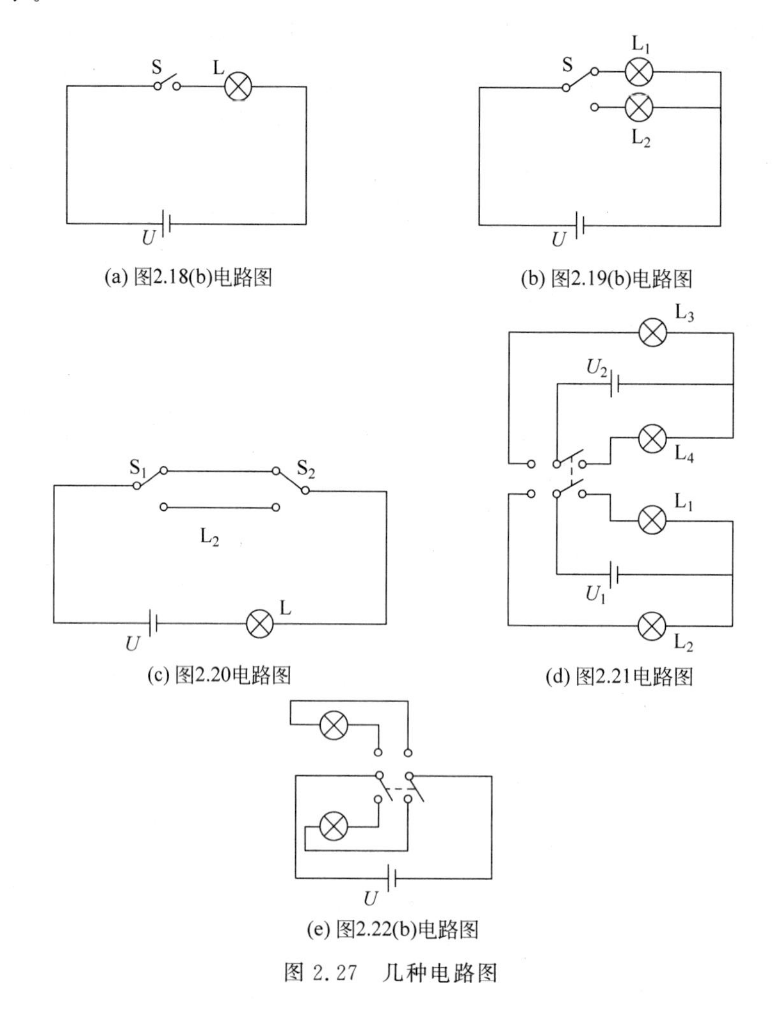

(a) 图2.18(b)电路图

(b) 图2.19(b)电路图

(c) 图2.20电路图

(d) 图2.21电路图

(e) 图2.22(b)电路图

图 2.27　几种电路图

2.2.3　电路的工作状态及特征

电路基本工作状态有三种：通路(闭路)、断路(开路)和短路。

1. 通路

电源与负载接通，电路中有电流通过。电气设备或元器件获得一定的电压和电功率，进行能量转换。在图2.28所示电路中，当开关闭合后电源与负载接成闭合回路，电源处于通路状态，电路中有电流流过。

注意：任何电气设备都有标准的工作电压、电流和功率等，这个标准就是电气设备的额定值。电气设备在该标准下工作的状态称为额定工作状态。合理地使用电气设备，尽可能使它们工作在额定状态，这样既安全可靠，又能充分发挥电气设备的作用，这种工作状态称为满载。设备在超过额定状态下工作称为过载，若长期在这种状态下工作，设备的使用寿命会缩短，甚至会烧毁。设备在不足额定状态下工作叫作欠载，这种情况下电源不能充分发挥作用。

2. 断路

在图2.29所示电路中，电路断开，外电阻视为无穷大，电路中没有电流通过，又称空载状态。

3. 短路

电源两端或电路中某些部分被导线直接相连，通过负载的电流为0。此时输出电流过大。如果没有保护措施，电源会被烧毁或发生火灾，因此应该在电路中设置短路保护装置。在电路中串联熔断器或断路器可起到短路保护作用。

在图2.30所示电路中，当图中两点接通，电源被短路，此时电源的两个极性端直接相连。电源被短路会产生很大的电流，从而造成严重后果，如导致电源因大电流而发热损坏，或引起电气设备的机械损伤，因此要绝对避免电源被短路。

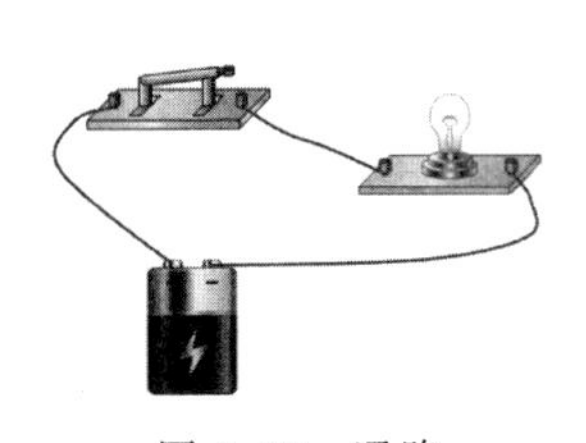

图2.28　通路

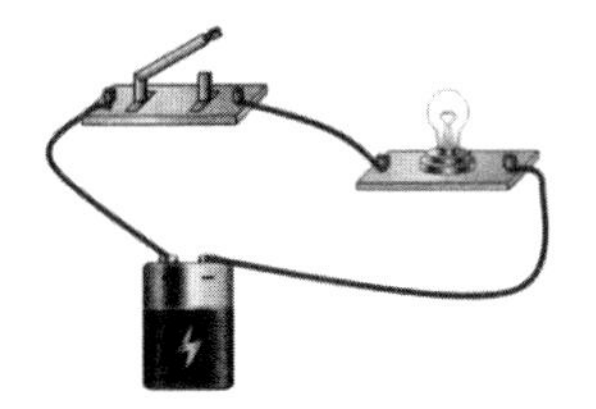

图2.29　断路

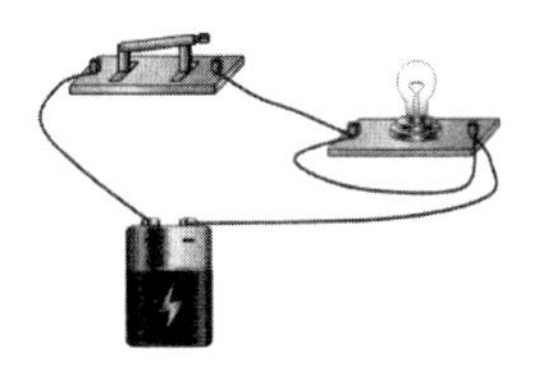

图2.30　短路

思考与练习

一、填空题

1. 将下列几个元器件的图像符号画在表2.10对应的位置。

表 2.10 元器件对应的图像符号

元 器 件	图 像 符 号	元 器 件	图 像 符 号
灯		电流表	
开关		发电机	
电位器变阻器		电压表	

2. 把其他形式的能转换成为电能的装置称为________。

3. 一般电路是由________、________和________三个基本部分所组成。

4. 电路的工作状态有________、________和________三种。

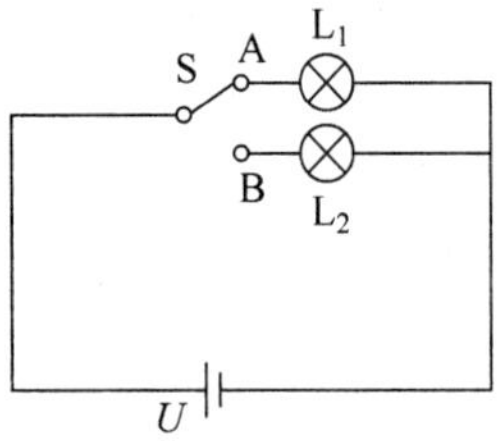

5. 单刀双掷开关与单刀单掷开关相比，单刀双掷开关有________个接线柱。

6. 单刀双掷开关________（选填“能”或“不能”）由两只普通开关连接而成。

7. 如图 2.31 所示电路图。根据单刀双掷开关的开、闭特性，电路呈现的特点是，①开关接 A 点时，________灯亮；②开关接 B 点时，________灯亮；③两只小灯泡________（选填“可以”或“不可能”）同时发光。

图 2.31 填空题 7 图

二、选择题

给定电路中的电流不超过 22 A。下列最好的保险丝是(　　)。

A. 10 A　　　　B. 25 A

C. 20 A　　　　D. 不一定需要保险丝

任务 2.3 简单照明电路的测量

学习目标

知识目标：掌握电流、电压概念；了解电压与电动势的关系。

技能目标：学会使用万用表进行电压的测量；学会使用万用表进行电流的测量。

素质目标：培养学生的规范操作；培养学生的逻辑思维能力。

任务要求

按照电路图连接实物电路，如图 2.32 所示。使用万用表测量电源电压、负载电压和电路中的电流，并填入表 2.11。

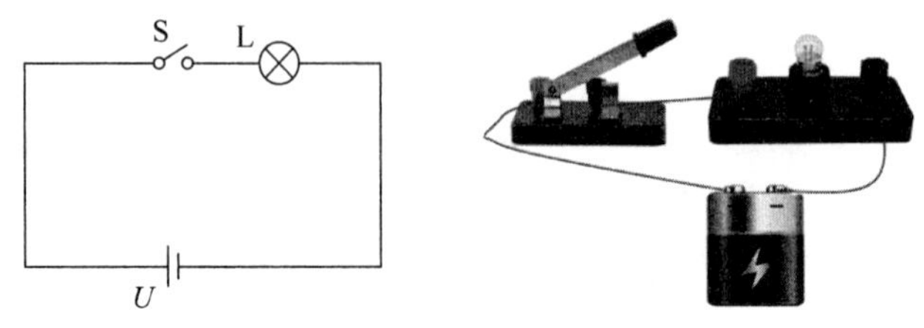

图 2.32 电路图与实物图

表 2.11　实验数据记录

电源电压/V	负载电压/V	电流/A

2.3.1　电流

1. 电流的定义

电荷在电场力的作用下,做有规律的定向移动就形成了电流。电荷的移动速度,即电流的大小定义如下:在单位时间内通过某一导体横截面的电荷量。

电流的大小和方向都不随时间变化,则称为直流电流,记为 DC 或者 dc,用大写字母 I 表示。Q 表示电荷量,t 表示时间,则电流的计算公式为

$$I=\frac{Q}{t} \tag{2.3}$$

式中,Q 为时间 t 内通过导体横截面的电荷量。

若电流不是恒定不变的,即不同时刻,电流大小不一样,则用小写 i 表示。同理,电荷量用小写 q 表示。计算公式可表示为

$$i=\frac{\mathrm{d}q}{\mathrm{d}t} \tag{2.4}$$

式中,i 表示某个时刻的电流大小;$\mathrm{d}q$ 为某一时刻通过导体横截面的电荷量;$\mathrm{d}t$ 为某一时刻的时长。若电流的大小及方向均随时间的变化而变化,则称此电流为交流电流。记为 AC 或者 ac。

2. 电流的单位

在国际单位制(SI)中,电流的单位为安培,用大写字母 A 表示。当 1 s 内通过导体横截面的电荷量为 1 库仑(用大写字母 C 表示,1 C 相当于 6.25×10^{18} 个电子的电量)时,电流强度为 1 A。在电力系统中,遇到的电流常为几安、几十安,甚至更大;而在电子设备中电流通常较小,一般为几毫安(mA)或微安(μA)。它们之间的换算关系为

$$\begin{aligned}1\ \mathrm{kA}&=10^{3}\ \mathrm{A}\\1\ \mathrm{mA}&=10^{-3}\ \mathrm{A}\\1\ \mu\mathrm{A}&=10^{-6}\ \mathrm{A}\end{aligned} \tag{2.5}$$

【例 2.6】 93.8×10^{16} 个电子所带的电荷是多少?

解:$Q=\dfrac{93.8\times10^{16}}{6.25\times10^{18}}=15\times10^{-2}(\mathrm{C})$

【例 2.7】 在 2 s 内通过一根导线横截面的电子所带的电荷总数为 10 C,求其电流为多少安培?

解:$I=\dfrac{Q}{t}=\dfrac{10}{2}=5(\mathrm{A})$

【例 2.8】 如果流过灯泡丝的电流为 8 A,则在 1.5 s 内通过灯丝的电荷总数为多少?

解：$Q=I\times t=8\times1.5=12(\mathrm{C})$

3. 实际方向

带电微粒的定向移动形成了电流，则电流是有方向的量。通常规定正电荷运动的方向为电流的正方向，负电荷运动的方向为电流的负方向。图 2.32 所示电路中电流的实际方向由电源的正极流向负极。

4. 参考方向

当分析电路时，通常并不知道电路中电流的真实流向。为了方便对电路进行分析，可以任意地设定一个参考方向。

参考方向的两种表示方法如图 2.33 所示。图 2.33(a)用箭头来表示电流方向，箭头的指向为电流的参考方向。图 2.33(b)用双下标 i_{ab} 来表示电流方向，i_{ab} 表示电流的参考方向是由 a 流向 b。若选定参考方向由 b 流向 a，则用 i_{ba} 表示，两者在数值上相差一个负号，即 $i_{ab}=-i_{ba}$。

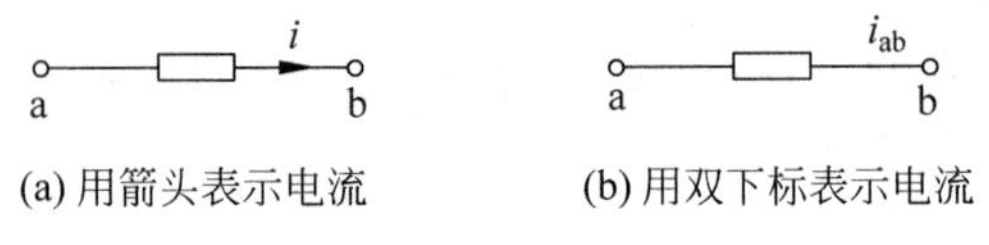

(a) 用箭头表示电流　　(b) 用双下标表示电流

图 2.33　电流的参考方向

当然，电流的方向也不是一成不变的。如在分析电路时，有时电流的实际方向难以事先确定，特别是在交流电路中，电流的方向随时间不断反复变化，此时，为了分析电路方便，可以选定任一方向作为电流的参考方向，或称正方向。当电流的实际方向与参考方向一致时，则电流值为正值，如图 2.34(a)所示；反之，当电流的实际方向与其参考方向相反时，电流值为负，如图 2.34(b)所示。因此，在参考方向确定以后，就可以决定电流值的正、负，并进行电路分析。

注意：*参考方向一经选定，在整个计算过程中不可更改。*

只有特别需要说明实际方向和参考方向的时候，才需要标注两者。本书后续出现的电路中没有特别说明时，均表示参考方向。

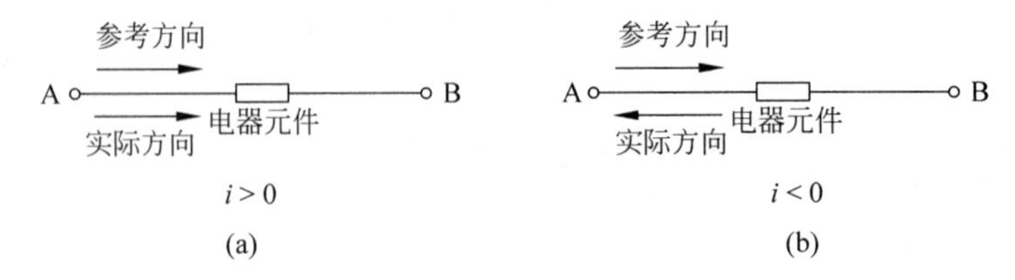

图 2.34　电流的实际方向和参考方向

【例 2.9】 请说明电流的实际方向。

解：图 2.35(a)所示电流参考方向为从 a 到 b，$I=2\ \mathrm{A}>0$，为正值；说明电流的实际方向和参考方向相同，即从 a 到 b。

图 2.35(b)所示电流参考方向为从 a 到 b，$I=-2\ \mathrm{A}<0$，为负值；说明电流的实际方

向和参考方向相反，即从 b 到 a。

图 2.35(c)所示电流参考方向为从 b 到 a，$I=2$ A>0，为正值；说明电流的实际方向和参考方向相同，即从 b 到 a。

图 2.35(d)所示电流参考方向为从 b 到 a，$I=-2$ A<0，为负值；说明电流的实际方向和参考方向相反，即从 a 到 b。

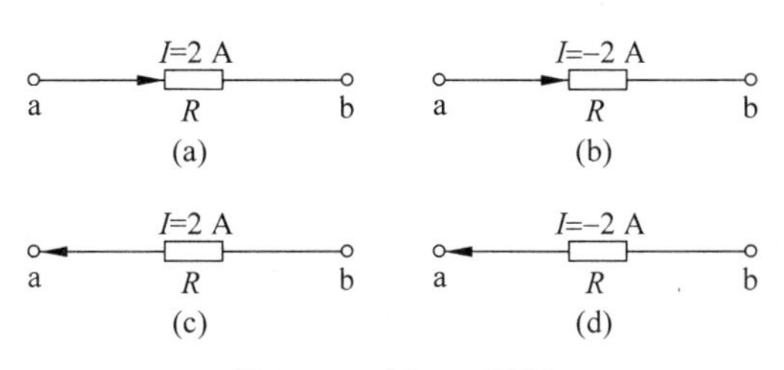

图 2.35　例 2.9 用图

5. 电流的测量

对交、直流电流应分别使用交流电流表和直流电流表，或分别使用万用表的交流电流挡和直流电流挡测量。

1) 指针式万用表测电流

使用指针式万用表测量灯泡的直流电流值，步骤如下。

(1) 机械调零。即手动将万用表调到零挡。

(2) 选择合适量程。将万用表开关拨至直流电流 DC mA 挡进行测量。选择量程时，应让指针指示在标度尺 2/3 以上的部分，这样测量出的结果才较为准确。因此在测量前应先估计被测电流的大小，以便选择适当的量程。例如，45.5 mA 的直流电流，应选 50 mA 直流电流量程，即 DC mA 50 挡。测量时，如果不能确定被测电流的数值范围，就应由大到小选择量程，即先用直流电流的最大量程挡测量，当指针偏转不到 1/3 刻度时，再逐渐改用较小挡去测量，直到合适为止。模拟万用表电流挡位如图 2.36 所示。

(3) 将万用表串联在被测电路中，正、负极接线必须正确，即红表笔为电流流入端，黑表笔为电流流出端。

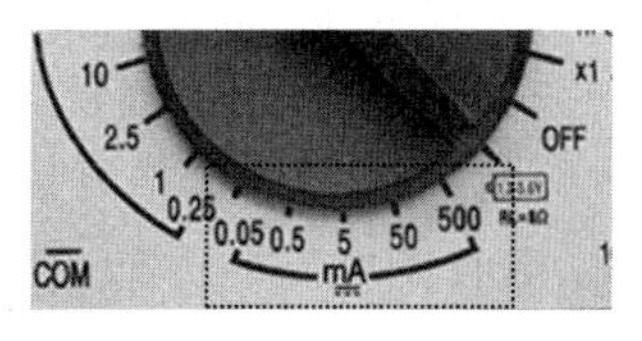

图 2.36　模拟万用表电流挡位

采用如图 2.37 所示接线方法时，必须闭合开关，才能测出电流值。在测量过程中，为了方便操作，可以先闭合开关，再分别用万用表的红黑表笔接触到要接入的点。

本次任务的测量也可以按照图 2.38 所示进行连接。这种接线方法中开关不能闭合。当电流表的两只表笔接入指定位置时，电路立即接通，开关不能闭合。若开关闭合，电流表则被短路，无法测量电路的电流。

(4) 正确读数。待指针稳定后读数。测量直流电流时，读取的是标有 DC A 字符的刻度线。因为电流表的挡位均是以数字 5 结束，所以数值按照中间一排读取比较简洁。另外，读数时尽量使视线与表面垂直。模拟万用表电流读数如图 2.39 的示。

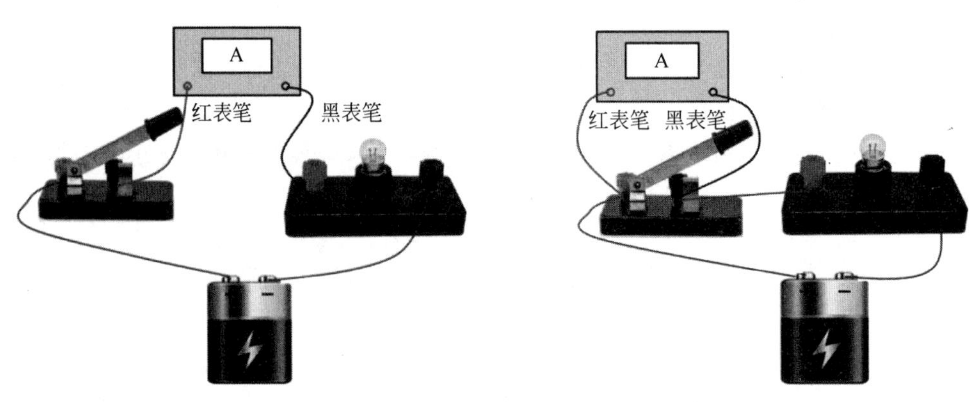

图 2.37 电流测试图 1　　图 2.38 电流测试图 2

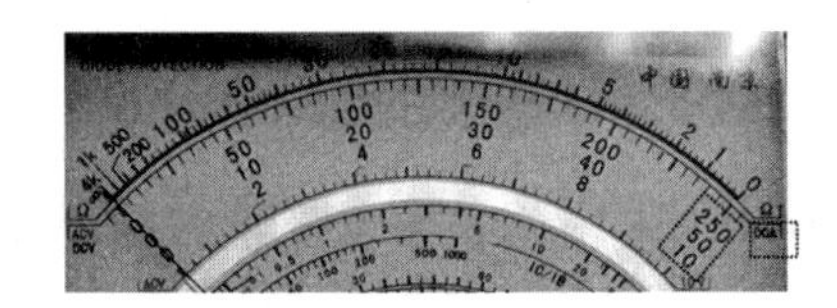

图 2.39 模拟万用表电流读数

注意：

① 合上开关时，应观察指针的偏转情况。如果指针出现反偏（逆时针偏转）或指针正偏过大（超过满偏刻度值），都应立即断开电源开关，待查明原因（电流进线、出线接反或量程选择太小）并排除故障（调换电流进出线或重新选择合适的量程）后，才可继续操作。

② 记录数据时，最后一位数字为估读值，不能漏记。

(5) 工作结束。工作结束后，先切断电源，再拆除连接实物的导线，以避免发生事故。将万用表量程开关旋至空挡（或 OFF）处，如没有空挡，则将量程开关旋至交流电压最高挡。

2) 数字万用表测电流

使用数字万用表测量灯泡的直流电流值，步骤如下：

(1) 插表笔。若待测量的电流小于 200 mA 时，红表笔插在标有“mA”字符的红色孔内。若待测电流小于 20 A 大于 200 mA，则红表笔插在标有“A”字符的红色孔内。黑色表笔插在标有“COM”字符的黑色孔内。

(2) 挡位选择。数字万用表测量电流时，应该选择比待测电流大，且最接近待测电流的挡位。如果不确定电流大小，应该先选择较大的电流挡位。

(3) 读数。数字万用表测量电流的示数会直接显示在 LCD 显示屏。

数字万用表电流插孔及挡位示意图如图 2.40 所示。

注意： 数字式万用表测量电流时，可能会出现负值。

如图 2.41(a)所示，若测出的电流为 3 mA，则表示 $i_{ab}=3$ mA，实际电流从 a 指向 b；如图 2.41(b)所示，测出的电流显示为−3 mA，则表示 $i_{ba}=-3$ mA，实际电流从 a 指向 b。这与我们以前学习过的电路理论也是相符合的。

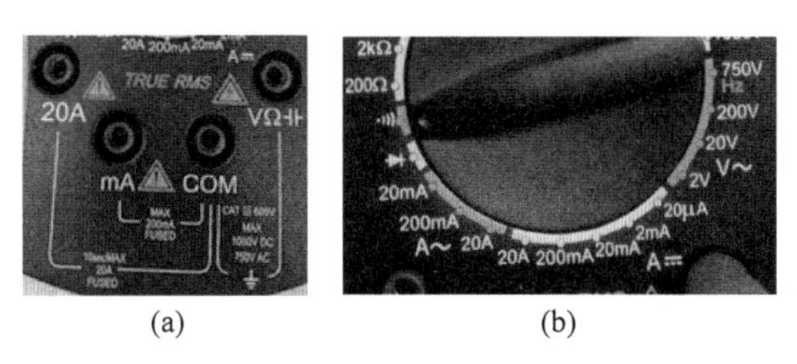

(a)　　(b)

图 2.40　数字万用表电流插孔及挡位示意

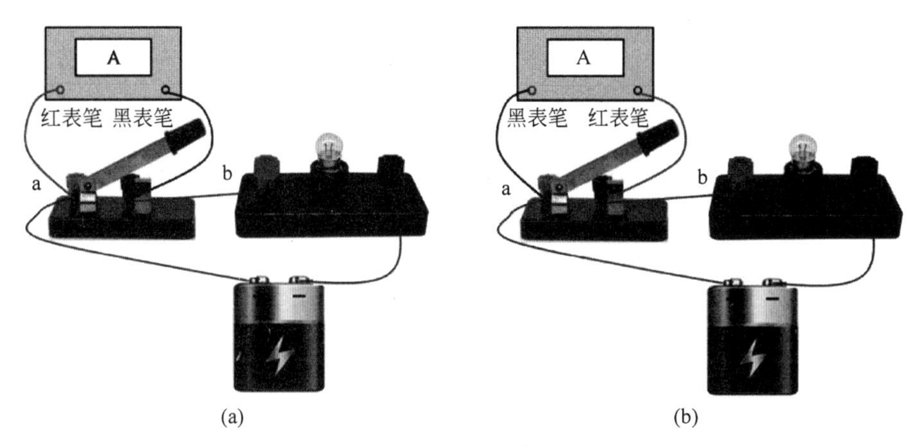

(a)　　(b)

图 2.41　电流正负对比

2.3.2　电压

1. 电压的定义

电压是描述电场力对电荷做功大小的一个物理量。电场力把单位正电荷从电路中一点移到另一点所做的功叫作这两点之间的电压，即

$$u=\frac{\mathrm{d}w}{\mathrm{d}q} \tag{2.6}$$

式中，u 表示电压的大小和方向随时间而变化。

对于恒定电压，即直流电压，用大写字母 U 表示，即

$$U=\frac{W}{Q} \tag{2.7}$$

电路中两点之间的电压也是单位正电荷从一点移到另一点所失去或获得的能量，电能的增加和减少表现为电位的降低或升高，因此电压又称为电位差或电位降。

2. 电压的单位

电压的国际标准单位为伏特，符号为 V。在电力系统中，常用的电压一般为几百伏，输送电线的电压为几千伏(kV)甚至更大；电子设备中的电压较小，一般为几伏(V)、几毫伏(mV)或几微伏(μV)。

它们之间的换算关系为

$$\begin{cases}1\ \text{kV}=10^3\ \text{V}\\1\ \text{mV}=10^{-3}\ \text{V}\\1\ \mu\text{V}=10^{-6}\ \text{V}\end{cases}\tag{2.8}$$

【例 2.10】 如果移动 10 C 的电荷需要消耗 50 J 的能量,求电压是多少?

解:$U=\dfrac{W}{Q}=\dfrac{50}{10}=5(\text{V})$

【例 2.11】 当两点之间的电压为 12 V 时,要移动 50 C 的电荷所消耗的能量是多少?

解:$W=U\times Q=12\times 50=600(\text{J})$

3. 电压的实际方向

对于简单的电路,我们可以通过有电源的正极指向负极来直接判断电压的实际方向。对于复杂的电路,电压的实际方向要通过计算和测量来确定。

4. 电压的参考方向

在简单电路中可以直接确定电压的实际方向,但在复杂电路中不能确定电压的实际方向,就如同假定电流的参考方向一样,先任意假定一个正方向,当电压的实际方向与其参考方向一致时,则电压值为正值,如图 2.42(a)所示;反之,当电压的实际方向与其参考方向相反时,电压值为负值,如图 2.42(b)所示。

因此,在参考方向确定以后,就可以决定电压值的正与负并进行电路分析了。

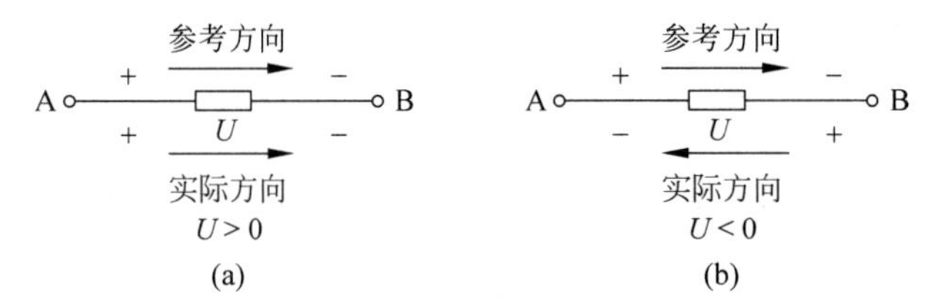

图 2.42 电压的实际方向和参考方向

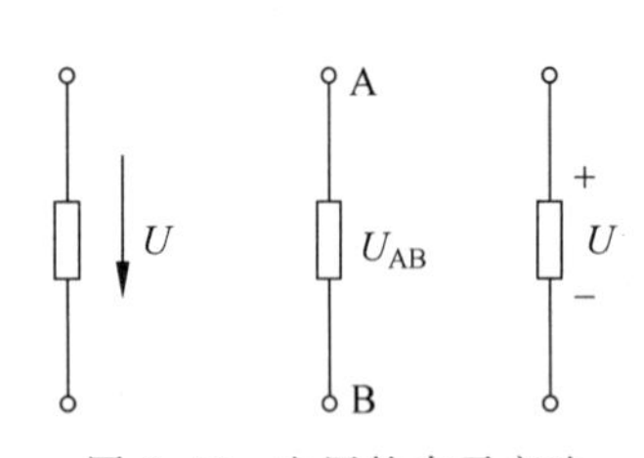

图 2.43 电压的表示方法

如图 2.43 所示,用箭头表示电压的参考方向。在实际应用中,还可以使用双下标来表示电压方向,例如,U_{AB} 表示电压的参考方向是由 A 指向 B,A 点比 B 点电位高。若选定参考方向由 B 指向 A,则用 U_{BA} 表示,两者相差一个负号,即 $U_{AB}=-U_{BA}$。另外,也可以用“+”和“−”来表示电压参考方向,电压由“+”指向“−”。

【例 2.12】 电阻元件 R 上电压参考方向如图 2.44 所示,请说明电压的实际方向。

解:图 2.44(a)因 $U=3\ \text{V}>0$,为正值,说明电压的实际方向和参考方向相同,即电压的方向从 a 到 b。

图 2.44(b)因 $U=-3\ \text{V}<0$,为负值,说明电压的实际方向和参考方向相反,即电压的方向从 b 到 a。

图 2.44(c)因 $U=3$ V>0,为正值,说明电压的实际方向和参考方向相同,即电压的方向从 b 到 a。

图 2.44(d)因 $U=-3$ V<0,为负值,说明电压的实际方向和参考方向相反,即电压的方向从 a 到 b。

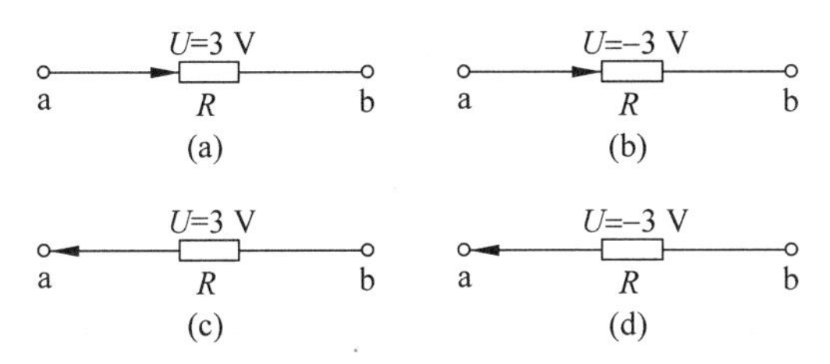

图 2.44　例 2.12 用图

5. 电压的测量

对交、直流电压进行测量时应分别使用交流电压表和直流电压表,或分别使用万用表的交流电压挡(ACV)和直流电压挡(DCV,图 2.45)测量。

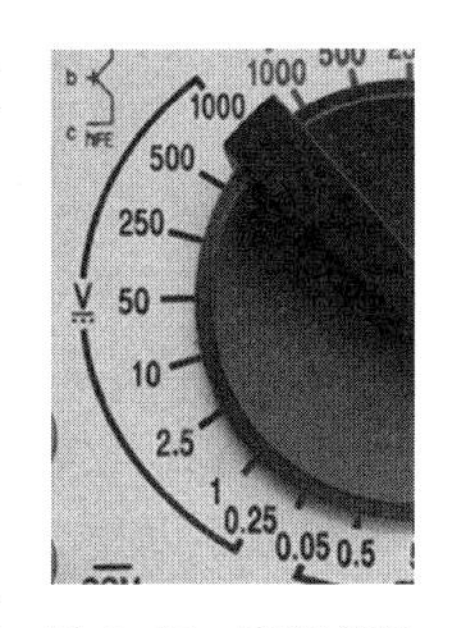

图 2.45　直流挡位

1) 指针式万用表测量电压

使用指针式万用表测量直流电压值的步骤如下。

(1) 机械调零。

(2) 选择合适量程。将万用表开关拨至直流电流挡 DCV 的适当量程进行测量。选择量程时,应让指针指示在标度尺 2/3 以上的部分,这样测量出的结果才较为准确;测量前应先估计被测电压的大小,以便选择适当的量程。测量时,如果不能确定被测电压的数值范围,就应由大到小选择量程,即先用直流电流的最大量程挡测量,当指针偏转不到 1/3 刻度时,再逐渐改用较小量程挡去测量,直到合适为止。

(3) 将万用表并联在被测电路中,正、负极接线必须正确,即红表笔接被测电路的高电位端,黑表笔接被测电路的低电位端。图 2.46 所示为测量灯泡和电源电压时万用表的接法。

对于复杂电路中的某两点间电压的测量,由于无法确定高电位和低电位,则需要快速将表笔放置在两点之间,如果发现表笔反偏,则立即拿开表笔,并互换两个表笔在电路中的接入点即可。

(4) 正确读数。合上开关 S,待指针稳定后进行读数。

当电压挡选择 50 V 时,应读取图 2.47 所示表盘右侧标有 50 字样的一行读数。当选择的电压挡为 500 V 时,则右侧的 50 应该代表 500 V,其他数值对应也要乘以 10。当挡位选择 10 V 时,应该读取第三行标有 10 字样的一行读数。当挡位选择 1 V 时,也读取标有 10 字样的一行读数,但是对应的数值应该除以 10。

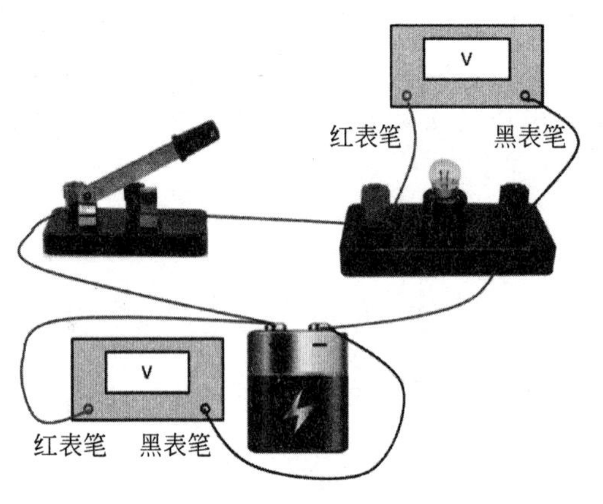

图 2.46 电压表位置

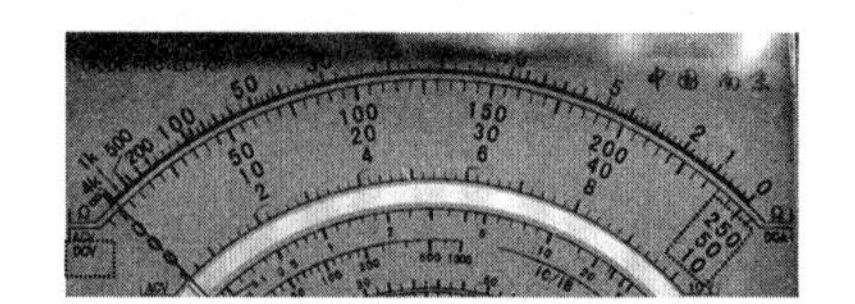

图 2.47 万用表的电压表盘

注意：

① 合上开关时，应观察指针的偏转情况。如果指针出现反偏或指针正偏过大，都应立即断开电源开关，待查明原因并排除故障后，方可继续操作。

② 记录数据时，最后一位数字为估读值，不能漏记。

(5) 工作结束。工作结束后，先切断电源，再拆除连接实物的导线，以避免发生事故。将万用表量程开关旋至空挡(或 OFF)处，没有空挡则将量程开关旋至交流电压最高挡。

2) 数字万用表测量电压

(1) 插表笔。数字万用表测量直流电压时，其表笔的插法和测量电阻时的插法是一样的。

(2) 选量程。应选择大于待测电压，且最接近于该电压的量程。若不确定待测电压的大小，则应先选择高挡位。

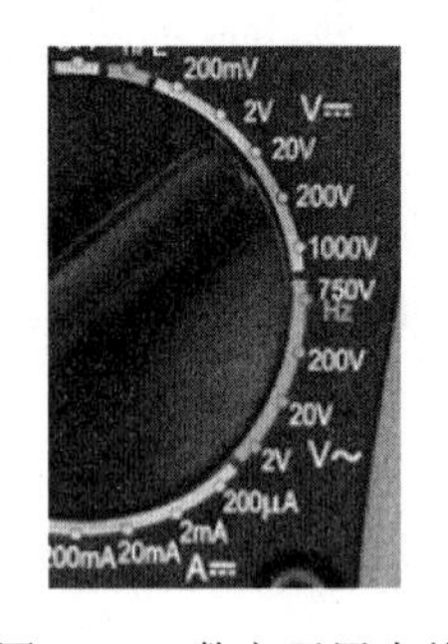

图 2.48 数字万用表的电压挡位

注意：如图 2.48 所示，“V ⎓”标注的挡位为直流电流挡；“V～”标注的挡位为交流电压挡。

(3) 测电压。将电路开关闭合，用数字万用表的红、黑表笔分别连接要测量电压的两端。其操作方法同指针式万用表相同，但是数字式万用表可以显示负值。

如图 2.49(a)所示，数字万用表测量的电压为 U_{ab}。若电压值为 1 V，则 LCD 显示屏上显示“1 V”，即 $U_{ab}=1$ V。如图 2.49(b)所示方法进行测量，数字万用表测量的电压为 U_{ba}，则 LCD 显示屏上显示的数值应为“−1 V”，即 $U_{ba}=-1$ V。

(4) 工作结束。工作结束后，先切断电源，再拆除连接实物的导线，以避免发生事故，并将万用表量程开关旋至 OFF 处。

2.3.3 关联参考方向和非关联参考方向

如图 2.50 所示，若电压和电流的参考方向选择一致，称为关联参考方向；若电压和电流的参考方向选择相反，称为非关联参考方向。

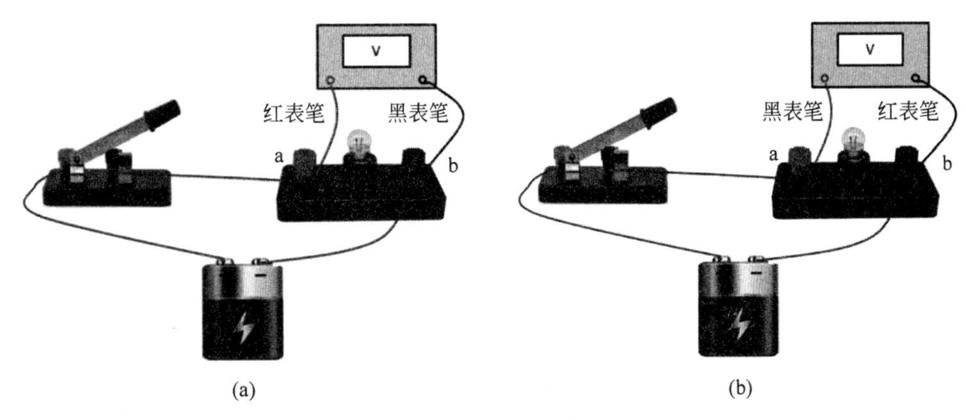

图 2.49 电压的正与负

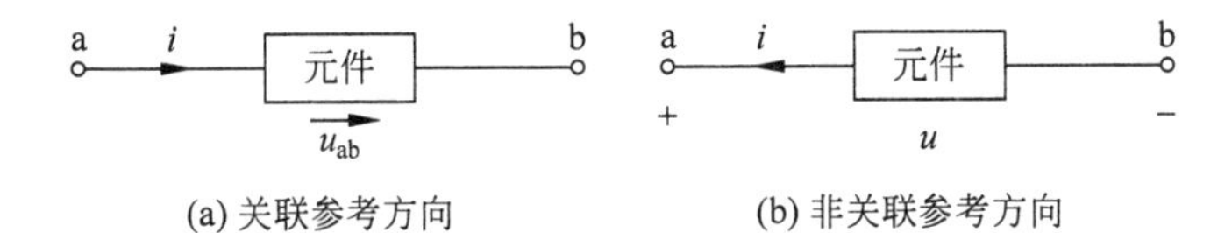

图 2.50 关联参考方向和非关联参考方向

【例 2.13】 如图 2.51 所示电路中,电压 u 和电流 i 的参考方向是否关联?

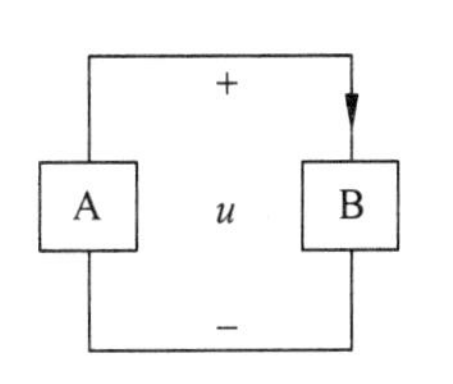

图 2.51 例 2.13 用图

解:在图 2.51 中,电流的参考方向呈顺时针方向。

对于元件 A 而言,电流的参考方向指向上方,而元件 A 两端的电压参考方向指向下方,两者方向相反,是非关联参考方向。

对于元件 B 而言,电流的参考方向指向下方,元件 B 两端的电压参考方向也指向下方,两者方向相同,是关联参考方向。

【例 2.14】 在图 2.52 所示电路中,电压和电流的参考方向是否关联?

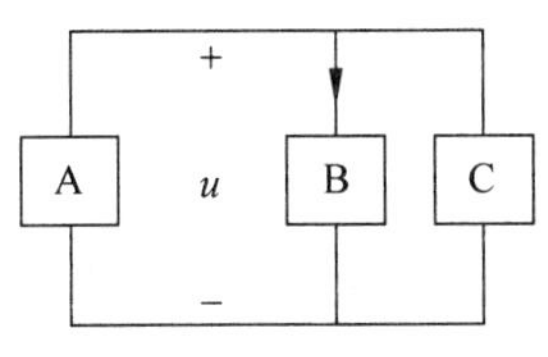

图 2.52 例 2.14 用图 1

解:该题中只有元件 B 的电压和电流参考方向均是给定的。根据例 2.13 的分析可知,元件 B 的电压和电流参考方向是关联参考方向。

若要判断元件 A 和元件 C 的电压与电流是否为关联参考方向,需要先规定电流参考方向。因为参考方向可以任意选定,所以答案不是唯一的。

若各参考方向如图 2.53 所示,对于元件 A 来说,电压参考方向和电流参考方向一致,为关联参考方向。对于元件 C 来说,电压参考方向和电流参考方向一致,为关联参考方向。元件 B 的电压和电流参考方向是关联参考方向。

若各参考方向如图 2.54 所示,对于元件 A 来说,电压参考方向和电流参考方向一致,为关联参考方向。对于元件 B 来说,电压参考方向和电流参考方向一致,为关联参考方向。对于元件 C 来说,电压参考方向和电流参考方向相反,为非关联参考方向。

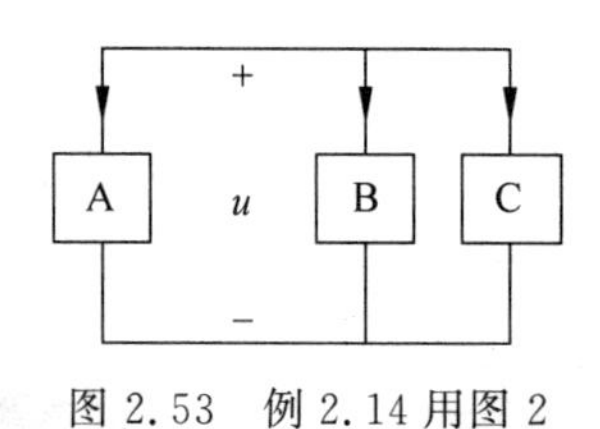

图 2.53 例 2.14 用图 2

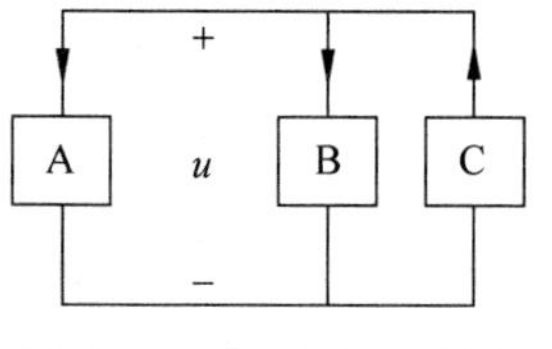

图 2.54 例 2.14 用图 3

在分析电路的过程中，为了方便计算，一般尽量保证电压参考方向和电流参考方向为关联参考方向。

2.3.4 电动势

1. 电动势的概念

电动势是描述电源性质的重要物理量。它是反映电源力把正电荷由负极推向正极所做的功。电源电动势的符号用 E 表示，在数值上等于非静电力把单位正电荷从电源的低电位由电源内部移到高电位所做的功，电动势的单位和电压一样，也是伏特(V)，电动势的计算公式为

$$E=\frac{W}{Q} \tag{2.9}$$

式中，E 为电动势，V；W 为非静电力所做的功，J；Q 为电荷量。

2. 电动势的实际方向和参考方向

电动势的作用是把正电荷从低电位点移动到高电位点，使正电荷的电势能增加，所以规定电动势的实际方向是由低电位指向高电位，即从电源的负极指向电源的正极。

一般情况下，在电路中电源的极性和电动势的数值都是已知的，所以电动势的参考方向都取与实际方向相同的方向，即由电源的负极指向电源的正极。

思考与练习

一、填空题

1. 电压是衡量________做功本领大小的物理量。

2. 电流的方向规定为________电荷移动的方向，在金属导体中电流的方向与电子的运动方向________。

3. 流过元件的电流实际方向与参考方向________时电流为正值；实际方向与参考方向________时电流为负值。

4. 电压的实际方向规定为________ 指向________。

二、选择题

1. 单个电子所带电荷数为(　　)。

A. 6.25×10^{-18} C　B. 1.6×10^{-19} C　C. 1.6×10^{-19} J　D. 3.14×10^{-6} C

2. 电流的定义是(　　)。

A. 自由电子　　B. 自由电子移动的速度

C. 移动电子所需要的能量　　　　D. 自由电子的电荷

三、判断题

正弦量的大小和方向都随时间不断变化，因此不必选择参考方向。(　　)

四、计算题

1. 求下列情况下的电压值。

(1) 10 J/1 C　　(2) 5 J/2 C　　(3) 100 J/25 C

2. 500 J 的能量用于移动 100 C 的电荷通过一个电阻，求这个电阻两端的电压是多少？

3. 想要用 800 J 的能量移动 40 C 的电荷通过一个电阻，求一个电池的电压是多少才可以实现？

4. 电池电压为 12 V，要移动 2.5 C 的电荷通过一个电路要消耗多少能量？

5. 如果 2 A 的电流通过一个电阻，可以在 15 s 内将 1 000 J 的电能转换为热能，求电阻两端的电压是多少？

6. 求下列情况下的电流值。

(1) 1 s 内通过 75 C 电荷　　(2) 0.5 s 内通过 10 C 电荷

(3) 2 s 内通过 5 C 电荷

7. 在 3 s 内通过一点的电荷数为 0.6 C，求其电流是多少？

8. 当电流为 5 A 时，在多长时间内通过一点的电荷数为 10 C?

9. 如果要测量图 2.55 所示的电流和电源的电压，试说明电流表和伏特表的摆放位置，并解释如何测量图中电阻 R_2 的阻值。

10. 如图 2.56 所示，回答下列问题。

(1) 当开关 S 如图 2.56 所示连接时，试说明测量电源电压、L_1 电压、L_2 电压时伏特表的摆放位置，并分析各个电压之间的关系。

(2) 若开关 S 连接到下方端子，各元件间的电压关系会如何变化？

11. 根据下列欧姆表量程和读数确定电阻阻值。

(1) 指针指到 2，量程设置为×10。

(2) 指针指到 15，量程设置为×100 000。

(3) 指针指到 45，量程设置为×100。

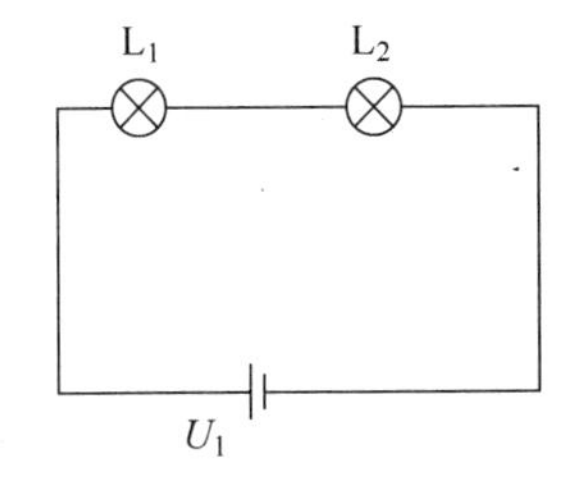

图 2.55　计算题 9 用图

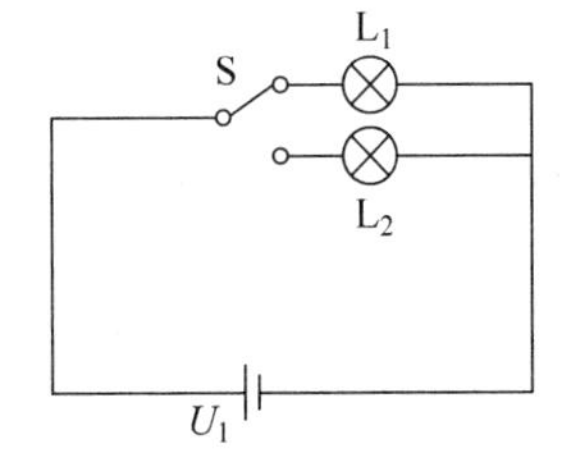

图 2.56　计算题 10 用图

任务 2.4　电阻元件特性测试

学习目标

知识目标：掌握电阻元件线性欧姆定律的应用；了解电阻与温度的关系在家电产品中的应用。

技能目标：能够区别线性电阻和非线性电阻；能够应用欧姆定律分析、计算电阻上的电压和电流；学会使用可调电源。

素质目标：提高学生将所学知识应用于实际电路的能力；培养学生安全正确操作仪器的习惯、养成行为规范。

任务要求

1. 线性电阻元件的伏安特性曲线的测定

（1）按如图 2.57 所示电路连接，$R=100\ \Omega$，U_S 为直流稳压电源的输出电压，先将稳压电源输出电压旋钮置于最小位置。

（2）打开直流稳压电源开关，调节稳压电源的输出电压，使其输出电压为表 2.12 中所列数值，并将所测电阻的电压和电流值记录在表 2.12 中。

（3）根据测量的数据画出电阻的伏安曲线图。

（4）分析实验结果。

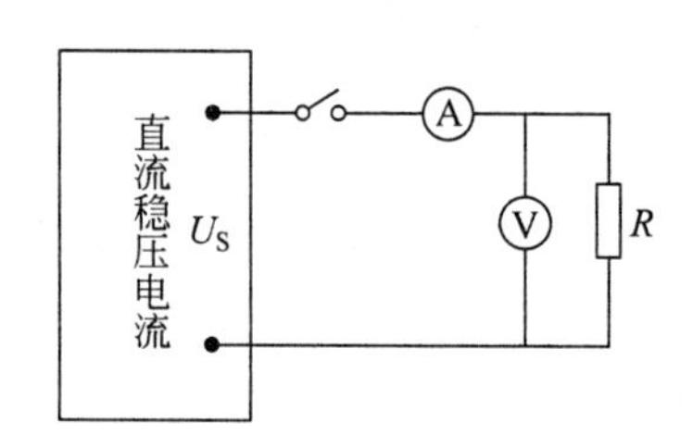

图 2.57　实验电路图 1

表 2.12　线性电阻的电压、电流关系实验数据

U/V	0	2	4	6	8	10
I/mA						
$R=U/I$						

2. 非线性电阻元件的伏安特性曲线的测定

（1）按如图 2.58 所示电路连接，U_S 为单相交流可调电源的输出电压，先将稳压电源输出电压旋钮置于最小位置。

（2）打开交流可调电源开关，调节电源的输出电压，使其输出电压为表 2.13 中所列数值，并将所测电阻的电压和电流值记录在表 2.13 中。

（3）根据测量的数据画出电阻的伏安曲线图。

（4）分析实验结果。

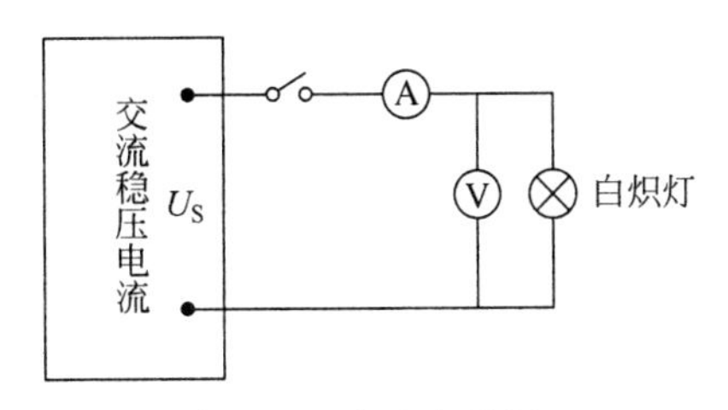

图 2.58 实验电路图 2

表 2.13 非线性电阻的电压、电流关系实验数据

U/V	0	20	40	60	80	100	130	160	190	220
I/mA										
$R=U/I$										

2.4.1 线性电阻的欧姆定律

线性电阻元件是一种理想元件。欧姆定律是反映线性电阻的电流与该电阻两端电压之间关系的，是电路分析中最重要的基本定律之一。其内容是通过线性电阻 R 的电流 I 与作用其两端的电压 U 成正比。本小节只研究直流电流的欧姆定律，所以电压和电流均采用大写字母表示。

1. 关联参考方向下的欧姆定律

当线性电阻上的电压与电流取关联参考方向时，欧姆定律有三种表达方式，分别为电流公式、电压公式和电阻公式。

(1) 电流公式：

$$I=\frac{U}{R} \tag{2.10}$$

式(2.10)表明，电阻值不变，如果电压增加了，电流也会增加；如果电压降低了，电流也会减小。如果电压固定，电阻增加，则电流减小。同样，如果电压固定，电阻下降，则电流增大。采用该公式，如果知道电阻值和电压，就能够计算电流。

(2) 电压公式：

$$U=I\times R \tag{2.11}$$

如果知道电流和电阻值，则能够用这个等式计算电压。

(3) 电阻公式：

$$R=\frac{U}{I} \tag{2.12}$$

如果知道电流和电压，则能够用这个等式计算电阻值。

注意：式(2.10)、式(2.11)、式(2.12)都是等价的，是欧姆定律的三种不同表达方式。

在线性电阻电路中，电流和电压是线性成正比的。线性是指当电阻值不变时，如果其中一个量以某种比例增加或者减少，其他量将会以相同的比例增加或减少。例如，如果加在一个电阻上的电压增加 3 倍，电流也将增加 3 倍。

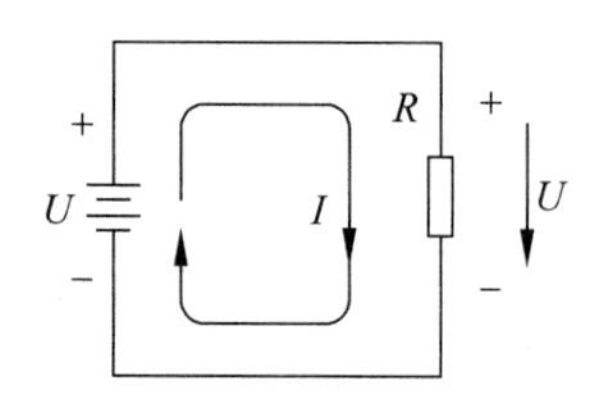

图 2.59 电路图(例 2.15 和例 2.16 用图)

【例 2.15】 在图 2.59 所示电路中，①已知 $U=100$ V，$R=22$ Ω，求通过的电流是多少？②如果图中的电阻变为 47 Ω，电压变为 50 V，电流是多少？③如果图中的电阻变为 1 kΩ，电压变为 50 V，电流是多少？④如果图中的电阻变为 5.6 kΩ，电压变为 30 V，电流是多少？⑤如果图中的电阻变为 4.7 MΩ，电压变为 25 V，电流是多少？⑥如果图中的电阻变为 12 kΩ，电压变为 24 kV，电流是多少？⑦如果图中的电阻变为 100 MΩ，电压变为 50 kV，电流是多少？

解：(1) 利用公式 $I=\frac{U}{R}$。已知 $U=100$ V，$R=22$ Ω，所以 $I=\frac{U}{R}=\frac{100}{22}=4.55(\text{A})$。电路中的电流为 4.55 A。

(2) 将 $U=50$ V，$R=47$ Ω 替换到公式 $I=\frac{U}{R}$中。$I=\frac{U}{R}=\frac{50}{47}=1.06(\text{A})$。

(3) 已知 $U=50$ V，$R=1\ \text{k}\Omega=1\,000\ \Omega$，代入公式 $I=\frac{U}{R}$中。$I=\frac{U}{R}=\frac{50}{1\,000}=50\times10^{-3}(\text{A})=50(\text{mA})$。

(4) 用电压除以 kΩ 计的电阻时，得到以 mA 计的电流。$I=\frac{U}{R}=\frac{30\ \text{V}}{5.6\ \text{k}\Omega}=5.36\ \text{mA}$。

(5) 已知 $U=25$ V，$R=4.7\ \text{M}\Omega=4.7\times10^{6}\ \Omega$，代入公式 $I=\frac{U}{R}$中。$I=\frac{U}{R}=\frac{25\ \text{V}}{4.7\ \text{M}\Omega}=5.32\times10^{-6}\ \text{A}=5.32\ \mu\text{A}$。

(6) $I=\frac{U}{R}=\frac{24\ \text{kV}}{12\ \text{k}\Omega}=2\ \text{A}$。

(7) $I=\frac{U}{R}=\frac{50\ \text{kV}}{100\ \text{M}\Omega}=0.5\ \text{mA}$。

注意：$\frac{1\ \text{V}}{1\ \text{M}\Omega}=1\ \mu\text{A}$，$\frac{1\ \text{V}}{1\ \text{k}\Omega}=1\ \text{mA}$，$\frac{1\ \text{V}}{1\ \Omega}=1\ \text{A}$。

小电压(通常小于 50 V)在半导体电路中是常见的。然而半导体电路中偶尔也会有大电压。例如，用于电视接收机的高压约为 20 000 V(20 kV)。

【例 2.16】 在图 2.59 所示的电路中，①已知 $R=100$ Ω，需要多大的电压才能产生 5 mA 的电流？②如果电阻值 $R=56$ Ω，电流 $I=5$ mA，则电阻两端的电压为多少？③如果电阻值 $R=10$ Ω，电流 $I=8\ \mu$A，则电阻两端的电压为多少？④如果电阻值 $R=3.3$ kΩ，电流 $I=10$ mA，则电阻两端的电压为多少？⑤如果电阻值 $R=4.7$ MΩ，电流 $I=50\ \mu$A，则电阻两端的电压为多少？

解：(1) 在公式 $U=IR$ 中，已知 $I=5$ A，$R=100$ Ω，$U=IR=5\times100=500(\text{V})$。因此，需要 500 V 的电压才能在 100 Ω 的电阻中产生 5 A 的电流。

(2) 电流 $I=5\ \text{mA}=5\times10^{-3}$ A，$U=IR=5\times10^{-3}\times56=280\times10^{-3}(\text{V})=280(\text{mV})$。

(3) 电流 $I=8\ \mu A=8\times10^{-6}\ A$,$U=IR=8\times10^{-6}\times10=80\times10^{-6}(V)=80(\mu V)$。

(4) 电流 $I=10\ mA=10\times10^{-3}\ A$,电阻 $R=3.3\ k\Omega=3.3\times10^{3}\ \Omega$,$U=IR=10\times10^{-3}\times3.3\times10^{3}=33(V)$。

(5) 电流 $I=50\ \mu A=50\times10^{-6}\ A$,电阻 $R=4.7\ M\Omega=4.7\times10^{6}\ \Omega$,$U=IR=50\times10^{-6}\times4.7\times10^{6}=235(V)$。

【例 2.17】 如图 2.60 所示电路中,①需要多大的电阻才能获得 3.08 A 的电流?②若图中的电压 $U=150$ V,电流 $I=4.55$ mA,求电阻值?

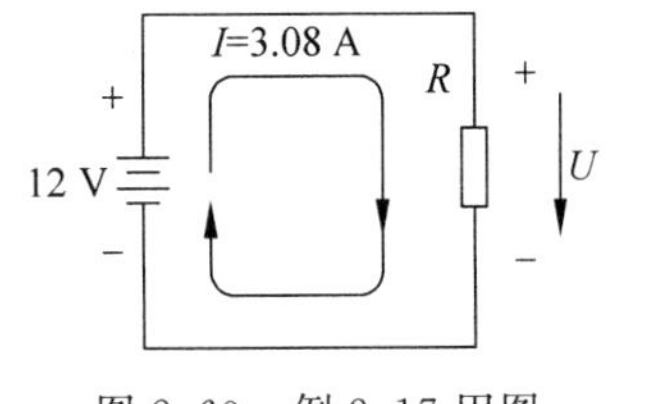

图 2.60 例 2.17 用图

解:(1) 在公式 $R=\frac{U}{I}$ 中,已知 $U=12$ V,$I=3.08$ A。

$R=\frac{U}{I}=\frac{12}{3.08}=3.90(\Omega)$。

(2) 已知 $I=4.55\ mA=4.55\times10^{-3}\ A$,$R=\frac{U}{I}=\frac{150}{4.55\times10^{-3}}=33\times10^{3}(\Omega)=33(k\Omega)$。

2. 非关联参考方向下的欧姆定律

当线性电阻上的电压参考方向与电流参考方向取非关联参考方向时,欧姆定律的三种表达方式分别为

$$I=-\frac{U}{R} \tag{2.13}$$

$$U=-I\times R \tag{2.14}$$

$$R=-\frac{U}{I} \tag{2.15}$$

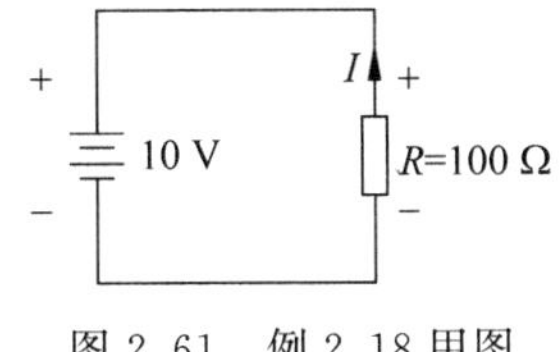

图 2.61 例 2.18 用图

【例 2.18】 如图 2.61 所示电路中,电流参考方向和电压参考方向已给定。求图中电流的数值。

解:对于电阻元件,其电流参考方向指向上方,电压参考方向指向下方,为非关联参考方向。将电压和电流数值代入式(2.13),可以求得电流数值,即

$$I=-\frac{U}{R}=-\frac{10}{100}=-0.1(A)$$

2.4.2 非线性电阻

加在电阻两端的电压与电流的比值若是一个变化的值,则这种电阻称为非线性电阻。例如,一些晶体二极管的等效电阻就属于非线性电阻。其伏安特性曲线如图 2.62 所示。

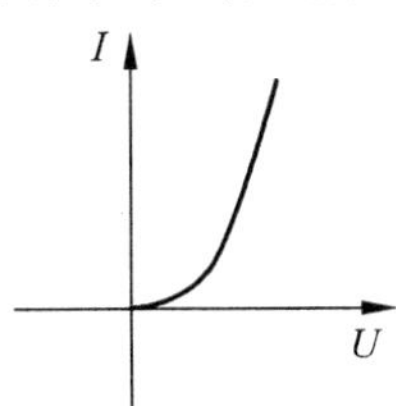

图 2.62 非线性电阻的伏安特性曲线

思考与练习

一、选择题

1. 下列阐述符合欧姆定律的是(　　)。

A. 电流等于电压乘以电阻　　B. 电压等于电流乘以电阻

C. 电阻等于电流除以电压　　D. 电压等于电流的平方乘以电阻

2. 当加在电阻两端的电压加倍时,电流将(　　)。

A. 变为原来的三倍　B. 减半　C. 加倍　D. 不变

3. 将 10 V 电压加在 20 Ω 电阻两端时,电流为(　　)A。

A. 10　B. 0.5　C. 200　D. 2

4. 如果有 10 mA 的电流通过 1.0 kΩ 的电阻,则电阻两端的电源为(　　)。

A. 100 V　B. 0.1 V　C. 10 kV　D. 10 V

5. 如果 20 V 的电压加在电阻两端,通过电阻的电流为 6.06 mA,电阻阻值为(　　)。

A. 3.3 kΩ　B. 33 kΩ　C. 330 Ω　D. 3.03 kΩ

6. 通过 4.7 kΩ 电阻的电流为 250 μA,其压降为(　　)。

A. 53.2 V　B. 1.18 mV　C. 18.8 V　D. 1.18 V

7. 一个 2.2 MΩ 电阻与 1 kV 电源相连,得到的电流近似为(　　)。

A. 2.2 mA　B. 0.455 mA　C. 45.5 μA　D. 0.455 A

8. 电阻为多大时,可以将 10 V 的电流流出的电流限制为 1 mA(　　)。

A. 100 Ω　B. 1 kΩ　C. 10 Ω　D. 10 kΩ

9. 一个电暖气从 110 V 的电源中获得 2.5 A 的电流,电暖气的电阻为(　　)。

A. 275 Ω　B. 22.7 mΩ　C. 44 Ω　D. 440 Ω

10. 如果通过手电筒灯泡的电流为 20 mA,而总电池的电压为 4.5 V,灯泡电阻为(　　)Ω。

A. 90　B. 225　C. 4.44　D. 45

11. 通过一个定值电阻的电流从 10 mA 增加到 12 mA 时,电阻两端的电压将(　　)。

A. 上升　B. 下降　C. 保持不变　D. 不确定

12. 如果一个可变电阻两端的电压为 5 V,当其电阻变小时,通过电阻的电流将(　　)。

A. 上升　B. 下降　C. 保持不变　D. 不确定

13. 如果加在电阻两端的电压从 5 V 升到 10 V,且电流从 1 mA 增加到 2 mA,则电阻将(　　)。

A. 上升　B. 下降　C. 保持不变　D. 不确定

14. 如图 2.63 所示电路中,伏特表的读数从 150 V 变为 175 V,安培表的读数将(　　)。

A. 上升　B. 下降　C. 保持不变　D. 不确定

15. 如图 2.63 所示电路中,如果电阻 R 的值增加,电压仍然保持 150 V,电流将(　　)。

A. 上升　B. 下降　C. 保持不变　D. 不确定

16. 如图 2.63 所示电路中,如果将电阻从电路中移除形成开路,安培表的读数将(　　)。

A. 上升　　B. 下降　　C. 保持不变　　D. 不确定

17. 如图2.64所示电路中，如果增加变阻器阻值，则通过发热器的电流将(　　)；电源电压将(　　)。如果保险丝断开，则发热器两端的电压将(　　)。如果电源电压上升，则电热器两端的电压将(　　)。如果更换一个具有较高额定值的保险丝，则通过变阻器的电流将(　　)。

A. 上升　　B. 下降　　C. 保持不变　　D. 不确定

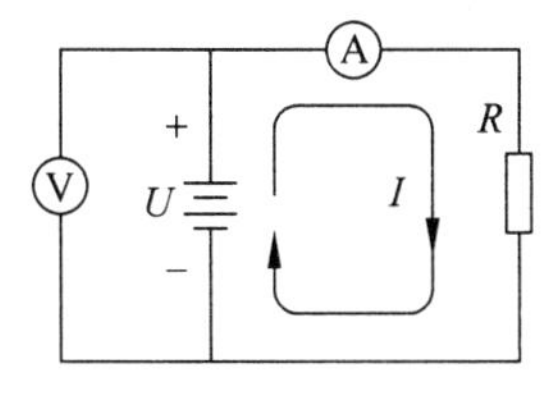

图2.63　选择题14至16电路图

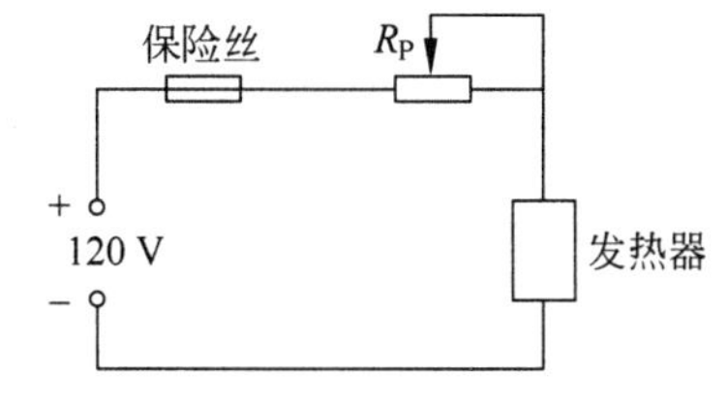

图2.64　选择题17电路图

二、判断题

由欧姆定律可知，导体电阻的大小与两端电压成正比，与流过导体的电流成反比。(　　)

三、计算题

1. 根据已知条件，计算电阻元件的电流 I。

(1) 已知 $U=10\ \text{V}, R=5.6\ \Omega$　　(2) 已知 $U=100\ \text{V}, R=560\ \Omega$

(3) 已知 $U=5\ \text{V}, R=2.2\ \text{k}\Omega$　　(4) 已知 $U=15\ \text{V}, R=4.7\ \text{M}\Omega$

(5) 已知 $U=20\ \text{kV}, R=4.7\ \text{M}\Omega$　　(6) 已知 $U=10\ \text{kV}, R=2.2\ \text{k}\Omega$

2. 根据已知条件，计算电阻两端的电压 U。

(1) $R=10\ \Omega, I=1\ \text{A}$　　(2) $R=470\ \Omega, I=8\ \text{A}$　　(3) $R=100\ \Omega, I=3\ \text{mA}$

(4) $R=56\ \Omega, I=25\ \mu\text{A}$　　(5) $R=1.8\ \text{k}\Omega, I=2\ \text{mA}$　　(6) $R=100\ \text{M}\Omega, I=5\ \text{mA}$

(7) $R=2.2\ \text{M}\Omega, I=10\ \mu\text{A}$

3. 根据已知条件，计算电阻 R。

(1) $U=10\ \text{V}, I=2.13\ \text{A}$　　(2) $U=270\ \text{V}, I=10\ \text{A}$　　(3) $U=20\ \text{kV}, I=5.13\ \text{A}$

(4) $U=15\ \text{V}, I=2.68\ \text{mA}$　　(5) $U=5\ \text{V}, I=2.27\ \mu\text{A}$

4. 如果人体的最小电阻为800 Ω，已知通过人体的电路为50 mA，就会引起呼吸困难，不能自动摆脱电极，试求安全工作电压。

5. 一节电池输出2 A电流到一个6.8 Ω的电阻负荷，求电池的电压是多少？

6. 一个电阻上测得的电压为25 V，安培表读数为53.2 mA。求电阻值是多少？

7. 有一个量程为300 V(测量范围是0～300 V)的电压表，它的内阻是40 kΩ，用它测量电压时，允许流过的最大电流是多少？

任务 2.5　电阻箱改进

学习目标

知识目标：掌握串联电路的特点；了解串联电路的应用场合。

技能目标：能够识别串联电阻；能够将理论知识应用于实践；学会使用基尔霍夫电压定律和欧姆定律分析问题。

素质目标：培养学生的规范操作；培养学生的逻辑思维能力。

任务要求

现有一个电阻箱，其原理如图 2.65 所示。每个电阻都是通过开关调节的，并且一次只能选择一个电阻，电阻阻值最低的是 10 Ω，在开关顺序中，任何两个连续的量程间，阻值高一挡的量程是阻值低一挡量程的 10 倍。最大电阻的阻值是 1.0 MΩ。加在电阻箱任何一个电阻上的最大电压为 4 V。要求加两个另外的电阻。一个用来将电流限制在 10 mA±10%，另一个用来将电流限制在 5 mA±10%。

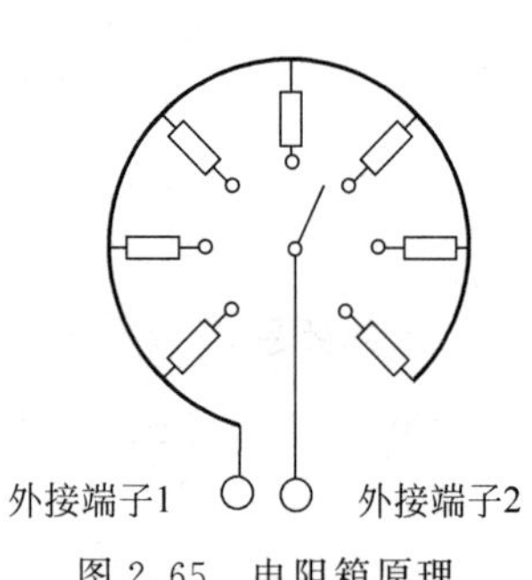

图 2.65　电阻箱原理

2.5.1　电阻串联的概念

几个电阻依次相串，中间无分支的连接方式，称为电阻的串联。图 2.66 所示电路中，任意一个连接中，电子从 A 端到 B 端的唯一一个路径是通过电阻。识别串联电阻的一个重要方法：串联电路的两点之间只有一条电流通路，所以通过每个电阻的电流是一样的。

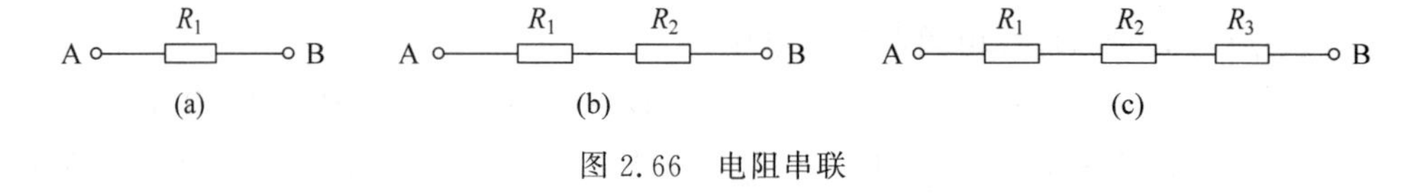

图 2.66　电阻串联

在实际电路中，串联电路可能不会像图 2.66 中那样简单直观。例如，图 2.67 所示为串联电阻的其他画法。记住：无论图中的电阻如何分布，只要两点之间只有一条电流通路，那么两点之间的电阻就是串联的。

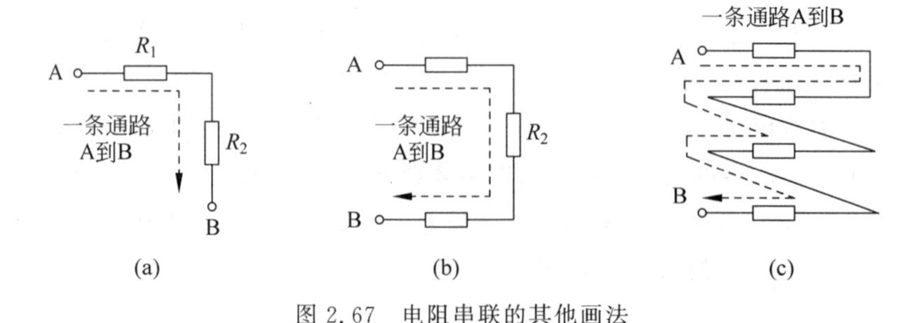

图 2.67　电阻串联的其他画法

2.5.2 基尔霍夫电压定律(KVL)

电路中任一闭合路径称为回路。基尔霍夫电压定律的内容：任何回路，按一定方向沿回路循行一周，所有电压(包含电源和电压降)的代数和等于零，即

$$\sum U = 0 \tag{2.16}$$

利用基尔霍夫电压定律(KVL)列电压方程的步骤如下。

(1) 先标定各段电路的参考方向，原则上可任意标定。

(2) 标定回路的绕行方向，原则上可任意标定(顺时针或者逆时针)。

(3) 根据 KVL 列出回路电压方程式。若电压参考方向与回路绕行方向相同，则式(2.16)中取"+"，否则取"−"。

【例 2.19】 根据基尔霍夫电压定律，列出图 2.68 所示电路的电压方程。

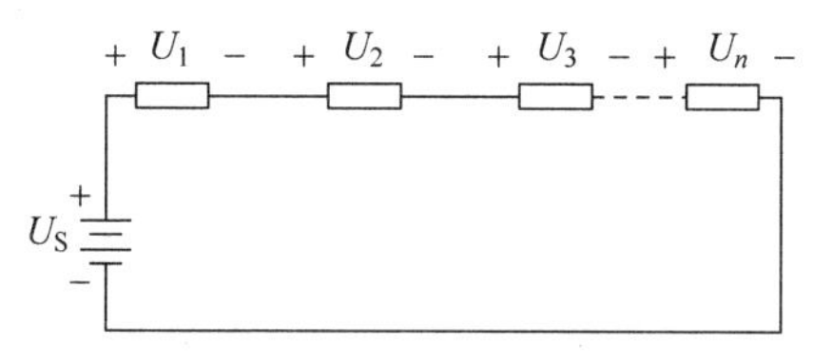

图 2.68 例 2.19 用图

解：若选择顺时针绕行方向，如图 2.69 所示。根据 KVL 列出电压方程为

$$U_1 + U_2 + U_3 + \cdots + U_n - U_S = 0 \tag{2.17}$$

上式可写为

$$U_S = U_1 + U_2 + U_3 + \cdots + U_n \tag{2.18}$$

式(2.18)说明，对于单一串联电阻电路，电源电压等于各电阻电压之和。

若选择逆时针绕行方向，如图 2.70 所示。根据 KVL 列出电压方程为

$$-U_1 - U_2 - U_3 - \cdots - U_n + U_S = 0$$

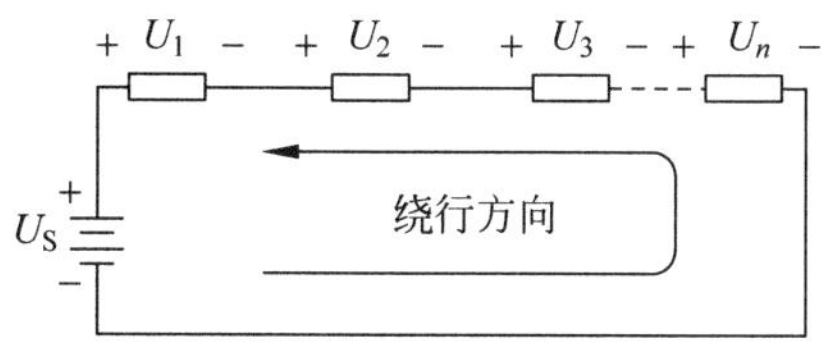

图 2.69 顺时针绕行方向

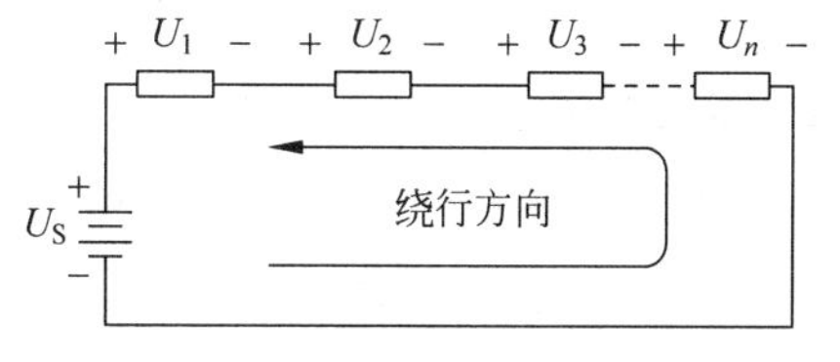

图 2.70 逆时针绕行方向

注意：图 2.68 中的矩形可以表示电阻元件或者其他电路元件，也可以是一部分电路。

【例 2.20】 如图 2.71 所示，求电压 U_3。

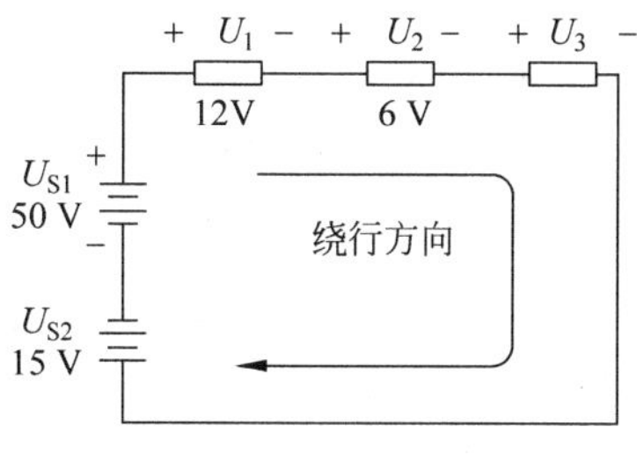

图 2.71 例 2.20 用图

解：选取顺时针为绕行方向。根据 KVL 可列出下列方程，即

$$U_1 + U_2 + U_3 + U_{S2} - U_{S1} = 0$$

得

$$U_3 = -U_1 - U_2 - U_{S2} + U_{S1} = -12 - 6 - 15 + 50 = 17(\text{V})$$

【例 2.21】 如图 2.72 所示，求 R_4 的值。

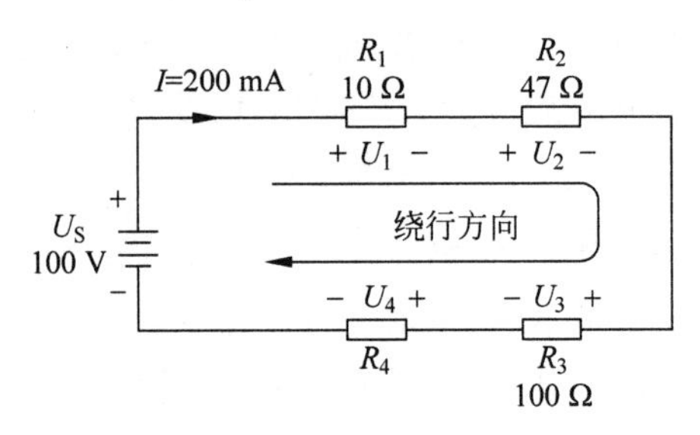

图 2.72　例 2.21 用图

解：本题需要综合应用基尔霍夫电压定律和欧姆定律。

由图 2.72 可知，$I=200\ \text{mA}=0.2\ \text{A}$，利用欧姆定律求出各个已知电阻的电压，即

$$U_1 = IR_1 = 0.2 \times 10 = 2.0(\text{V})$$

$$U_2 = IR_2 = 0.2 \times 47 = 9.4(\text{V})$$

$$U_3 = IR_3 = 0.2 \times 100 = 20(\text{V})$$

用 KVL 求 U_4，得

$$U_1 + U_2 + U_3 + U_4 - U_S = 0$$

可求得 $U_4 = 68.6\ \text{V}$。

根据欧姆定律求得

$$R_4 = \frac{U_4}{I} = \frac{68.6}{0.2} = 343(\Omega)$$

因此，它很可能是一个 330 Ω 的电阻，因为 343 Ω 在 330 Ω 的允许误差范围（+5%）之内。

2.5.3 串联电阻电路的特点

1. 等效的概念

一个电路只有两个端钮与外部相连时，就称为二端网络。每一个二端元件就是一个最简单的二端网络。如果二端网络含有电源，称为有源二端网络；如果二端网络不含有电源，称为无源二端网络。

图 2.73 给出了二端网络的一般符号。如果一个二端网络的端口电压、电流关系和另一个二端网络的电压、电流关系相同，这两个网络对外部称为等效网络。等效网络的内部结构虽然不同，但对外部电路而言，它们的影响完全相同。等效网络互换后，它们的外部情况不变，故我们所说的“等效”指“外部等效”。图 2.73(b)中的二端网络 A 和二端网络 B 的电压和电流都是相等的，所以二端网络 A 和二端网络 B 是等效的。

一个内部无源的电阻性二端网络，总有一个电阻元件与之等效。这个电阻元件的阻值称为该网络的等效电阻或输入电阻。它等于该网络在关联参考方向下端口电压与端口电流的比值。

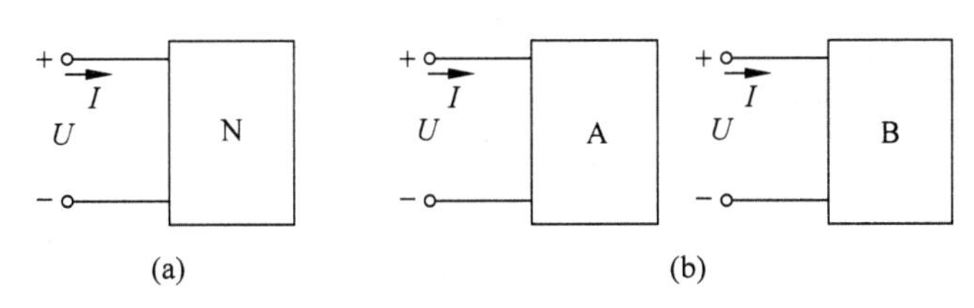

图 2.73　二端网络的一般符号

2. 电阻串联的总电阻

几个电阻串联,可以用一个总电阻来等效。总电阻等于各个电阻之和,即

$$R = R_1 + R_2 + R_3 + \cdots + R_n \tag{2.19}$$

式中,R 是总电阻;R_n 是串联电阻中的最后一个电阻(n 等于串联电路中电阻数的任意正整数)。

例如,若电阻路中有 4 个电阻串联($n=4$),如图 2.74 所示,那么总电阻的公式为

$$R = R_1 + R_2 + R_3 + R_4 \tag{2.20}$$

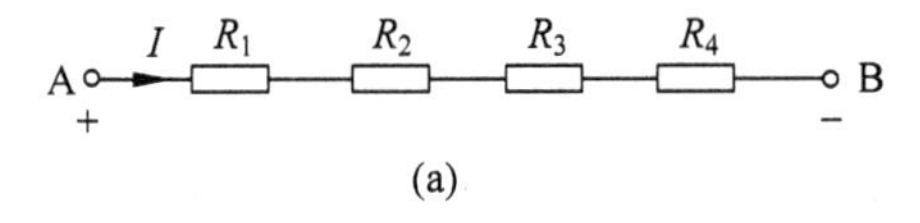

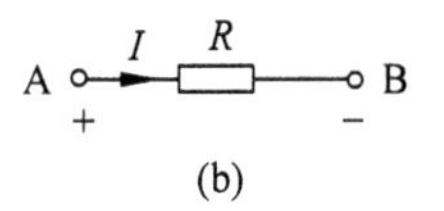

图 2.74　四个电阻串联

例如,若电阻路中有 6 个电阻串联($n=6$),那么总电阻的公式为

$$R = R_1 + R_2 + R_3 + R_4 + R_5 + R_6 \tag{2.21}$$

【例 2.22】　如图 2.75 所示,①求电路的总电阻。②若将 R_1、R_2 互换,总电阻会变化吗?

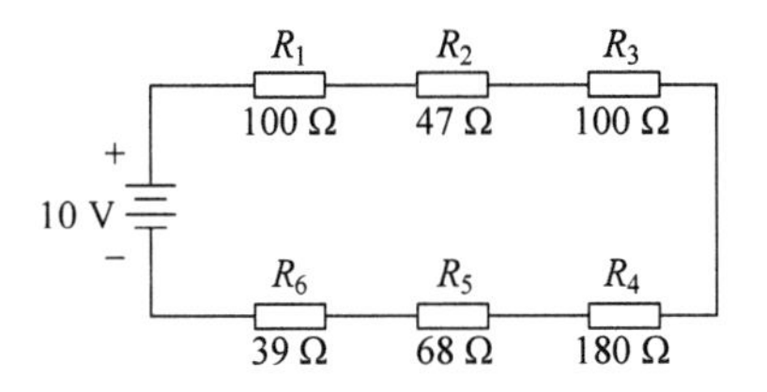

图 2.75　例 2.22 用图

解:(1) 将所有电阻相加。

$$R = R_1 + R_2 + R_3 + R_4 + R_5 + R_6$$

$$= 100 + 47 + 100 + 180 + 68 + 39 = 534(\Omega)$$

(2) 交换位置后,6 个电阻仍然是串联关系,所以总电阻不变。

下面通过一些例子来介绍欧姆定律和串联电路基本概念的应用。

【例 2.23】　如图 2.76 所示,求电路中的电流是多少?

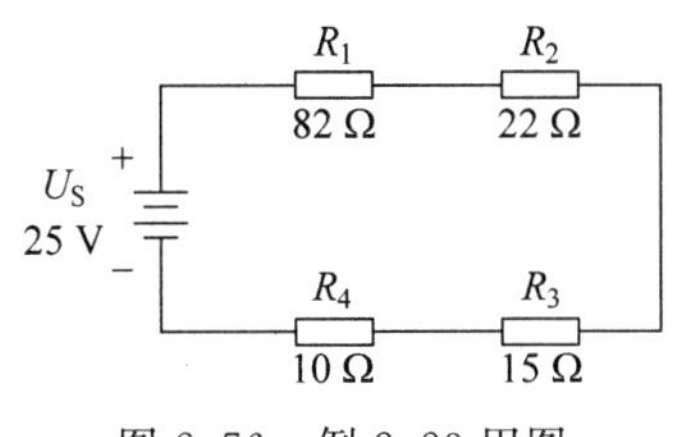

图 2.76　例 2.23 用图

解:电流是由电压和总电阻决定的。首先计算总电阻为

$$R = R_1 + R_2 + R_3 + R_4 = 82 + 22 + 15 + 10$$

$$= 129(\Omega)$$

然后用欧姆定律计算电流,即

$$I = \frac{U_S}{R} = \frac{25}{129} = 0.194(\text{A}) = 194(\text{mA})$$

串联电路中所有电阻的电流都是相同的,电流为 194 mA。

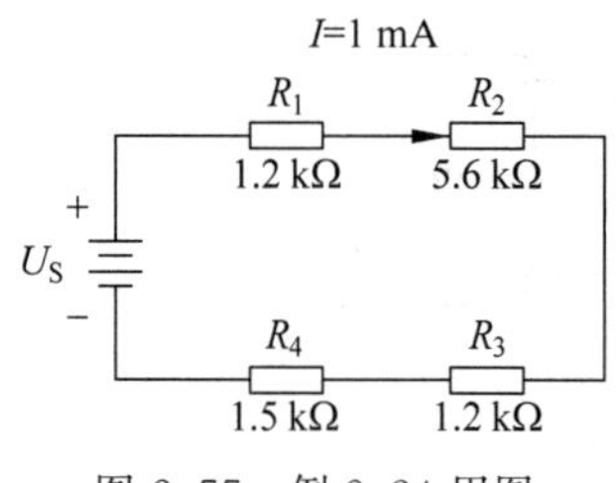

图 2.77　例 2.24 用图

【例 2.24】 如图 2.77 所示，求电路中的电压是多少？

解：先求总电阻，即

$$R=R_1+R_2+R_3+R_4$$
$$=1.2\ \text{k}\Omega+5.6\ \text{k}\Omega+1.2\ \text{k}\Omega+1.5\ \text{k}\Omega$$
$$=9.5\ \text{k}\Omega=9.5\times10^3\ \Omega$$

已知 $I=1\ \text{mA}=1\times10^{-3}\ \text{A}$，则

$$U_S=IR=1\times10^{-3}\times9.5\times10^3=9.5(\text{V})$$

3. 串联分压公式

如图 2.78 所示电路图中，各电阻的端电压与总电压的关系为

$$\begin{cases}U_1=\dfrac{R_1}{R}U\\U_2=\dfrac{R_2}{R}U\\\vdots\\U_n=\dfrac{R_n}{R}U\end{cases}\tag{2.22}$$

从式(2.22)可以看出：电阻越大，分配的电压越大，因此电阻串联具有分压作用。

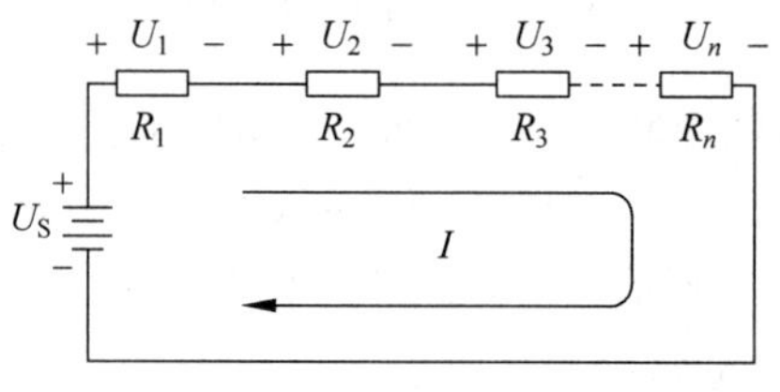

图 2.78　串联电路

【例 2.25】 如图 2.79 所示，求每个电阻上的电压降分别是多少？

解：该电路的总电阻为 1 000 Ω，利用分压公式可得

$$U_1=\frac{R_1}{R}U=\frac{100}{1\ 000}\times100=10(\text{V})$$

$$U_2=\frac{R_2}{R}U=\frac{220}{1\ 000}\times100=22(\text{V})$$

$$U_3=\frac{R_3}{R}U=\frac{680}{1\ 000}\times100=68(\text{V})$$

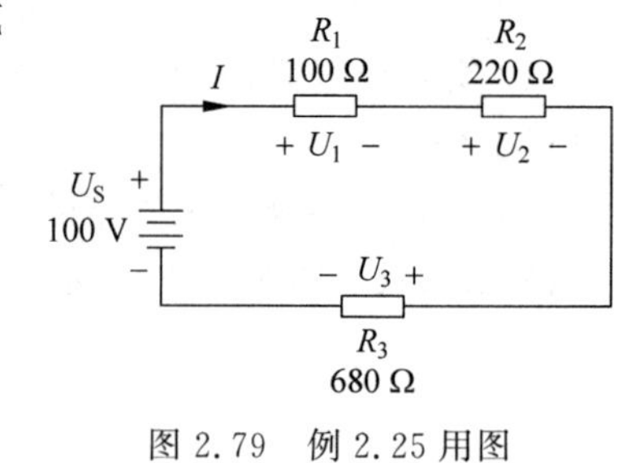

图 2.79　例 2.25 用图

注意：根据 KVL 可知，电源电压等于所有串联电阻的电压之和。可以用该方法来检验计算结果。

2.5.4　串联电路的实际应用

电阻串联电路的应用较多。收音机、电视接收机的音量控制都是用电位器作为分压器的常见应用。在电工测量中，利用电阻的串联分压作用可以扩大电压表的量程。

【例 2.26】 如图 2.80 所示，用一个满刻度偏转电流为 50 μA，电阻 R_g 为 2 kΩ 的表头制成 100 V 量程的直流电压表，应串联多大的附加电阻 R_f？

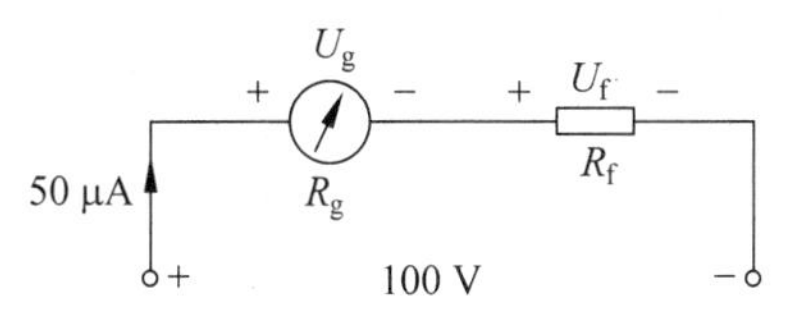

图 2.80 例 2.26 用图

解：已知 $I=50\ \mu A=50\times10^{-6}\ A$，$R_g=2\ k\Omega=2\times10^3\ \Omega$，满刻度时表头电压为

$$U_g=R_gI=2\times10^3\times50\times10^{-6}=0.1(V)$$

附加电阻电压为

$$U_f=100-0.1=99.9(V)$$

根据分压公式，得

$$99.9=\frac{R_f}{2+R_f}\times100$$

解得 $R_f=1\ 998\ k\Omega$。

思考与练习

一、填空题

1. 已知 $R_1=6\ \Omega$，$R_2=3\ \Omega$，$R_3=2\ \Omega$，把它们串联起来后的总电阻 $R=$________。

2. 将 R_1、R_2 两个电阻串联后接于固定电压的两端，现将阻值为 90 Ω 的电阻 R_1 短接，电流值变为以前的 4 倍，则电阻 R_2 的阻值为________。

二、计算题

1. 已知一个 10 V 的电池和三个 100 Ω 的电阻串联，求通过每个电阻的电流有多少？

2. 4 个等阻值的电阻和一个 5 V 的电压源串联，测得电路中的电流为 4.62 mA，则每个电阻的阻值是多少？

3. 已知电源电压是 100 V，一个 47 Ω 和 82 Ω 的电阻连成分压器。画出电路，并求每个电阻上的电压是多少？

任务 2.6 电流表量程扩展

学习目标

知识目标：掌握并联电路的特点；了解并联电路的应用场合。

技能目标：能够识别并联电阻；能够将理论知识应用于实践；学会使用基尔霍夫电流定律和欧姆定律分析问题。

素质目标：培养学生规范操作的能力；培养学生逻辑思维的能力。

任务要求

现有一只安培表，其表头电阻为 50 Ω，满偏电流为 100 μA，现要将其改装成具备

1 mA,10 mA 两个量程的电流表。试设计合适的电路方案,并画出原理图。

2.6.1 电阻并联概念

两个或者两个以上的电阻各自连接在两个相同的节点上,则称它们是相互并联的。如图 2.81 所示,并联电路提供一条以上的电流通路。每一条电流通路称为一条支路,一个并联电路有一条以上的支路。

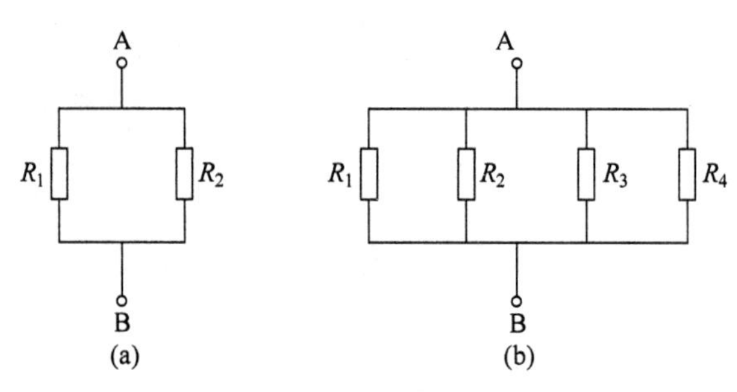

图 2.81 并联电阻

图 2.81 所示电路很显然是并联的。但在实际电路图中,并联关系并不是很清晰。无论电路如何绘制,识别并联电路很重要。识别并联电路的原则如下:如果两个独立的节点之间有一条以上的电路通路(支路),且两点之间的电压通过每条支路,则此两点之间是并联的。

图 2.82 所示的电路图中的两个电阻都是直接连接在 A 点和 B 点之间的,所以是并联关系。

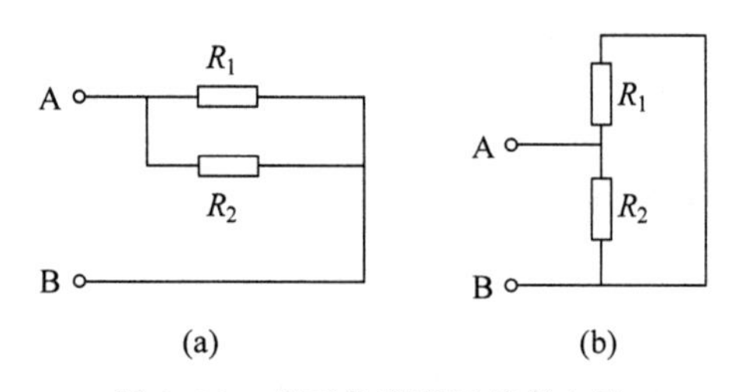

图 2.82 有两条并联通路的电路

图 2.83 所示电路中,n 个电阻均直接连接在电源的正极和负极之间,所以电阻是并联关系。各个电阻两端的电压是同样两点间的电压,即

$$U_S = U_1 = U_2 = \cdots = U_n \tag{2.23}$$

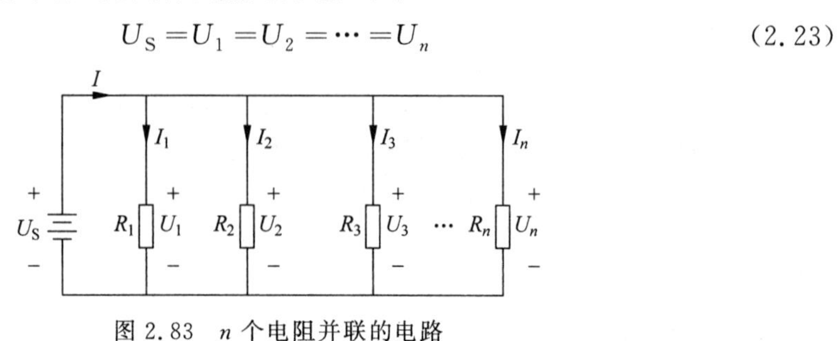

图 2.83 n 个电阻并联的电路

2.6.2　基尔霍夫电流定律(KCL)

基尔霍夫电流定律表述为，在电路中，对于任意一个节点而言，流入电流之和等于流出电流之和。即

$$\sum I_{入} = \sum I_{出} \tag{2.24}$$

基尔霍夫电流定律也表述为，对于任何一个节点，流入电流的代数和恒等于零。即

$$\sum I = 0 \tag{2.25}$$

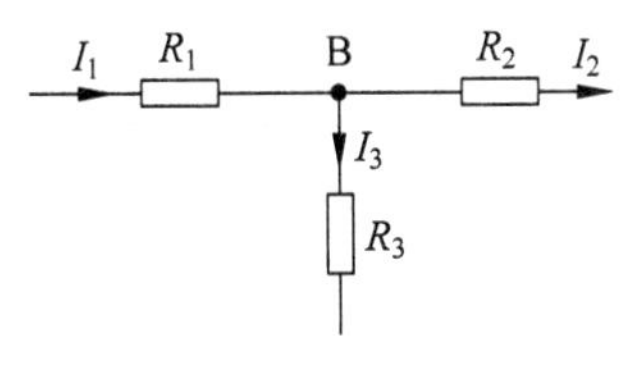

图 2.84　电路图

使用式(2.25)，如果电流是流入节点，则加上流入的电流；如果电流是流出该节点，则应该减去流出的电流。

注意：节点是指三条或三条以上支路的连接点。

在图 2.84 中，对于节点 B 而言，电流 I_1 是流入节点，电流 I_2 和 I_3 是流出节点，根据 KCL 可得

$$I_1 = I_2 + I_3 \quad 或 \quad I_1 - (I_2 + I_3) = 0$$

2.6.3　并联电路的特点

1. 并联电路的电流

在图 2.85 所示电路中，对于节点 A，根据 KCL 可得

$$I = I_1 + I_2 + \cdots + I_n \tag{2.26}$$

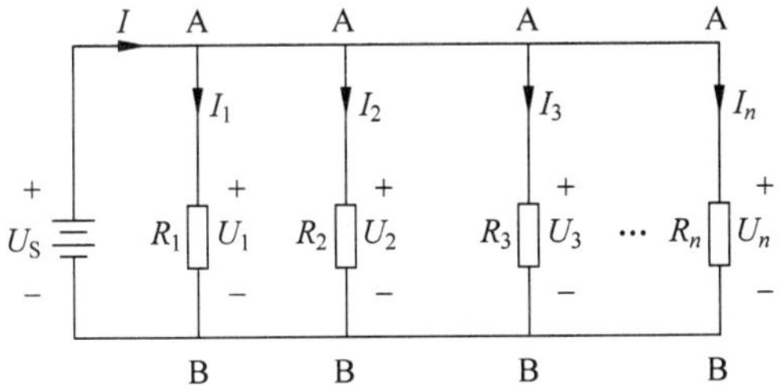

图 2.85　并联电路中的电流

【例 2.27】　如图 2.86 所示，已知各支路的电流值，求流入节点 A 的总电流值是多少？

解：流出节点 A 的总电流是两个支路电流的和，因此流入节点 A 的电流值为

$$I = I_1 + I_2 = 5\ \text{mA} + 12\ \text{mA} = 17\ \text{mA}$$

【例 2.28】　如图 2.87 所示，求通过 R_2 的电流 I_2 是多少。

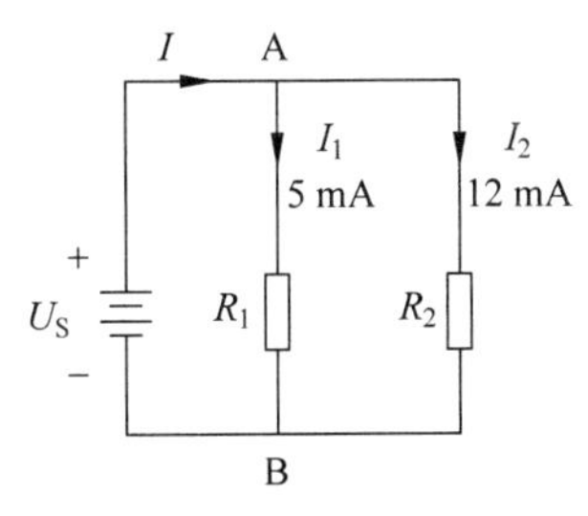

图 2.86　例 2.27 用图

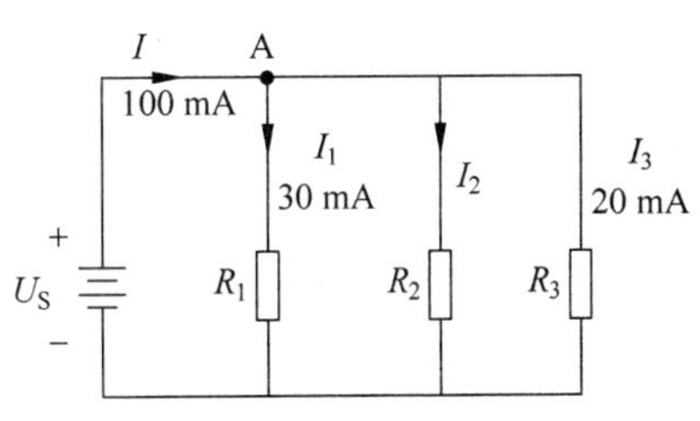

图 2.87　例 2.28 用图

解：因为 $I=I_1+I_2+I_3$，将已知数值代入可求得

$$I_2=50\ \text{mA}$$

【例 2.29】 如图 2.88 所示，利用基尔霍夫电流定律，求流过电流表 A_3 和 A_4 的电流值是多少。

解：根据 KCL，对于节点 A，$I=I_1+I_4$；对于节点 B，$I_4=I_2+I_3$。可以求得

$$I_4=3.5\ \text{A},\quad I_3=2.5\ \text{A}$$

基尔霍夫电流定律适用于节点，还可推广应用于某些闭合区域，该闭合区域称为广义节点。例如，图 2.89 中的晶体三极管可以看作广义节点，根据 KCL 定律，有 $I_B+I_C=I_E$。

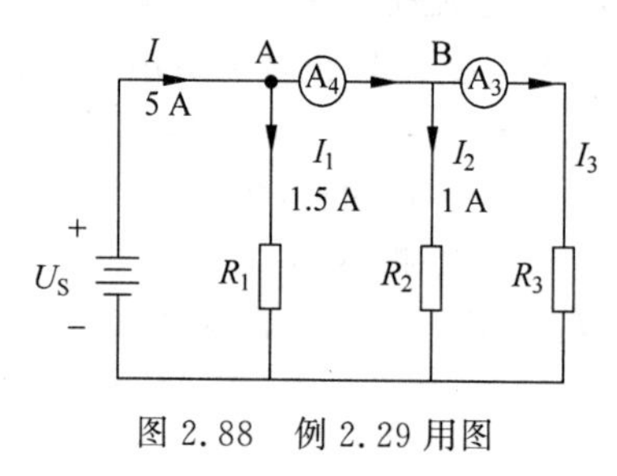

图 2.88 例 2.29 用图

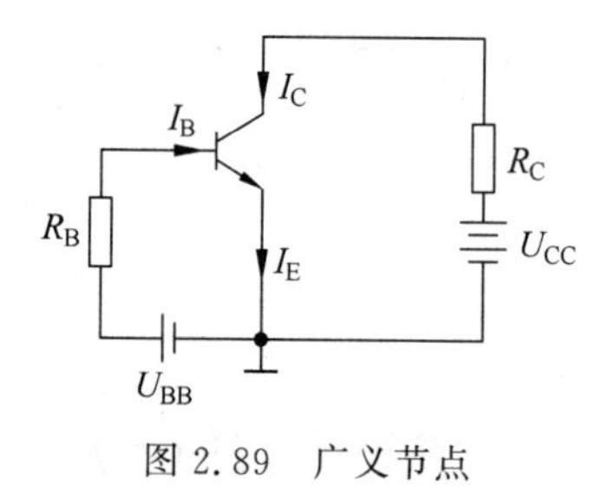

图 2.89 广义节点

2. 并联电路中的总电阻

图 2.85 所示电路中，$I=I_1+I_2+\cdots+I_n$。根据欧姆定律，$I_1=\dfrac{U_S}{R_1}$，$I_2=\dfrac{U_S}{R_2}$，…，$I_n=\dfrac{U_S}{R_n}$。代入电流公式，可得

$$\frac{1}{R}=\frac{1}{R_1}+\frac{1}{R_2}+\cdots+\frac{1}{R_n} \tag{2.27}$$

或

$$G=G_1+G_2+\cdots+G_n \tag{2.28}$$

式(2.27)中等式两边分别求倒数，可得

$$R=\frac{1}{\dfrac{1}{R_1}+\dfrac{1}{R_2}+\dfrac{1}{R_3}+\cdots+\dfrac{1}{R_n}} \tag{2.29}$$

当两个电阻并联时，式(2.29)可写为

$$R=\frac{1}{\dfrac{1}{R_1}+\dfrac{1}{R_2}}=\frac{R_1R_2}{R_1+R_2} \tag{2.30}$$

3. 并联分流公式

图 2.85 所示电路中，$I_1=\dfrac{U_S}{R_1}$，$I_2=\dfrac{U_S}{R_2}$，…，$I_n=\dfrac{U_S}{R_n}$。总电流分配到每个并联电阻中的电流值是和电阻值成反比的。各支路电流的分配关系为

$$I_1:I_2:\cdots:I_n=G_1:G_2:\cdots:G_n \tag{2.31}$$

$$I_n = \frac{U}{R_n} = G_n U = \frac{G_n}{G} I = \frac{R}{R_n} I \tag{2.32}$$

式(2.32)表示,通过任意支路的电流 I_n 等于总电阻 R 除以该支路电阻 R_n,再乘以流入并联支路节点的总电流。

对于两个并联的电阻,各电阻流过的电流与总电流的关系为

$$\begin{cases} I_1 = \dfrac{R_2}{R_1 + R_2} I \\ I_2 = \dfrac{R_1}{R_1 + R_2} I \end{cases} \tag{2.33}$$

【例 2.30】 图 2.90 所示电路中,电流 I_1 和 I_2 分别是多少?

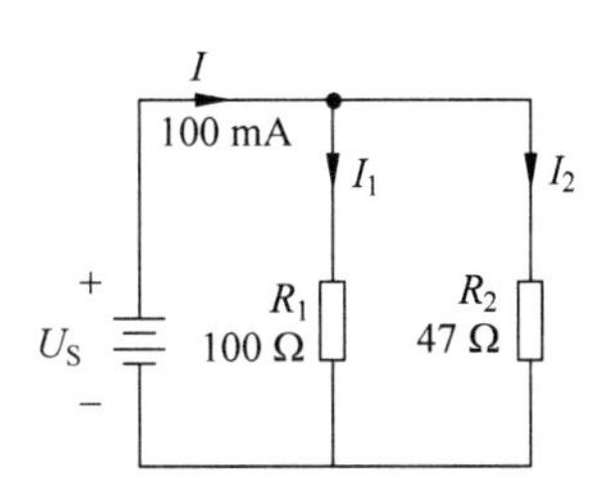

图 2.90　例 2.30 用图

解:$I_1 = \dfrac{R_2}{R_1 + R_2} I = \dfrac{47\ \Omega}{147\ \Omega} \times 100\ \text{mA} = 32.0\ \text{mA}$

$I_2 = \dfrac{R_1}{R_1 + R_2} I = \dfrac{100\ \Omega}{147\ \Omega} \times 100\ \text{mA} = 68.0\ \text{mA}$

【例 2.31】 图 2.91 所示电路中,流过每个电阻的电流是多少?

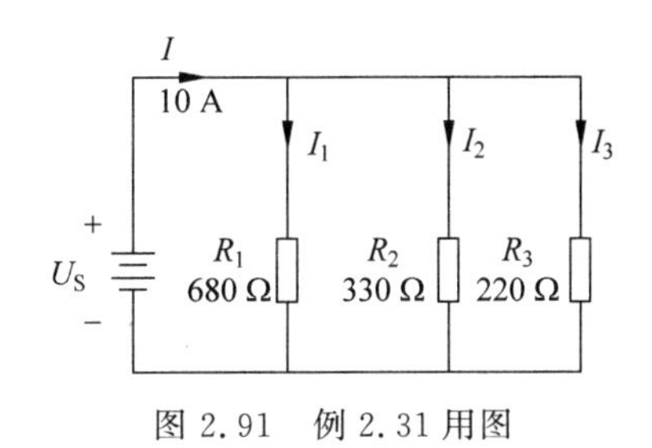

图 2.91　例 2.31 用图

解:先求并联电路的总电阻,得

$$R = \frac{1}{\dfrac{1}{R_1} + \dfrac{1}{R_2} + \dfrac{1}{R_3}} = \frac{1}{\dfrac{1}{680} + \dfrac{1}{330} + \dfrac{1}{220}} = 111(\Omega)$$

根据式(2.90),可以得到每个支路的电流为

$$I_1 = \frac{R}{R_1} I = \frac{111}{680} \times 10 = 1.63(\text{A})$$

$$I_2 = \frac{R}{R_2} I = \frac{111}{330} \times 10 = 3.36(\text{A})$$

$$I_3 = \frac{R}{R_3} I = \frac{111}{220} \times 10 = 5.05(\text{A})$$

2.6.4　并联电路中的实际应用

并联电路与串联电路相比的最大优势是,当其中一条支路断开后,其余的支路不受影

响。图 2.92 所示为汽车灯光系统的简图，当尾灯烧毁时，不会造成其他灯烧毁，因为这些灯是相互并联的。

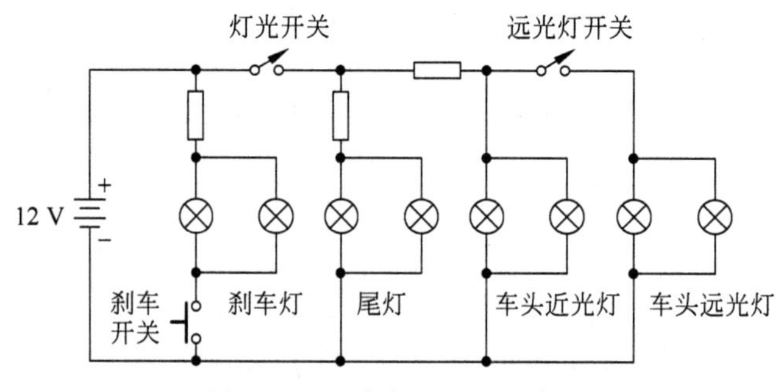

图 2.92 汽车灯光系统的简图

家用电设备都是采用并联方式连接的。在电工测量中利用电阻的并联分流作用可以扩大电流表的量程。

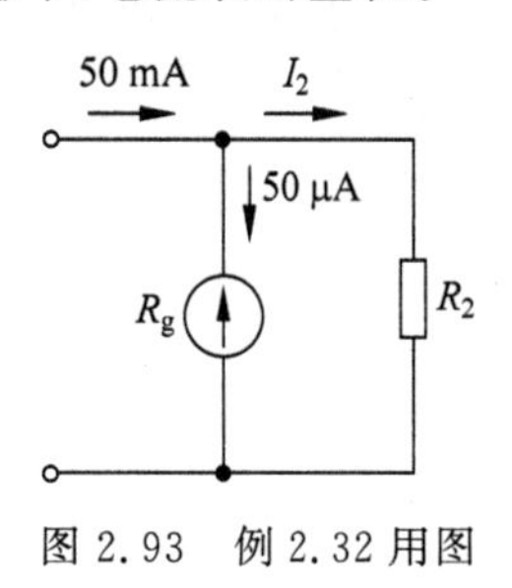

图 2.93 例 2.32 用图

【例 2.32】 如图 2.93 所示，用一个满刻度偏转电流为 50 μA、电阻 R_g 为 2 kΩ 的表头制成量程为 50 mA 的直流电流表，应并联多大的分流电阻 R_2？

解：由题意已知，$I_1=50\ \mu A=50\times10^{-6}\ A$，$R_1=R_g=2\ k\Omega=2\,000\ \Omega$，$I=50\ mA=50\times10^{-3}\ A$。

代入式(2.33)得

$$50\times10^{-6}=\frac{R_2}{2\,000+R_2}\times50\times10^{-3}$$

解得 $R_2=2.002\ \Omega$。

思考与练习

一、填空题

由一个或几个元件首尾相接构成的无分支电路叫作________。三条或三条以上支路会聚的点叫作________。

二、选择题

1. 在图 2.94 所示电路中，电源电压是 6 V，三只白炽灯的工作电压都是 6 V，接法错误的是(　　)。

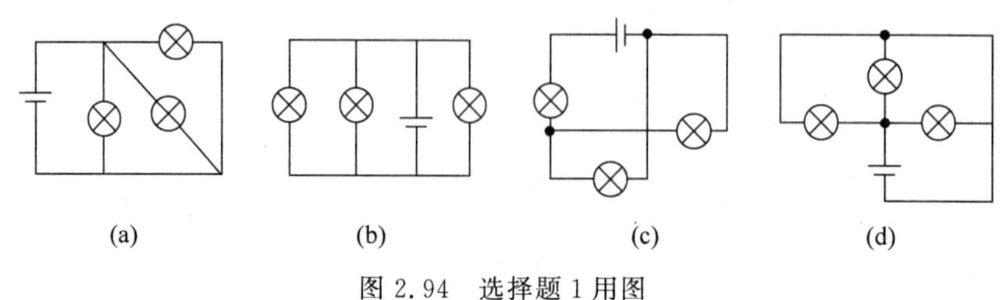

图 2.94 选择题 1 用图

A. (a)　　B. (b)　　C. (c)　　D. (d)

2. 有一只内阻为 0.15 Ω，量程为 1 A 的电流表，现给它并联一只 0.05 Ω 的小电阻，则这只电流表的量程扩大为(　　)A。

A. 1　　B. 3　　C. 4　　D. 6

3. 某三条完全相同的电阻丝并联在一起时的阻值为 20 Ω，若将它们串联后接上 $U=$ 36 V 的电压，则流过它们的电流是(　　)A。

A. 1　　B. 0.6　　C. 0.3　　D. 0.2

4. 已知电源电压为 12 V，四只相同的灯泡的工作电压都是 6 V，要使灯泡都能正常工作，则灯泡应(　　)。

A. 全部串联　　B. 两只并联后与另两只串联

C. 两两串联后再并联　　D. 全部并联

三、计算题

1. 如图 2.95 所示，把各组电路连接起来，使点 A 到点 B 之间的电阻并联，并完成各部分电路的原理图。

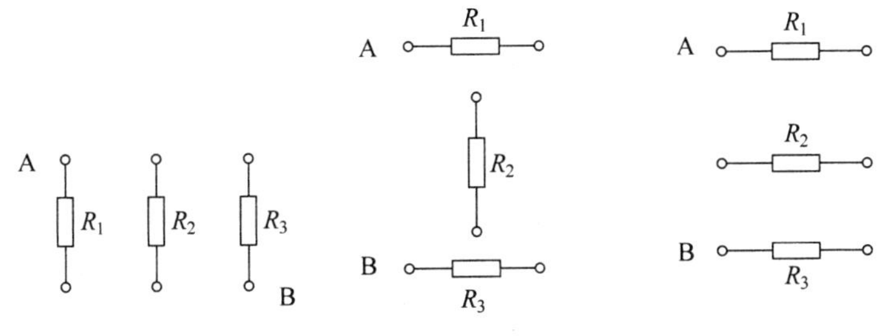

图 2.95　计算题 1 用图

2. 已知电路如图 2.96 所示，那么电压表 1 和电压表 2 的读数是多少？

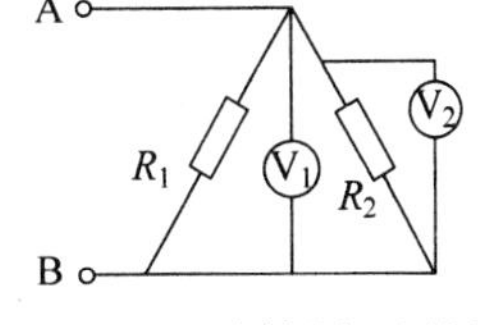

图 2.96　计算题 2 用图

3. 如图 2.97 所示，已知总电流为 31.09 mA，各并联支路的电压为 20 V，那么电路中是否有电阻开路？如果有，是哪个电阻？

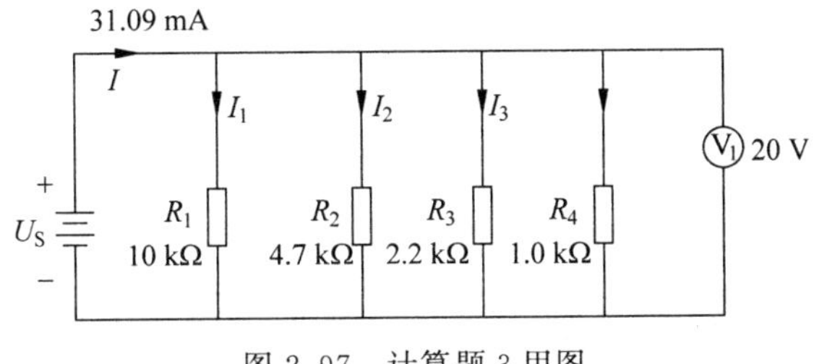

图 2.97　计算题 3 用图

任务 2.7 多量程电流表改装

学习目标

知识目标：掌握混联电路的计算方法；掌握电位的概念。

技能目标：能够识别并联电阻；学会计算混联电路。

素质目标：培养学生规范操作的能力；培养学生逻辑思维的能力。

任务要求

现有一只安培表，其表头电阻为 50 Ω，满偏电流为 100 μA，现要将其改装成具备 0.5 mA、5 mA、50 mA、500 mA 四个量程的电流表。其接线方式如图 2.98 所示，求各个电阻值。

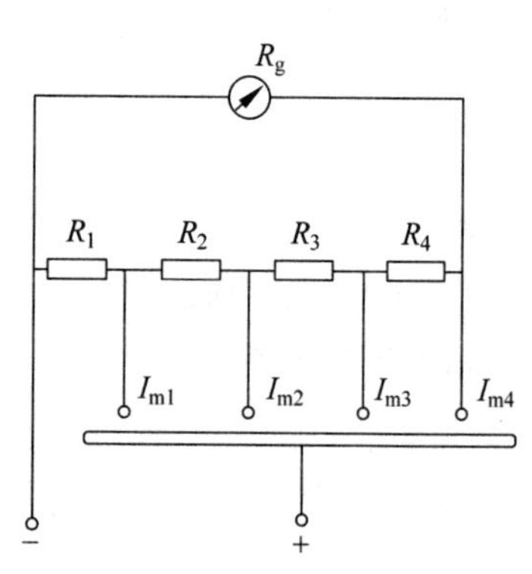

图 2.98 多量程电流表原理

2.7.1 电阻的混联

既有电阻串联又有电阻并联的电路称为电阻的混联电路。求解混联电路的等效电阻，一般采用逐步等效，逐步化简的方法。在化简中，要注意以下几点。

(1) 可以先从电路的局部开始。凡是两端为同一个电压的并联电路，或流过同一个电流的串联电路(可以假设有电压或电流)，分别用并联、串联的方法求出局部电路的等效电阻，并画在电路上，便于进一步发现串、并联关系。

(2) 尽量缩短理想导线的长度，甚至缩为一点，进而发现新的连接关系。

(3) 在不改变电路连接关系的前提下，可以变动元件的位置，或改画电路，必要时可多画几次，进而看清连接关系。

【例 2.33】 在如图 2.99(a)所示的电路中，已知 $R_1=R_2=R_6=4\ \Omega$，$R_7=R_4=R_5=3\ \Omega$，$R_3=2\ \Omega$。求电路的等效电阻 R_{ab}。

解：从所给的电路图中可以看出，R_2、R_3 串联，再与 R_4 并联，并联之后的电路又与 R_6 串联，之后与 R_5 并联。通过分析，图 2.99(a)所示原电路可以变换为图 2.99(b)所示等效电路。

R_2 与 R_3 串联的等效电阻为 $R_{23}=R_2+R_3=4+2=6(\Omega)$，

R_{23} 与 R_4 并联的等效电阻为 $R_{34}=\dfrac{6\times3}{6+3}=2(\Omega)$，

R_{34} 与 R_6 串联的等效电阻为 $R_{46}=R_{34}+R_6=2+4=6(\Omega)$，

R_{46} 与 R_5 并联的等效电阻为 $R_{56}=\dfrac{R_{46}R_5}{R_{46}+R_5}=\dfrac{6\times3}{6+3}=2(\Omega)$，

R_{56} 与 R_1 串联的等效电阻为 $R_{16}=R_{56}+R_1=2+4=6(\Omega)$，

因此 $R=R_{ab}=R_{16}/\!/R_7=\dfrac{R_{16}R_7}{R_{16}+R_7}=2(\Omega)$。

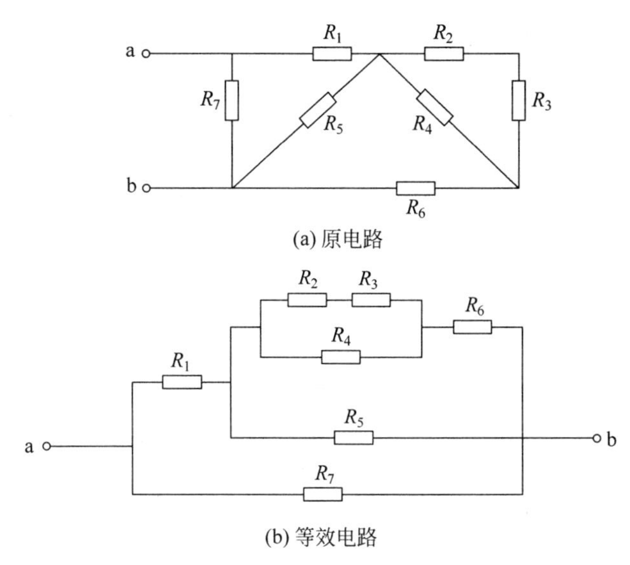

(a) 原电路

(b) 等效电路

图 2.99　例 2.33 用图

注意：电阻串联可以用 $R_1+R_2+R_3+\cdots+R_n$ 来表示；电阻并联可以用 $R_1/\!/R_2/\!/R_3/\!/\cdots/\!/R_n$ 来表示。

【例 2.34】　如图 2.100 所示电路中，已知 $R_1=R_2=8\ \Omega$，$R_3=R_4=6\ \Omega$，$R_5=R_6=4\ \Omega$，$R_7=R_8=24\ \Omega$，$R_9=16\ \Omega$，电路端电压 $U=224\ \mathrm{V}$，试求通过电阻 R_9 的电流和 R_9 两端的电压。

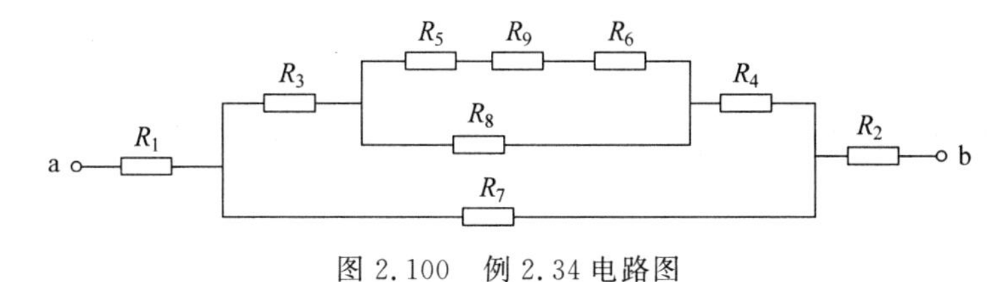

图 2.100　例 2.34 电路图

解：该电路的总电阻为

$$R=[(R_5+R_9+R_6)/\!/R_8+R_3+R_4]/\!/R_7+R_1+R_2$$

$$R_5+R_9+R_6=4+16+4=24(\Omega)$$

$$(R_5+R_9+R_6)/\!/R_8=24/\!/24=12(\Omega)$$

$$(R_5+R_9+R_6)/\!/R_8+R_3+R_4=12+6+6=24(\Omega)$$

$$[(R_5+R_9+R_6)/\!/R_8+R_3+R_4]/\!/R_7=24/\!/24=12(\Omega)$$

所以 $R=[(R_5+R_9+R_6)/\!/R_8+R_3+R_4]/\!/R_7+R_1+R_2=12+8+8=28(\Omega)$

总电流(流过 R_1 的电流)$I_1=\dfrac{U}{R}=\dfrac{224}{28}=8(\mathrm{A})$

流过 R_3 的电流和流过 R_7 的电流一样大，$I_3=\dfrac{I_1}{2}=4(\mathrm{A})$

流过 R_9 的电流和流过 R_8 的电流一样大，$I_9=\frac{I_3}{2}=2(\text{A})$

电阻 R_9 两端的电压为 $U_9=I_9R_9=2\times16=32(\text{V})$

总结：简单混联电路的计算步骤如下。

(1) 计算总的电阻，算出总电压(或总电流)。

(2) 用分压、分流法逐步计算出化简前原电路中各电阻的电流、电压。

2.7.2 等电位法

1. 电位

1) 电位的概念

电位用字母 V 表示，单位是 V(伏特)。电位是表示电路中某一点性质的物理量，是一个相对物理量。为了求得电路中各点的电位值，必须在电路中选择一个参考点(常用符号"⊥"表示)，该参考点的电位看作零，某点的电位就是该点到参考点的电压。如图 2.101 所示，若选择 O 点为参考点，则 O 点的电位 $V_O=0$，A 点的电位 $V_{AO}=U_{AO}$；若选择 A 点为参考点，则 A 点的电位 $V_A=0$，O 点的电位 $V_O=U_{OA}=-U_{AO}$。

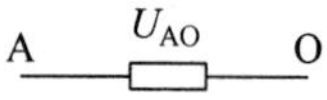

A U_{AO} O

图 2.101 电位定义

2) 电位的计算

在参考点的选用原则上，电位的参考点可以任意选择，但为了便于分析计算，在电力电路中常以大地作为参考点，在电子电路中常以多条支路汇集的公共点或金属底板、机壳等作为参考点。

电路中任意两点之间的电压就等于这两点间的电位之差，故电压又称为电位差。例如 a、b 之间的电压可记为 $U_{ab}=V_a-V_b$。

3) 电位的测量

测量方法与"电压的测量方法"基本相同，即万用表的红表笔接被测点，黑表笔接参考点，万用表读数即该点电位。

【例 2.35】 在图 2.102 所示电路中，已知 $U_{ac}=30\ \text{V}$，$U_{ab}=20\ \text{V}$，试分别以 a 点和 c 点作参考点，求 b 点的电位和 b、c 两点间的电压。

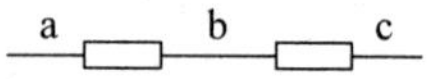

a b c

图 2.102 例 2.35 用图

解：(1) 以 a 点作为参考点，则 $V_a=0\ \text{V}$，

已知 $U_{ab}=20\ \text{V}$，又 $U_{ab}=V_a-V_b$，

故 b 点电位为 $V_b=V_a-U_{ab}=0-20=-20(\text{V})$。

因为 $U_{ac}=30\ \text{V}$，又 $U_{ac}=V_a-V_c$，

故 c 点电位为 $V_c=V_a-U_{ac}=0-30=-30(\text{V})$。

则 b、c 点间电压为 $U_{bc}=V_b-V_c=(-20)-(-30)=10(\text{V})$。

(2) 以 c 点作为参考点，则 $V_c=0\ \text{V}$。

因为 $U_{ac}=30\ \text{V}$，又 $U_{ac}=V_a-V_c$，

故 a 点电位为 $V_a=U_{ac}+V_c=30(\text{V})$。

已知 $U_{ab}=20\ \text{V}$，又 $U_{ab}=V_a-V_b$，

故 b 点电位为 $V_b=V_a-U_{ab}=30-20=10(\text{V})$，

则 b、c 点间电压为 $U_{bc}=V_b-V_c=10-0=10(\text{V})$。

【例 2.36】 在同一个电路中，已知 $V_A=10\ \text{V}$，$V_B=-10\ \text{V}$，$V_C=5\ \text{V}$，求 U_{AB} 和 U_{BC} 各为多少。

解：$U_{AB}=V_A-V_B=10-(-10)=20(\text{V})$

$U_{BC}=V_B-V_C=-10-5=-15(\text{V})$

【例 2.37】 如图 2.103 所示，$E_1=3\ \text{V}$，$E_2=1.5\ \text{V}$，以 B 点为参考点：

(1) 求 A、B、C 各点的电位值。

(2) A、B、C 任意两点间的电压 U_{AB}、U_{BC}、U_{AC}、U_{BA}、U_{CB}、U_{CA}。

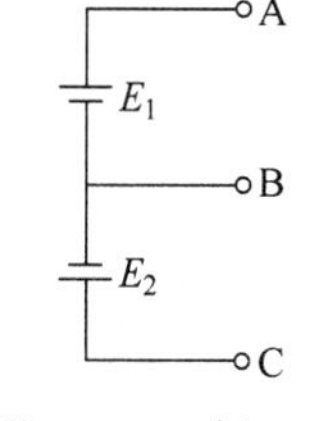

图 2.103　例 2.37 用图

解：因为 B 点为参考点，所以 $V_B=0\ \text{V}$。

(1) $U_{AB}=E_1=3\ \text{V}$

$V_A=3\ \text{V}$

$V_B=0\ \text{V}$

$V_C=1.5\ \text{V}$

(2) $U_{AB}=V_A-V_B=3-0=3(\text{V})$

$U_{BC}=V_B-V_C=0-1.5=-1.5(\text{V})$

$U_{AC}=V_A-V_C=3-1.5=1.5(\text{V})$

同理可计算出：$U_{BA}=-3\ \text{V}$，$U_{CB}=1.5\ \text{V}$，$U_{CA}=-1.5\ \text{V}$。

2. 等电位法求等效电阻

能够用串、并联方法进行简化的电路称为简单电路，否则为复杂电路。简单电路的计算要求分析清楚每个电阻的串、并联关系。然而，有时给出的电路，其串、并联关系并非一目了然，甚至短时间看不清楚节点之间的关系。

下面介绍一种行之有效的分析方法——等电位法。

该方法所依据的主要原理是，任何电阻皆是连接在两个节点之间，如果在两节点之间存在用导线直接连接的情况，由于在电路计算中我们往往忽略导线的电阻，则该两节点的电位必然相等。

用等电位法分析简单电路的串、并联关系时，第一，要找出该电路中三条或三条以上支路的连接点，即节点，并用符号标明，电位相等的节点必须用相同的符号表示。第二，连通电路虽然可以是任意一条支路，但在实际连通的过程中应本着选择连通的支路上包含所有节点的支路最佳，否则将再连通一条支路直至所有节点皆出现在所连通的电路中。第三，将尚未连接的电阻连在相应的节点之间。第四，检查是否有遗漏的电阻并进行计算。对所给的电路经以上步骤进行处理后，电路中电阻的串、并联关系就会变得清晰，以方便最终使用等效电阻进行计算。

下面具体介绍本方法的应用，并用实例加以说明。

【例 2.38】 求图 2.104 所示电路中的 R_{AB}。

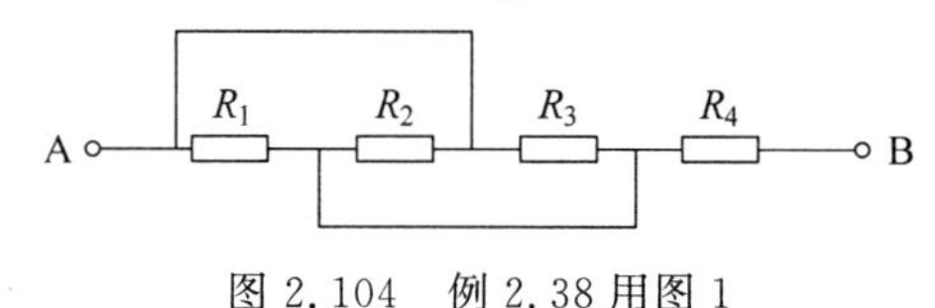

图 2.104　例 2.38 用图 1

解：(1) 找等电位点。如图 2.105(a)所示，将电路中用导线直接相连的各点(电位相同的点)用相同的字母做好标记。但应注意，电位不相同的点需要用不同的字母标注。

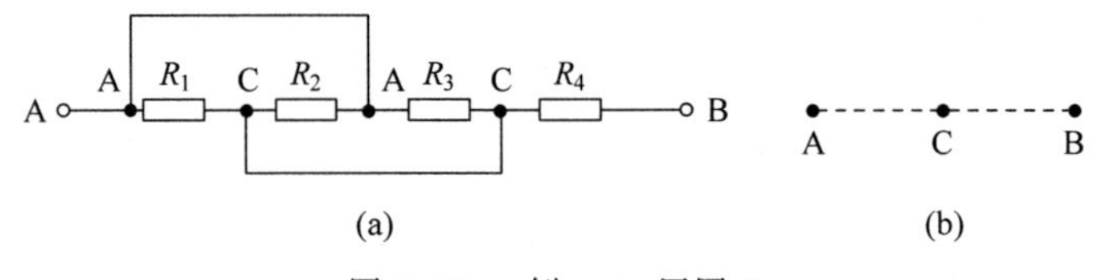

图 2.105　例 2.38 用图 2

(2) 画虚线。画一条水平虚线(它不是元件实际连线，用后擦掉)，如图 2.105(b)所示。

(3) 标字母。从电路始端开始，按顺序将所有“浓缩”点标示在虚线上，如图 2.105(b)所示。

(4) 连元件，如图 2.106(a)所示。根据图 2.105(a)可以看出，R_1 连接在点 A 和点 C 之间，R_2 连接在点 A 和点 C 之间，R_3 连接在点 A 和点 C 之间，R_4 连接在点 B 和点 C 之间。将各个电阻重新连接在点 A、点 B 和点 C 上，如图 2.106(a)所示。

(5) 整理图线，如图 2.106(b)所示。

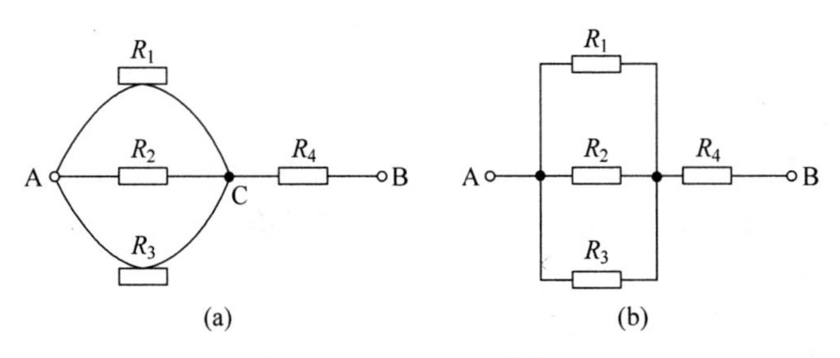

图 2.106　例 2.38 用图 3

所以，$R_{AB}=R_1/\!/R_2/\!/R_3+R_4$。

知识拓展：Y—△连接的等效变换

电路的等效分析方法有很多，下面只介绍一下无源三端网络Y形和△形的等效变换。

如图 2.107 所示，将负载的一端连接在同一个节点，另外一端分别连接在电路中不同的三个节点(节点 1、节点 2 和节点 3)上，这种连接方式叫作Y(星)连接。三个负载收尾

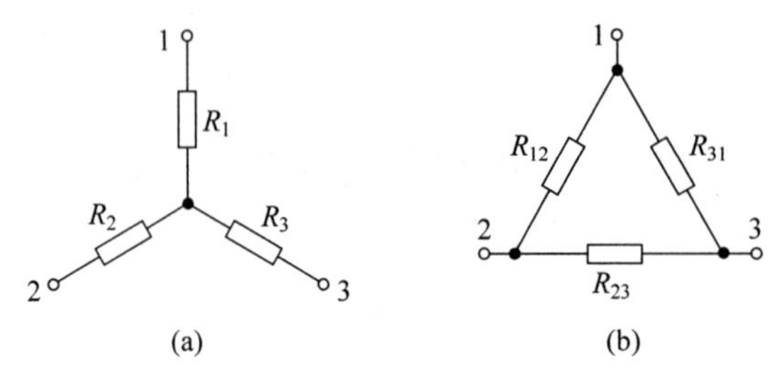

图 2.107　Y形和△形网络

相接构成一个闭环，从连接处引出3个连接点（节点1、节点2和节点3），叫作负载的△（三角）形连接。

根据KVL和KCL，若两个三端网络对应的伏安关系相同，则这两个三端网络等效。据此可推出其等效变换公式。

（1）△形变Y形等效变换公式为

$$\begin{cases} R_1 = \dfrac{R_{12}R_{31}}{R_{12}+R_{23}+R_{31}} \\ R_2 = \dfrac{R_{23}R_{12}}{R_{12}+R_{23}+R_{31}} \\ R_3 = \dfrac{R_{23}R_{31}}{R_{12}+R_{23}+R_{31}} \end{cases} \tag{2.34}$$

（2）Y形变△形等效变换公式为

$$\begin{cases} R_{12} = \dfrac{R_1R_2+R_2R_3+R_3R_1}{R_3} \\ R_{23} = \dfrac{R_1R_2+R_2R_3+R_3R_1}{R_1} \\ R_{31} = \dfrac{R_1R_2+R_2R_3+R_3R_1}{R_2} \end{cases} \tag{2.35}$$

当三个电阻相等时，互换公式为

$$R_{\mathrm{Y}} = \frac{1}{3}R_{\triangle} \tag{2.36}$$

【例2.39】 如图2.108所示电路，求电压U。

解：图2.108中的三个1 Ω电阻在a点、d点和b点间构成一个星形连接，三个2 Ω电阻a点、d点和b点间构成第二个星形连接。将这两个Y形连接等效变换为△形连接。如图2.109所示。

3 Ω和6 Ω电阻并联后，等效为2 Ω的电阻。图2.109可以简化为图2.110所示电路。

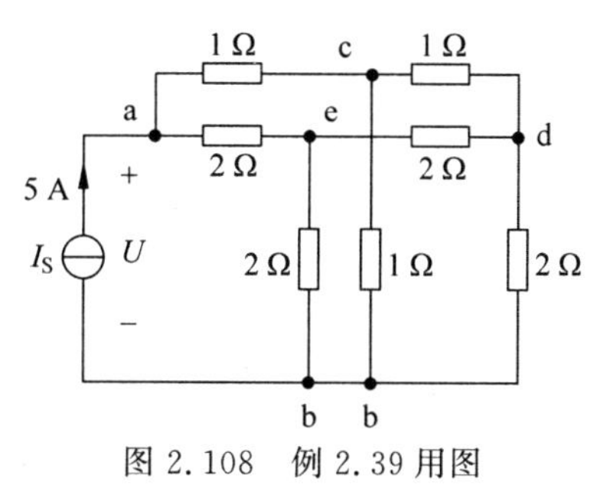

图2.108　例2.39用图

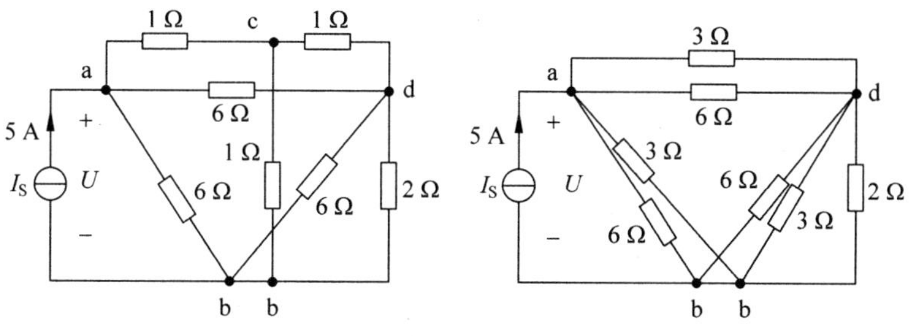

图2.109　例2.39解题用图1

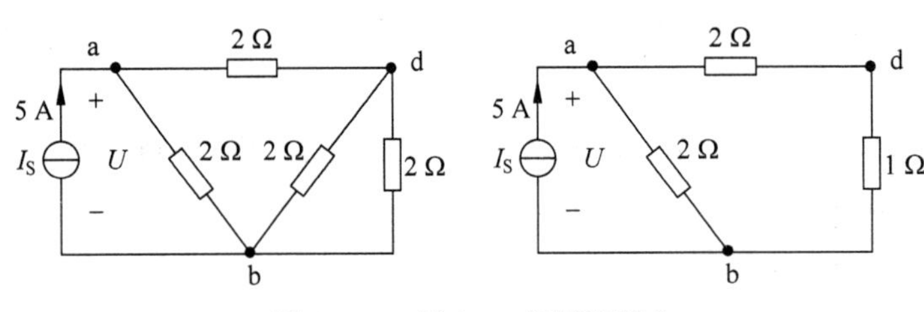

图 2.110 例 2.39 解题用图 2

再对图 2.110 进行串、并联，等效得 ab 端口的等效电阻为 $R=6/5\ \Omega$。从而得 $U=6/5\times 5=6(\text{V})$。

思考与练习

一、填空题

1. 将 R_1、R_2 两个电阻串联后接于固定电压的两端，现将阻值为 90 Ω 的电阻 R_1 短接，电流值变为以前的 4 倍，则电阻 R_2 的阻值为________。

2. 有一个表头，满偏电流 $I_g=100\ \mu\text{A}$，内阻 $r_g=1\ \text{k}\Omega$。若要将其改装成量程为 1 A 的电流表，需要并联________的分流电阻。

3. 有两个电阻，把它们串联起来的总电阻为 10 Ω，把它们并联起来的总电阻为 2.1 Ω，这两个电阻的阻值分别为________和________。

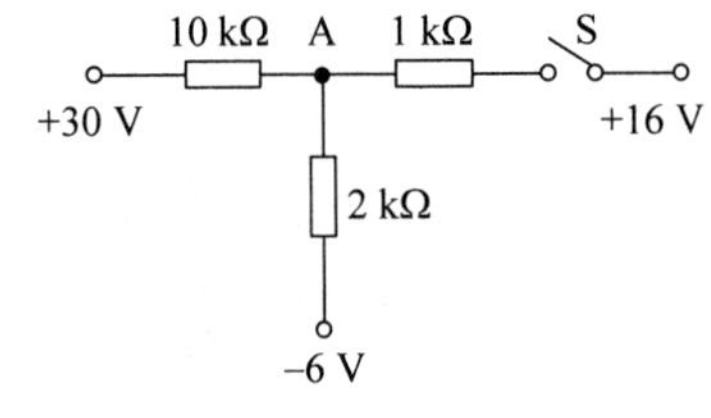

图 2.111 填空题 4 用图

4. 如图 2.111 所示，求开关 S 闭合和断开时，A 点的电位。

5. 电路中两点间的电压就是两点间的________之差，电压的实际方向是从________点指向________点。

6. 电路中 a、b 两点电位分别为 V_a、V_b，则 $U_{ab}=$________，实际方向为由________点指向________点。

7. 已知 $U_{AB}=10\ \text{V}$，若选 A 点为参考点，则 $V_A=$________ V，$V_B=$________ V。

8. 电路中 A、B、C 三点的电位：$V_A=2\ \text{V}$，$V_B=5\ \text{V}$，$V_C=0\ \text{V}$，则 $U_{AB}=$________ V，参考点是________点。如果以 A 点为参考点，则 $V_A=$________ V，$V_B=$________ V，$V_C=$________ V。

9. 电路中任意两点间电位的差值称为________。

二、判断题

1. 电路中参考点改变，任意两点间的电压也随之改变。( )

2. 某点电位高低与参考点有关，两点之间的电压就是两点的电位差。因此，电压也与参考点有关。( )

三、计算题

1. 求图 2.112 所示各网络 ab 端的等效电阻。

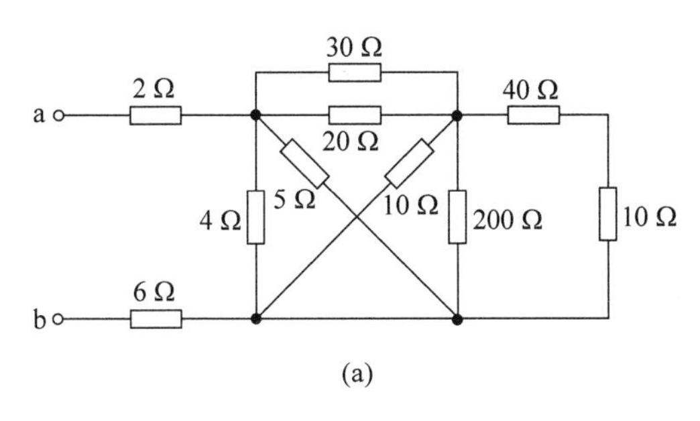

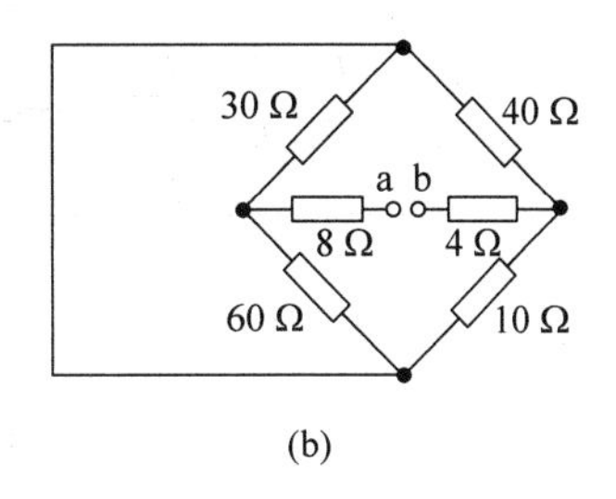

图 2.112 计算题 1 用图

2. 求图 2.113 所示各网络 ab 端和 cd 端的输入电阻。

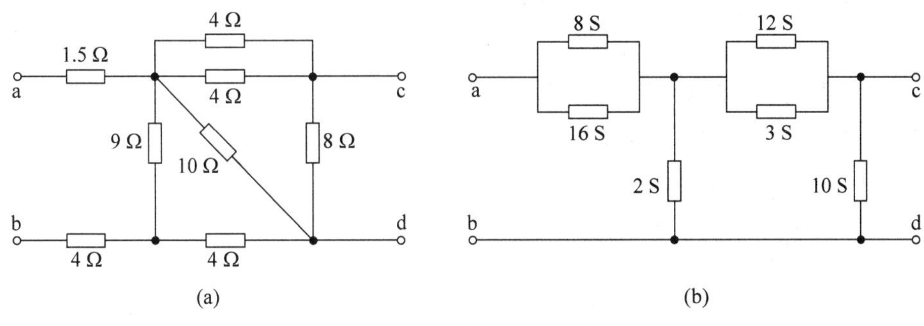

图 2.113 计算题 2 用图

3. 如图 2.114 所示，已知 $E=30$ V，内阻不计，$R_1=240$ Ω，$R_2=R_5=600$ Ω，$R_3=R_4=200$ Ω，求通过电阻 R_1、R_2、R_3 的电流。

4. 如图 2.115 所示，这是两个量程的伏特计内部电路图。已知表头内阻 $R_g=500$ Ω，允许通过的最大电流 $I_g=1$ mA，使用 A、B 接线柱时，量程是 3 V；使用 A、C 接线柱时，量程是 15 V，求分压电阻 R_1 和 R_2 的阻值。

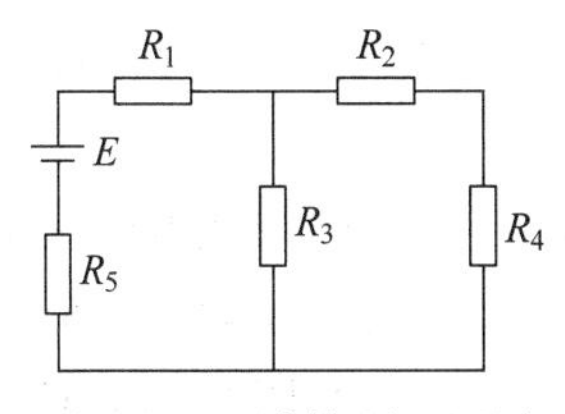

图 2.114 计算题 3 用图

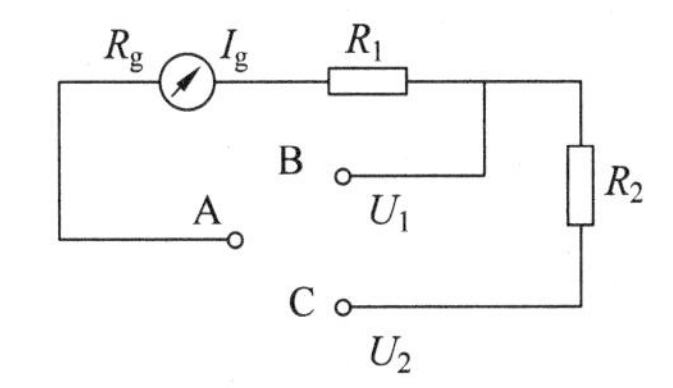

图 2.115 计算题 4 用图

5. 在图 2.116 所示的电路中，各电阻的阻值均为 1 Ω，要求：画出电路的等效电路图，并求出电路 A、B 两点间的等效电阻 R_{AB}。

6. 如图 2.117 所示，S 闭合时，伏特表读数是 2.9 V，安培表读数是 0.5 A；当 S 断开时，伏特表读数是 3 V，已知 $R_2=R_3=4$ Ω，求：①电源的电动势和内电阻。②外电路上的电阻 R_1。

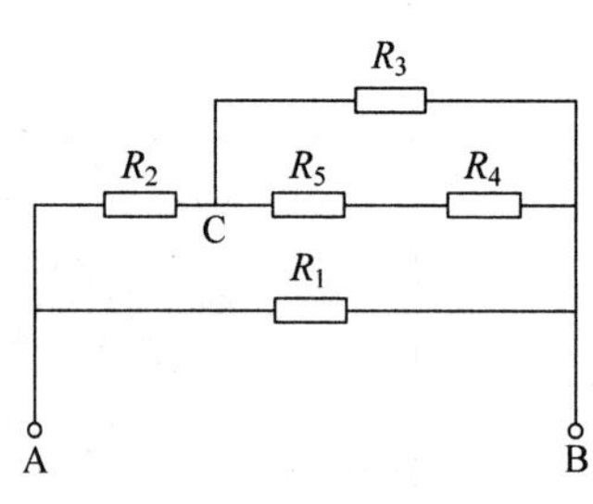

图 2.116 计算题 5 用图

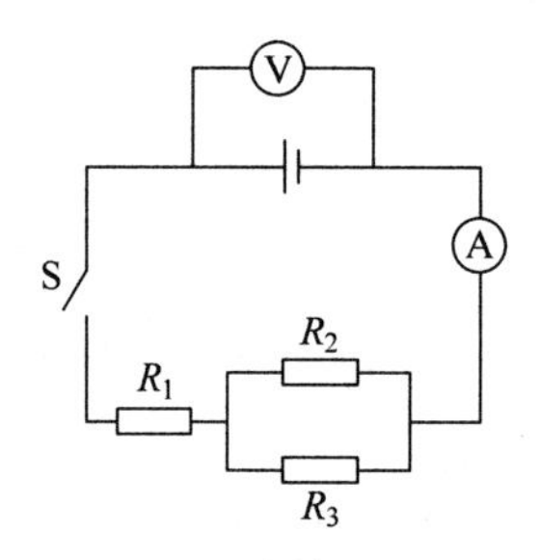

图 2.117 计算题 6 用图

7. 如图 2.118 所示，已知 $E=30$ V，内阻不计，$R_1=10\ \Omega$，$R_2=R_3=40\ \Omega$，求：

(1) S 断开时，AB 间的电压，R_1 上消耗的功率。

(2) S 闭合时，AB 间的电压，R_2 上的电流。

8. 如图 2.119 所示，已知 $E=6$ V，$r=2\ \Omega$，$R_1=R_2=R_3=4\ \Omega$，求：

(1) S 断开时，通过 R_1、R_2、R_3 的电流。

(2) S 闭合时，R_1、R_2、R_3 两端的电压。

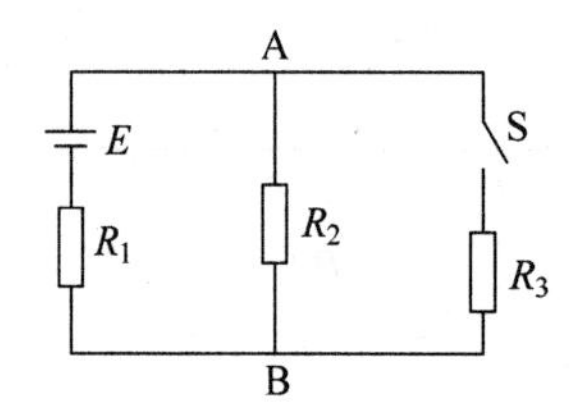

图 2.118 计算题 7 用图

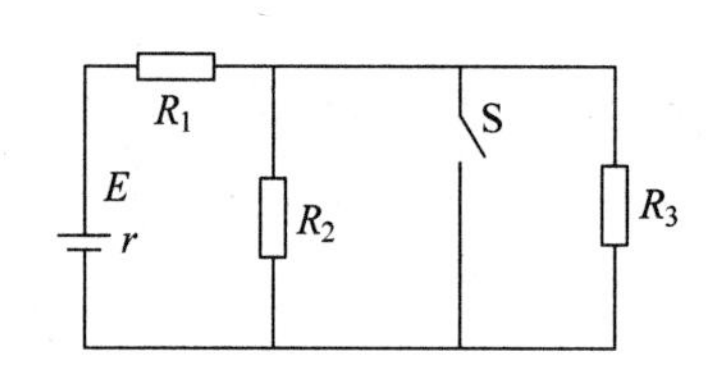

图 2.119 计算题 8 用图

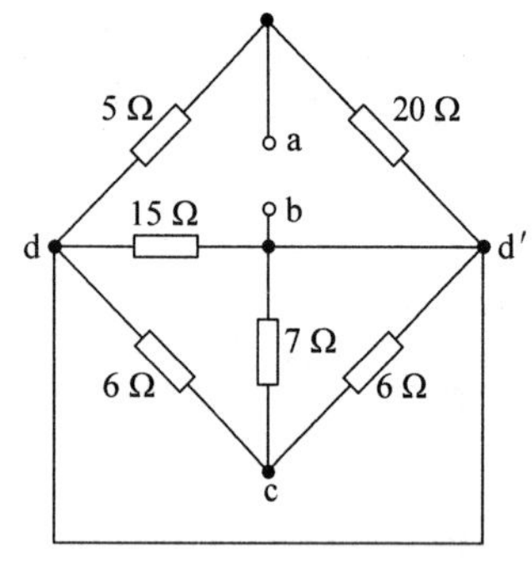

图 2.120 计算题 10 用图

9. 在进行电路物理量的测量时，可根据需要扩大电流表量程或将电流表改装成多量程的电压表。如有一个量程为 0～200 μA 微安表，内阻为 500 Ω，要求用它组装成具备 2 V、10 V 量程的直流电压表，应如何实现？

10. 求图 2.120 所示电路中 a、b 两点间的等效电阻 R_{ab}。

11. 求图 2.121 所示电路的等效电阻 R_{ab}。

12. 在如图 2.122 所示电路中，$R_1=R_2=R_3=R_4=R_5=12\ \Omega$，分别求 S 断开和 S 闭合时，AB 间的等效电阻 R_{AB}。

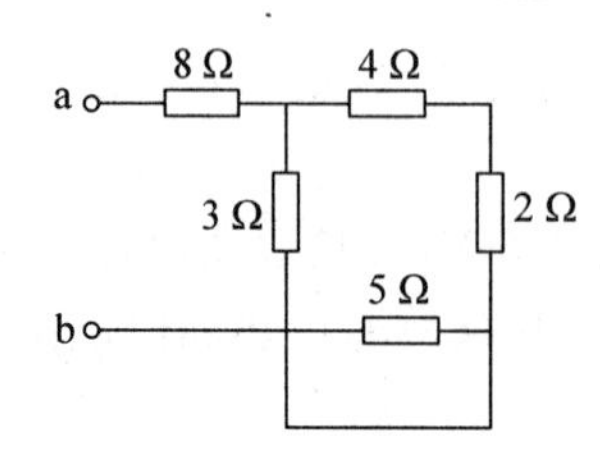

图 2.121 计算题 11 用图

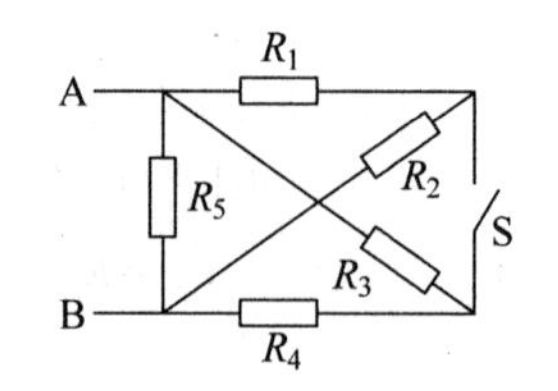

图 2.122 计算题 12 用图

13. 如图 2.123 所示电路中，计算等效电阻 R_{ab}。

14. 在图 2.124 所示电路中，已知 $U_S=10$ V，$r=0.1$ Ω，$R=9.9$ Ω，求开关在 1、2、3 不同位置时，电流表和电压表的读数。

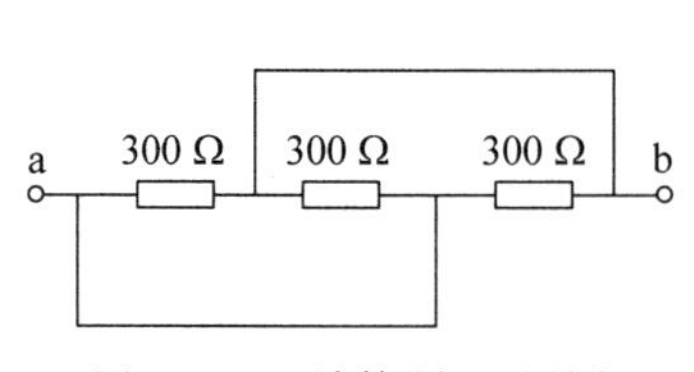

图 2.123 计算题 13 用图

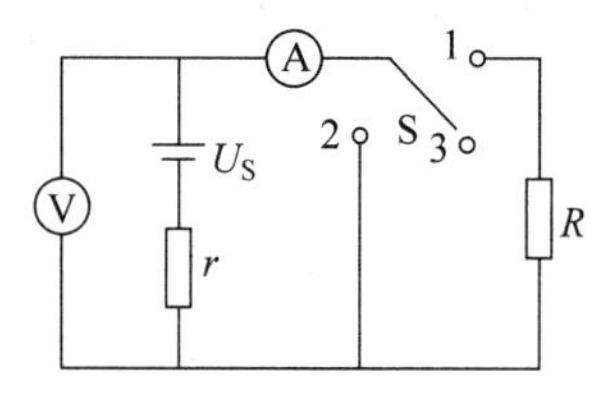

图 2.124 计算题 14 用图

15. 图 2.125 所示为双量程的电压表，其量程分别为 10 V 和 50 V，已知对应于 10 V 量程时，电压表内阻 $R_1=20$ kΩ(包括表头内阻)，求 R_2。

16. 如图 2.126 所示电路，求电压 U。

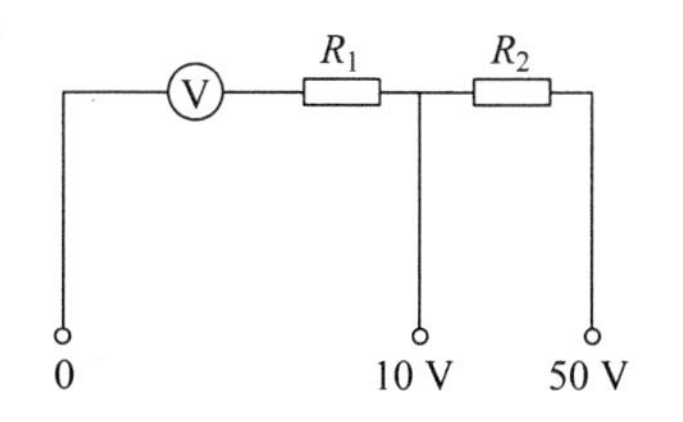

图 2.125 计算题 15 用图

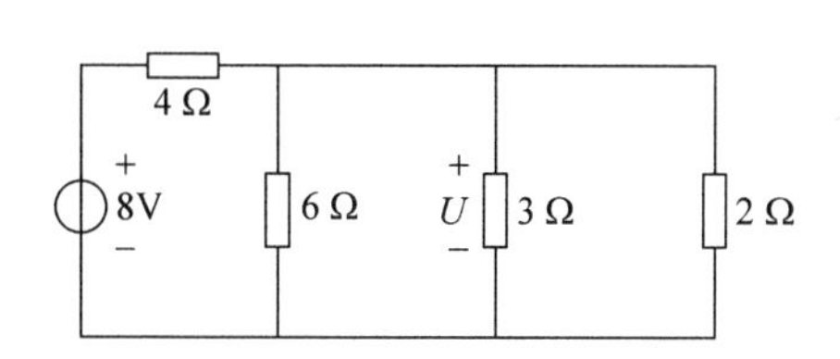

图 2.126 计算题 16 用图

任务 2.8 电阻功率的选择

学习目标

知识目标：掌握功率的概念；掌握电能的概念。

技能目标：学会计算电路功率；能够正确选择电阻功率。

素质目标：培养学生学以致用的能力；培养学生节约意识。

任务要求

将电阻应用到电路中时，电阻的额定功率必须大于所要消耗的最大功率。例如，如果一个电阻在电路中需要消耗 0.75 W 的功率，该电阻的额定功率最少应为 1 W。理想的电阻额定功率应该为其实际可能消耗功率的两倍。

在本模块的任务 2.5 中，我们进行了电阻箱的改进。若每个电阻的额定功率都是 1/8 W，电阻的额定功率是否足够？如果不够，请选择合适的额定功率(1/4 W、1/2 W、1 W、2 W 和 5 W)。

2.8.1 电功率

1. 功率的概念

单位时间内电路元件吸收或释放的能量为电功率。

在交流电路中，瞬时功率随着时间变化的，用 p 表示。

$$p=\frac{\mathrm{d}w}{\mathrm{d}t} \tag{2.37}$$

在直流电路中，电功率用 P 表示。即

$$P=\frac{W}{t} \tag{2.38}$$

电功率的单位为瓦特（W）、千瓦（kW）和毫瓦（mW）。

电路中任一元件，关联参考方向下，在任何瞬间的功率等于该元件的电压与电流的乘积，即

$$p=\frac{\mathrm{d}w}{\mathrm{d}t}=\frac{\mathrm{d}w}{\mathrm{d}q}\cdot\frac{\mathrm{d}q}{\mathrm{d}t}=ui \tag{2.39}$$

在直流电路中表示为

$$P=UI \tag{2.40}$$

非关联参考方向下，有

$$p=-ui \tag{2.41}$$

在直流电路中表示为

$$P=-UI \tag{2.42}$$

若算得 $P>0$（电路功率为正值），则元件消耗功率。若 $P<0$，则元件发出功率。

【例 2.40】 如图 2.127 所示，方框为在电路中的三个元件 A、B、C。

(1) 元件 A 处于耗能状态，且功率为 10 W，电流 $I_A=1$ A，求 U_A。

(2) 元件 B 处于供能状态，且功率为 −10 W，电压 $U_B=100$ V，求 I_B 并标出电流实际流向。

(3) 元件 C 上电流与电压分别为 $I_C=-2$ A，$U_C=10$ V，求元件的功率及判断元件的性质并标出电流的实际流向。

解：(1) $P_A=U_A\times I_A=10$(W)　所以 $U_A=10$ V。

(2) $P_B=U_B\times I_B=-10$(W)　所以 $I_B=-0.1$ A。

(3) $P_C=-U_C\times I_C=-10\times(-2)=20$(W)，元件 C 为耗能元件。

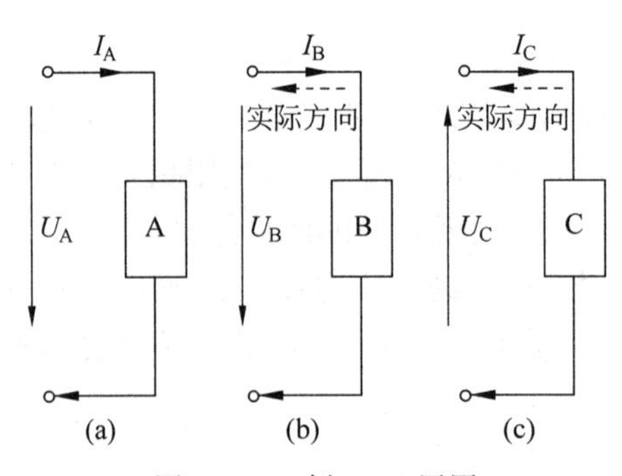

图 2.127　例 2.40 用图

【例 2.41】 图 2.128 所示为直流电路，$U_1=4$ V，$U_2=-8$ V，$U_3=6$ V，$I=4$ A，求各元件消耗或发出的功率 P_1、P_2 和 P_3，并求整个电路的功率 P。

解：P_1 的电压参考方向与电流参考方向相关联，故 $P_1=U_1\times I=4\times4=16(\mathrm{W})$（消耗 16 W）。

P_2 和 P_3 的电压参考方向与电流参考方向非关联，即

$P_2=-U_2\times I=-(-8)\times4=32(\mathrm{W})$（消耗 32 W）。

$P_3=-U_3\times I=-6\times4=-24(\mathrm{W})$（发出 24 W）。

整个电路的功率 $P=P_1+P_2+P_3=16+32-24=24(\mathrm{W})$。

注意：对于一个完整的电路而言，发出的功率等于消耗的功率，满足能量守恒定律。

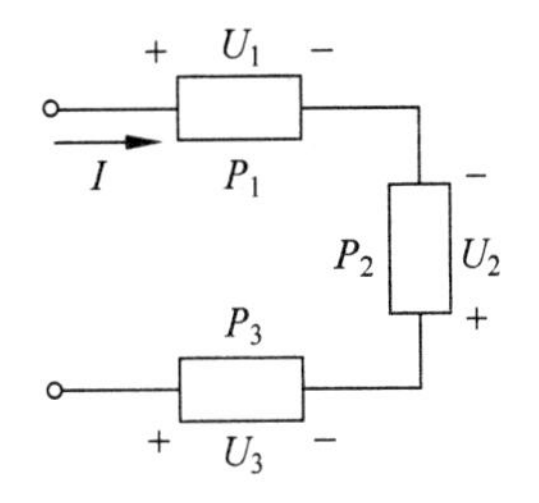

图 2.128　例 2.41 用图

2. 电阻电路功率的计算

如图 2.129 所示，电压和电流是关联参考方向，根据欧姆定律得 $U=IR$，即

$$P=UI=I^2R=\frac{U^2}{R} \tag{2.43}$$

如图 2.130 所示，电压和电流是非关联参考方向，根据欧姆定律得 $U=-IR$，即

$$P=-UI=-(-IR)I=I^2R=\frac{U^2}{R} \tag{2.44}$$

根据上面的公式，我们可知电阻的功率是一定大于零的，电阻属于耗能元件。

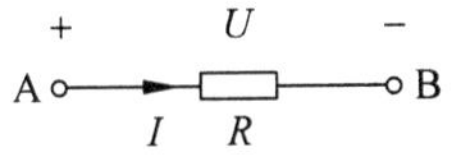

+　U　−
A　B
I　R

图 2.129　关联参考方向

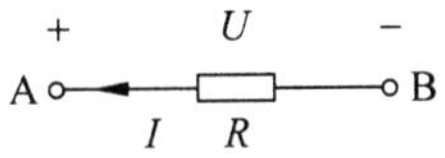

+　U　−
A　B
I　R

图 2.130　非关联参考方向

【例 2.42】　计算图 2.131 所示三个回路中电阻的功率。

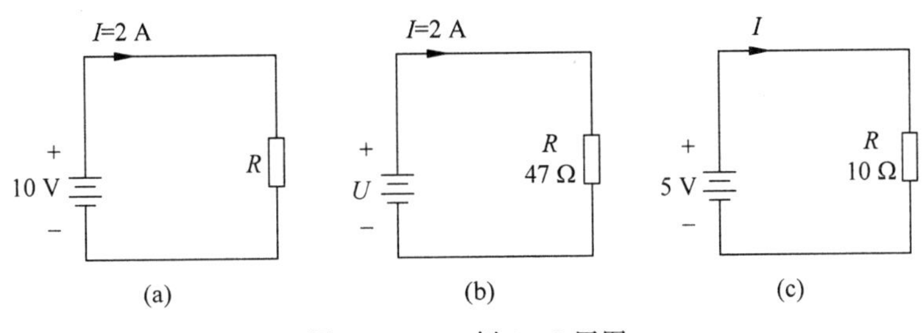

图 2.131　例 2.42 用图

解：电压和电流是关联参考方向，有

(a) $P=UI=10\times2=20(\mathrm{W})$。

(b) $P=I^2R=2^2\times47=188(\mathrm{W})$。

(c) $P=\dfrac{U^2}{R}=\dfrac{5^2}{10}=2.5(\mathrm{W})$。

【例 2.43】　根据图 2.132 所示电路选择适当额定功率的金属膜电阻（1/8 W、1/4 W、1/2 W 和 1 W）。

解：(a) $P=\dfrac{U^2}{R}=\dfrac{10^2}{120}=0.833(\mathrm{W})$，题中大于该功率的选项只有 1 W。所以选择额定功率为 1 W 的电阻。

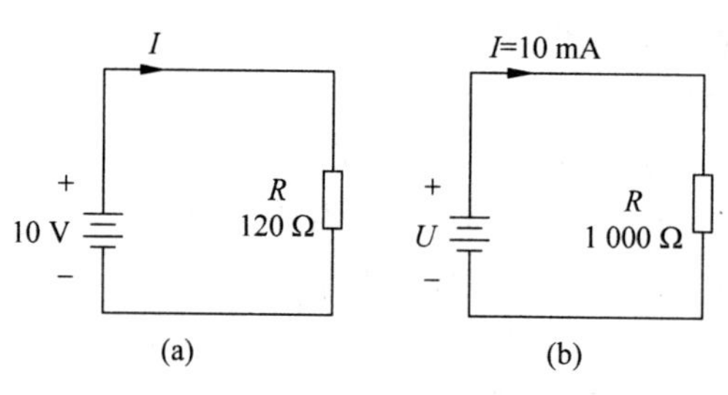

图 2.132 例 2.43 用图

(b) $P=I^2R=(10\ \text{mA})^2\times1\ 000\ \Omega=0.1\ \text{W}$，本题中可以选择额定功率为 1/8 W 或者 1/4 W 的电阻。

【例 2.44】 如图 2.133 所示，①求电路中所有电阻的总功率。②如果每个电阻的额定功率均为 1/2 W，是否能够满足实际功率要求？

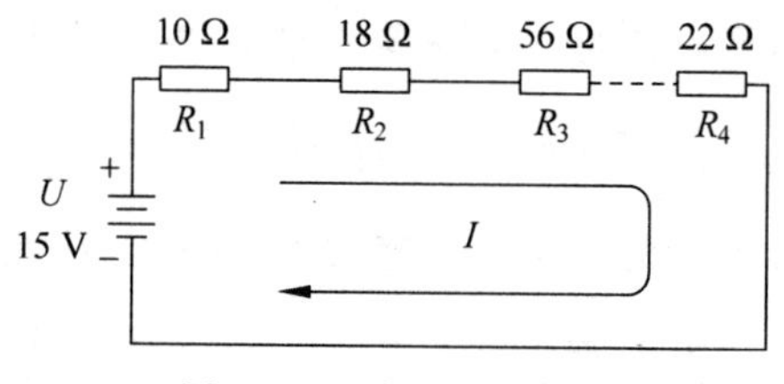

图 2.133 例 2.44 用图

解：(1) 方法一 总电阻 $R=10+18+56+22=106(\Omega)$，

总功率 $P=\dfrac{U^2}{R}=\dfrac{15^2}{106}=2.12(\text{W})$。

方法二 电流 $I=\dfrac{U}{R}$，即

$$P_1=I^2R_1=\left(\frac{15}{106}\right)^2\times10=0.2\ (\text{W})$$

$$P_2=I^2R_2=\left(\frac{15}{106}\right)^2\times18=0.36(\text{W})$$

$$P_3=I^2R_3=\left(\frac{15}{106}\right)^2\times56=1.12(\text{W})$$

$$P_4=I^2R_4=\left(\frac{15}{106}\right)^2\times22=0.44(\text{W})$$

总功率 $P=P_1+P_2+P_3+P_4=0.2+0.36+1.12+0.44=2.12(\text{W})$。

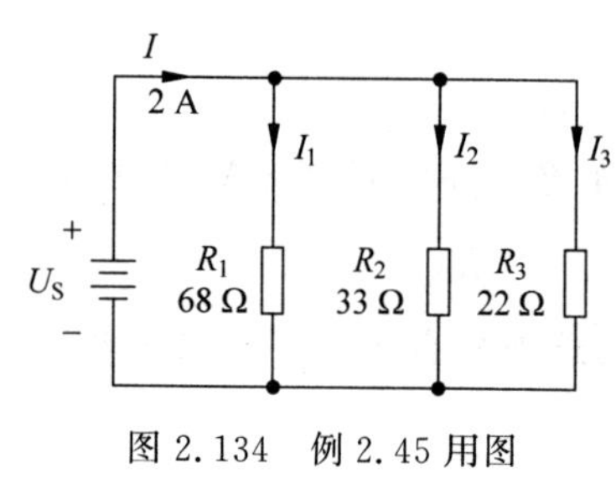

图 2.134 例 2.45 用图

(2) 从第一问的第二种方法可知电阻 R_3 的功率大于 1/2 W，不能满足实际要求。

【例 2.45】 如图 2.134 所示，求电路中所有电阻的总功率。

解：方法一 总电阻 $R=\dfrac{1}{\dfrac{1}{68}+\dfrac{1}{33}+\dfrac{1}{22}}=11.1(\Omega)$，

总功率 $P=I^2R=2^2\times 11.1=44.4(\mathrm{W})$。

方法二 电压 $U_S=IR=2\times 11.1=22.2(\mathrm{V})$，即

$$P_1=\frac{U_S^2}{R_1}=7.25(\mathrm{W})$$

$$P_2=\frac{U_S^2}{R_2}=14.9(\mathrm{W})$$

$$P_3=\frac{U_S^2}{R_3}=22.45(\mathrm{W})$$

总功率 $P=P_1+P_2+P_3=44.6(\mathrm{W})$。

2.8.2 电功

一段时间内电场力所做的功称为电功，即平常所说的用电量。

根据其定义，得

$$W=\int_{t_0}^{t_1} p\,\mathrm{d}t \tag{2.45}$$

直流电路：

$$W=UI(t_1-t_0) \tag{2.46}$$

电功的单位为焦耳(J)、千瓦时(kW·h)或度。通常说的1度电就是1千瓦时，即

$$1\ 度电=1\ \mathrm{kW\cdot h}=1\,000\times 3\,600\ \mathrm{J}$$

【例2.46】 小王家现有“220 V，40 W”的白炽灯5盏，求：

(1) 如果平均每天使用4 h，一年(365天)用电为多少度。

(2) 如果改用“220 V，15 W”的节能灯，每天还是使用4 h，一年能节约用电多少度。

解：(1) $W=Pt=40\ \mathrm{W}\times(5\times 4\ \mathrm{h}\times 365)=292\ \mathrm{kW\cdot h}=292$ 度

(2) $W=Pt=15\ \mathrm{W}\times(5\times 4\ \mathrm{h}\times 365)=109.5\ \mathrm{kW\cdot h}=109.5$ 度

思考与练习

一、填空题

1. 两个电阻 R_1 和 R_2 组成一串联电路，已知 $R_1:R_2=1:2$，则通过两电阻的电流之比为 $I_1:I_2=$________，两电阻上电压之比为 $U_1:U_2=$________，消耗功率之比 $P_1:P_2=$________。

2. 有A、B两个电阻器，A的额定功率大，B的额定功率小，但它们的额定电压相同，若将它们并联时，则________的发热量大。

3. 某元件上电压和电流的参考方向一致时，称为________方向，如果 $P>0$ 时，表明该元件________功率，如果 $P<0$，表明该元件________功率。

4. 大功率负载中的电流一定比小功率负载中的电流________。

二、选择题

R_1 和 R_2 为两个串联电阻，已知 $R_1=4R_2$，若 R_1 上消耗的功率为1 W，则 R_2 上消

耗的功率为(　　)W。

A. 0.25　　B. 5　　C. 20　　D. 400

三、判断题

1. 电源在电路中总是提供能量的。(　　)

2. 家庭安装的电表是测量电功率的仪表。(　　)

四、计算题

1. 确定图 2.135 中哪个电阻可能由于过热而损坏。

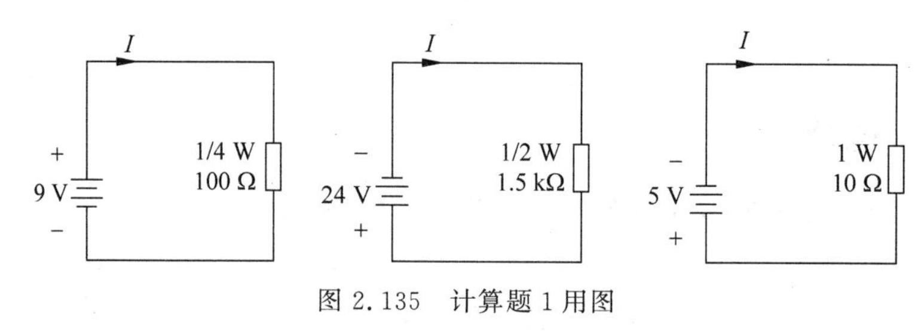

图 2.135　计算题 1 用图

2. 将 5 V 电压加在 10 Ω 的电阻上,求其消耗的功率是多少。

3. 一个 75 W 的灯泡获得 0.5 A 的电流,求其阻值为多少。

五、分析题

1. 据报道:著名的长江三峡电网是利用超高压、小电流输电。输送到重庆时每度电的价格大约为 0.52 元,输送到浙江时每度电的价格大约为 0.54 元。应用所学的知识分析下面两个问题:①为什么输电时要采用超高压、小电流输电?②为什么重庆与浙江的每度电价格不一样?

2. 节约是每一位公民的职责,应用所学的知识列举 5 条以上节约用电的措施。

任务 2.9　电源元件特性测试

学习目标

知识目标:了解理想电压源和理想电流源的特性;区分理想电源、实际电源的作用和特点。

技能目标:正确使用实际稳压源;能够等效变换实际电压源和实际电流源。

素质目标:培养学生规范操作;培养学生逻辑思维的能力。

任务要求

(1) 按图 2.136 接线,将直流稳压电源与电阻箱串联来模拟实际直流电压源,可变电阻置于最大值。

(2) 闭合开关 K,稳压电源输出值调节为 10 V,改变 R_P 的数值,分别调节为 100 Ω、200 Ω、300 Ω、400 Ω、500 Ω、600 Ω。测量电路中的电流值和实际电源的端电压,填入表 2.14。

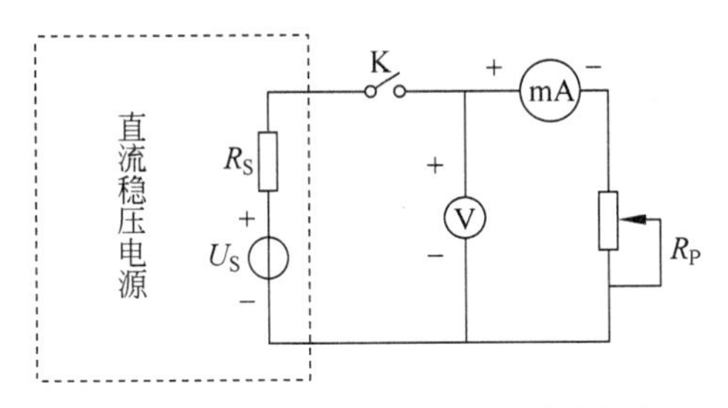

图 2.136 实际直流电压源的测试电路

表 2.14 实际电压源的实验数据记录

R_P/Ω	100	200	300	400	500	600
端电压 U/V						
电流 I/A						

(3) 根据测量的数据画出伏安曲线图。

(4) 分析实验结果。试问理想电压源两端的电压与它的外接电阻有没有关系？与流经它的电流有没有关系？

电源是电路的主要元件之一，是电路中电能的来源。电源的种类较多，按其特性可分为两大类：电压源和电流源。

2.9.1 电压源

1. 理想电压源

理想电压源对外有两个端子，图形符号如图 2.137(a)所示。其特点有两个。

(1) 端电压为一个恒定值(直流电压源)U_S 或是一个时间函数 u_S(交流电压源)，与电流无关。

(2) 输出电流的大小与外电路有关，其值随外电路的变化而变化。理想电压源的伏安特性是一条与电流轴平行的直线，如图 2.137(b)所示。

理想电压源的例子有不考虑电源内耗时的电池、稳压源、发电机等。

注意： 理想电压源不能短路，若发生短路，则通过电源的电流为无穷大。

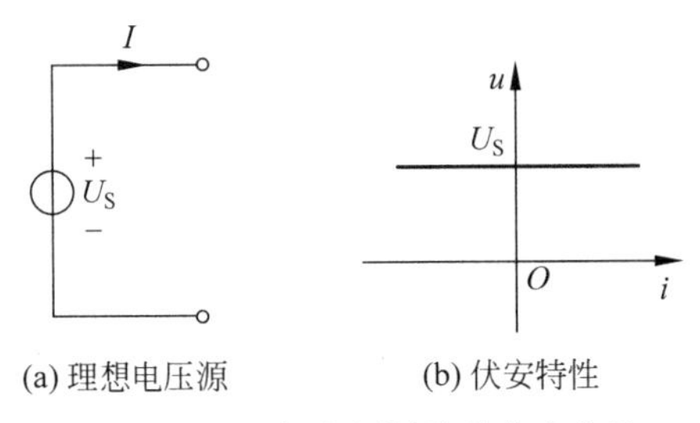

(a) 理想电压源　　(b) 伏安特性

图 2.137 理想电压源及其伏安特性

2. 理想电压源串联

当两个或者更多的电压源串联时，总电压等于各个电压源电压的代数和。代数和意味着当电压源串联时，要将电压源的极性也考虑在内。

如图 2.138 所示电路,可以采用 KVL 定律来求解 U_{AB}。KVL 的适用场合可以由回路推广到一个开口的电路,称之为假想回路。如图 2.138 所示的电路图,可以假想有一个电压源 U_{AB} 形成闭合回路,如图 2.139 所示。在图 2.139 中,选择逆时针方向为绕行方向,列出 KVL 方程为

$$U_{AB}-U_{S1}+U_{S2}-U_{S3}+\cdots-U_{Sn}=0$$

将 U_{AB} 移到等号的一侧,可得

$$U_{AB}=U_{S1}-U_{S2}+U_{S3}-\cdots+U_{Sn} \tag{2.47}$$

该公式还可以这样记忆:公式左边是要求的电压 U_{AB},路径从 A 指向 B。公式右边的电压是路径 A 到 B 的一部分,它们合起来组成路径 A 到 B。当部分路径的电压方向和路径 A 到 B 的方向相同时(如 U_{S1} 方向从左指向右,和路径 A 到 B 方向相同),则公式里加上这一段电路的电压;反之,若方向从右指向左,和路径 A 到 B 方向相反,则在公式里减去这段电路的电压。

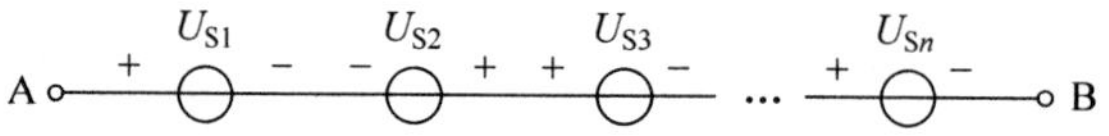

图 2.138 电源串联

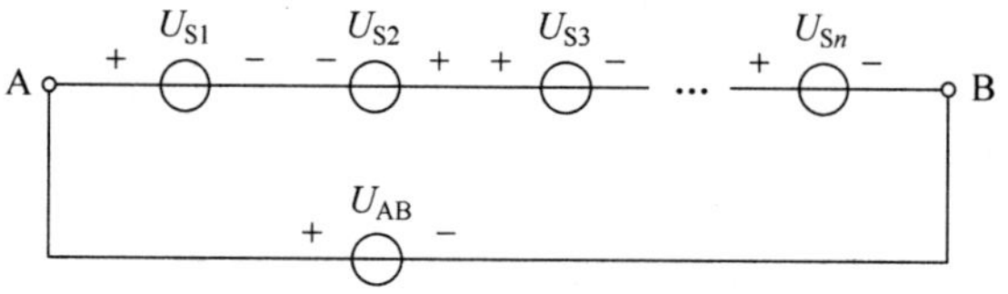

图 2.139 假想闭合回路

【例 2.47】 求如图 2.140 所示电路中电压源的总和。

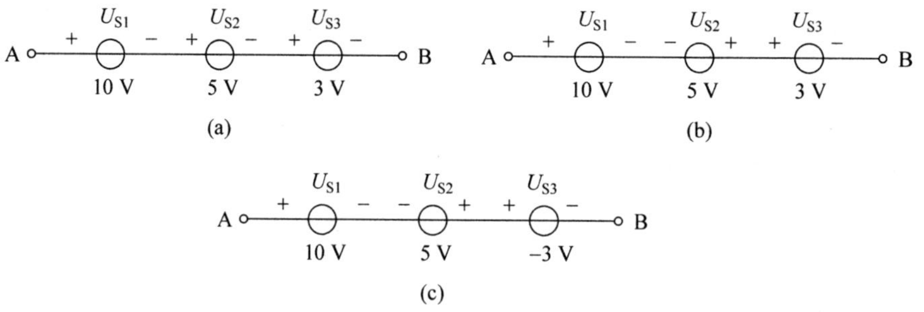

图 2.140 例 2.47 用图

解:(1) $U_{AB}=U_{S1}+U_{S2}+U_{S3}=10+5+3=18(\text{V})$

(2) $U_{AB}=U_{S1}-U_{S2}+U_{S3}=10-5+3=8(\text{V})$

(3) $U_{AB}=U_{S1}-U_{S2}+U_{S3}=10-5+(-3)=2(\text{V})$

3. 实际电压源

实际电压源可以看作是一个理想电压源与一个内阻为 R_S 的电阻串联的电路,如图 2.141(a)所示,由图中所标出的电压、电流的参考方向,可得

$$U = U_S - IR_S \tag{2.48}$$

因此,电路的特性可以用图 2.141(b)表示,从图中可以看出,R_S 越大,斜率越大,当 R_S 为零时,电压源变为理想电压源。在实际中,希望电源的内阻 R_S 越小越好。

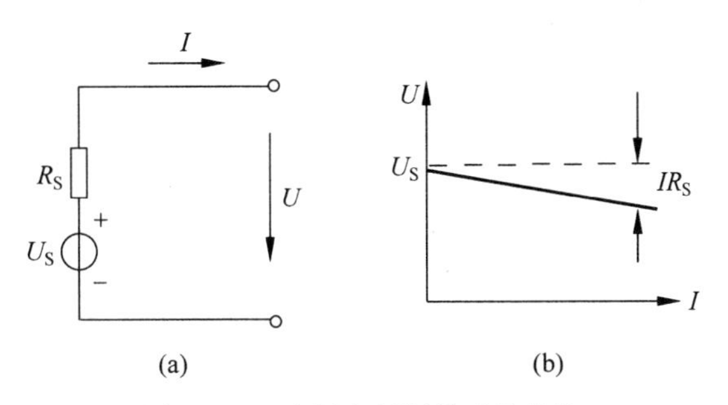

图 2.141　实际电压源模型及特性

2.9.2　电流源

1. 理想电流源

理想电流源对外也有两个端子,其图形符号如图 2.142(a)所示。其特点有两个。

(1) 能够提供一个数值恒定或者与时间 t 具有确定函数关系的电流的电源。

(2) 其端电压只决定于外接负载 R。理想电流源的伏安特性是一条与电压轴平行的直线,如图 2.142(b)所示。

理想电流源的例子有不考虑内耗时的光电池、晶体管电路等。

注意:理想电流源不能开路。若理想电流源两端开路,外部负载会无穷大,则理想电流源两端的电压就会无穷大。

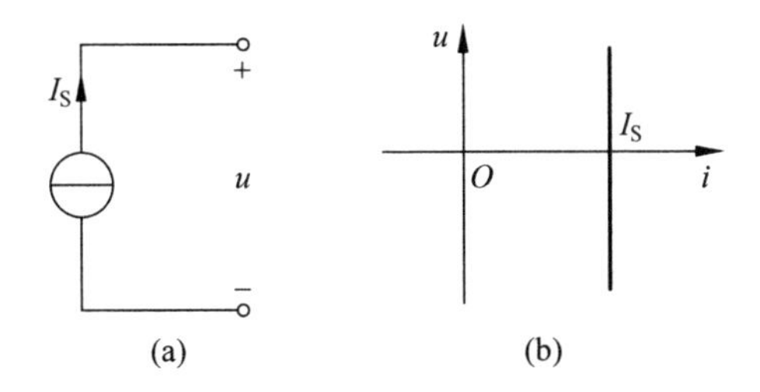

图 2.142　理想电流源及其伏安特性

2. 理想电流源并联

一般来说,并联的电流源的总电流值等于各个电流源电流值的代数和。代数和意味着在并联的电流源电路中,必须考虑每一个电流的方向。例如在图 2.143 中,三个并联电流源的电流均是流入 A 点,流入 A 点的总电流为 $I_S=1+2+3=6$(A)。在图 2.144 中,流入 A 点的总电流为 $I_S=-1+2+3=4$(A)。

3. 实际电流源

一个实际的电流源可以看作一个理想电流源与一个电阻 R_S 并联组成的电路,如图 2.145(a)所示。由图可得

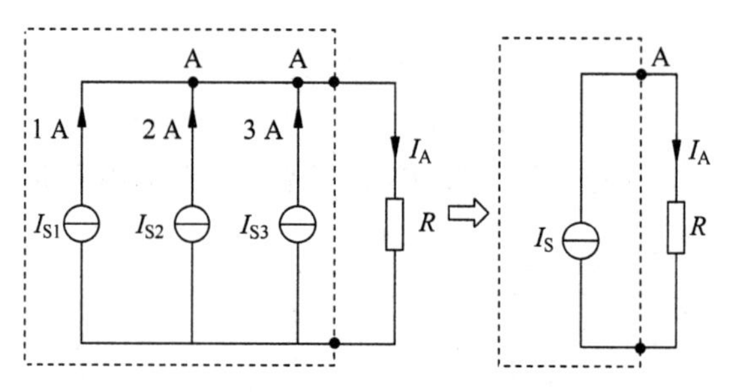

图 2.143 电流源并联相同方向

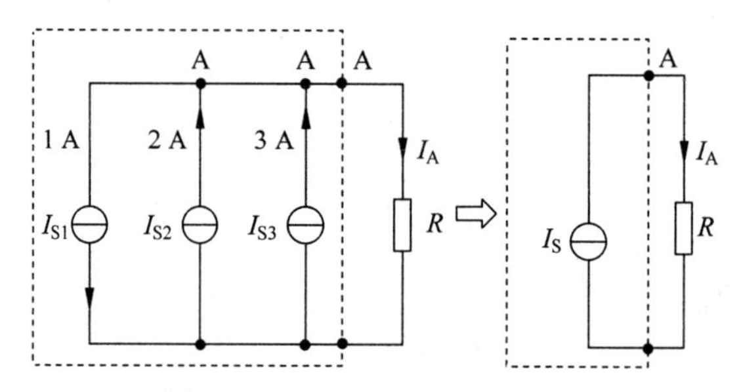

图 2.144 电流源并联不同方向

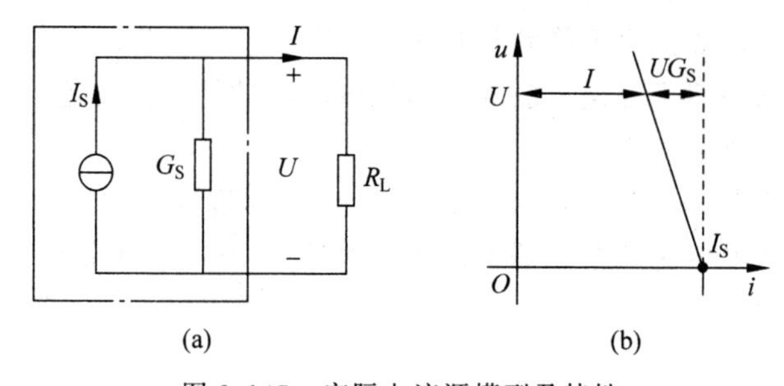

图 2.145 实际电流源模型及特性

$$I = I_S - \frac{U}{R_S} = I_S - UG_S \tag{2.49}$$

电路的特性如图 2.145(b)所示，显然，R_S 越大，特性越陡。当 R_S 等于∞时，电流源变为理想电流源。从实际考虑 R_S 越大越好。

2.9.3 电压源与电流源的等效变换

如图 2.146 所示，电压源和电流源可以等效变换。电压源与电流源对外电路等效的条件为

$$U_S = I_S R_S \quad 或 \quad I_S = \frac{U_S}{R_S} = U_S G_S \tag{2.50}$$

且两种电源模型的内阻相等。

【例 2.48】 已知 $I_S = 10$ mA，$R_S = 1$ kΩ。将图 2.147(a)中的电流源转化为等效电压源，并画出其等效电路。

解： $E = I_S R_S = 10\ \text{mA} \times 1\ \text{k}\Omega = 10\ \text{V}$

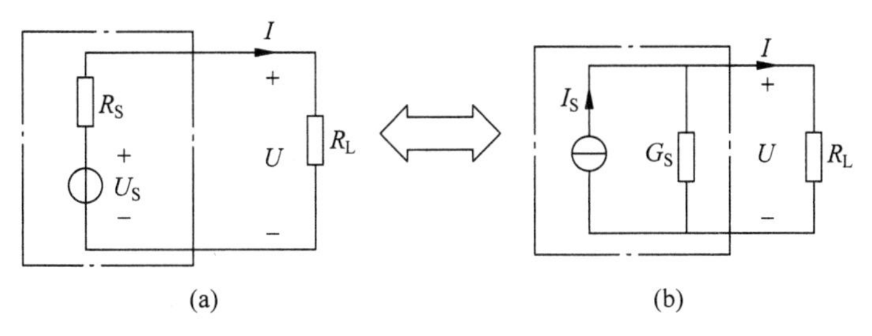

图 2.146 电压源和电流源等效变换

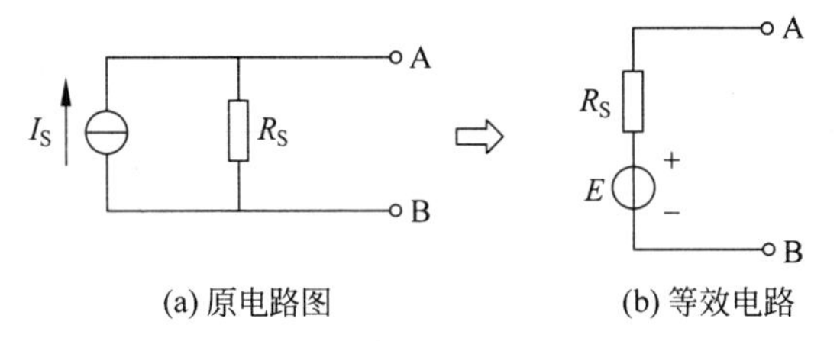

图 2.147 例 2.48 用图

因为内阻不变,所以等效电路如图 2.147(b)所示。

【例 2.49】 用电源等效变换的方法求如图 2.148(a)所示电路中的电流 I_1 和 I_2。

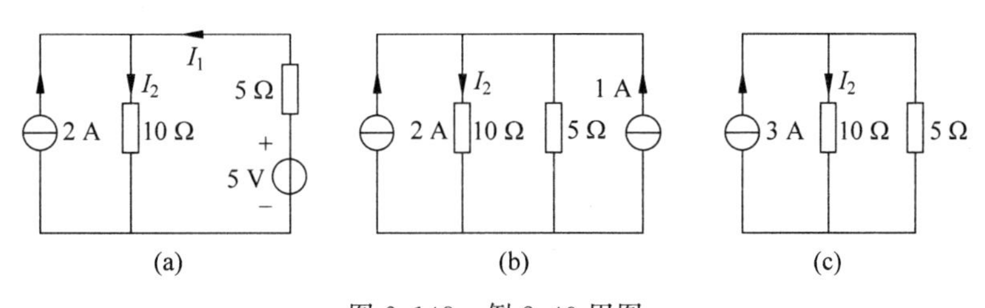

图 2.148 例 2.49 用图

解:将原电路图 2.148(a)变换为图 2.148(b)和图 2.148(c),由此可得

$$I_2=\frac{5}{10+5}\times 3=1(\mathrm{A})$$

$$I_1=I_2-2=1-2=-1(\mathrm{A})$$

通过例题可以看出,实际的电压源和电流源在满足一定的条件下可以等效变换。但需要注意以下几个问题。

(1) 变换后,要保持等效电压源或等效电流源的极性,且与变换前电流源或电压源的极性一致。

(2) 等效变换是指对外电路有效,而在电源模型内部并不等效。

(3) 理想电压源与理想电流源不能等效。

思考与练习

一、填空题

1. 实际电压源可以用一个________和电阻________的模型来表征,实际电流源可以用一个________和电阻________的模型来表征。实际电压源和实际电流源进行等效互换的条件是________和________。

2. 理想电压源的内阻为________,理想电流源的内阻为________。

3. 一个内阻为 0.2 Ω,I_S 为 10 A 的实际电流源,等效成实际电压源时,$E=$________ V,$R_0=$________,E 与 I_S 的方向________。

4. 某直流电源开路时的端电压为 12 V,短路电流为 3 A,则外接一只阻值为 6 Ω 的电阻时,回路电流为________。

5. 一个有源二端网络,测得其开路电压为 4 V,短路电流为 2 A,则等效电压源为 $U_S=$________ V,$R_0=$________ Ω。

6. 电源电动势 $E=4.5$ V,内阻 $r=0.5$ Ω,负载电阻 $R=4$ Ω,则电路中的电流 $I=$________,路端电压 $U=$________。

二、选择题

1. 任何一个含源二端网络都可以用一个适当的理想电压源与电阻(   )来代替。

A. 串联　　B. 并联　　C. 串联或并联　　D. 随意联结

2. 实际电压源在供电时,它的端电压(   )它的电动势。

A. 高于　　B. 低于　　C. 等于

三、判断题

1. 电压源和电流源等效变换前、后电源内部是不等效的。(   )

2. 理想电流源的输出电流和电压是恒定的,不随负载变化。(   )

四、计算题

1. 将图 2.149 中的电流源和电压源互换

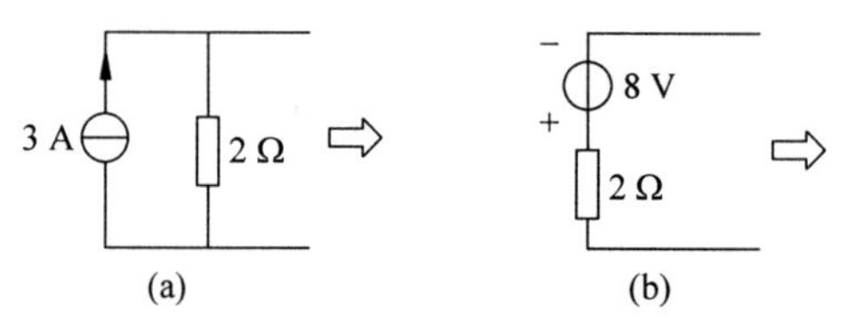

图 2.149　计算题 1 用图

2. 将图 2.150 中的有源二端网络等效变换为一个电压源。

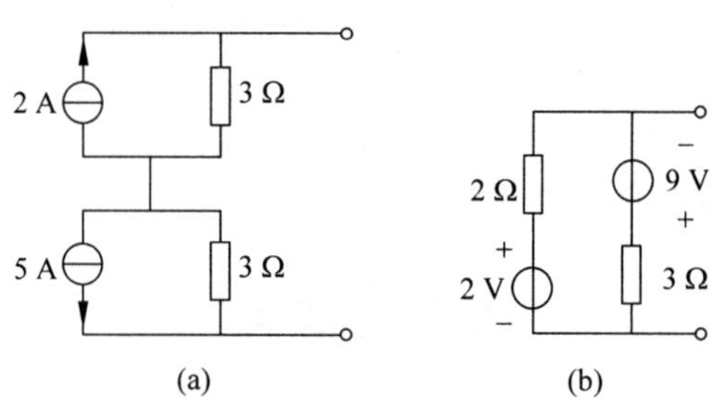

图 2.150　计算题 2 用图

任务 2.10 基尔霍夫定律的验证与应用

学习目标

知识目标：了解复杂电路的概念；理解并掌握基尔霍夫定律。

技能目标：能够用支路电流法解决复杂电路；学会复杂直流电路的搭建与电压电流的测量。

素质目标：逐步培养学生善于发现、勤于动脑的良好素质；培养学生认真观察分析的科学态度。

任务要求

1. 测量数据

按照下列步骤完成实验，测量所需要的数据，填入表 2.15。

表 2.15 测量数据

被测量	I_1/mA	I_2/mA	I_3/mA	U_1/V	U_2/V	U_{FA}/V	U_{AB}/V	U_{AD}/V	U_{CD}/V	U_{DE}/V
计算值										
测量值										
相对误差										

实验线路使用 DGJ-03 挂箱的“基尔霍夫定律/叠加原理”线路。实验前先任意设定三条支路和三个闭合回路的电流正方向。图 2.151 中 I_1、I_2、I_3 的方向已设定。三个闭合回路的电流正方向可设为 ADEFA、BADCB 和 FBCEF。

(1) 分别将两路直流稳压源接入电路，令 $U_1=6$ V，$U_2=12$ V。

(2) 熟悉电流插头的结构，将电流插头的两端接至数字毫安表的“+、-”两端。

(3) 将电流插头分别插入三条支路的三个电流插座中，读出并记录电流值。

(4) 用直流数字电压表分别测量两路电源及电阻元件上的电压值并记录。

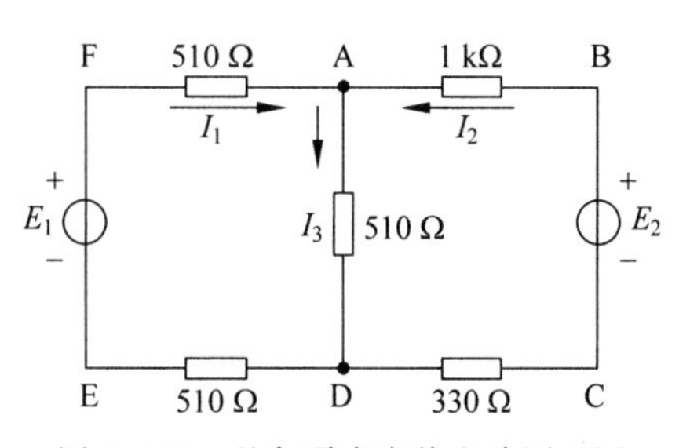

图 2.151 基尔霍夫定律电路原理图

2. 总结

分析表 2.15 所测得的数据，写出你的结论。

2.10.1 基本概念

电路中任意段不分支的电路叫作支路，如图 2.152 所示，BAED、BD、BCFD 都是支路。三条及三条以上支路的连接点叫作节点，如图 2.152 所示，B、D 都是节点。电路中任意闭合路径称为回路，如图 2.152 所示，ABDEA、BCFDB、ACFEA 都是回路。内部不含有支路的回路叫作网孔，如图 2.152 所示，ABDEA、BCFDB 都是网孔。

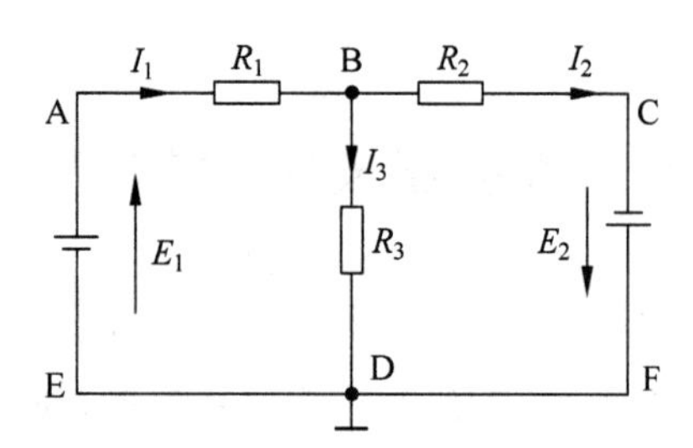

图 2.152　支路、节点、回路、网孔示意

2.10.2　基尔霍夫定律的推广

1. 基尔霍夫电流定律推广到多端网络

基尔霍夫电流定律不仅适用于电路的节点，还可以推广到多端网络或电路中任意假设的闭合面。如图 2.153 所示，将圆内部分看作一个广义节点。则流入该节点的电流为 I_a，流出该节点的电流为 I_b、I_c。所以 $I_a=I_b+I_c$。

2. 基尔霍夫电压定律推广到有开口的虚拟回路

【例 2.50】 列出图 2.154 所示电路中回路的基尔霍夫电压方程。

解：对于回路Ⅰ，选择逆时针方向为绕行方向。根据 KVL 定律，有

$$I_aR_a-I_bR_b-U_{ab}=0$$

对于回路Ⅱ，选择逆时针方向为绕行方向。根据 KVL 定律，有

$$I_bR_b-I_cR_c-U_{bc}=0$$

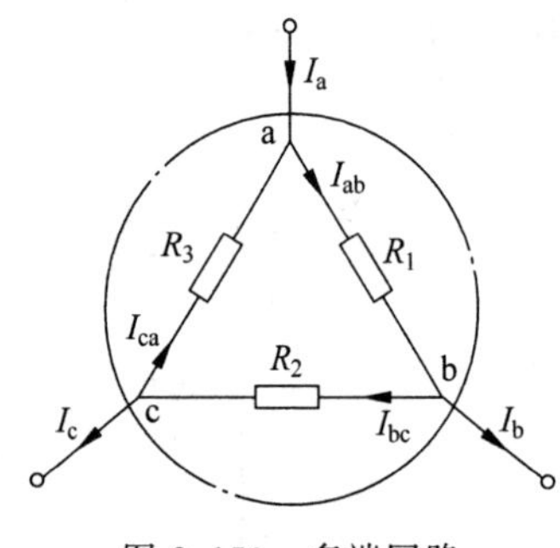

图 2.153　多端网路

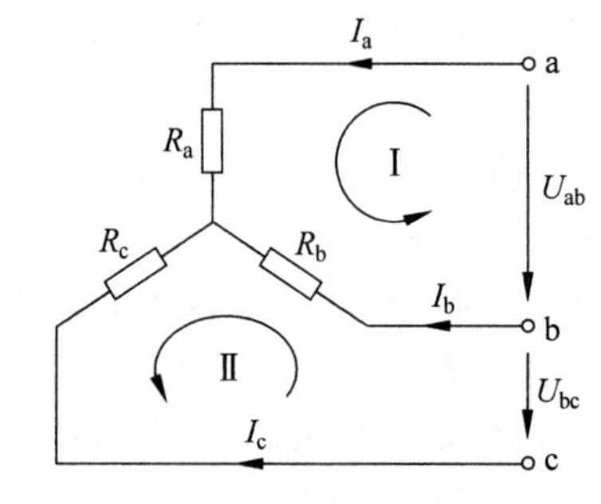

图 2.154　例 2.50 用图

2.10.3　支路电流法

分析计算复杂电路，不能单用欧姆定律。一般分析计算方法是应用基尔霍夫定律列出电路方程组求解。支路电流法就是基尔霍夫定律应用的最基本方法。

支路电流法是以支路电流作为未知量，直接应用基尔霍夫两个定律，列出所需要的方程，而后联立解出各未知支路电流。

采用支路电流法的步骤如下。

(1) 判定电路的支路数 m 和节点数 n。

(2) 标出各个待求电流的参考方向。

(3) 按节点列电流方程,方程数为 $n-1$ 个。

(4) 按回路列电压方程,方程数为 $m-n+1$ 个。

(5) 联立方程组,求解支路电流。

如图 2.152 所示电路中求解三条支路的电流($m=3$)。因为该电流有两个节点($n=2$),所以电路独立电流方程的数目为 1 个。对节点 B 有 $I_1=I_2+I_3$。

剩余按照 KVL 列方程。一般情况下,电路中需要列回路电压方程的数目为网孔数。从中选取两个回路列出回路电压方程即可。

左边回路:$E_1=I_1R_1+I_3R_3$。

右边回路:$I_3R_3+E_2=I_2R_2$。

现将节点电流方程和回路电压方程联立为

$$\begin{cases} I_1=I_2+I_3 \\ E_1=I_1R_1+I_3R_3 \\ I_3R_3+E_2=I_2R_2 \end{cases}$$

代入数值求解得 I_1、I_2 和 I_3。

【例 2.51】 如图 2.155 所示电路,$E_1=10\ \text{V}$,$R_1=6\ \Omega$,$E_2=26\ \text{V}$,$R_2=2\ \Omega$,$R_3=4\ \Omega$,求各支路电流。

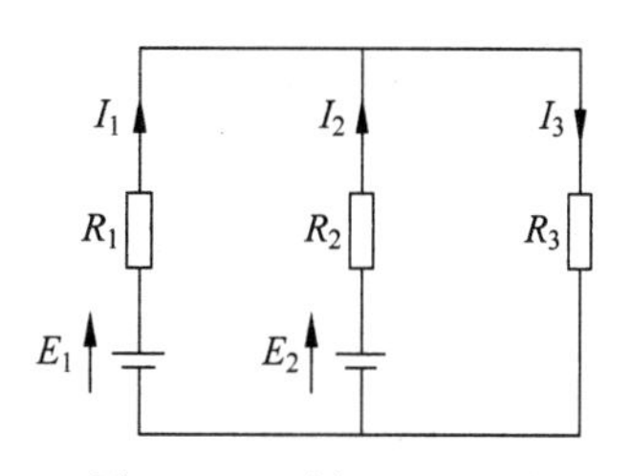

图 2.155 例 2.51 用图

解:(1) 电路的支路数为 3,节点数为 2。

(2) 各支路电流参考方向如图 2.155 所示。

(3) 根据基尔霍夫电流定律(KCL),对节点 A 有 $I_1+I_2=I_3$。

(4) 设闭合回路的绕行方向为顺时针方向,对回路Ⅰ,有

$$I_1R_1-I_2R_2+E_2-E_1=0$$

对回路Ⅱ,有

$$I_2R_2+I_3R_3-E_2=0$$

(5) 联立方程组,得

$$\begin{cases} I_1+I_2=I_3 \\ 6I_1-2I_2+26-10=0 \\ 2I_2+4I_3-26=0 \end{cases}$$

解方程组,得

$$I_1=-1\ \text{A},\quad I_2=5\ \text{A},\quad I_3=4\ \text{A}$$

这里解得 I_1 为负值,说明实际方向与假定方向相反。

思考与练习

一、填空题

1. 用基尔霍夫定律求解时,首先要选定各支路的________方向和回路的________方向。

2. 分析和计算复杂电路的主要依据是________定律和________定律。

3. 用支路电流法解复杂直流电路时，应先列出________个独立节点电流方程，然后再列出________个回路电压方程(假设电路有 m 条支路，n 个节点，且 $m>n$)。

4. 电路如图 2.156 所示，有________个节点，________条支路，________个独立回路。

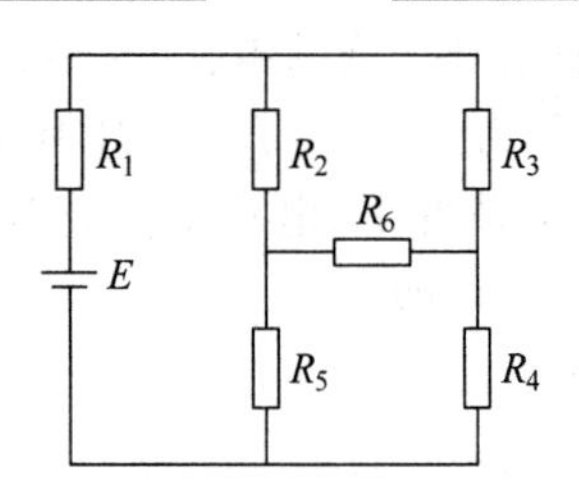

图 2.156 填空题 4 用图

二、选择题

1. 如图 2.152 所示，正确的关系式是(　　)。

A. $-E_2+I_2R_2-I_3R_3=0$　　B. $I_2+I_2=I_3$

C. $E_1+I_1R_1+I_3R_3=0$　　D. $I_2(R_1+R_2)-E_1-E_2=0$

2. 电路如图 2.157 所示，A、B 两点间开路电压 U_{AB} 为(　　)V。

A. 10　　B. 8　　C. 0　　D. 14

3. 电路如图 2.158 所示，已知 $E_1=20$ V，$E_2=60$ V，$R_1=R_2=2$ Ω，$R=19$ Ω，则电流 I 为(　　)A。

A. 3　　B. 5　　C. 8　　D. 2

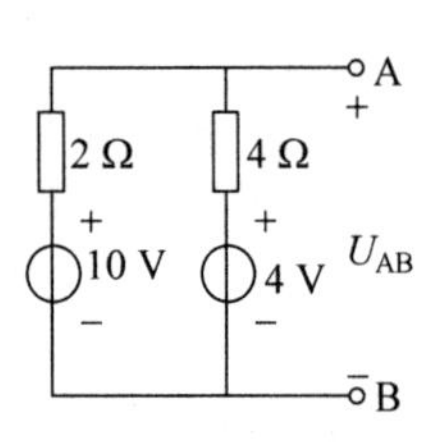

图 2.157 选择题 2 用图

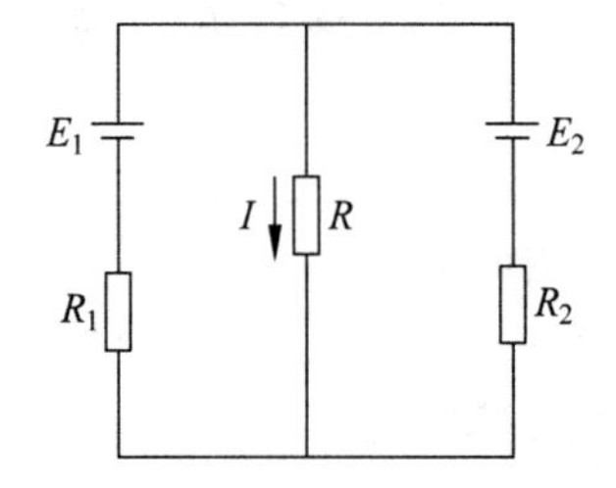

图 2.158 选择题 3 用图

4. 某电路有 3 个节点和 7 条支路，采用支路电流法求解各支路电流时，应列出节点电流方程和回路电压方程的个数分别为(　　)。

A. 3、4　　B. 4、3　　C. 2、5　　D. 4、7

5. 如图 2.159 所示，$I=$(　　)A。

A. 4　　B. 2

C. 0　　D. −2

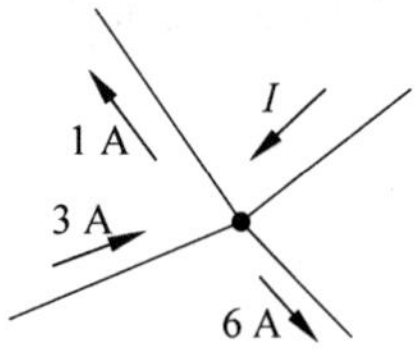

图 2.159 选择题 5 用图

三、判断题

1. 一段有源支路，当其两端电压为零时，该支路电流必定为零。(　　)

2. 网孔一定是回路，而回路未必是网孔。(　　)

3. 图 2.160 所示电路为某电路中的一条支路，若该支路电流为零，则 A、B 两点间电压一定为零。(　　)

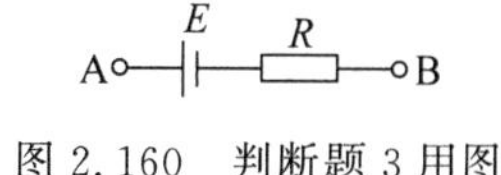

图 2.160　判断题 3 用图

四、计算题

1. 某电路的一部分电路如图 2.161 所示，各支路电流的参考方向在图中已标出，求电流 I_2、I_4、I_5。

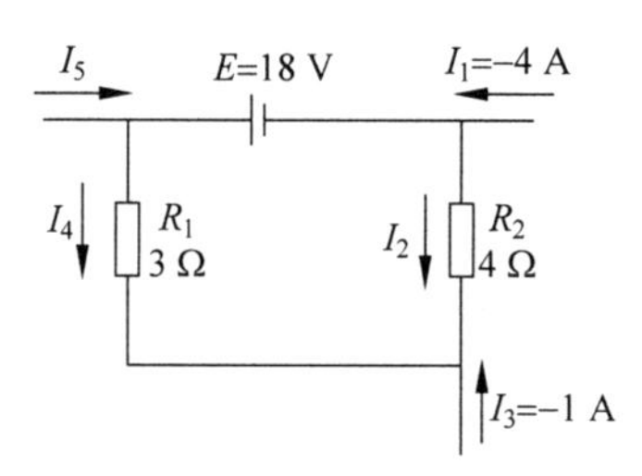

图 2.161　计算题 1 用图

2. 如图 2.155 所示，(1)已知 $E_1=20$ V，$R_1=2$ Ω，$E_2=60$ V，$R_2=2$ Ω，若要使流过 R_3 的电流为 2 A，方向由 A 指向 B，则 R_3 的值是多少？(2)若已知 $E_1=20$ V，$E_2=40$ V，电源内阻不计，电阻 $R_1=4$ Ω，$R_2=10$ Ω，$R_3=40$ Ω，求各支路电流。

任务 2.11　叠加定理验证与应用

学习目标

知识目标：熟练掌握叠加定理的具体内容；掌握叠加定理的适用范围；掌握叠加定理的解题方法。

技能目标：熟练使用电流表、电压表；培养学生应用叠加和分解的思想，把多元变单元解决复杂问题的能力。

素质目标：规范操作意识；保持良好的工作环境。

任务要求

我们学习了基尔霍夫定律、支路电流法及回路电流法，这些方法都可以求解复杂的直流电路。但是每种方法都有它的适用范围。如果题目中电源数量不多，支路数和回路数较多，还有没有其他较为简便的方法来求解呢？如果能把复杂直流电路拆分成多个单独电源作用的简单直流电路，求解后再把各个结果合成，是不是可以达到求解的目的呢？本次任务我们就来解决这个问题。

1. 测量数据

根据下列步骤，完成实验。将测得的数据填入表 2.16。

表 2.16　测量数据

实验内容	测量项目									
	U_1/V	U_2/V	I_1/mA	I_2/mA	I_3/mA	U_{AB}/V	U_{CD}/V	U_{AD}/V	U_{DE}/V	U_{FA}/V
U_1 单独作用										

续表

实验内容	测量项目									
	U_1/V	U_2/V	I_1/mA	I_2/mA	I_3/mA	U_{AB}/V	U_{CD}/V	U_{AD}/V	U_{DE}/V	U_{FA}/V
U_2 单独作用										
U_1、U_2 共同作用										
U_2 单独作用(调至+12 V)										

实验线路使用 DGJ-03 挂箱的“基尔霍夫定律/叠加原理”线路。实验前先任意设定三条支路和三个闭合回路的电流正方向。图 2.162 中的 I_1、I_2、I_3 的方向已设定。三个闭合回路的电流正方向可设为 ADEFA、BADCB 和 FBCEF。

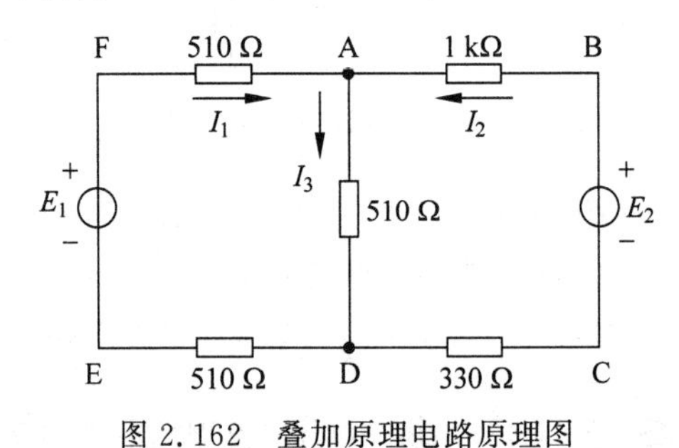

图 2.162　叠加原理电路原理图

(1) 将两路稳压源的输出分别调节为 12 V 和 6 V,接入 U_1 和 U_2 处。

(2) 令 U_1 电源单独作用(将开关 K_1 投向 U_1 侧,开关 K_2 投向短路侧)。用直流数字电压表和毫安表(接电流插头)测量各支路电流及各电阻元件两端的电压,数据记入表 2.16。

(3) 令 U_2 电源单独作用(将开关 K_1 投向短路侧,开关 K_2 投向 U_2 侧),重复实验步骤 2 的测量和记录,数据记入表 2.16。

(4) 令 U_1 和 U_2 共同作用(开关 K_1 和 K_2 分别投向 U_1 和 U_2 侧),重复上述的测量和记录,数据记入表 2.16。

(5) 将 U_2 的数值调至+12 V,重复上述第 3 项的测量并记录,数据记入表 2.16。

2. 总结

分析表 2.16 所得到的数据,写出你的结论。

2.11.1　叠加定理的概念

在线性电路中,当有多个独立电源共同作用时,在电路中任意支路所产生的电流(或电压)等于各独立电源单独作用时在该支路所产生的电流(或电压)的代数和。线性电路的这一性质称为叠加原理。

应用叠加原理,可以将复杂的电路分解成几个简单的电路,然后应用欧姆定律就可以进行求解。叠加原理仅适用于线性电路。

如图 2.163(a)是含有两个电源的电路,根据叠加原理可知,此电路可以分解成两个电路：恒流源单独作用的电路和恒压源单独作用的电路。

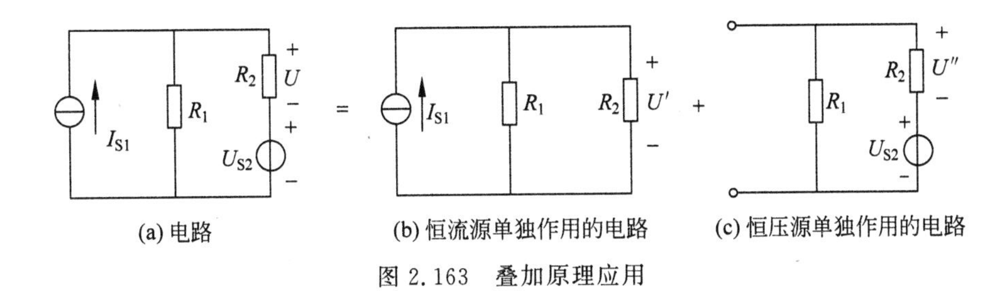

图 2.163 叠加原理应用

2.11.2 叠加定理的应用

根据叠加定理的内容我们可以总结出叠加原理解题的一般步骤。

(1) 把含有若干个电源的复杂电路分解成若干个恒压源或恒流源单独作用的分电路。

注意：

① 某个电源单独作用时，其余电源的作用为零(恒压源短路、恒流源断路)。

② 某个电源单独作用时，原复杂电路中的所有电阻(包括电源的内阻)应当保留。

(2) 在原复杂电路和分电路中标出电流的参考方向(要求原电路和分电路的参考方向一致)。

(3) 计算各分电路中的电流。

(4) 电流叠加，计算复杂电路中的待求电流。叠加时注意各分电路中电流的正、负号。

【例 2.52】 求如图 2.164 所示电路图中的支路电流。

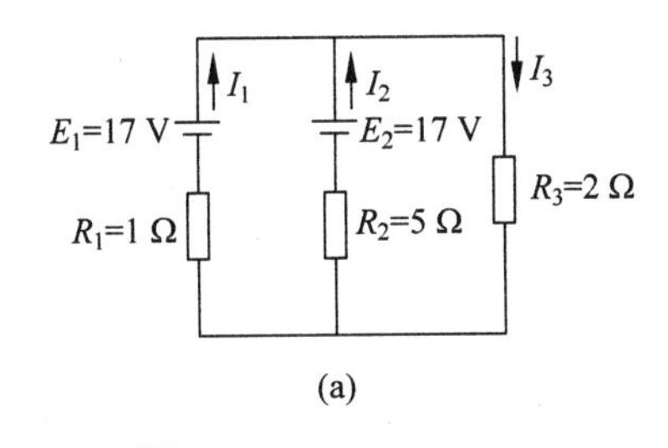

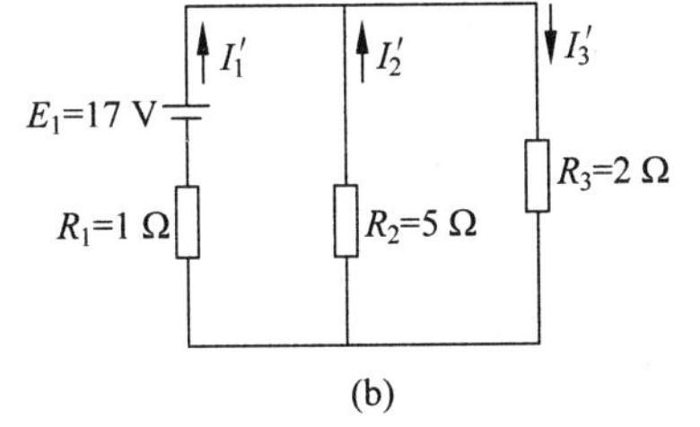

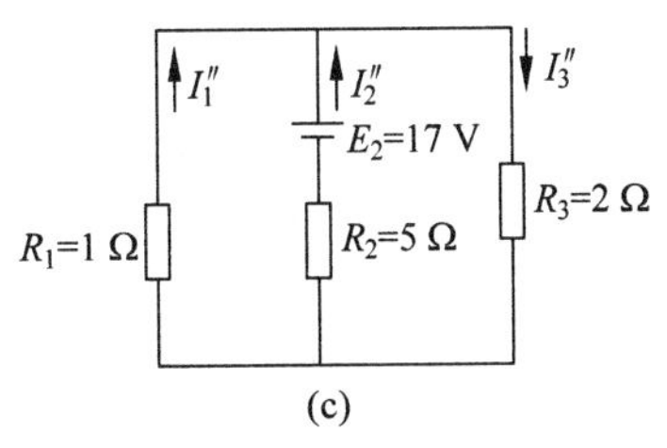

图 2.164 例 2.52 用图

解： 根据叠加原理，将原电路分解成如图 2.164(b)和图 2.164(c)所示的两个电路。

(1) 在电路(a)中：E_1 单独作用，有

$$R_{eq}=\left(\frac{1}{\frac{1}{R_2}+\frac{1}{R_3}}\right)+R_1=\frac{17}{7}(\Omega),\quad I'_1=\frac{E_1}{R_{eq}}=\frac{17}{\frac{17}{7}}=7(\text{A})$$

R_2 的电压和电流是非关联方向，所以

$$I'_2=-\frac{R_3}{R_2+R_3}I'_1=-\frac{2}{5+2}\times 7=-2(\mathrm{A})$$

R_3 的电压和电流是关联方向，所以

$$I'_3=\frac{R_2}{R_2+R_3}I'_1=-\frac{5}{5+2}\times 7=5(\mathrm{A})$$

(2) 在电路 b 中：E_2 单独作用，有

$$R_{\mathrm{eq}}=\left(\frac{1}{\frac{1}{R_1}+\frac{1}{R_3}}\right)+R_2=\frac{17}{3}(\Omega)$$

$$I''_2=\frac{E_2}{R'_{\mathrm{eq}}}=\frac{17}{\frac{17}{3}}=3(\mathrm{A})$$

$$I'_1=-\frac{R_3}{R_1+R_3}I''_2=-\frac{2}{1+2}\times 3=-2(\mathrm{A})$$

$$I''_3=\frac{R_1}{R_1+R_3}I''_2=\frac{1}{1+2}\times 3=1(\mathrm{A})$$

(3) 应用叠加原理，得

$$I_1=I'_1+I''_1=7+(-2)=5(\mathrm{A})$$
$$I_2=I'_2+I''_{21}=(-2)+3=1(\mathrm{A})$$
$$I_3=I'_3+I''_{31}=5+1=6(\mathrm{A})$$

【例 2.53】 如图 2.163 所示，已知 $R_1=1\ \Omega$，$R_2=2\ \Omega$，$I_{\mathrm{S1}}=3\ \mathrm{A}$，$U_{\mathrm{S2}}=6\ \mathrm{V}$，求电路中的电压 u。

解：根据叠加原理，将原电路分解成如图 2.163(b)和图 2.163(c)所示的两个电路。

在电路 b 中：

$$u'=R_2\times\frac{R_1}{R_1+R_2}I_{\mathrm{S1}}=2(\mathrm{V})$$

在电路 c 中

$$u''=-\frac{R_2}{R_1+R_2}U_{\mathrm{S2}}=-\frac{2}{1+2}\times 6=-4(\mathrm{V})$$

因此：

$$u=u'+u''=2-4=-2(\mathrm{V})$$

注意：在应用叠加定理时要注意以下几点。

(1) 该原理只适用于线性电路。

(2) 在各电源单独作用时，其他电源不起作用。也就是电路中只有一个电源作用而将其他电源均除去，即将其他电压源短路，电流源开路，但它们的内阻(如果给出的话)仍保留在原处。

(3) 叠加时要注意电流(或电压)的参考方向。当各电源单独作用所得电路的电流(或电压)与各电源共同作用时的电流(或电压)的参考方向相同时取正,相反时取负。

(4) 即使在线性电路中,也不能用叠加原理来计算功率。

(5) 应用叠加原理时,受控源要与电阻一样看待。叠加时只对独立电源产生的电流(或电压)进行叠加,受控源在每个独立电源单独作用时都应在相应的电路中保留。

知识拓展一:节点电压法

1. 2个独立节点的节点电压法

选取一个节点为参考点,其余各节点到参考点的电压(电位)称为节点电压。如图2.165所示电路中,选择节点0为参考点,节点1到节点0的节点电压用U_{n1}表示,节点2到节点0的节点电压用U_{n2}表示,其他节点电压表示方法类似。

以节点电压为未知量,根据KCL,列出除参考点外的$N-1$个节点的电流方程,然后联立求出节点电压,再求出其他各支路电压或者电流的方法称为节点电压法。

3个节点(2个独立节点)电路的节点电压法的一般方程为

$$\begin{cases} G_{11}U_{n1}-G_{12}U_{n2}=I_{Sn1} \\ -G_{21}U_{n1}+G_{22}U_{n2}=I_{Sn2} \end{cases} \tag{2.51}$$

式中,U_{n1}表示节点1到节点0的节点电压;U_{n2}表示节点2到节点0的节点电压。G_{11}是与节点1相连接的各支路电导之和,称为节点1的自电导。G_{22}是与节点2相连接的各支路电导之和,称为节点2的自电导。G_{12}是与节点1和节点2相连接的各支路电导之和,称为节点1和节点2的互电导。流入节点1和节点2的电流源、电压源电流代数和(流入为正,流出为负),分别用I_{Sn1}、I_{Sn2}表示。

注意: 公式中,自导前面用"+"号,互导前面用"−"号。

在图2.165所示电路图中,各个系数如下所示,即

$$G_{11}=G_1+G_3+G_4=\frac{1}{R_1}+\frac{1}{R_3}+\frac{1}{R_4}$$

$$G_{21}=G_{12}=G_3+G_4=\frac{1}{R_3}+\frac{1}{R_4}$$

$$G_{22}=G_2+G_3+G_4+G_5=\frac{1}{R_2}+\frac{1}{R_3}+\frac{1}{R_4}+\frac{1}{R_5}$$

$$I_{Sn1}=I_{S1}$$

$$I_{Sn2}=-I_{S2}+\frac{U_{S1}}{R_5}$$

【例2.54】 如图2.166所示电路中,已知$I_{S1}=4$ A,$I_{S2}=2$ A,$I_{S3}=4$ A,$U_S=4$ V,$R_1=3\ \Omega$,$R_2=1\ \Omega$,$R_3=2\ \Omega$,用节点分析法求R_1、R_2、R_3各支路电流。

解:

$$G_{11}=G_1+G_2=\frac{1}{R_1}+\frac{1}{R_2}=\frac{1}{3}+\frac{1}{1}=\frac{4}{3}(\text{S})$$

$$G_{21}=G_{12}=G_2=\frac{1}{R_2}=1(\text{S})$$

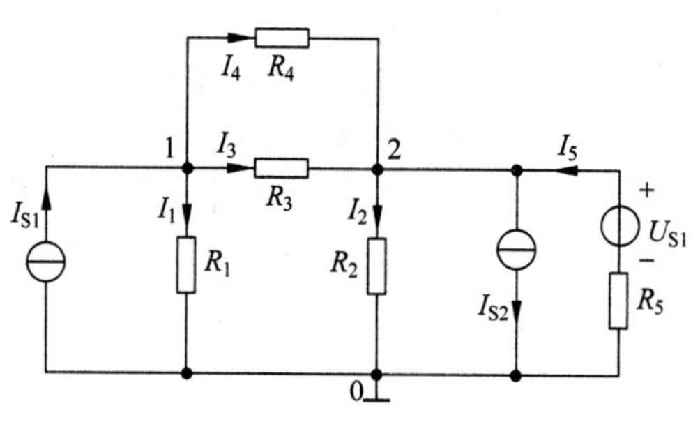

图 2.165　节点电压法

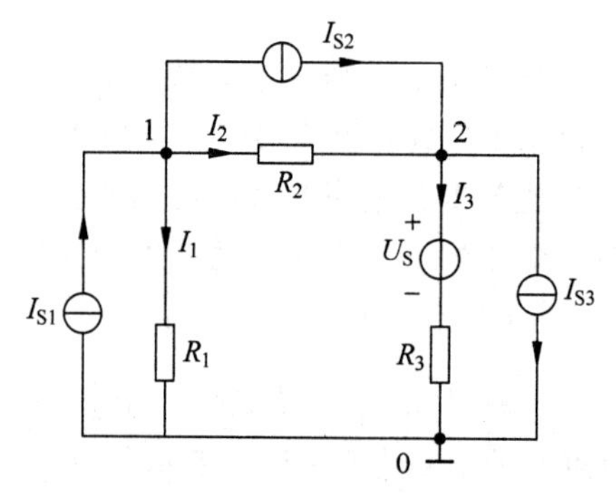

图 2.166　例 2.54 用图

$$G_{22}=G_2+G_3=\frac{1}{R_2}+\frac{1}{R_3}=\frac{1}{1}+\frac{1}{2}=\frac{3}{2}(\mathrm{S})$$

$$I_{Sn1}=I_{S1}-I_{S2}=4-2=2(\mathrm{A})$$

$$I_{Sn2}=-I_{S2}+I_{S3}+\frac{U_S}{R_3}=-2+4+\frac{4}{2}=4(\mathrm{A})$$

代入公式得下列方程组：

$$\begin{cases}\frac{4}{3}\times U_{n1}-1\times U_{n2}=2(\mathrm{A})\\ -1\times U_{n1}+\frac{3}{2}\times U_{n2}=4(\mathrm{A})\end{cases}$$

解该方程组可得，$U_{n1}=7\ \mathrm{V}$，$U_{n2}=\frac{22}{3}\ \mathrm{V}$。

(1) 对于电阻 R_1，根据欧姆定律得

$$I_1=\frac{U_{n1}}{R_1}=\frac{7}{3}=\frac{7}{3}(\mathrm{A})$$

(2) 电阻 R_2 两端的电压为节点 1 和节点 2 的电位差，即

$$U_{12}=U_{n1}-U_{n2}=7-\frac{22}{3}=-\frac{1}{3}(\mathrm{V})$$

再根据欧姆定律得

$$I_2=\frac{U_{12}}{R_2}=\frac{-\frac{1}{3}}{1}=-\frac{1}{3}(\text{A})$$

(3) 对于 R_3 所在支路,根据 KVL 得

$$U_{n2}=U_S+I_3R_3$$

所以有

$$I_3=\frac{U_{n2}-U_S}{R_3}=\frac{\frac{22}{3}-4}{2}=\frac{5}{3}(\text{A})$$

2. *n* 个独立节点的节点电压法

n 个独立节点的电路的节点电压方程为

$$\begin{cases}G_{11}U_{n1}-G_{12}U_{n2}-G_{13}U_{n3}-\cdots-G_{1n}U_{nn}=I_{Sn1}\\-G_{21}U_{n1}+G_{22}U_{n2}-G_{23}U_{n3}-\cdots-G_{2n}U_{nn}=I_{Sn2}\\\vdots\\-G_{n1}U_{n1}-G_{n2}U_{n2}-G_{n3}U_{n3}-\cdots+G_{nn}U_{nn}=I_{Snn}\end{cases}\tag{2.52}$$

【例 2.55】 用节点电压法求如图 2.167 所示电路中各支路电流。

解:本例题中有三个独立节点,根据式(2.49),得

$$\begin{cases}G_{11}U_{n1}-G_{12}U_{n2}-G_{13}U_{n3}=I_{Sn1}\\-G_{21}U_{n1}+G_{22}U_{n2}-G_{23}U_{n3}=I_{Sn2}\\-G_{n1}U_{n1}-G_{n2}U_{n2}+G_{n3}U_{n3}=I_{Sn3}\end{cases}$$

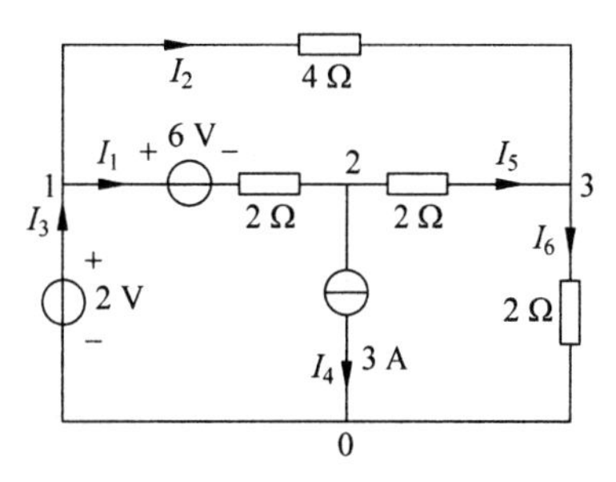

图 2.167 例 2.55 用图

在该电路中,节点 1 和节点 0 间直接连接了 2 V 的理想电压源。所以 $U_{n1}=2$ V。该电源无法等效为电流源,所以上述方程中的第一个等式无法列出,直接用 $U_{n1}=2$ V 代替。参考例 2.54 的方法,求出各个系数,可列出如下方程组,即

$$\begin{cases}U_{n1}=2\text{ V}\\-\frac{1}{2}U_{n1}+\left(\frac{1}{2}+\frac{1}{2}\right)U_{n2}-\frac{1}{2}U_{n3}=-3-\frac{6}{2}\\-\frac{1}{4}U_{n1}-\frac{1}{2}U_{n2}+\left(\frac{1}{2}+\frac{1}{2}+\frac{1}{4}\right)\times\frac{1}{2}U_{n3}=0\end{cases}$$

解方程组可得

$$\begin{cases}U_{n1}=2\text{ V}\\U_{n2}=-6\text{ V}\\U_{n3}=-2\text{ V}\end{cases}$$

(1) 电流 I_1 所在支路,根据 KVL 可列方程

$$U_{12}=U_{n1}-U_{n2}=8=6+I_1\times2,\quad I_1=1\text{ A}$$

(2) I_2 所在支路,根据欧姆定律可得

$$U_{123}=U_{n1}-U_{n3}=4=I_2\times 4,\quad I_2=1\ \text{A}$$

(3) 对于节点 1,根据 KCL 可列方程

$$I_3=I_1+I_2=2(\text{A})$$

(4) 理想电流源的电流是不变的,即

$$I_4=3\ \text{A}$$

(5) 对于节点 2,根据 KCL 可列方程 $I_1=I_4+I_5$,即

$$I_5=-2\ \text{A}$$

(6) 对于节点 3,根据 KCL 可列方程

$$I_6=I_2+I_5-1\ \text{A}$$

注意:列节点电压方程会遇到的两种特殊情况。

(1) 节点对地有理想电压源 U_S。其解决方法可参照例 2.55 的解法。

(2) 与电流源 I_S 有串联的电阻。当某条支路是由理想电流源和电阻串联组成时,在列方程时,直接把该电阻视为零,即把它短路即可。

3. 弥尔曼定理

当电路中只有两个节点,选定其中一个为参考点,待求节点电压只有一个,此时节点电压方程可以列为

$$G_{11}U_{n1}=I_{Sn1}\quad 或\quad U_{n1}=\frac{I_{Sn1}}{G_{11}}\tag{2.53}$$

式(2.53)称为弥尔曼定理,是节点电压法的特例。

用弥尔曼定理求解例 2.52 的过程如下。

选中电路图中下面的节点为参考点,上面的节点电压记为 U_{n1}。先根据弥尔曼定理求出节点电压 U_{n1},即

$$I_{Sn1}=\frac{E_1}{R_1}+\frac{E_2}{R_2}=\frac{17}{1}+\frac{17}{5}=\frac{102}{5}(\text{A})$$

$$G_{11}=\frac{1}{R_1}+\frac{1}{R_2}+\frac{1}{R_3}=\frac{1}{1}+\frac{1}{5}+\frac{1}{2}=\frac{17}{10}(\text{S})$$

$$U_{n1}=\frac{I_{Sn1}}{G_{11}}=\frac{\frac{102}{5}}{\frac{17}{10}}=12(\text{V})$$

再根据欧姆定律和 KVL 求出三条支路的电流值,即

$$I_1=\frac{E_1-U_{n1}}{R_1}=\frac{17-12}{1}=5(\text{A})$$

$$I_3=\frac{U_{n1}}{R_3}=\frac{12}{2}=6(\text{A})$$

$$I_2=\frac{E_2-U_{n1}}{R_2}=\frac{17-12}{5}=1(\text{A})$$

知识拓展二：戴维南定理

1. 戴维南定理概述

任意一个有源二端网络 N 均可等效为一个电压源。其中，电压源的电动势 E 为该网络的开路电压 U_o、内阻 R_o 为该网络中全部独立源作用为零(恒压源短路、恒流源断路)后的等效电阻，如图 2.168 所示。

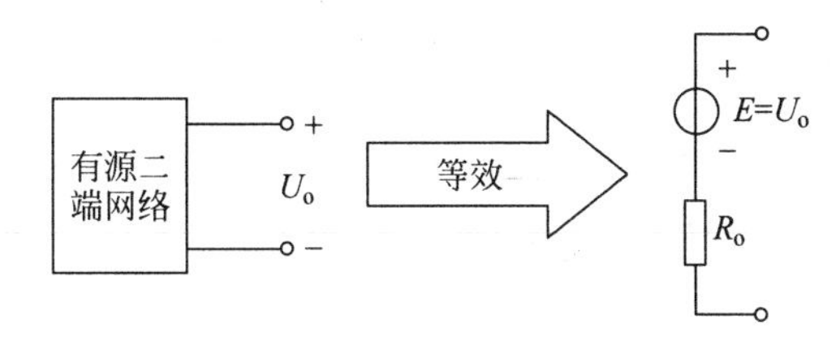

图 2.168 戴维南定理

2. 戴维南定理的应用

利用戴维南定理求解支路电路的步骤如下。

(1) 将所求支路断开，得到有源二端网络。

(2) 求出有源二端网络的开路电压 U_o，即等效电压源的电动势 E。

(3) 令有源二端网络中所有电源作用为零(恒压源短路、恒流源断路)，保留电源内阻，得到无源二端网络，求其等效电阻。

(4) 用等效的电压源代替有源二端网络，将所求支路接入等效电路中，应用欧姆定律求出该支路电流。

【例 2.56】 根据戴维南定理，求如图 2.169 所示电路的等效电压源模型。

解：(1) 求出有源二端网络的开路电压 U_o。如图 2.170 所示，对于左边电压源所在支路，根据 KVL 可得开路电压为

$$U_o = 2\times 10 + 5 = 25(\text{V})$$

(2) 求等效电阻。令有源二端网络中所有电源作用为零(恒压源短路、恒流源断路)，保留电源内阻，得到无源二端网络如图 2.171 所示。可求得等效电阻为

$$R_o = 10\ \Omega$$

(3) 画等效电路图。等效电路中的电动势 $E=U_o=25$ V，方向与开路电压方向一致，内阻$r_o=R_o=10\ \Omega$。

图 2.169 所示的有源二端网络的戴维南的等效电路如图 2.172 所示。

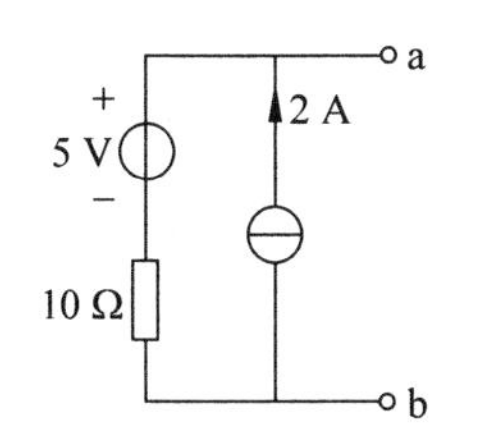

图 2.169 例 2.56 用图

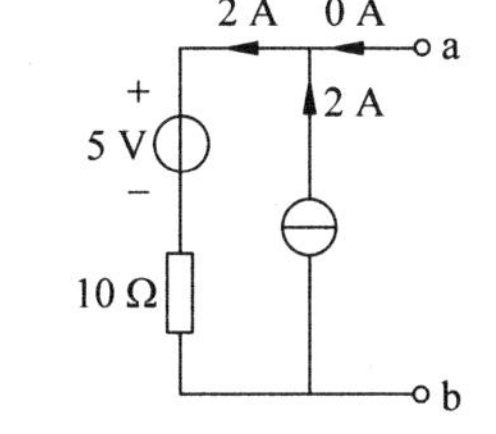

图 2.170 开路电压

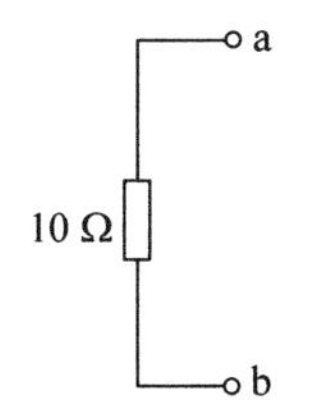

图 2.171 等效电阻

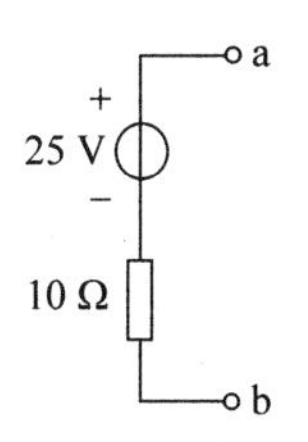

图 2.172 等效电源

注意：运用戴维南定理时，应注意以下几点。

(1) 戴维南定理仅适合于线性电路。

(2) 有源二端网络经戴维南等效变换之后仅对外电路等效，若求有源二端网络内部的电压或电流，则另需处理。

(3) 等效电阻是指将各个电压源短路，电流源开路，有源网络变为无源网络之后从端口看进去的电阻。

(4) 画等效电路时，要注意等效恒压源的电动势 E 的方向应与有源二端网络开路时的端电压方向相符合。

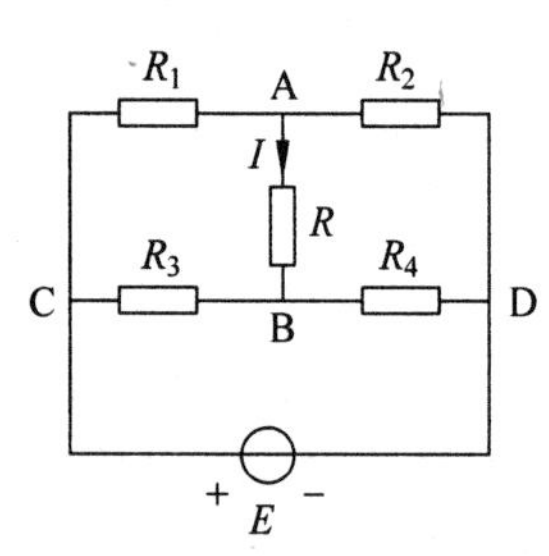

图 2.173　例 2.57 用图

【例 2.57】 如图 2.173 所示电路，已知 $E=48\ \text{V}$，$R_1=12\ \Omega$，$R_2=24\ \Omega$，$R_3=36\ \Omega$，$R_4=12\ \Omega$，$R=33\ \Omega$，利用戴维南定理求通过 R 的电流 I。

解：将所求支路断开，如图 2.174(a)所示，则

$$U_{AD}=\frac{R_2}{R_1+R_2}\times E=\frac{24}{12+24}\times 48=32(\text{V})$$

$$U_{BD}=\frac{R_4}{R_3+R_4}\times E=\frac{12}{36+12}\times 48=12(\text{V})$$

得

$$E_o=U_{AB}=U_{AD}+U_{DB}=U_{AD}-U_{BD}=32-12=20(\text{V})$$

令 E 作用为零，得到无源二端网络，如图 2.174(b)所示，则 A、B 间的等效电阻为

$$R_o=\frac{R_1R_2}{R_1+R_2}+\frac{R_3R_4}{R_3+R_4}=\frac{12\times 24}{12+24}+\frac{36\times 12}{36+12}=17(\Omega)$$

将 R 支路接入等效电压源，如图 2.174(c)所示，可得

$$I=\frac{E_o}{R+R_o}=\frac{20}{33+17}=0.4(\text{A})$$

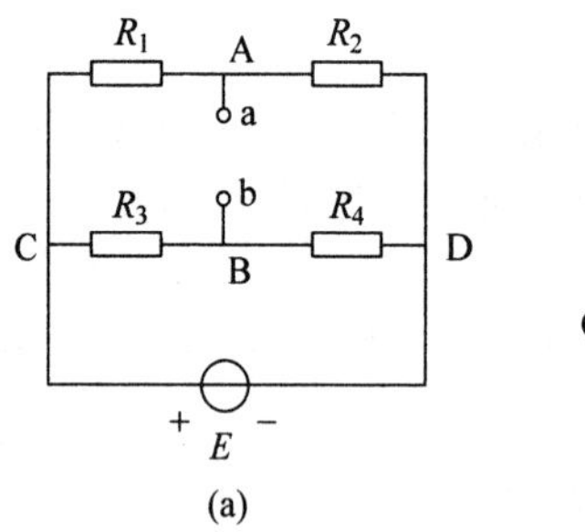

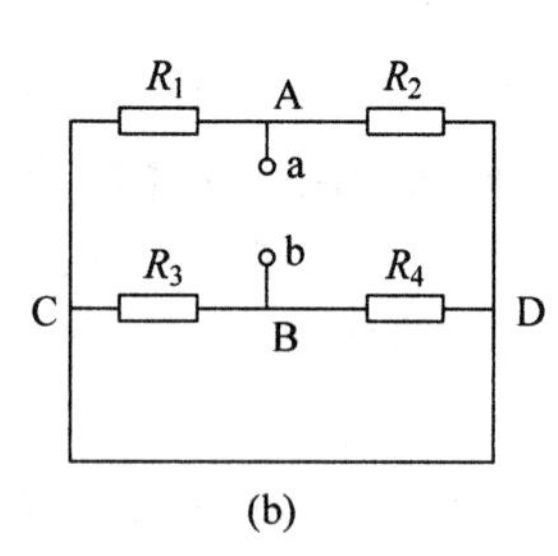

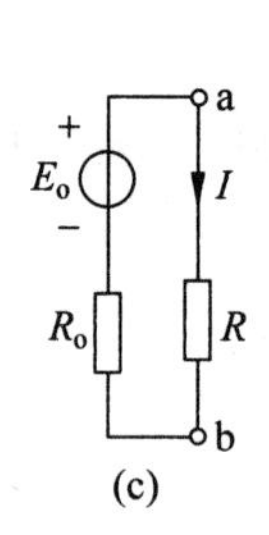

图 2.174　例 2.57 解题用图

思考与练习

一、填空题

1. 以________为变量的分析方法称为节点电压法。

2. 与某个节点相连接的各支路电导之和，称为该节点的________。

3. 两个节点间各支路电导之和，称为这两个节点间的________。

4. 如图 2.175 所示电路中，$G_{11}=$________、$G_{22}=$________、$G_{12}=$________。

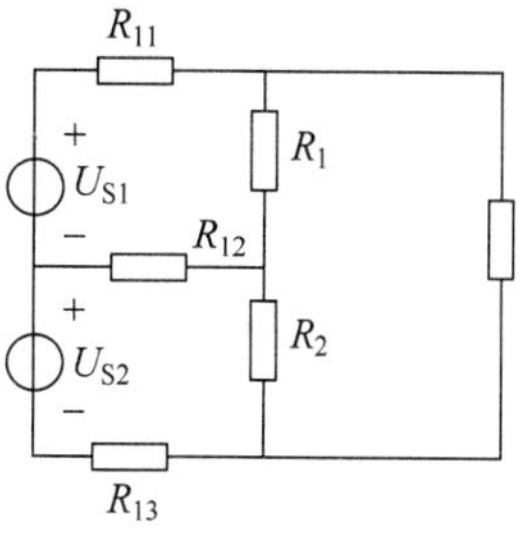

图 2.175　填空题 4 用图

二、选择题

直流电路中应用叠加定理时，每个电源单独作用时，其他电源应(　　)。

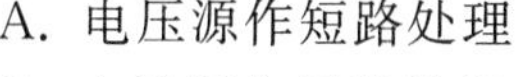

A. 电压源作短路处理　　B. 电压源作开路处理

C. 电流源作短路处理

三、计算题

1. 如图 2.164 所示，已知 $E_1=6\ \text{V}$，$E_2=1\ \text{V}$，内阻不计，$R_1=1\ \Omega$，$R_2=2\ \Omega$，$R_3=3\ \Omega$，用叠加定理求各支路的电流。

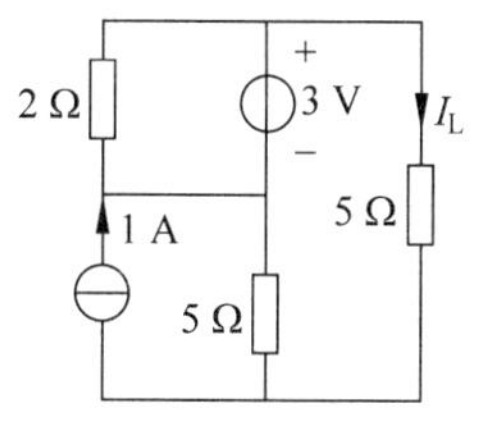

图 2.176　计算题 2 用图

2. 用叠加原理，求如图 2.176 所示电路中的电流。若电流源的电流由原来的 1 A 增加到 3 A，求 ΔI_L。

3. 如图 2.177 所示，已知 $U_S=10\ \text{V}$，$I_S=6\ \text{A}$，$R_1=5\ \Omega$，$R_2=3\ \Omega$，$R_3=5\ \Omega$，用诺顿定理求 R_3 中电流 I。

4. 如图 2.178 所示桥形电路中 $R_1=2\ \Omega$，$R_2=1\ \Omega$，$R_3=3\ \Omega$，$R_4=0.5\ \Omega$，$U_S=4.5\ \text{V}$，$I_S=1\ \text{A}$。试用叠加定理求电压源的电流 I 和电流源的端电压 U。

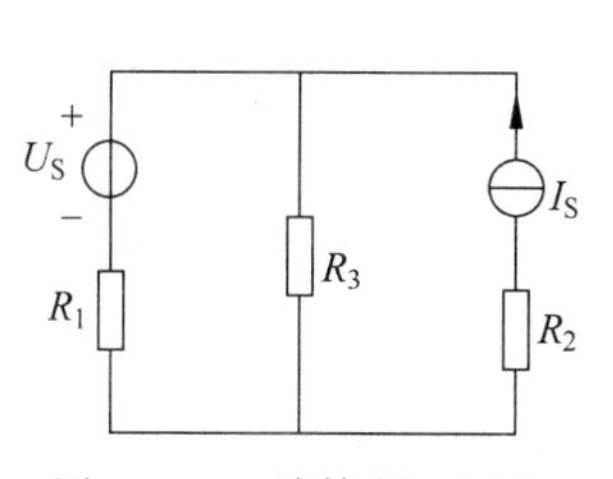

图 2.177　计算题 3 用图

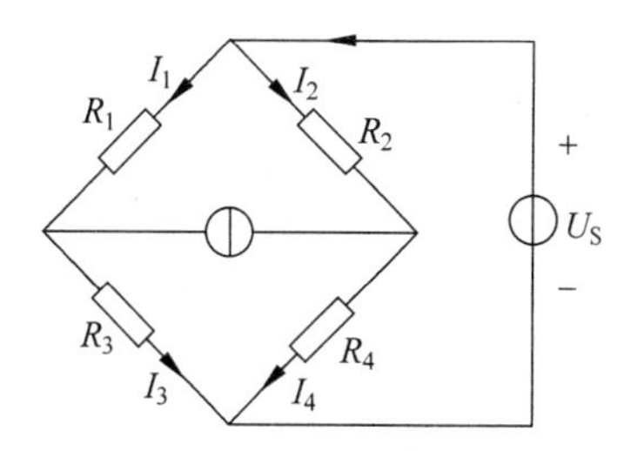

图 2.178　计算题 4 用图

5. 列出图 2.179 所示电路图中的节点电压方程。

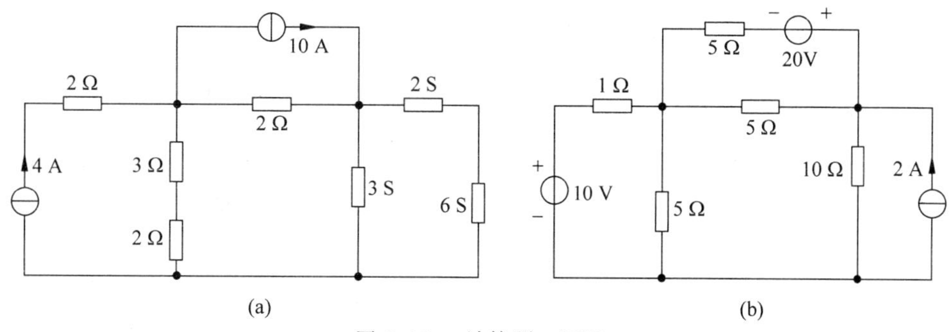

图 2.179　计算题 5 用图

6. 用节点电压法求解如图 2.180 所示的电压 U。

7. 用节点电压法求解如图 2.181 所示电路中各支路的电流。

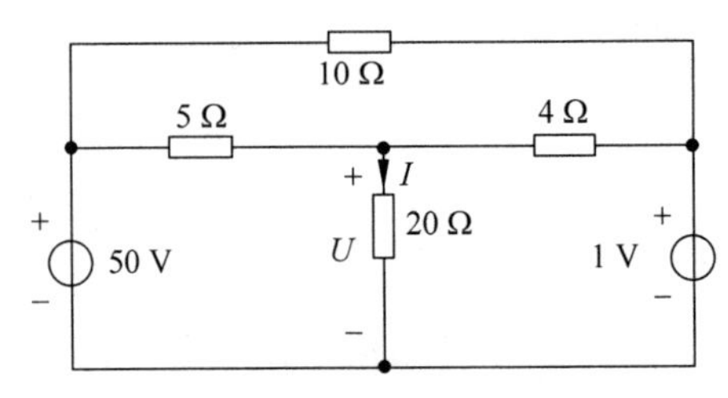

图 2.180 计算题 6 用图

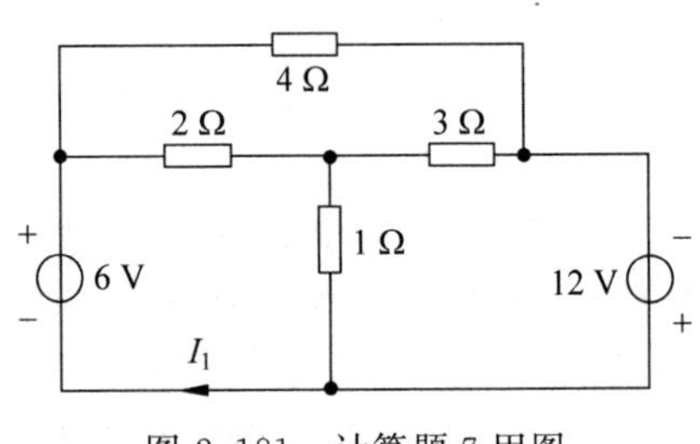

图 2.181 计算题 7 用图

任务 2.12 MF47 万用表装调

学习目标

知识目标：理解万用表的结构与主要挡位的测试原理；熟练掌握元器件的识别与检测；掌握万用表的组装与调试的步骤和方法；学会万用表常见故障的排除方法。

技能目标：学会万用表安装、调试、使用；学会排除一些常见故障。

素质目标：提升学生解疑、讨论、合作、竞争的意识；规范操作意识；保持良好的工作环境。

任务要求

本任务要求学生能根据万用表原理图，进行万用表的安装、焊接及调试。要求安装调试好的万用表能够完成正常的测量任务。

2.12.1 MF47 型指针式万用表的结构、组成与特征

万用表由机械部分、显示部分与电器部分组成，机械部分包括外壳、挡位开关旋钮及电刷等；显示部分是表头；电器部分包括测量线路板、电位器、电阻、二极管和电容等(图 2.182)。

表头是万用表的测量显示装置，指针式万用表采用控制显示面板加表头的一体化结构；挡位开关用来选择被测电量的种类和量程；测量线路板将不同性质和大小的被测电量转换为表头所能接受的直流电流。万用表可以测量直流电流、直流电压、交流电压和电

阻等多种电量。当转换开关拨到直流电流挡，可分别与5个接触点接通，用于测量500 mA、50 mA、5 mA、500 μA和50 μA量程的直流电流。同样，当转换开关拨到欧姆挡，可分别测量×1 Ω、×10 Ω、×100 Ω、×1 kΩ、×10 kΩ量程的电阻；当转换开关拨到直流电压挡，可分别测量0.25 V、1 V、2.5 V、10 V、50 V、250 V、500 V和1 000 V量程的直流电压；当转换开关拨到交流电压挡，可分别测量10 V、50 V、250 V、500 V和1 000 V量程的交流电压。

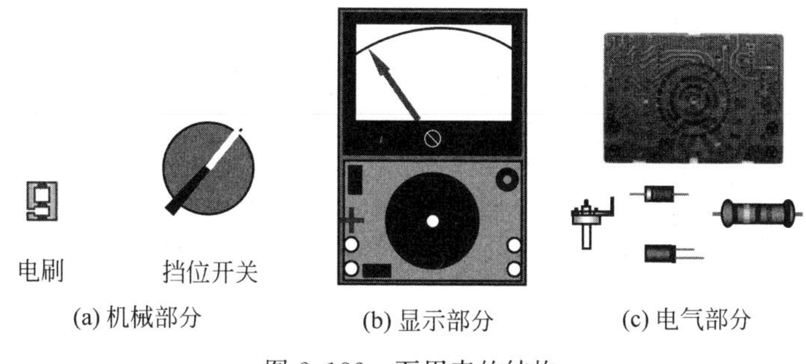

(a) 机械部分　(b) 显示部分　(c) 电气部分

图2.182 万用表的结构

2.12.2 MF47型指针式万用表的工作原理

MF47型指针式万用表的工作原理如图2.183所示。值得注意的是，图纸中凡电阻阻值单位未注明者，均为Ω，功率未注明者，均为$\frac{1}{4}$ W。

MF47型指针式万用表由5个部分组成：公共显示部分、保护电路部分、直流电流部分、直流电压部分、交流电压部分和电阻部分。线路板上每个挡位的分布如图2.184所示，其中，上面为交流电压挡，左边为直流电压挡，下面为直流mA挡，右边是电阻挡。电阻挡分为×1 Ω、×10 Ω、×100 Ω、×1 kΩ、×10 kΩ共5个量程。例如，将挡位开关旋钮打到×1 Ω时，外接被测电阻通过“－COM”端与公共显示部分相连；通过“＋”经过0.5 A熔断器接到电池，再经过电刷旋钮与R_{18}相连，WH1为电阻挡公用调零电位器，最后与公共显示部分形成回路，使表头偏转，测出阻值的大小。MF47型指针式万用表的显示表头是一个直流μA表，WH2是电位器用于调节表头回路中的电流大小，D3、D4两个二极管反向并联并与电容并联，用于保护限制表头两端的电压起保护表头的作用，使表头不因电压、电流过大而烧坏。

2.12.3 MF47型万用表的安装步骤

1. 清点材料

(1) 参考材料配套清单，并注意按材料清单一一对应，记清每个元器件的名称与外形。

(2) 打开时请小心，不要将塑料袋撕破，以免材料丢失。

(3) 清点材料时请将表箱后盖当容器，将所有的东西都放在里面。

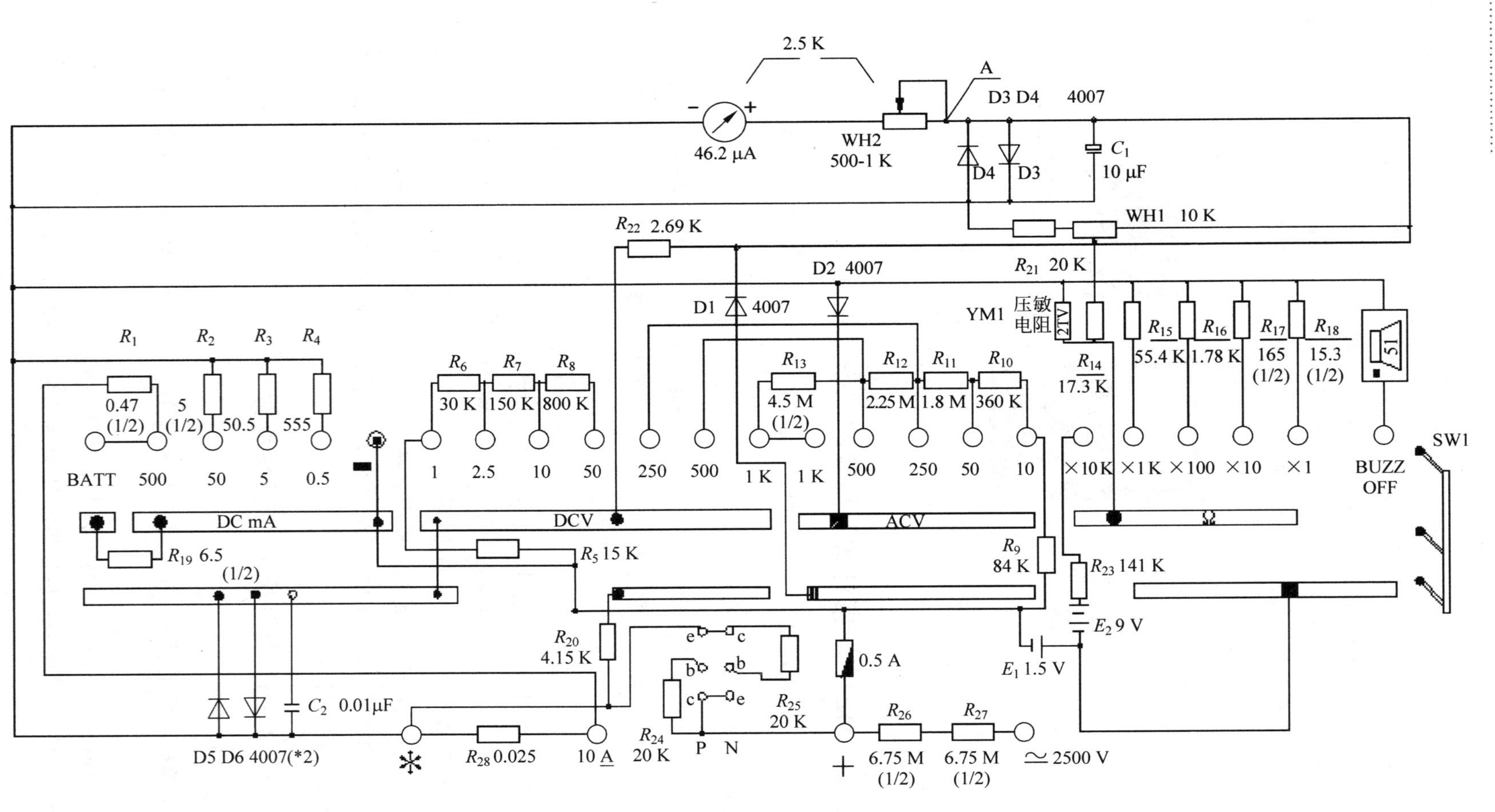

图 2.183 MF47 型指针式万用表的工作原理

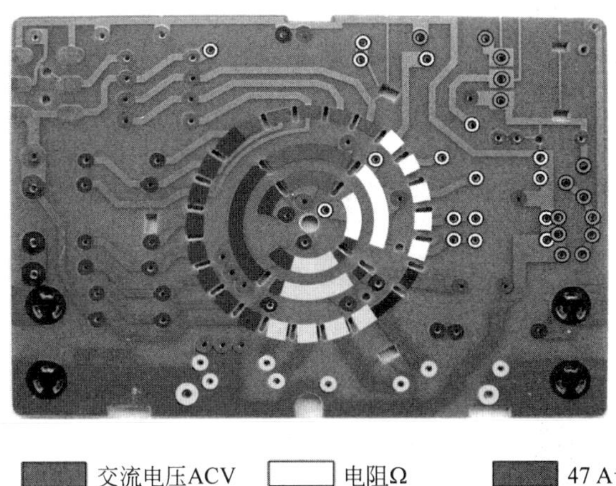

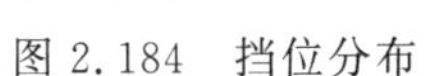

图 2.184　挡位分布

(4) 清点完后请将材料放回塑料袋备用，暂时不用的放在塑料袋里，弹簧和钢珠不要丢失。

部分元器件的实物外形如图 2.185 所示。

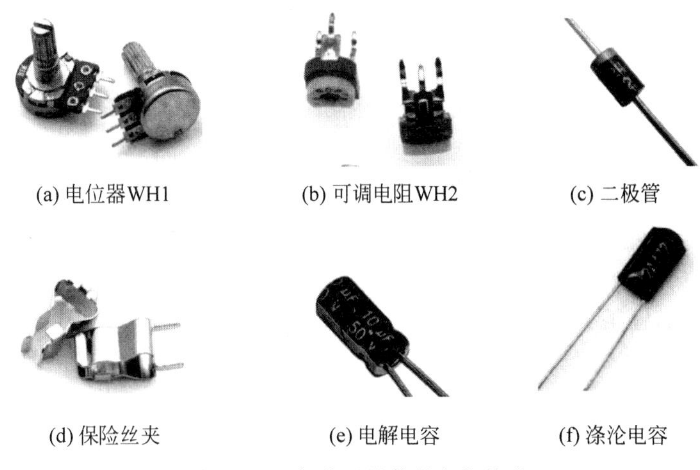

(a) 电位器WH1　(b) 可调电阻WH2　(c) 二极管

(d) 保险丝夹　(e) 电解电容　(f) 涤沦电容

图 2.185　部分元器件的实物外形

2. 二极管、电容的识别

在安装前要求学生学会辨别二极管、电容及电阻的不同形状，并学会分辨元器件的大小与极性。

1) 二极管极性的判断

(1) 用万用表判断二极管极性的方法。判断二极管极性时可用万用表，将红表棒插在"＋"，黑表棒插在"－"，将二极管搭接在表棒两端，观察万用表指针的偏转情况，如果指针偏向右边，显示阻值很小，表示二极管与黑表棒连接的为正极，与红表棒连接的为负极，如图 2.186 所示。与实物相对照，黑色的一头为正极，白色的一头为负极，也就是说阻值很小时，与黑表棒搭接的是二极管的黑头；反之，如果显示的阻值很大，那么与红表棒搭接的是二极管的正极。

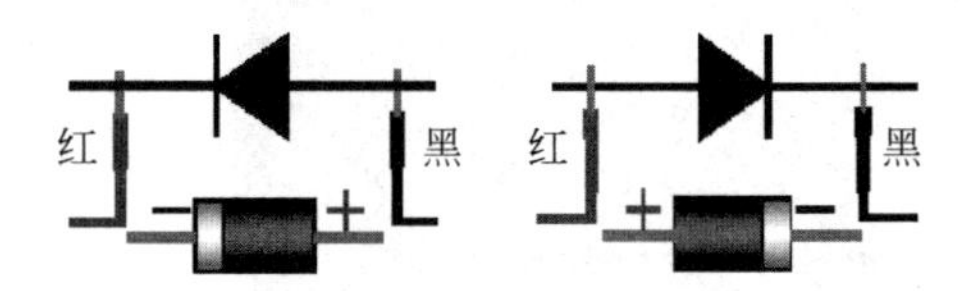

图 2.186 用万用表判断二极管的极性

(2) 用万用表判断二极管极性的原理。由于电阻挡中的电池正极与黑表棒相连，这时黑表棒相当于电池的正极，红表棒与电池的负极相连，相当于电池的负极，因此当二极管正极与黑表棒连通，负极与红表棒连通时，二极管两端被加上了正向电压，二极管导通，显示阻值很小。

2）电解电容极性的判断

注意观察在电解电容侧面有“—”，是负极，如果电解电容上没有标明正、负极，也可以根据它的引脚的长短来判断，长脚为正极，短脚为负极。

如果已经把引脚剪短，并且电容上没有标明正、负极，那么可以用万用表来判断，判断的方法是正接时漏电流小(阻值大)，反接时漏电流大。

3. 焊接前的准备工作

1）清除元器件表面的氧化层

元器件经过长期存放，会在表面形成氧化层，不但会使元器件难以焊接，而且还会影响焊接质量，因此当元器件表面存在氧化层时，应先清除元器件表面的氧化层。清除氧化层时注意用力不能过猛，以免损坏或折断元器件的引脚。清除元器件表面的氧化层的方法是，左手捏住电阻或其他元器件的本体，右手用锯条轻刮元器件引脚的表面，左手慢慢地转动，直到表面氧化层全部去除。为了使电池夹易于焊接要用尖嘴钳前端的齿口部分将电池夹的焊接点锉毛，去除氧化层。

2）元器件引脚的弯制成形

左手用镊子紧靠电阻的本体，夹紧元器件的引脚，使引脚的弯折处距离元器件的本体有 2 mm 以上的间隙，然后左手夹紧镊子，右手食指将引脚弯成直角。

注意：不能用左手捏住元器件本体，右手紧贴元器件本体进行弯制，如果这样，引脚的根部在弯制过程中容易受力而损坏，元器件弯制后的形状如图 2.187 所示。引脚之间的距离根据线路板孔距而定，引脚修剪后的长度大约为 8 mm，如果孔距较小，元器件较大，应将引脚往回弯折成形[图 2.187(b)]。电容的引脚可以弯成直角，将电容水平安装[图 2.187(c)]；或弯成梯形，将电容垂直安装[图 2.187(e)]。二极管可以水平安装，当孔距很小时应垂直安装，为了将二极管的引脚弯成美观的圆形，应用螺丝刀辅助弯制(图 2.188)。将螺丝刀紧靠二极管引脚的根部，十字交叉，左手捏紧交叉点，右手食指将引脚向下弯，直到两引脚平行。

有的元器件安装孔距离较大，应根据线路板上对应的孔距弯曲成形。元器件做好后

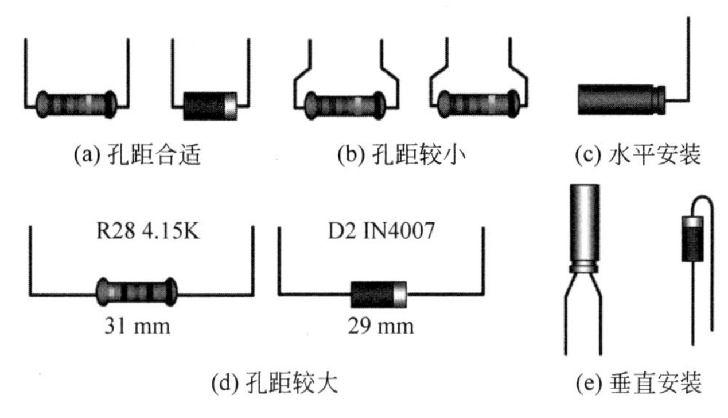

图 2.187　元器件弯制后的形状

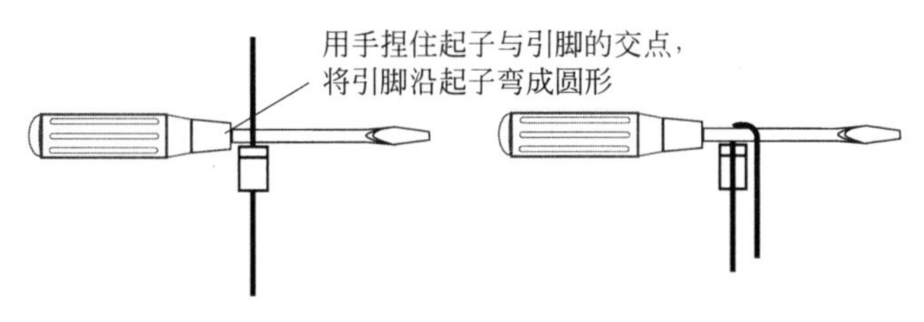

图 2.188　用螺丝刀辅助弯制

应按规格型号的标注方法进行读数。将胶带轻轻贴在纸上，把元器件插入、贴牢，并写上元器件规格型号值，然后将胶带贴紧，备用（图 2.189）。注意，不要把元器件引脚剪得太短。

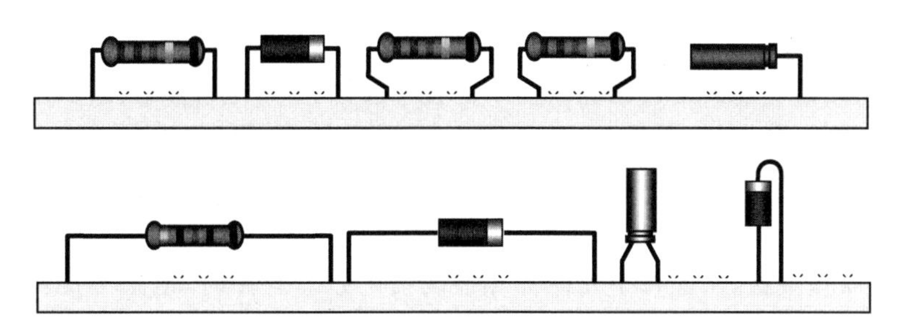

图 2.189　元器件制成后标注规格和型号备用

3）焊接练习

焊接前一定要注意，烙铁的插头必须插在靠右手的插座上，不能插在靠左手的插座上；如果是左撇子就插在靠左手的插座上。烙铁通电前应将烙铁的电线拉直并检查电线的绝缘层是否有损坏，不能使电线缠在手上。通电后应将电烙铁插在烙铁架中，并检查烙铁头是否会碰到电线、书包或其他易燃物品。

烙铁加热过程中及加热后都不能用手触摸烙铁的发热金属部分，以免烫伤或触电。烙铁架上的海绵要事先加水。

（1）烙铁头的保护。为了便于使用，烙铁在每次使用后都要进行维修，将烙铁头上的黑色氧化层锉去，露出铜的本色，在烙铁加热的过程中要注意观察烙铁头表面的颜色变化,随着颜色的变深,烙铁的温度逐渐升高,这时要及时把焊锡丝点到烙铁头上,焊锡丝在一定温度时熔化,将烙铁头镀锡,保护烙铁头,镀锡后的烙铁头为白色。

(2) 烙铁头上多余锡的处理。如果烙铁头上挂有很多的锡,导致不易焊接,可在烙铁架中带水的海绵上或者在烙铁架的钢丝上抹去多余的锡。不可在工作台或者其他地方抹去。

4) 元器件的插放

将弯制成形的元器件对照图纸插放到线路板上。

注意:一定不能插错位置;二极管、电解电容要注意极性;电阻插放时要求读数方向排列整齐,横排的必须从左向右读,竖排的从下向上读,保证读数一致。

5) 元器件参数的检测

每个元器件在焊接前都要用万用表检测其参数是否在规定的范围内。二极管、电解电容要检查它们的极性,电阻要测量阻值。测量阻值时应将万用表的挡位开关旋钮调整到电阻挡,预读被测电阻的阻值,估计量程,将挡位开关旋钮打到合适的量程,短接红黑表棒,调整电位器旋钮,将万用表调零。注意电阻挡调零电位器在表的右侧,不能调表头中间的小旋钮,该旋钮用于表头本身的调零。调零后,用万用表测量每个插放好的电阻的阻值。测量不同阻值的电阻时要使用不同的挡位,每次换挡后都要调零。为了保证测量的精度,要使测出的阻值在满刻度的 2/3 左右,过大或过小都会影响读数,应及时调整量程。要注意一定要先插放电阻,后测阻值,这样不但检查了电阻的阻值是否准确,而且同时还检查了元器件的插放是否正确,如果插放前测量电阻,只能检查元器件的阻值,而不能检查插放是否正确。

4. 元器件的焊接

检查每个元器件插放是否正确、整齐,检查二极管、电解电容极性是否正确,检查电阻读数的方向是否一致,全部合格后方可进行元器件的焊接。

焊接完后的元器件,要求排列整齐,高度一致(图 2.190)。为了保证焊接的整齐美观,焊接时应将线路板架在焊接木架上,两边架空的高度要一致,元器件插好后,要调整位置,使它与桌面相接触,保证每个元器件焊接高度一致。焊接时,电阻不能离开线路板太远,也不能紧贴线路板焊接,以免影响电阻的散热。

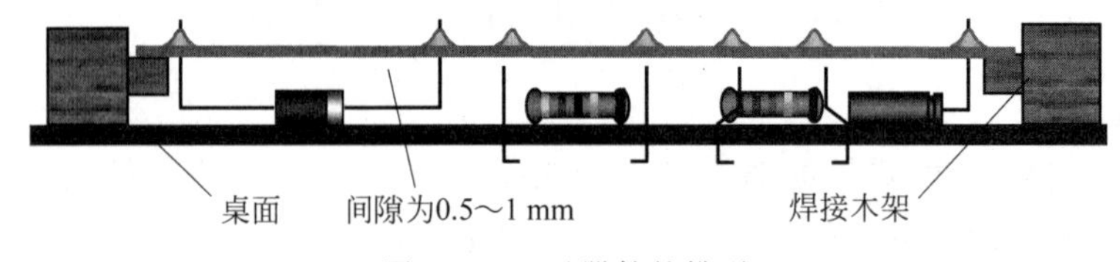

图 2.190 元器件的排列

应先焊水平放置的元器件,后焊垂直放置的或体积较大的元器件,如分流器、可调电阻等。焊接时不允许用电烙铁运载焊锡丝,因为烙铁头的温度很高,焊锡在高温下会使助焊剂分解挥发,易造成虚焊等焊接缺陷。

1) 错焊元器件的拔除

当元器件焊错时,要将焊错的元器件拔除。先检查焊错的元器件应该焊在什么位置,正确位置的引脚长度是多少,如果引脚较短,为了便于拔出,应先将引脚剪短。在烙铁架上清除烙铁头上的焊锡,将线路板绿色的焊接面朝下,用烙铁将元器件脚上的锡尽量刮除,然后将线路板竖直放置,用镊子在黄色的面将元器件引脚轻轻夹住,在绿色的面用烙铁轻轻烫,同时用镊子将元器件向相反方向拔除。拔除后,焊盘孔容易堵塞,有以下两种方法可以解决这一问题。烙铁稍烫焊盘,用镊子夹住一根废元件脚,将堵塞的孔通开;将元件做成正确的形状,并将引脚剪到合适的长度,镊子夹住元件,放在被堵塞孔的背面,用烙铁在焊盘上加热,将元件推入焊盘孔中。注意用力要轻,不能将焊盘推离线路板,使焊盘与线路板间形成间隙或者使焊盘与线路板脱开。

2）电位器的安装

电位器安装时,应先测量电位器引脚间的阻值,电位器共有五个引脚(图 2.191),其中三个并排的引脚中,1、3 两点为固定触点,2 为可动触点,当旋钮转动时,1、2 或者 2、3 间的阻值发生变化。电位器实际上是一个滑线电阻,电位器的两个粗的引脚主要用于固定电位器。安装时应捏住电位器的外壳平稳地插入,不应使某一个引脚受力过大。不能捏住电位器的引脚安装,以免损坏电位器。安装前应用万用表测量电位器的阻值,电位器 1、3 为固定触点,2 为可动触点,1、3 之间的阻值应为 10 kΩ,拧动电位器的黑色小旋钮,测量 1 与 2 或者 2 与 3 之间的阻值应在 0～10 kΩ 变化。如果没有阻值,或者阻值不改变,说明电位器已经损坏,不能安装,否则 5 个引脚焊接后,要更换电位器就会非常困难。

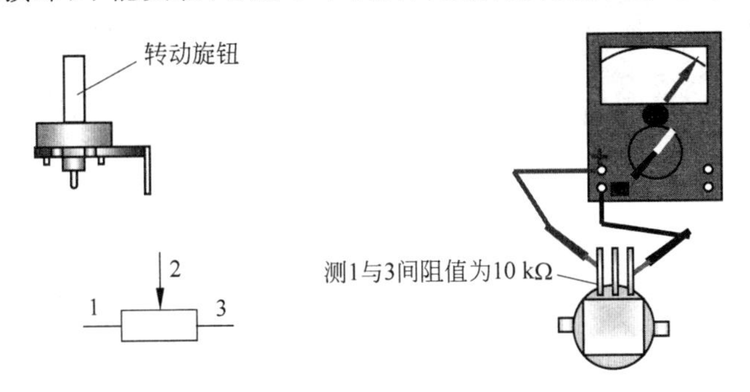

图 2.191 电位器阻值的测量

注意:电位器要装在线路板的焊接绿色面,不能装在黄色面。

3）焊接时的注意事项

(1) 在拿起线路板的时候,最好戴上手套或者用两指捏住线路板的边缘。不要直接用手抓线路板两面有铜箔的部分,防止手汗等污渍腐蚀线路板上的铜箔而导致线路板漏电。

(2) 如果在安装完毕后发现高压测量的误差较大,可用酒精将线路板两面清洗干净并用电吹风烘干。电路板焊接完毕后,用橡皮将三圈导电环上的松香、汗渍等残留物擦干净,否则易造成接触不良。

(3) 焊接时一定要注意电刷轨道上一定不能粘上锡,否则会严重影响电刷的运转。为了防止电刷轨道粘锡,切忌用烙铁运载焊锡。由于焊接过程中有时会产生气泡,使焊锡飞溅到电刷轨道上,因此应用一张圆形厚纸垫在线路板上。

(4) 如果电刷轨道上粘了锡,应将其绿色面朝下,用没有焊锡的烙铁将锡尽量刮除。

由于线路板上的金属与焊锡的亲和性很强，一般不能刮尽，只能用小刀稍微修平整。

(5) 在每一个焊点加热的时间不能过长，否则会使焊盘脱开或脱离线路板。对焊点进行修整时，要让焊点有一定的冷却时间，否则不但会使焊盘脱开或脱离线路板，而且会使元器件温度过高而损坏。

5. 机械部分的安装与调整

1) 提把的旋转方法

将后盖两面侧边的提把柄轻轻外拉，使提把柄上的星形定位扣露出后盖两侧的星形孔。将提把向下旋转 90°，使星形定位扣的角与后盖两侧星形孔的角相对应，再把提把柄上的星形定位扣推入后盖两侧的星形孔中。

2) 电刷旋钮的安装

取出弹簧和钢珠，并将其放入凡士林油中，使其粘满凡士林。加油有两个作用：使电刷旋钮润滑，旋转灵活；起黏附作用，将弹簧和钢珠黏附在电刷旋钮上，防止其丢失。

将加上润滑油的弹簧放入电刷旋钮的小孔中(图 2.192)，钢珠黏附在弹簧的上方。

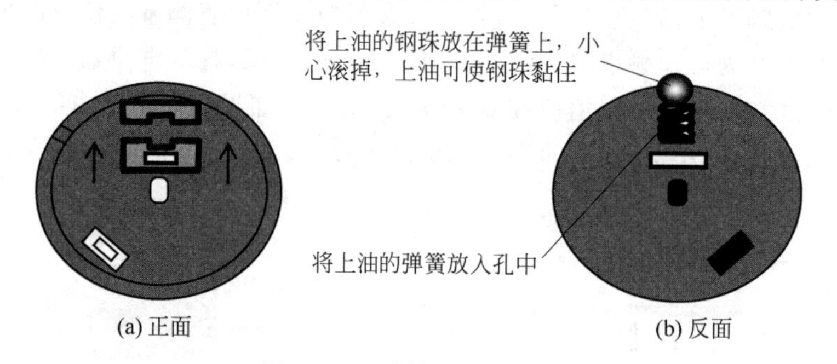

图 2.192　弹簧、钢珠的安装

观察面板背面的电刷旋钮安装部位(图 2.193)，它由 3 个电刷旋钮固定卡、2 个电刷旋钮定位弧、1 个钢珠安装槽和 1 个花瓣形钢珠滚动槽组成。

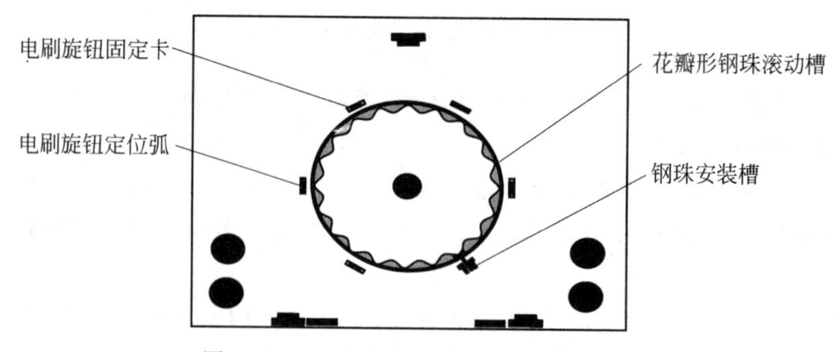

图 2.193　面板背面的电刷旋钮安装部位

将电刷旋钮平放在面板上(图 2.194)，注意电刷放置的方向。用起子轻轻顶，使钢珠卡入花瓣槽内，小心滚掉，然后用手指均匀用力地将电刷旋钮卡入固定卡。

将面板翻到正面，挡位开关旋钮轻轻套在从圆孔中伸出的小手柄上，慢慢转动旋钮，检查电刷旋钮是否安装正确，应能听到“咔嗒”“咔嗒”的定位声，如果听不到则可能钢珠丢

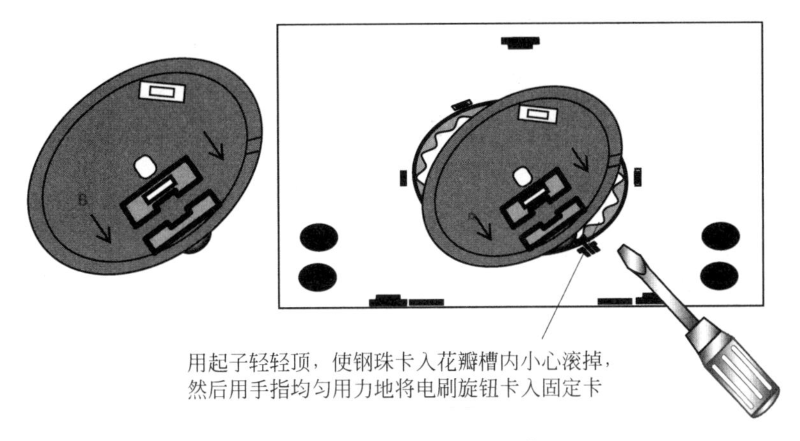

图 2.194　电刷旋钮的安装

失或掉进电刷旋钮与面板间的缝隙，这时挡位开关无法定位，应拆除重装。

3）挡位开关旋钮的安装

电刷旋钮安装正确后，将它转到电刷安装卡向上位置，将挡位开关旋钮白线向上，套在正面电刷旋钮的小手柄上，向下压紧即可。

4）电刷的安装

将电刷旋钮的电刷安装卡转向朝上，V 形电刷有一个缺口，应该放在左下角，因为线路板的 3 条电刷轨道中间有 2 条间隙较小，外侧 2 条间隙较大，与电刷相对应，当缺口在左下角时电刷接触点上面 2 个相距较远，下面 2 个相距较近，一定不能放错(图 2.195)。电刷四周都要卡入电刷安装槽内，用手轻轻按，看是否有弹性并能自动复位。

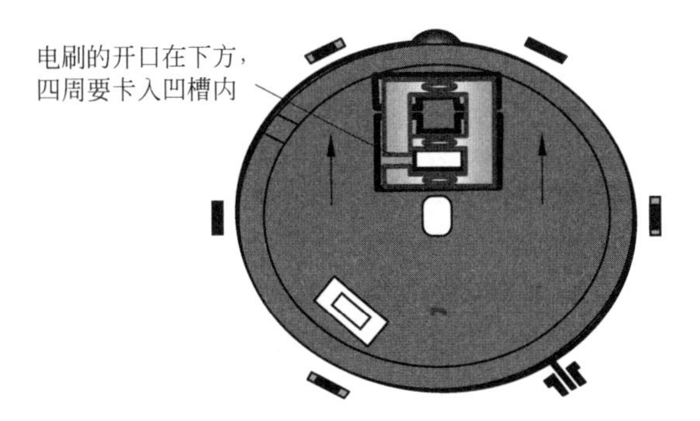

图 2.195　电刷的安装

5）线路板的安装

电刷安装正确后方可安装线路板。

安装线路板前先应检查线路板焊点的质量及高度，特别是在外侧两圈轨道中的焊点，由于电刷要从中通过，安装前一定要检查焊点高度，不能超过 2 mm，直径不能太大，如果焊点太高会影响电刷的正常转动甚至刮断电刷。

线路板用三个固定卡固定在面板背面，将线路板水平放在固定卡上，依次卡入即可。如果要拆下重装，依次轻轻扳动固定卡。注意在安装线路板前应先将表头连接线焊上。

最后是装电池和后盖，装后盖时左手拿面板，稍高；右手拿后盖，稍低，将后盖向上推入面板。拧上螺丝，注意拧螺丝时用力不可太猛，以免将螺孔拧坏。

思考与练习

1. 如何确定二极管的正、负极？
2. 如何识别电容的正、负极？
3. 挡位开关及电刷旋钮如何安装？
4. 元器件焊接前要做什么准备工作？焊接的要求是什么？

3
模◆块

单相交流电路的制作与测试

在工程实际的自动控制系统中，通常是根据被控制对象的各种电信号来对其实施自动控制。因此，电测量是进行电路、电子实训时一个必不可少的重要内容，电测量就是通过借助各种电工电子仪器仪表，应用科学的测量技术对电路中的电流、电压、电功率及电能等物理量进行测量。

本任务要求利用信号发生器产生正弦信号和方波信号，并使用示波器进行观察。

任务 3.1 测量正弦交流电

通过该任务的实施，要求学生熟悉电工实训室工频电源的配置，学会使用交流毫伏表，信号发生器和示波器，掌握典型交流信号的观测。

学习目标

知识目标：了解电工实训室工频电源的配置；掌握交流毫伏表、信号发生器和示波器的使用方法；掌握典型交流信号的观测方法。

技能目标：能够熟练使用交流毫伏表、信号发生器和示波器；学会利用示波器观察交流信号并计算相关数值；培养学生使用交流仪表的能力。

素质目标：规范操作；7S 素质养成。

任务要求

1. 正弦波信号的观测

(1) 将示波器的幅度和扫描速度微调旋钮旋至“校准”位置。

(2) 通过电缆线，将信号发生器的正弦波输出口与示波器的 YA 插座相连。

(3) 接通信号发生器的电源，选择正弦波输出。通过相应调节，使输出频率分别为 50 Hz、1.5 kHz 和 20 kHz(由频率计读出)；再使输出幅值分别为有效值 0.1 V、1 V、3 V(由交流毫伏表读得)。调节示波器 Y 轴和

X 轴的偏转灵敏度至合适的位置，从荧光屏上读得幅值及周期，分别记入表 3.1 和表 3.2 中。

表 3.1 正弦波信号的测定

频率计读数所测项目	正弦波信号频率的测定		
	50 Hz	1 500 Hz	20 000 Hz
示波器 t/div 旋钮位置			
一个周期占有的格数			
信号周期/s			
计算所得频率/Hz			

表 3.2 正弦波信号幅值的测定

交流毫伏表读数所测项目	正弦波信号幅值的测定		
	0.1 V	1 V	3 V
示波器 V/div 位置			
峰-峰值波形格数			
峰-峰值			
计算所得有效值			

2. 方波脉冲信号的观察和测定

（1）将电缆插头换接在脉冲信号的输出插口上，选择方波信号输出。

（2）调节方波的输出幅度为 3.0V_{PP}（用示波器测定），分别观测频率为 100 Hz、3 kHz 和 30 kHz 方波信号的波形参数。

（3）使信号频率保持在 3 kHz，选择不同的幅度及脉宽，观测波形参数的变化。

3.1.1 正弦交流电的基本概念

1. 正弦交流电的产生

电路中的物理量，如电流（电压、电动势）的大小随时间按一定规律做周期性变化且在一个周期内平均值为零时，称为交流电。

工程上应用的交流电，一般是随时间按正弦规律变化的，称为正弦交流电，简称交流电。通常用字母 ac 或 AC 表示。

交流电易于产生、传输和转换，从而具有成本低廉的优势；可以方便地通过变压器变压，进行输送、分配和使用。从用电设备来看，由交流电源供电的交流电机比直流电机结构简单、制造使用维护方便、运行可靠，是使用最多的动力设备。当需要直流电时，如电解、电镀、电信等行业可以使用整流装置把交流电转换为直流电。正弦交流电的产生与波形如图 3.1 所示。

当电枢以等角速度 ω 旋转时，线圈绕组将不断地切割磁力线，产生正弦交变的感应电动势 e，并向外电路提供正弦交变的电压 u。

2. 正弦交流电的解析式表示及三要素

正弦交流电的波形如图 3.2 所示。

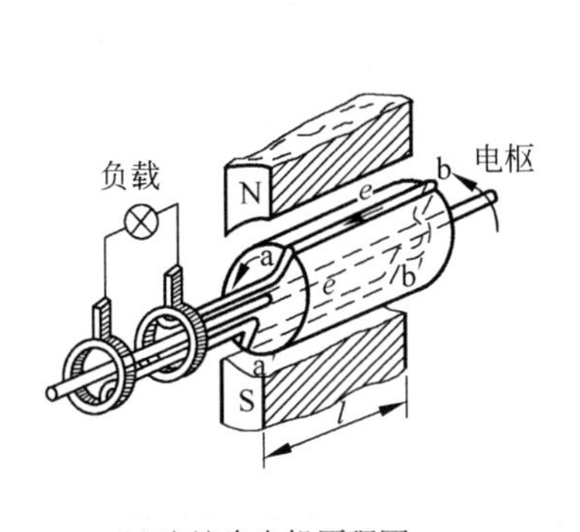

(a) 交流发电机原理图

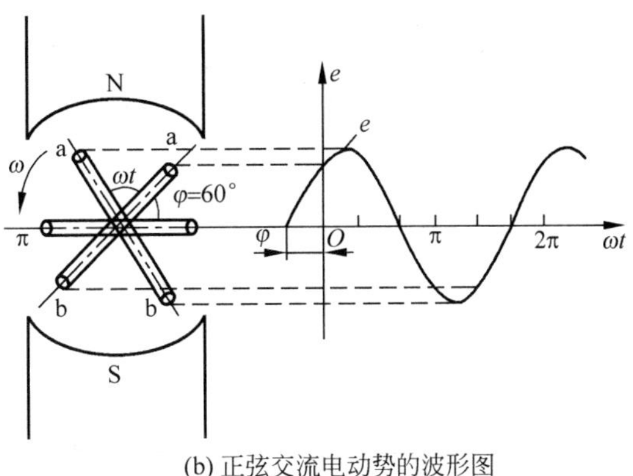

(b) 正弦交流电动势的波形图

图 3.1 正弦交流电的产生与波形

周期、频率和角频率都是表示正弦电量随时间变化快慢的物理量。

周期是正弦量随时间变化一周所经历的时间，用大写字母 T 表示，单位是秒(s)，如图 3.2 所示。

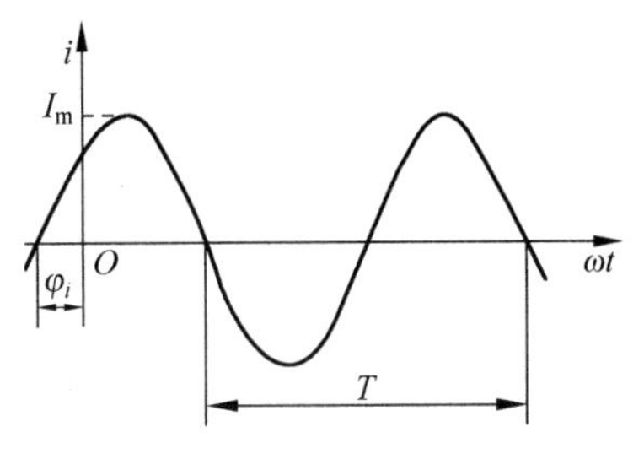

图 3.2 正弦交流电的波形

频率是正弦量在 1 秒时间内重复变化的周期数。用小写字母 f 表示，单位为赫兹(Hz)，如果 1 秒内变化一个周期，频率是 1 Hz。周期与频率互为倒数关系，即

$$f=\frac{1}{T} \tag{3.1}$$

在我国，发电厂提供的交流电的频率为 50 Hz，称为工业标准频率，简称工频。世界上少数国家(美国、日本等)采用 60 Hz。不同的技术领域使用的频率是不同的。例如，无线电工程使用的频率是以 kHz、MHz 为单位。

正弦量变化一个周期与变化了 2π 的弧度是相等的，所以正弦量随时间变化的快慢还可以用角频率 ω 来表示，角频率 ω 指的是正弦量在 1 秒时间内变化的角度，即

$$\omega=2\pi f=\frac{2\pi}{T} \tag{3.2}$$

式中，角频率单位为弧度/秒，用 rad/s 表示。

1) 瞬时值和有效值

正弦交变的电动势、电压及电流可以用数学的三角函数来表示，即

$$e=E_{\mathrm{m}}\sin=(\omega t+\varphi_0) \tag{3.3}$$

$$u=U_{\mathrm{m}}\sin(\omega t+\varphi_u) \tag{3.4}$$

$$i=I_{\mathrm{m}}\sin(\omega t+\varphi_i) \tag{3.5}$$

正弦交流电在变化过程中任一瞬间所对应的数值，称为瞬时值，用小写字母 e、u、i 表示。瞬时值中最大的数值称为正弦交流电的最大值或振幅，用大写字母加下标“m”表示，即 E_{m}、U_{m}、I_{m}。

交流电的瞬时值在使用中不方便,因此在使用中常用它的有效值来表示。正弦电流的有效值是这样规定的:将数值相同的两个电阻 R 分别通以直流电流 I 和正弦电流 i,如果在一个周期的相同时间内发热量是相等的,则把这个直流电流 I 的数值叫作正弦电流 i 的有效值。

交流电在一个周期 T 内所产生的热量为

$$Q=\int_0^T i^2 R\,\mathrm{d}t \tag{3.6}$$

直流电在同一时间内所产生的热量为

$$Q=I^2 RT \tag{3.7}$$

周期性函数的有效值等于其瞬时值的平方在一个周期内的积分平均值的平方根值。

$$\int_0^T i^2 R\,\mathrm{d}t=I^2 RT \tag{3.8}$$

得

$$I=\sqrt{\frac{1}{T}\int_0^T i^2\,\mathrm{d}t} \tag{3.9}$$

设交流电流 $i=I_{\mathrm{m}}\sin\omega t$,则有效值为

$$I=\sqrt{\frac{1}{T}\int_0^T (I_{\mathrm{m}}\sin\omega t)^2\,\mathrm{d}t}$$

$$I=I_{\mathrm{m}}\sqrt{\frac{1}{T}\int_0^T \frac{1-\cos 2\omega t}{2}\mathrm{d}t}$$

$$I=\frac{I_{\mathrm{m}}}{\sqrt{2}}=0.707 I_{\mathrm{m}} \tag{3.10}$$

同理,正弦电压和正弦电动势的有效值分别为

$$U=\frac{U_{\mathrm{m}}}{\sqrt{2}}=0.707 U_{\mathrm{m}} \tag{3.11}$$

$$E=\frac{E_{\mathrm{m}}}{\sqrt{2}}=0.707 E_{\mathrm{m}} \tag{3.12}$$

$$u=U_{\mathrm{m}}\sin(\omega t+\varphi_u)=\sqrt{2}U\sin(\omega t+\varphi_u)$$

$$i=I_{\mathrm{m}}\sin(\omega t+\varphi_i)=\sqrt{2}I\sin(\omega t+\varphi_i)$$

因此,正弦交流电的最大值是有效值的$\sqrt{2}$倍。

在实际应用中,通常所说的交流电的电压或电流的数值均指的是有效值。交流电压表、电流表测量指示的电压、电流读数一般都是有效值。一般只有在分析电气设备的绝缘耐压能力时,才用到最大值。

有效值一般用大写字母表示。如正弦电流、电压、电动势分别用 I、U、E 表示。

2) 相位、初相位、相位差

以正弦电流为例,如图 3.3 所示,正弦电流的表达式为

$$i=I_{\mathrm{m}}\sin(\omega t+\varphi) \tag{3.13}$$

式(3.13)中 $\omega t+\varphi$ 称为正弦交流电的相位角,简称相位,单位是弧度(rad)。当 $t=0$

时，$\omega t+\varphi=\varphi$ 称为初相位角或初相位。初相位的取值范围为 $-180^\circ \leqslant \varphi \leqslant 180^\circ$。初相位决定了正弦量在 $t=0$ 时刻的值，即初始值。初相位与计时起点的选择有关，是区别同频率正弦量的重要标志之一。在分析和计算正弦电路时，常用到两个同频率正弦量相位之差的概念，即相位差。

例如，电压与电流的相位差为

$$u=U_{\mathrm{m}}\sin(\omega t+\varphi_u)$$

$$i=I_{\mathrm{m}}\sin(\omega t+\varphi_i)$$

$$(\omega t+\varphi_u)-(\omega t+\varphi_i)=\varphi_u-\varphi_i=\varphi \tag{3.14}$$

因此，两个同频率正弦量的相位之差等于这两个正弦量的初相位之差，用 φ 表示。两个同频率正弦量的相位之差始终不变，因为它与计时起点无关。根据 φ 的取值不同，两个正弦量的相位关系也不同。

若 $\varphi=0$，表明 $\varphi_u=\varphi_i$，则 u 与 i 同时到达最大值，也同时到达零点，称 u 与 i 同相，如图 3.3(a)所示。

若 $\varphi>0$，表明 $\varphi_u>\varphi_i$，则 u 比 i 先达到最大值，也先达到零点，称 u 超前 i 一个相位角 φ，如图 3.3(b)所示。

若 $\varphi<0$，表明 $\varphi_u<\varphi_i$，则 u 滞后 i 一个相位角 φ，如图 3.3(c)所示。

若 $\varphi=\pi$，表明 $\varphi_u-\varphi_i=\pi$，则 u 与 i 反相，如图 3.3(d)所示。

若 $\varphi=\pi/2$，表明 $\varphi_u-\varphi_i=\pi/2$，则 u 与 i 正交，如图 3.3(e)所示。

必须指出，在比较两个正弦量之间的相位时，两正弦量一定要同频率才有意义。否则随着时间的不同，两正弦量之间的相位差是一个变量，就没有意义。

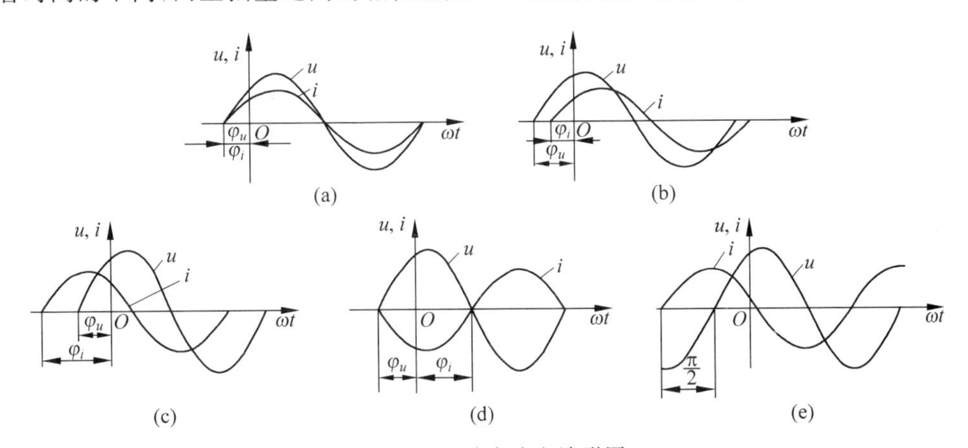

图 3.3　正弦交流电波形图

【例 3.1】　已知某正弦交流电压为 $u=311\sin 314t$(V)，试求该电压的最大值、频率、角频率和周期各为多少。

解：由题意可知，电压的最大值为

$$U_{\mathrm{m}}=311\ \mathrm{V}$$

角频率为

$$\omega=314\ \mathrm{rad/s}$$

频率为

$$f=\frac{\omega}{2\pi}=\frac{314}{2\times 3.14}=50(\mathrm{Hz})$$

周期为

$$T=\frac{1}{f}=\frac{1}{50}=0.02(\mathrm{s})$$

【例 3.2】 如图 3.4 所示的正弦交流电,写出它们的瞬时值表达式。

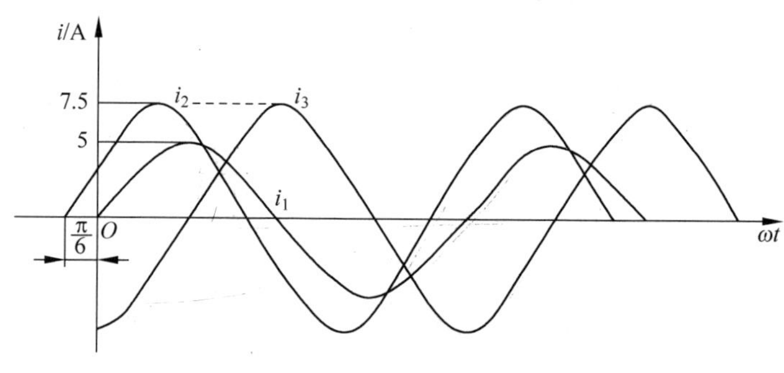

图 3.4 例 3.2 图

解:

$$i_1=5\sin\omega t$$

$$i_2=7.5\sin(\omega t+\pi/6)$$

$$i_3=7.5\sin(\omega t-\pi/2)$$

【例 3.3】 分别写出图 3.5 中各电流的相位差,并说明相位关系。

解:(1) $\varphi_{12}=-90°$,滞后;

(2) $\varphi_{12}=0°$,同相;

(3) $\varphi_{12}=\pi$,反相;

(4) $\varphi_{12}=3/4\pi$,超前。

3.1.2 正弦交流电的相量表示

如果直接利用正弦量的解析式或波形图计算正弦交流电路,则会非常烦琐和困难。工程计算中通常采用复数形式表示正弦量,把对正弦量的各种运算转化为复数的各种运算,从而大大简化正弦交流电路的分析计算过程,这种方法叫相量法。在介绍该方法之前我们先复习一下相关的复数知识。

1. 复数及其运算

1) 复数的应用

复数在数学中常用 $A=a+b\mathrm{i}$ 表示,a、b 分别为复数的实部和虚部,$\mathrm{i}=\sqrt{-1}$ 称为虚数单位。在电工技术中,为区别于电流的符号,虚数单位常用 j 表示。

用直角坐标的横轴表示实轴,以 +1 为单位;纵轴表示虚轴,以 +j 为单位,实轴和虚轴构成复数坐标平面,简称复平面,如图 3.6(a)所示。任何一个复数都可与复平面上的一个确定点相对应。

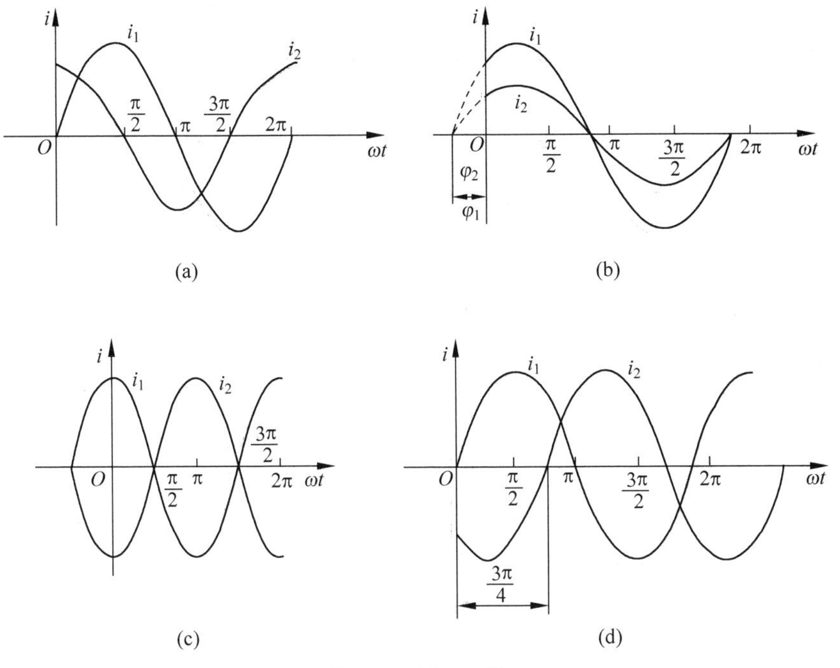

图 3.5　例 3.3 图

复数也可以用由实轴和虚轴组成的复平面上的有向线段表示。如图 3.6(b)所示，用有向线段连接坐标原点 O 和 A，在线段末端带有箭头，成为一个矢量，该矢量就与复数 A 对应。这种表示复数的矢量称为复数矢量。把 $r=|A|=\sqrt{a^2+b^2}$ 称为复数的模，$\varphi=\arctan\frac{b}{a}$ 称为辐角。不难看出，复数 A 的模在实轴上的投影就是复数 A 的实部，在虚轴上的投影就是复数 A 的虚部，即

$$a=r\cos\varphi$$
$$b=r\sin\varphi$$

则复数 A 可以表示为

$$A=a+\mathrm{j}b=r\mathrm{e}^{\mathrm{j}\varphi}=r\cos\varphi+\mathrm{j}r\sin\varphi=r\angle\varphi \tag{3.15}$$

式中用等号连接的各表达式分别称为复数的代数形式、指数形式、三角函数形式和极坐标形式。一般在分析和计算电路中，多采用代数形式和极坐标形式。

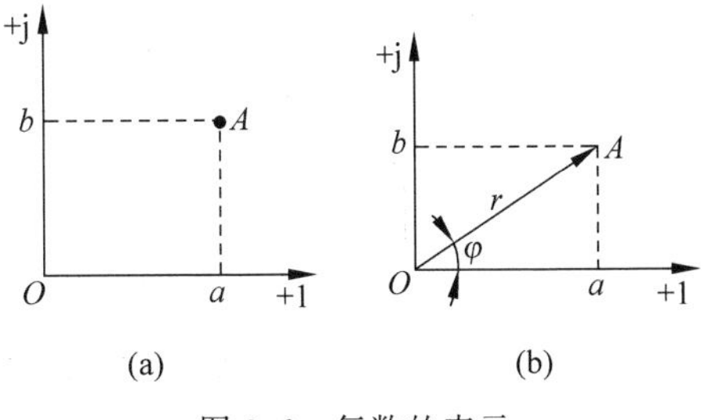

图 3.6　复数的表示

【例 3.4】 现有复数 $A_1=3-j4$，求出它们的其他三种表达式。

解：$A_1=5e^{j(-53.1°)}=5\cos 53.1°-j5\sin 53.1°=5\angle(-53.1°)$

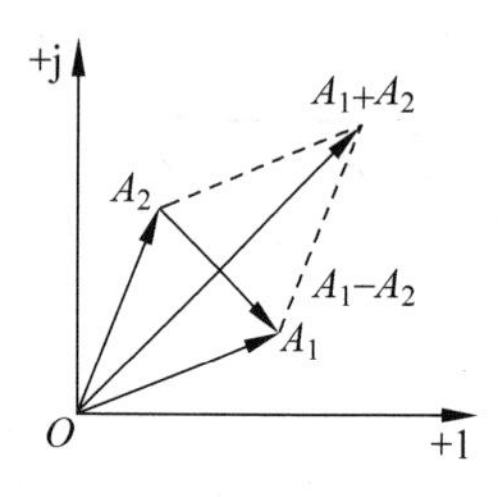

图 3.7 复数的加减法矢量表示

2）复数的运算

$A_1=a_1+jb_1=r_1\angle\varphi_1$， $A_2=a_2+jb_2=r_2\angle\varphi_2$

（1）复数的加、减法。

代数形式：实部和实部相加减，虚部和虚部相加减。加、减运算用代数形式较为方便。复数的加减法运算也可以在复平面上作图完成，复数相加用平行四边形法则，复数相减用三角形法则。如图 3.7 所示。

$$A_1\pm A_2=(a_1\pm a_2)+j(b_1\pm b_2) \tag{3.16}$$

（2）复数的乘、除法。

$$\begin{cases}A_1\times A_2=r_1\angle\varphi_1\times r_2\angle\varphi_2=r_1r_2\angle(\varphi_1+\varphi_2)\\ \dfrac{A_1}{A_2}=\dfrac{r_1\angle\varphi_1}{r_2\angle\varphi_2}=\dfrac{r_1}{r_2}\angle(\varphi_1-\varphi_2)\end{cases} \tag{3.17}$$

复数乘、除法的规则如下。

① 复数相乘，模相乘，辐角相加。

② 复数相除，模相除，辐角相减。

注意：复数的乘、除运算应用极坐标形式较为方便。

复数乘以 j 或 −j 是复数乘法运算的特例。因为 $\pm j=0\pm j=1\angle\pm 90°$，所以 ±j 可以看成是一个模为 1，辐角为 ±90°的复数。复数 A 乘以 j(−j)，则为

$$\pm jA_1=1\angle\pm 90° r_1\angle\varphi_1=r_1\angle(\varphi_1\pm 90°)$$

因此，任意一个复数乘以 j(−j)，其模值不变，辐角增加（减少）90°，相当于在复平面上把复数矢量逆时针（顺时针）旋转 90°，j 称为旋转 90°的算子。

2. 正弦交流电的相量

如图 3.8(a)所示，设某正弦交流电流为 $i(t)=I_m\sin(\omega t+\varphi_i)$，在复平面上做一矢量，矢量的长度按比例等于正弦交流电流的振幅或有效值，矢量与横轴正方向之间的夹角为初相角 φ_i，矢量以角速度 ω 绕坐标原点逆时针方向旋转，如图 3.8(b)所示。当 $t=0$ 时，该矢量在纵轴上的投影为 $Oa=I_m\sin\varphi_1$，经过一定时间 t_1 后，矢量从 OA 转到 OB，此时该矢量在纵轴上的投影为 $Ob=I_m\sin(\varphi_i+\omega t_1)$。由此可见，上述旋转矢量既能反映出正弦量的三要素，又能通过它在纵轴上的投影确定正弦量的瞬时值，所以复平面上一个旋转矢量可以完整地表示一个正弦量。复平面上的矢量与复数对应，因此用复数 $I_m e^{j\varphi_i}$ 来表示复数的起始位置，再乘以旋转因子 $e^{j\omega t}$（该复数的模值为 1，辐角 ωt 随时间正比增长），便为上述旋转矢量，即 $I_m\sin(\omega t+\varphi_i)=Ob$。

$$I_m e^{j\varphi_i}\cdot e^{j\omega t}=I_m e^{j(\omega t+\varphi_i)}=I_m\cos(\omega t+\varphi_i)+jI_m\sin(\omega t+\varphi_i)$$

由此可见，一个复指数函数的虚部就是一正弦函数，或者说一个正弦函数等于复指数函数的虚数部分。但注意复数本身并不一定是正弦函数，因此用复数对应地表示一个正弦量并不意味着两者相等。

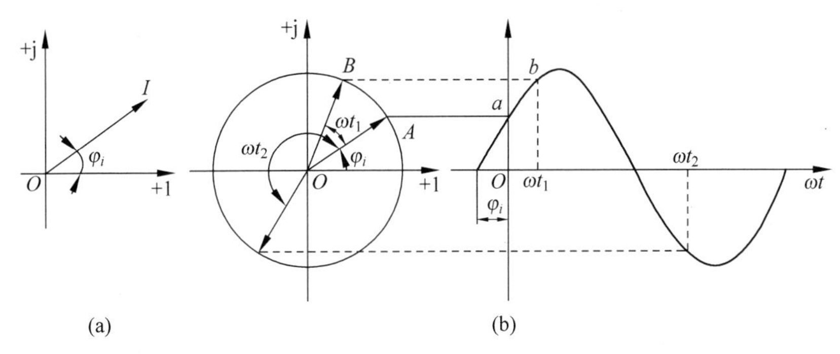

图 3.8 正弦量的相量图

由于正弦交流电路中角频率常为一定值，电压、电流都是同频率的正弦量，一般只需要确定正弦量的最大值和初相位两个要素，因此常把旋转因子 $e^{j\omega t}$ 省去，而用复数 $I_m e^{j\varphi_i}$ 对应地表示一个正弦量。把这样能够表示正弦量的最大值和初相位的复数称为正弦量的相量。在电量的大写字母上方加"·"，用来与一般的复数相区别。即

$$\dot{I}_m = I_m e^{j\varphi_i} = I_m \angle \varphi_i \tag{3.18}$$

式(3.18)称为最大值相量，由于工程实践中大多使用有效值表示正弦量的大小，为此取复数的模等于正弦量的有效值，即有效值相量。

$$\begin{cases} \dot{I} = I\angle \varphi_i \\ \dot{U} = U\angle \varphi_u \end{cases} \tag{3.19}$$

【例 3.5】 试用相量的指数式和代数式表示正弦电压 $u=10\sqrt{2}\sin(\omega_t+300)(\text{V})$。

解：(1) 指数式为

$$\dot{U}_m = 10\sqrt{2}\,e^{j30^\circ}$$

(2) 代数式为

$$\dot{U}_m = 10\sqrt{2}\cos30^\circ + j10\sin30^\circ = 10\sqrt{2}\times 0.866 + j10\sqrt{2}\times 0.5 = 12.2 + j7.05(\text{V})$$

【例 3.6】 在图 3.9 所示的电路中，$R=10\ \Omega$，$u_R=10\sqrt{2}\sin(\omega t+30^\circ)(\text{V})$，试求电流 i 的相量表达式和瞬时值表达式。

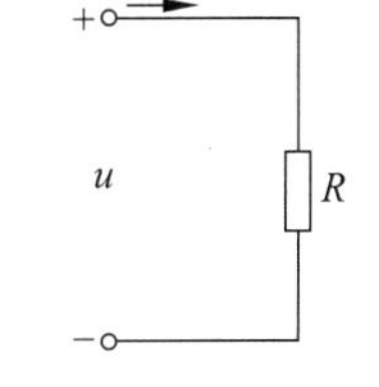

图 3.9 例 3.6 用图

解：由 $u_R=10\sqrt{2}\sin(\omega t+30^\circ)(\text{V})$得，

电压 u 的相量表达式为

$$\dot{U}_R = 10\angle 30^\circ\ \text{V}$$

电流 i 的相量表达式为

$$\dot{I} = \frac{\dot{U}}{R} = 1\angle 30^\circ(\text{A})$$

电流 i 的瞬时值表达式为

$$i = \frac{u_R}{R} = \sqrt{2}\sin(\omega t + 30^\circ)(\text{A})$$

【例 3.7】 试用相量的指数式和代数式表示正弦电压 $u=10\sqrt{2}\sin(\omega t+30^\circ)$(V)。

解：(1) 指数式为

$$\dot{U}_m=10\sqrt{2}\,e^{j30^\circ} \quad 或 \quad \dot{U}=10\angle 30^\circ$$

(2) 代数式为

$$\dot{U}_m=10\sqrt{2}\cos30^\circ+j10\sin30^\circ=10\sqrt{2}\times0.866+j10\sqrt{2}\times0.5=12.2+j7.05(\text{V})$$

3. 同频率的正弦量和的相量与它们的相量之和

在复平面上，用矢量表示的相量称为相量图，下面通过例子加以说明。

【例 3.8】 已知两个电压 $u_1=141\sin(\omega t+45^\circ)$(V)，$u_2=84.6\sin(\omega t-30^\circ)$(V)。求：

(1) 相量 $\dot{U}_1$、$\dot{U}_2$。

(2) 若电压 $u=u_1+u_2$，写出电压 u 的瞬时值表达式。

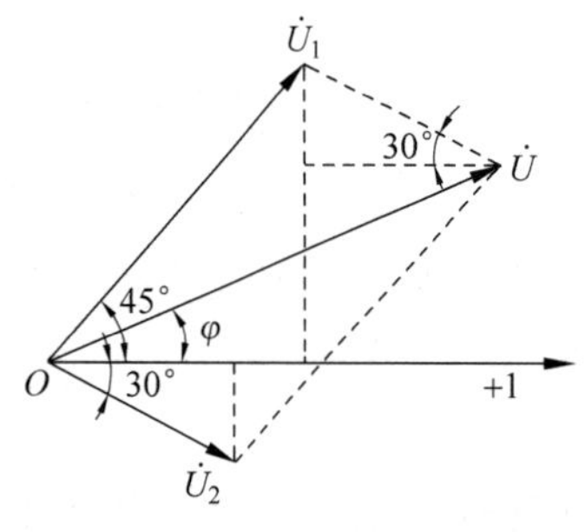

图 3.10 正弦量的相量图

解：(1) $\dot{U}_1=100\angle45^\circ$，$\dot{U}_2=60\angle-30^\circ$

(2) 因为 $\dot{U}=\dot{U}_1+\dot{U}_2$，$\dot{U}_1$、$\dot{U}_2$ 的模应按照相同的比例确定，由平行四边形法则作出 $\dot{U}$，相量图如图 3.10 所示。应注意的是，在同一相量图中，各相量所表示的正弦量必须是同频率的正弦量。

从相量图中各相量之间的几何关系，得

$$\begin{aligned}U&=\sqrt{(U_1\cos\varphi_1+U_2\cos\varphi_2)^2+(U_1\sin\varphi_1+U_2\sin\varphi_2)^2}\\&=\sqrt{(100\cos45^\circ+60\cos30^\circ)^2+(100\sin45^\circ-60\sin30^\circ)^2}\\&=129(\text{V})\end{aligned}$$

$$\varphi=\arctan\frac{U_1\sin\varphi_1+U_2\sin\varphi_2}{U_1\cos\varphi_1+U_2\cos\varphi_2}=\arctan\frac{100\sin45^\circ-60\sin30^\circ}{100\cos45^\circ+60\cos30^\circ}=18.4^\circ$$

则电压 u 的瞬时值表示为

$$u=129\sqrt{2}\sin(\omega t+18.4^\circ)(\text{V})$$

由例 3.8 可知，同频率正弦量相加的问题可以转化为对应的相量相加，其运算结果仍是同频率的正弦量，即同频率正弦量和的相量等于正弦量相量的和。

3.1.3 EE1410 合成函数信号发生器

EE1410 合成函数信号发生器如图 3.11 所示。

1. 操作按键说明

调幅 [～] 表示选择正弦波，第二功能为进入调幅功能。

调频 [方波] 表示选择方波，第二功能为进入调频功能。

频移键控 [脉冲] 表示选择脉冲波，第二功能为进入移频键控功能。

相移键控 [三角] 表示选择三角波，第二功能为进入相频键控功能。

图 3.11　EE1410 合成函数信号发生器

[⩘⩘]（脉冲串）表示选择锯齿波，第二功能为进入脉冲猝发控制功能。

[复用键]（本地键）表示复用键功能，辅助功能为从远控进入本地状态。

[频率]（主函数/音频源）表示设置输出频率，第二功能为主函数，音频源切换。

[幅度]（峰峰值/有效值）表示设置输出幅度，第二功能为切换幅度显示的峰峰值/有效值。

[存储]（调用）表示进入状态存储功能，第二功能为进入状态调用功能。

[扫频]（占空比）表示设置频率扫描功能，第二功能为调整脉冲波占空比。

[1]至[9]表示数字输入键，用于输入数字 1～9，辅助功能为进入存储。

[0]表示输入数字 0，辅助功能为在进入外测频时开关低同滤波，进入立体声时进行频道选择，进入存储周期时用于输入存储号。

[.]表示输入小数点，辅助功能为在进入外测频时选择是否衰减信号，进入立体声时进行立体声调制方式的选择。

方式 [←] DC/AC 表示在输入数字时进行退格操作，辅助功能为在进入外测幅时进行交、直流选择。

[触发] Vpp/MHz 表示频率幅度输入时的单位，辅助功能为手动触发 BURST。

[确认] mVpp/kHz 表示频率、幅度输入时的单位，辅助功能为编码器状态切换。

[⇦] Hz/左翻屏 表示频率输入时的单位，辅助功能为左翻屏。

[⇨] %/S/度/右翻屏 表示占空比、扫描时间、相位输入时的单位，辅助功能为右翻屏。

仪器开机后，液晶屏显示仪器型号名称并进入正常工作界面，此时仪器进入初始状态，即正弦波、无调制、1Vpp 状态。显示屏显示当前操作的内容，如信号频率、幅度、调制方式等，但每次只显示其中一项内容。可以通过翻屏键查看其他状态。

2. 输出波形调节方法

输出 3 MHz 正弦波，幅值为 1Vpp，如图 3.12 所示。

(1) 按[～]（调幅）键，按[频率]（主函数/音频源）键，按数字区 3，按[确认] mVpp/kHz 键。

(2) 按[幅度]（峰峰值/有效值）键，按 1 键，按[触发] Vpp/MHz 键。

(3) 调节输出 100 kHz 方波，峰峰值为 3 V。

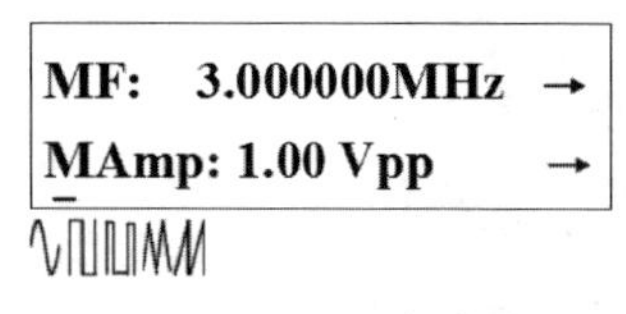

图 3.12 正弦波信号

按“调频”键，光标移至方波上。脉冲波、三角波、锯齿波的调节以此类推。

(4) 脉冲波占空比调节。

按“频移键控”键；按“主函数/音频源 频率”键，按“数字”键和“频率单位”键输入所需要的频率；按“峰峰值/有效值 幅度”键，按“数字”键和“幅度单位”键输入所需要的幅度；按“复用”键和“扫描”键，显示 DUTY 为 50%，此时可以按“数字”键和“右翻屏”键修改脉冲的占空比。按“频率”键退出修改占空比，返回频率设置菜单。

3.1.4 示波器的使用

电子示波器是一种信号图形观测仪器，可测出电信号的波形参数。从荧光屏的 Y 轴刻度尺并结合其量程分挡(Y 轴输入电压灵敏度 V/div 分挡)，选择开关读得电信号的幅值；从荧光屏的 X 轴刻度尺并结合其量程分挡(时间扫描速度 t/div 分挡)，选择开关，读得电信号的周期、脉宽、相位差等参数。

示波器是一种用途很广的电子测量仪器，它既能直接显示电信号的波形，又能对电信号进行各种参数的测量。示波器外观如图 3.13 所示，各按键功能如图 3.14 所示，波形显示窗口如图 3.15 所示。一台双踪示波器可以同时观察和测量两个信号的波形和参数。

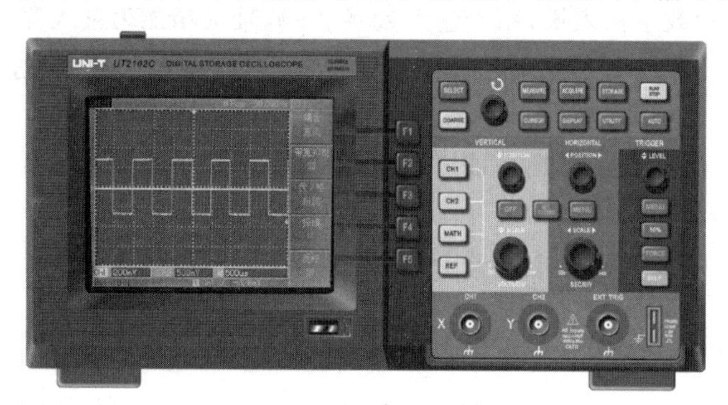

图 3.13 示波器外观

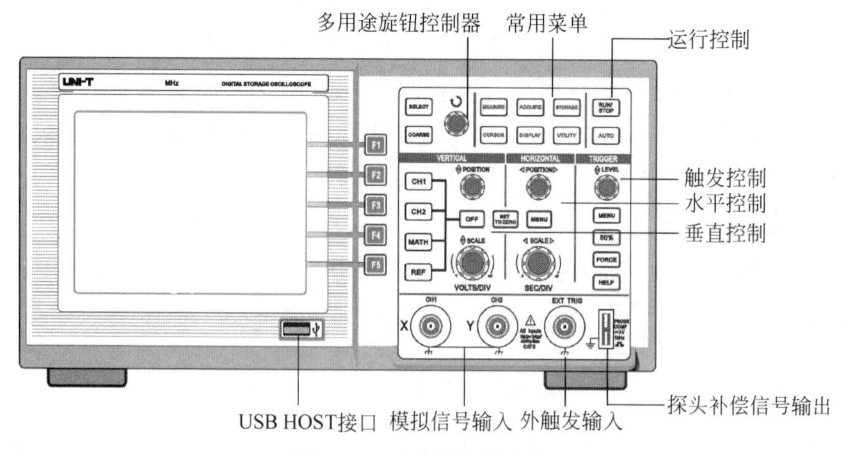

图 3.14 示波器按键功能

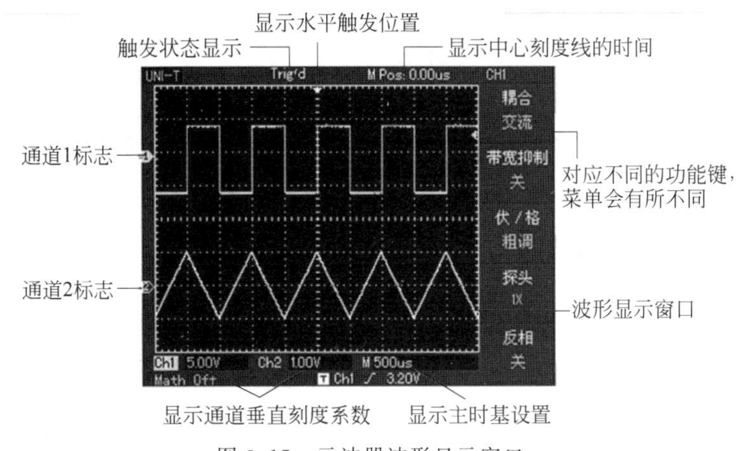

图 3.15 示波器波形显示窗口

1. **操作说明**

(1) 将数字存储示波器探头连接 CH1 输入端，并将探头上的衰减倍率开关设定为10×，如图 3.16 所示。

(2) 在数字存储示波器上需要设置探头衰减系数(图 3.17)，此衰减系数可改变仪器的垂直挡位倍率，从而使测量结果能够正确地反映被测信号的幅值。设置探头衰减系数的方法：按 F4 键，使菜单显示 10×。

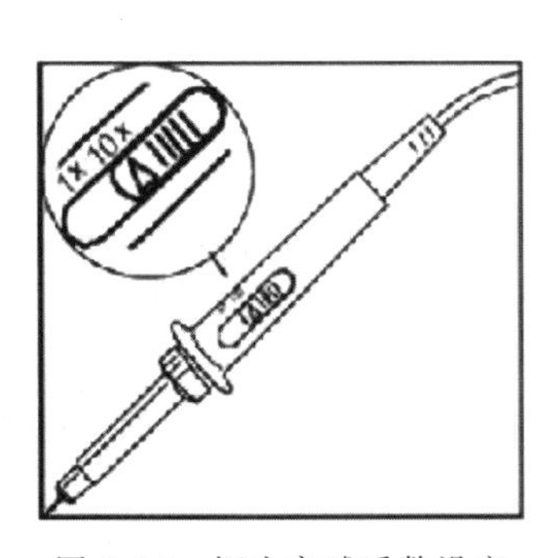

图 3.16 探头衰减系数设定

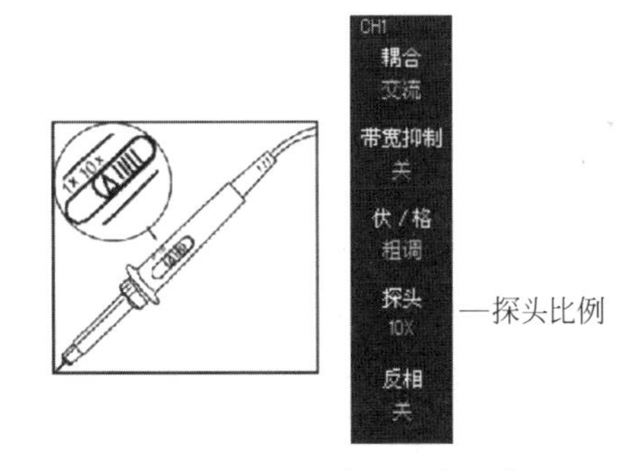

图 3.17 探头衰减系数设定

(3) 把探头的探针和接地夹连接到探头补偿信号的相应连接端上，按 AUTO 键。几秒钟内，可见到方波显示(1 kHz，约 3 V)，如图 3.18 所示，以同样的方法检查 CH2，按 OFF 键关闭 CH1，按 CH2 键打开 CH2，重复步骤(2)和步骤(3)。

2. **波形显示的自动设置**

根据输入的信号，可自动调整垂直偏转系数、扫描时机以及触发方式直至最合适的波形显示。应用

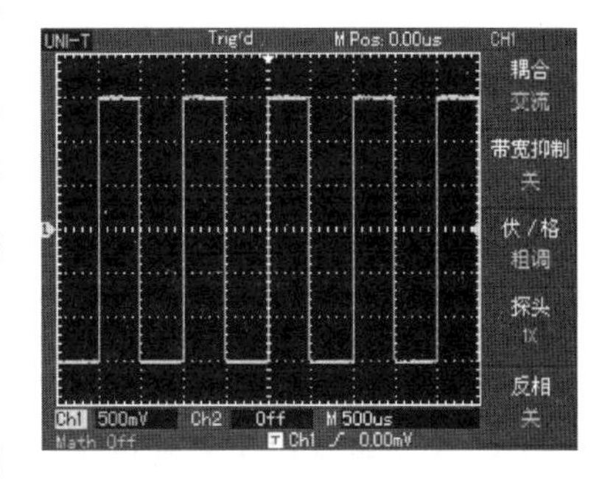

图 3.18 方波显示

自动设置要求被测信号的频率大于或等于 50 Hz，占空比大于 1%。

使用自动设置的步骤如下。

（1）将被测信号连接信号输入通道。

（2）按 AUTO 键。数字存储示波器将自动设置垂直偏转系数、扫描时机以及触发方式。如果需要进一步仔细观察，在自动设置完成后可再进行手工调整，直至使波形显示达到需要的最佳效果。

3. 垂直系统

如图 3.19 所示，在垂直控制区有一系列的按键、旋钮。

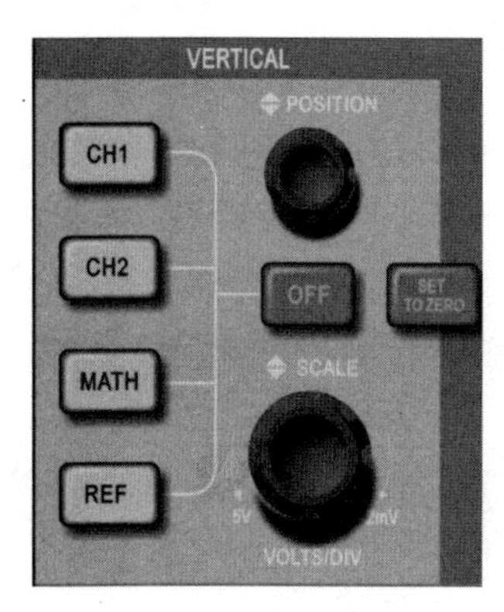

图 3.19 垂直控制区

（1）使用垂直位置旋钮使波形在窗口中居中显示信号。垂直位置旋钮控制信号的垂直显示位置。当转动垂直位置旋钮时，指示通道的标识跟随波形上下移动。

（2）改变垂直设置，并观察状态信息表化，可以通过波形窗口下方的状态栏显示的信息，确定任何垂直挡位的变化。转动垂直标度旋钮改变“伏/格”垂直挡位，可以发现状态挡对应通道的挡位发生了相应的变化。按 CH1 、 CH2 、 MATH 、 REF 键，屏幕显示对应通道的操作菜单、标志、波形和挡位状态信息。按 OFF 键关闭当前选择的通道。

4. 水平系统

在水平控制区有一个按键、两个旋钮（图 3.20）。

（1）使用水平 SCALE 旋钮改变水平时基挡位设置，并观察状态信息变化。转动水平 SCALE 旋钮改变“秒/格”时基挡位，可以发现状态栏对应通道的时基挡位显示发生了相应的变化。水平扫描速率从 5 ns～50 s，以 1-2-5 的方式步进。

（2）使用水平 POSITION 旋钮调整信号在波形窗口的水平位置。水平 POSITION 旋钮控制信号的触发移位。当应用于触发移位时，转动水平 POSITION 旋钮时，可以观察到波形随旋钮而水平移动。

（3）按 MENU 按钮，显示 Zoom 菜单。在此菜单下，按 F3 键可以开启视窗扩展，再按 F1 键可以关闭视窗扩展回到主时基。

图 3.20 水平控制区

5. 触发系统

如图 3.21 所示，在触发菜单控制区有一个按钮、三个按键。

（1）使用触发电平旋钮改变触发电平，可以在屏幕上看到触发标志来指示触发电平线，随旋钮转动而上、下移动。在移动触发电平的同时，可以观察到在屏幕下部的触发电平的数值相应变化。

(2) 使用 TRIGGER MENU 改变触发设置。

按 F1 键，选择 边沿 触发。

按 F2 键，选择 触发源 触发。

按 F3 键，选择 边沿类型 为上升。

按 F4 键，设置 触发方式 为自动。

按 F5 键，设置 触发耦合 为直流。

图 3.21 触发系统

(3) 按 50% 键，设定触发电平在触发信号幅值的垂直中点。

(4) 按 FORCE 键，强制产生一触发信号，主要应用于触发方式中的正常和单次模式。

各通道菜单说明见表 3.3。

表 3.3 通道菜单说明

功能菜单	设　定	说　明
耦合	交流	阻挡输入信号的直流成分
	直流	通过输入信号的交流和直流成分
	接地	断开输入信号
带宽限制	打开	限制带宽至 20 MHz，以减少显示噪声
	关闭	满带宽
伏/格	粗调	按 1-2-5 进制设定垂直偏转系数
	细调	微调则在粗调设置范围之间进一步细分，以改善垂直分辨率
探头	1×等	根据探头衰减系数选取其中一个值，以保持垂直偏转系数的读数正确。共有四种：1×、10×、100×、1 000×
反相	开	打开波形反相功能
	关	波形正常显示

6. 注意事项

(1) 示波器不要过亮。

(2) 调节仪器旋钮时，动作不要过快、过猛。

(3) 调节示波器时，要注意触发开关和电平调节旋钮应配合使用，以使显示的波形稳定。

(4) 做定量测定时，t/div 和 V/div 的微调旋钮应旋置“标准”位置。

(5) 为防止外界干扰，信号发生器的接地端与示波器的接地端要相连(称共地)。

(6) 不同品牌的示波器，各旋钮、功能的标注不尽相同，任务实施前请详细阅读所用示波器的说明书。

(7) 任务实施前应认真阅读信号发生器的使用说明书。

知识拓展——简单照明控制电路

电气照明广泛应用于生产和生活领域中,不同场合对照明装置和线路安装的要求不同。电气照明及配电线路的安装与维修,一般包括照明灯具安装、配电板安装和配电线路敷设与检修几项内容,也是电工技术中的一项基本技能。本项目主要进行常用照明灯具的安装、照明配电板的安装技能训练。照明灯具安装的一般要求:各种灯具、开关、插座及所有附件,都必须安装牢固可靠,应符合规定的要求。壁灯及吸顶灯要牢固地敷设在建筑物的平面上;吊灯必须装有吊线盒,每只吊线盒一般只允许装一盏电灯(双管日光灯和特殊吊灯除外),日光灯和较大的吊灯必须采用金属链条或其他方法支持。灯具与附件的连接必须正确。

照明灯控制常有下列两种基本形式。

(1) 用一只单连开关控制一盏灯,其电路如图 3.22(a)所示。接线时,开关应接在相线上,这样在开关切断后,灯头就不会带电,以保证使用和维修的安全。

(2) 用两只双连开关,在两个地方控制一盏灯,其电路如图 3.22(b)所示。这种形式通常用于楼梯或走廊上,在楼上、楼下或走廊两端均可控制灯的接通和断开。

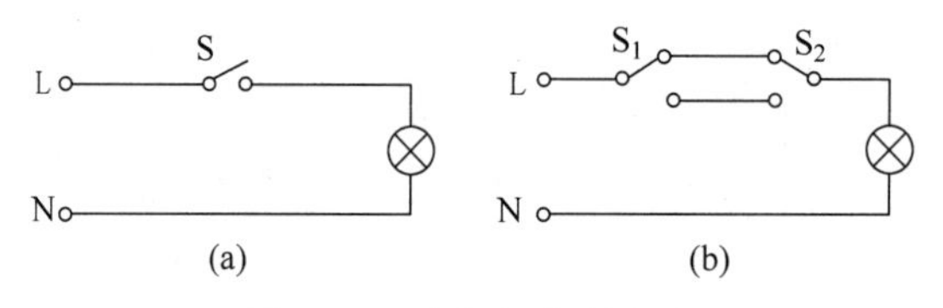

图 3.22 白炽灯控制电路

通过该任务的实施,要求学生学会常用照明灯具的安装、照明配电板的安装。掌握交流信号的产生与基本要素。

白炽灯又称钨丝灯泡,灯泡内充有惰性气体,当电流通过钨丝时,将灯丝加热到白炽状态而发光,白炽灯的功率一般在 15～300 W。因其结构简单、使用可靠、价格低廉、便于安装和维修,故应用很广。室内白炽灯的安装方式常有吸顶式、壁式和悬吊式三种。

思考与练习

一、填空题

1. ________和________随时间做周期性变化的电压和电流称为交流电,按________规律变化的电量称为正弦交流电,正弦量的一般表达式为________。

2. 正弦交流电的三要素是________、________和________。

3. 正弦信号 $u=141.4\sin(100\pi t-30°)$(V),其周期 $T=$________,频率 $f=$________,角频率 $\omega=$________,初相角 $\varphi=$________,有效值 $U=$________。

4. 正弦电流 $i=14.14\sin(314t-45°)$(A),则有效值 $I=$________,角频率 $\omega=$________,初相位 $\varphi_0=$________。

5. 一个正弦交流电流的解析式为 $i=5\sqrt{2}\sin(314t-45°)$(A),则其有效值 $I=$ ________,频率 $f=$ ________,周期 $T=$ ________,角频率 $\omega=$ ________,初相 $\varphi=$ ________。

6. 周期 $T=0.02$ s,振幅为 50 V、初相角为 60°的正弦交流电压 u 的瞬时值表达式为 ________。

7. 正弦交流电流 $\dot{I}=10\angle 60°$ A,角频率 $\omega=100$ rad/s 则该交流电流的瞬时表达式为 ________,最大值 $I_m=$ ________,有效值 $I=$ ________,初相角 $\varphi=$ ________。

8. 交流电路 $i=10\sin(100\pi t+\pi/3)$(A),则其电流有效值为 ________,频率为 ________,初相位为 ________。

9. 已知某一交流电路,电源电压 $u=100\sqrt{2}\sin(\omega t-30°)$(V),电路中通过的电流 $i=\sqrt{2}\sin(\omega t-90°)$(A),则电压和电流之间的相位差为 ________。

二、选择题

1. 通常交流仪表测量的交流电流、电压值是(　　)。

A. 平均值　　B. 有效值　　C. 最大值　　D. 瞬时值

2. 图 3.23 给出了电压和电流的相量图,从相量图可知(　　)。

A. 有效值 $U>I$

B. 电流和电压的相位差为 150°

C. 电流超前电压 750°

D. 电压的初相为 300°

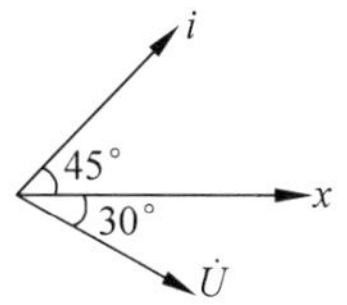

图 3.23　选择题 2 相量图

3. $u=5\sin(\omega t+15°)$(V),$i=5\sin(\omega t-5°)$(A),相位差 $\varphi_u-\varphi_i$ 是(　　)。

A. 20°　　B. −20°　　C. 0°　　D. 无法确定

4. 某一灯泡上写着额定电压 220 V,这是指电压的(　　)。

A. 最大值　　B. 瞬时值　　C. 有效值　　D. 平均值

5. 下列表达式中正确的是(　　)。

A. $i=4\sin(\omega t-60°)=4e^{-j60°}$(A)　　B. $i=4\sin(\omega t-60°)=\frac{4}{\sqrt{2}}\angle -60°$(A)

C. $i=\frac{4}{\sqrt{2}}e^{-j60°}$ A　　D. $\dot{I}=\frac{4}{\sqrt{2}}\angle -60°$A

三、简答题

1. 示波器面板上 t/div 和 V/div 的含义是什么?

2. 观察本机"标准信号"时,要在荧光屏上得到两个周期的稳定波形,而幅度要求为五格,试问 Y 轴电压灵敏度应置于哪一挡位置? t/div 又应置于哪一挡位置?

任务3.2　日光灯电路的制作与测试

学习目标

知识目标：了解日光灯电路的组成；掌握电路中各元件的作用及相关参数计算；了解日光灯电路故障的分析方法。

技能目标：学会安装日光灯电路；学会对日光灯进行排故检查。

素质目标：提高学生学以致用，将所学知识应用于实际电路的能力；培养学生逻辑思维能力。

任务要求

在工业、农业生产和人们的日常生活中所用的电一般都是交流电，如家庭照明用电、电器用电、灌溉用电等。交流电的使用非常广泛，主要是因为它的产生容易，并能利用变压器改变电压，便于输送和使用。交流电还能很容易地转换为直流电使用。

日光灯电路由灯管、镇流器及启辉器三部分组成。图3.24是家庭中所用的日光灯电路。本任务要求安装日光灯电路并调试排故。

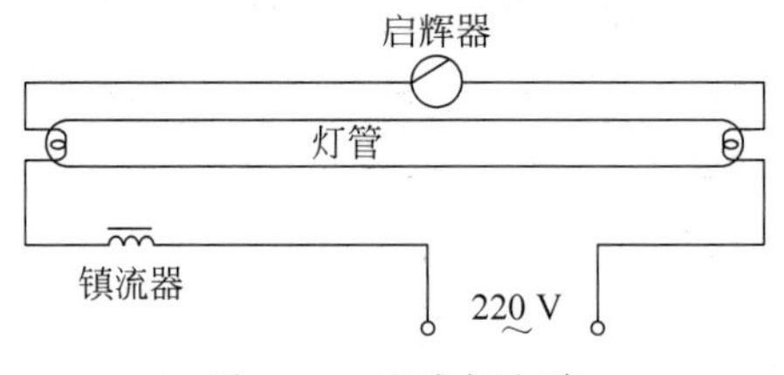

图3.24　日光灯电路

当接通220 V交流电源时，电源电压通过镇流器施加于启辉器两电极上，使极间气体导电，可动电极（双金属片）与固定电极接触。由于两电极接触不再产生热量，双金属片冷却复原使电路突然断开，此时镇流器产生一较高的自感电动势经回路施加于灯管两端，而使灯管迅速起燃，电流经镇流器、灯管而流通。灯管起燃后，两端压降较低，启辉器不工作，日光灯正常工作。

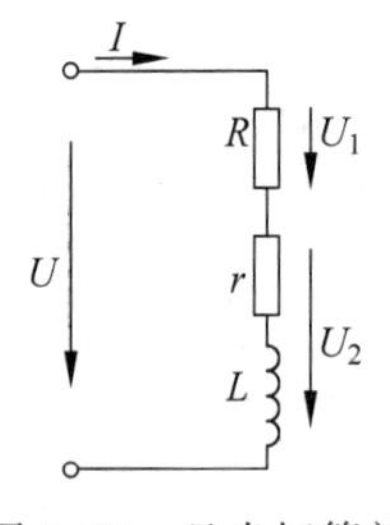

图3.25　日光灯等效电路

灯管在工作时可认为是一个电阻负载 R。镇流器是一个交流铁芯线圈，可等效为一个电感很大的感性负载（r、L 串联）。灯亮后，启辉器就不起作用了。因此，日光灯电路实际上是一个 R、L 串联电路，其等效电路如图3.25所示。

（1）按要求准备电路材料，材料清单见表3.4。

表3.4　电路材料清单

名称和规格	数量/个	名称和规格	数量/个
交流电流表0～5 A	1	功率表	1
交流电压表0～500 V	1	镇流器（与40 W的灯管配用）	1

续表

名称和规格	数量/个	名称和规格	数量/个
启辉器(与 40 W 的灯管配用)	1	电流插座	1
日光灯管 40 W	1	自耦调压器(能提供 220 V 交流电压)	1

(2) 按图 3.26 线路连线,并将电流表插入电流插座、电压表和功率表接入相应断开处的位置。

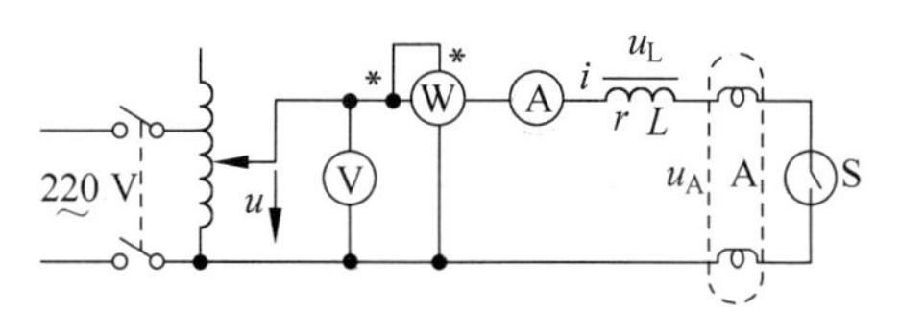

图 3.26 日光灯线路图

(3) 通入 220 V 交流电源,观察各表读数并记录下来。注意事项如下。

① 本任务用交流市电 220 V,务必注意用电和人身安全,通电之前一定要经指导教师检查。

② 每次换接线路,均要断开电源,以免造成人身危害。

③ 功率表要正确接入线路,读数时要注意量程和实际读数的折算关系。

④ 线路接线正确,日光灯不能启辉时,注意检查启辉器及其接触是否良好。

3.2.1 交流电路中的电阻元件

电阻元件、电感元件和电容元件是交流电路的基本元件,日常生活和工作中的交流电路也都是由基本元件组合起来的。为了分析交流电路,先分析单一元件的正弦交流电路及其特性。

只含有电阻元件的交流电路叫作纯电阻电路,是最简单的交流电路,如含有白炽灯、电炉、电烙铁等电路。

如图 3.27(a)所示,由欧姆定律 $u=Ri$ 可知,当电阻 R 上的交流 $i_R=\sqrt{2}I_R\sin(\omega t+\varphi_i)$时,电阻两端的电压为

$$u_R=\sqrt{2}RI_R\sin(\omega t+\varphi_i)=\sqrt{2}U_R\sin(\omega t+\varphi_u) \tag{3.20a}$$

即

$$U_R\angle\varphi_u=RI_R\angle\varphi_i$$

相量形式为

$$\dot{U}_1=R\dot{I}_R \tag{3.20b}$$

电阻元件的电压与电流的数值关系为

$$U_R=RI_R \tag{3.21}$$

电阻元件的电压与电流的相位关系为

$$\varphi_u=\varphi_i \tag{3.22}$$

纯电阻电路中电压与电流的波形关系如图 3.27(b)所示；电压与电流的相量图如图 3.27(c)所示。

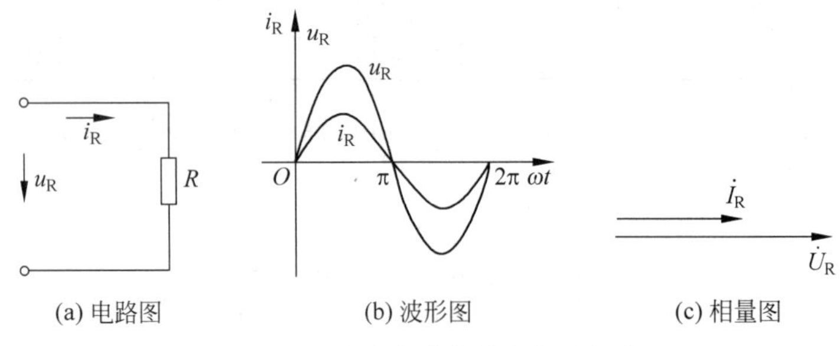

图 3.27 交流电路中的纯电阻电路

3.2.2 交流电路中的电容元件

1. 电容元件简介

电容元件是电路中的一个基本元件。将两块金属板中间用绝缘介质隔开，就形成了电容器。最简单的电容器是平行板电容器。电容器有很多种类，按绝缘介质可分为有机薄膜电容器、瓷介质电容器、电解电容器等；按其形状不同可分为平行板电容器、圆柱形电容器、片式电容器等。电路中，除了专门制造的电容器以外，还存在着许多自然形成的电容器。如两根输电线之间、线圈各匝之间、晶体管各极之间都形成电容器。一般情况下，它们的作用可忽略不计，但在高压远距离输电和高频电子线路中，它们的影响是不能忽略的。

实际的电容器中介质是不可能完全绝缘的，总会有电流通过介质，这一现象叫作漏电。因此，电容器还有漏电阻，忽略漏电现象的电容器，叫理想电容元件。图 3.28 是电容元件的图形符号。

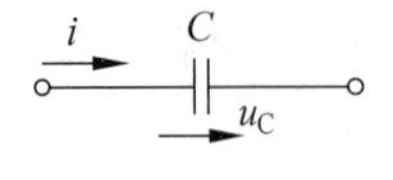

图 3.28 电容元件的图形符号

在外电源的作用下，电容器两极板上可带等量异种电荷，当外电源撤去后，极板上的电荷可长期储存。因而电容器是一种储存电场能量的器件。它的基本性能是储存电荷而产生电场。实验证明：电容器充电后每个极板上所带的电荷量 q 与极板间的电压 u_C 成正比

$$C=\frac{q}{u_C} \tag{3.23}$$

式中，C 反映了电容元件容纳电荷的本领，叫作电容器的电容量，简称电容。国际单位制中，它的单位是法拉，简称法(F)。实际中也常用微法(μF)和皮法(pF)。

$$1\ \mu\text{F}=10^{-6}\ \text{F},\quad 1\ \text{pF}=10^{-12}\ \text{F}$$

如果电容元件的电容量为常量，不随所带电荷量的变化而变化，这样的电容元件称为线性电容元件。本书所讨论的如不特别说明都为线性电容元件。习惯上我们把电容元件称为电容，因此，电容既是一种元件，也是一个量值。

电容器的电容与极板的尺寸及其间介质的介电常数有关。例如，有一极板间距离很

小的平行板电容器，其极板面积为 $S(\mathrm{m}^2)$，极间距离为 $d(\mathrm{m})$，其间介质的介电常数为 $\varepsilon(\mathrm{F/m})$，则其电容为

$$C=\frac{\varepsilon S}{d} \tag{3.24}$$

在电容器的铭牌上，除标明它的电容量外，还需标明它的额定工作电压。因为每个电容器允许承受的电压是有限度的，电压过高，介质就会被击穿，这个电压叫作击穿电压。使电容器长期工作而不被击穿的电压叫作电容器的额定工作电压。

如图 3.28 所示，设电压的参考方向如箭头所指，当电压为正时，两极板堆积了等量异种的电荷，当极板上的电量或电压发生变化时，在电路中会产生电流。

$$q=Cu_{\mathrm{C}}$$

$$i=C\frac{\mathrm{d}u_{\mathrm{C}}}{\mathrm{d}t} \tag{3.25}$$

式(3.25)就是关联参考方向下的电压和电流关系。式(3.25)表明，在某一时刻电容的电流 i 取决于该时刻电容电压 u_{C} 的变化率。当电压升高时，$\frac{\mathrm{d}u_{\mathrm{C}}}{\mathrm{d}t}>0$，极板上的电荷增加，电流为正值，是充电过程；当电压下降时，$\frac{\mathrm{d}u_{\mathrm{C}}}{\mathrm{d}t}<0$，极板上的电荷减少，电流为负值，是放电过程。如果电压不变，电流为零，相当于开路。这就是电容隔断直流的原因。电容电压变化越快，电流越大。因为当电压变化时聚集的电荷也相应地发生变化，只有电荷发生变化，才能形成电流。当电压不变时，聚集电荷不发生变化，所以没有电流形成。

电容元件是一种储能元件。当给电容器加上电压时，绝缘介质中就有电场，就有电场能量。我们从功率推算能量，功率可由电容元件的两端电压和流过电流的乘积计算。当电流和电压选取关联参考方向时，电容元件的瞬时功率为

$$p=u_{\mathrm{C}}i=u_{\mathrm{C}}C\frac{\mathrm{d}u_{\mathrm{C}}}{\mathrm{d}t} \tag{3.26}$$

当 $p>0$ 时，电容吸收功率，处于充电状态；当 $p<0$ 时，电容释放功率，处于放电状态。

$$p=\frac{\mathrm{d}w_{\mathrm{C}}}{\mathrm{d}t}$$

$$w_{\mathrm{C}}=\int_0^t p\,\mathrm{d}t=\int_0^t Cu_{\mathrm{C}}\frac{\mathrm{d}u_{\mathrm{C}}}{\mathrm{d}t}\mathrm{d}t=\int_0^t Cu_{\mathrm{C}}\mathrm{d}u_{\mathrm{C}}=\frac{1}{2}Cu_{\mathrm{C}}^2 \tag{3.27}$$

式(3.27)表明，电容器在某一时刻的储能，只与此时的电压有关，而与电流无关。

【例 3.9】 已知加在电容器 $C=1\,000\ \mu\mathrm{F}$ 上的电压如图 3.29(a)所示，求电容电流并绘制其波形图。

解： 当 $0\ \mathrm{s}\leqslant t\leqslant 2.5\ \mathrm{s}$ 时，电压从 0 V 均匀上升到 100 V，其变化率为

$$\frac{\mathrm{d}u_{\mathrm{C}}}{\mathrm{d}t}=\frac{100-0}{2.5}=40(\mathrm{V/s})$$

$$i=C\frac{\mathrm{d}u_{\mathrm{C}}}{\mathrm{d}t}=10^{-3}\times 40=0.04(\mathrm{A})$$

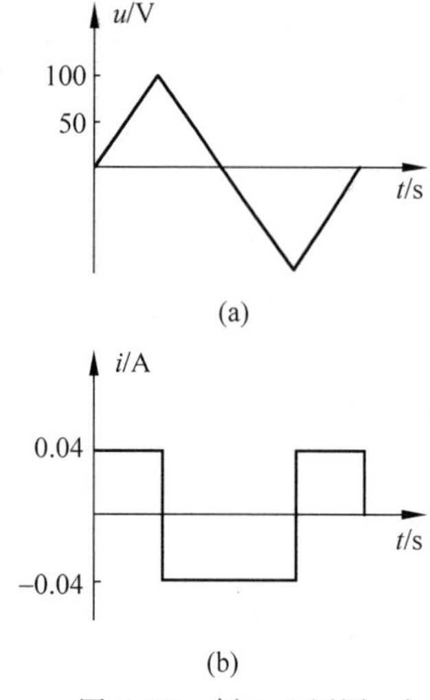

图 3.29 例 3.9 用图

当 $2.5\ \text{s} \leqslant t \leqslant 7.5\ \text{s}$ 时，电压从 100 V 均匀下降到 −100 V，其变化率为

$$\frac{\mathrm{d}u_C}{\mathrm{d}t} = \frac{-100-100}{7.5-2.5} = -40(\text{V/s})$$

$$i = C\frac{\mathrm{d}u_C}{\mathrm{d}t} = 10^{-3} \times (-40) = -0.04(\text{A})$$

当 $7.5\ \text{s} \leqslant t \leqslant 10\ \text{s}$ 时，电压从 −100 V 均匀上升到 0 V，其变化率为

$$\frac{\mathrm{d}u_C}{\mathrm{d}t} = \frac{0-(-100)}{10-7.5} = 40(\text{V/s})$$

$$i = C\frac{\mathrm{d}u_C}{\mathrm{d}t} = 10^{-3} \times 40 = 0.04(\text{A})$$

因此，绘制的波形图如图 3.29(b)所示。

2. 电容元件的连接

几个电容器首尾依次相接，连成一个无分支电路的联结方式叫作电容器的串联。

如图 3.30 所示，三个电容器串联，接到电压为 u 的电源上，两极板分别带上等量异种的电荷，中间各极板由于静电感应出现等量异种的感应电荷。可以看出，各电容器的电荷量为 q，总电荷量也为 q。如果三个电容器的电容分别为 C_1、C_2、C_3，那么有

$$u_1 = \frac{q}{C_1}, \quad u_2 = \frac{q}{C_2}, \quad u_3 = \frac{q}{C_3}$$

$$C_1u_1 = C_2u_2 = C_3u_3 = q$$

$$u = u_1 + u_2 + u_3 = q\left(\frac{1}{C_1} + \frac{1}{C_2} + \frac{1}{C_3}\right)$$

$$\frac{1}{C} = \frac{1}{C_1} + \frac{1}{C_2} + \frac{1}{C_3} \tag{3.28}$$

式(3.28)表明：电容器串联时，各电容的电压与电容呈反比。串联电容器的等效电容的倒数等于各电容倒数的总和。串联电容的等效电容小于每个电容，每个电容的电压都小于总电压。实际中当每个电容的耐压小于电源电压时，可采用电容器串联的方式。

将几个电容器的两个极板分别连在一起，接在同一对节点之间，就形成了电容器的并联，如图 3.31 所示。

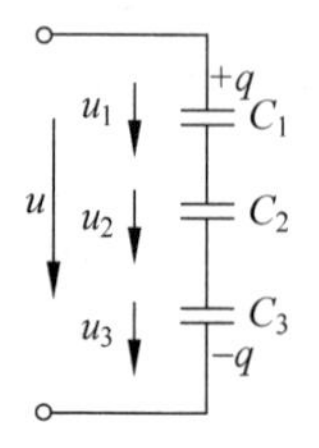

图 3.30 电容器串联

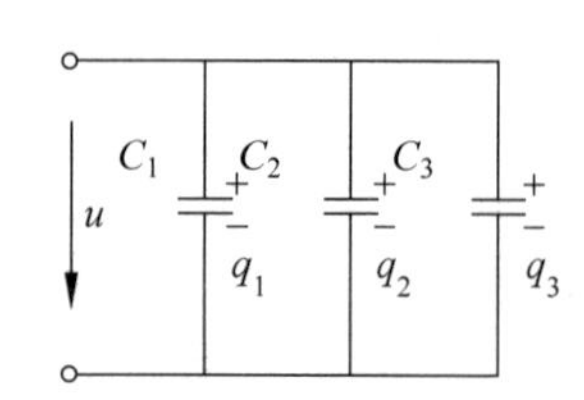

图 3.31 电容器并联

三个电容分别是 C_1、C_2、C_3，它们的电压都为 u，所带的电量分别为

$$q_1 = C_1 u,\quad q_2 = C_2 u,\quad q_3 = C_3 u$$

总电量为各个电容器的电量之和，即

$$q = q_1 + q_2 + q_3 = (C_1 + C_2 + C_3)u$$

$$C = C_1 + C_2 + C_3 \tag{3.29}$$

由式(3.29)可知，并联电容器的等效电容等于各电容的电容之和。并联电容器越多，等效电容越大。因此，当电容器的耐压足够而电容不够时，可采用电容器并联的形式。综上所述，当电容器的电容和耐压都不够时，可以采用既有串联又有并联的电路，即混联电路。

【例 3.10】 将两个电容为 $C_1 = 200\ \mu\text{F}$、$C_2 = 50\ \mu\text{F}$ 串联起来，它们的等效电容是多少？

解：等效电容为

$$C = \frac{C_1 C_2}{C_1 + C_2} = \frac{200 \times 50}{200 + 50} = 40(\mu\text{F})$$

3. 交流电路中的电容元件

只含有电容元件的交流电路叫作纯电容电路。如图 3.32(a)所示，如果在电容 C 两端加一正弦交流电压 $u_C = \sqrt{2} U_C \sin(\omega t + \varphi_u)$，在电压、电流关联参考方向下，电容元件两端的电流为

$$\begin{cases} i_C = C\dfrac{du_C}{dt} = \omega C U_C \cos(\omega t + \varphi_u) \\ u_C = \sqrt{2} I_C \sin\left(\omega t + \dfrac{\pi}{2} + \varphi_u\right) \end{cases} \tag{3.30}$$

用相量表示电压与电流的关系为

$$\dot{I}_C = I_C \angle \varphi_u + \frac{\pi}{2} = \frac{U_C}{X_C} \angle \varphi_u + \frac{\pi}{2}$$

$$= \omega C U \angle \varphi_u + \frac{\pi}{2} = \frac{\dot{U}_C}{-jX_C}$$

电压与电流在数值上满足关系式

$$I_C = \omega C U_C \quad \text{或} \quad I_C = \frac{U_C}{X_C} \tag{3.31}$$

相位关系为

$$\varphi_i = \angle \varphi_u + \frac{\pi}{2} \tag{3.32}$$

比较电压和电流的关系式可见，交流电路中电容元件两端电压 u 和电流 i 也是同频率的正弦量，电流相位超前电压相位 90°。

纯电容电路中电压与电流波形如图 3.32(b)所示。纯电容电路相量如图 3.32(c)所示。电容具有对交流电流起阻碍作用的物理性质，称为容抗，用 X_C 表示，即

$$X_C = \frac{1}{\omega C} = \frac{1}{2\pi f C} \tag{3.33}$$

式(3.33)表明电压与电流的幅值(有效值)的关系不仅与 C 的大小有关,而且还与角频率 ω 有关,X_C 与 ω 呈反比,X_C 的单位为 Ω。当 C 值一定时,对一定的 U 来说,ω 越高,容抗 X_C 越小,则 I 越大,说明电流越容易通过; ω 越低,容抗 X_C 越大,则 I 越小,说明电流越难通过; 当 $\omega=0$(相当于直流激励)时,容抗 $X_C=\infty$、$I=0$,电容相当于开路。可见,电容具有用于"通交隔直,通高阻低"的作用。电子线路中的旁路电容就是利用了电容的这一特性。

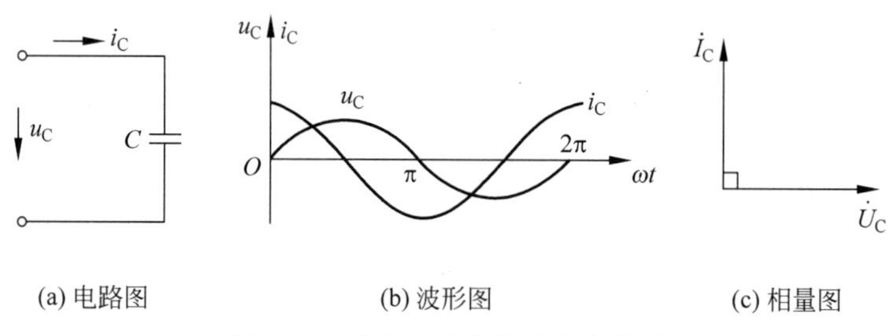

图 3.32 交流电路中的纯电容电路

【例 3.11】 一个 100 μF 的电容元件接在电压(有效值)为 10 V 的正弦电源上。当电源频率分别为 50 Hz 和 500 Hz 时,电容元件中的电流分别是多少?

解:电源频率为 50 Hz 时,有

$$X_C = \frac{1}{2\pi f C} = \frac{1}{2\pi \times 50 \times 100 \times 10^{-6}} = 31.8(\Omega)$$

$$I = \frac{U}{X_C} = \frac{10}{31.8} = 0.314(\mathrm{A}) = 314(\mathrm{mA})$$

电源频率为 500 Hz 时,有

$$X_C = \frac{1}{2\pi \times 500 \times 100 \times 10^{-6}} = 3.18(\Omega)$$

$$I = \frac{U}{X_C} = \frac{10}{3.18} = 3.14(\mathrm{A}) = 3140(\mathrm{mA})$$

3.2.3 交流电路中的电感元件

1. 电感元件简介

电感元件也是电路的基本元件之一,是实际电感线圈理想化的模型。电感元件是储能元件。当导线中有电流通过时,在它周围就产生了磁场。通过电流产生磁场是线圈的基本性能。在图 3.33(a)所示电感线圈中,当电流与磁通的参考方向符合右手螺旋定则时,若线圈中通过了变化的电流 i,则穿过线圈的磁通 Φ 也会发生变化,这就是自感现象。各匝线圈的磁通之和叫作自感磁链 $\psi(\psi=N\phi)$,一个线圈的自感磁链与所通电流的比值为

$$L = \frac{\psi}{i}$$

式中，L 叫作电感线圈的自感系数，简称电感。

线圈的电感决定于线圈的形状、尺寸和媒介。电感的单位是亨利，简称亨(H)。工程计算时，有时还用毫亨(mH)、微亨(μH)等作为其单位，换算关系为

$$1\ \mathrm{mH}=10^{-3}\ \mathrm{H},\quad 1\ \mu\mathrm{H}=10^{-6}\ \mathrm{H}$$

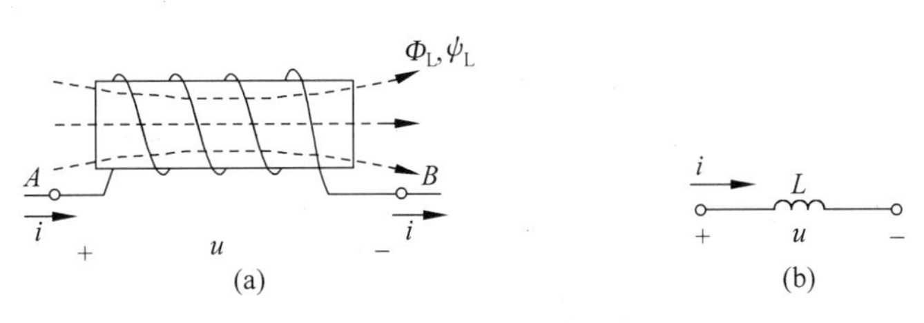

图 3.33 线圈与电感元件

电感元件是一种理想的二端元件，是实际线圈的理想化电路模型。电感元件的图形符号如图 3.33(b)所示。如果电感元件的电感为常量，这种电感元件就称为线性电感元件。除非特别说明，否则本书所遇到的电感元件均为线性电感元件。

在电感线圈上除要标明它的电感量外，还要标明它的额定工作电流。因为电流过大，会使线圈过热或线圈受到过大的电磁力作用发生机械形变，甚至烧毁。电感元件简称电感，所以电感可以是电感元件，也可以是电感元件的参数。

当电感元件中通以变化的电流时，就会在电感元件中产生随之变化的磁链。根据法拉第电磁感应定律，电感两端会有感应电压，感应电压的大小等于磁链的变化率。当选择电压的参考方向与磁链的参考方向符合右手螺旋法则时，有

$$u_{\mathrm{L}}=\frac{\mathrm{d}\psi}{\mathrm{d}t}$$

若电流与磁链的参考方向也符合右手螺旋法则，即电压与电流满足关联参考方向时，则

$$u_{\mathrm{L}}=\frac{\mathrm{d}Li}{\mathrm{d}t}=L\frac{\mathrm{d}i}{\mathrm{d}t} \tag{3.34}$$

这就是电感元件的约束。式(3.34)表明，在某一时刻电感的电压取决于该时刻电流的变化率。当电流不变化时，$\frac{\mathrm{d}i}{\mathrm{d}t}=0$，则 $u_{\mathrm{L}}=0$；当电流变化越大，$\frac{\mathrm{d}i}{\mathrm{d}t}$越大，电压 u_{L} 越大。

电感元件是一种储能元件，线圈中有电流通过时，不仅在周围产生磁场，而且还储存磁场能量，这一能量来自电源。

电流变化时会产生相应的变化电压，这时电感从电源吸收能量的快慢，即功率为

$$p=u_{\mathrm{L}}i=Li\frac{\mathrm{d}i}{\mathrm{d}t}$$

当功率大于零时，说明电感元件从电源吸收能量；当功率小于零时，说明电感元件向电源释放能量。

在时间从 0 变化到 t，电流从 0 增加到 i 时，电感的磁场能量为 dt 段时间增加能量的总和。

利用功率定律 $p=ui$，结合功率的定义 $p=\mathrm{d}w/\mathrm{d}t$ 和电感电流方程 $u=L\mathrm{d}i/\mathrm{d}t$，即

$$W_{\mathrm{L}}=\int_{0}^{t}p\,\mathrm{d}t=\int_{0}^{t}Li\,\frac{\mathrm{d}i}{\mathrm{d}t}\mathrm{d}t=\int_{0}^{t}Li\,\mathrm{d}t=\frac{1}{2}Li^{2} \tag{3.35}$$

式(3.35)表明，电感元件并不消耗能量，而是一个储能元件。电感 L 在某一时刻的储能只与该时刻的电流有关，电感电流反映了电感的储能状态。电流增加时，吸收能量；电流减少时，释放能量。根据式(3.34)可知，电感上的电压与电流是微分函数关系，所以电感元件是一种动态元件。

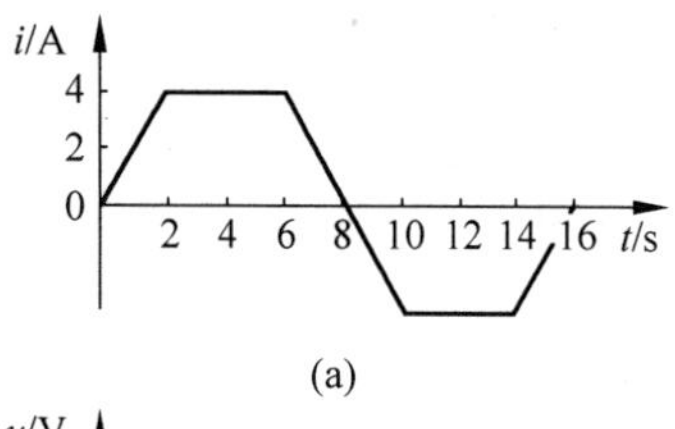

(a)

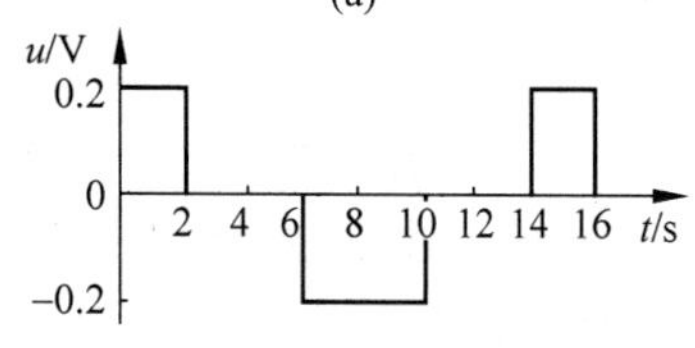

(b)

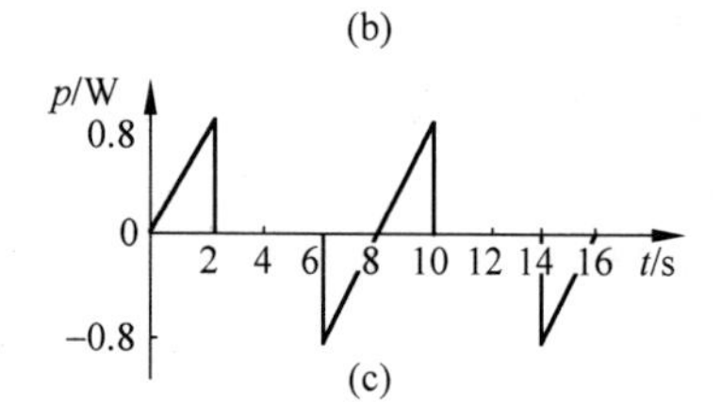

(c)

图 3.34 例 3.12 用图

【例 3.12】 已知电感元件的电感 $L=0.1$ H，流过它的电流是如图 3.34(a)所示的梯形波，求：①电压及其波形图；②电感元件吸收的瞬时功率，并画出其波形图。

解：(1) 当 $0\leqslant t\leqslant 2$ s 时，电流从 0 均匀上升到 4 A，其变化率为

$$\frac{\mathrm{d}i}{\mathrm{d}t}=\frac{4-0}{2}=2(\mathrm{A/s})$$

$$u_{\mathrm{L}}=L\,\frac{\mathrm{d}i}{\mathrm{d}t}=0.1\times 2=0.2(\mathrm{V})$$

当 2 s$\leqslant t\leqslant$6 s 时，电流为 4 A，其变化率为 0。

$$u_{\mathrm{L}}=L\,\frac{\mathrm{d}i}{\mathrm{d}t}=0.1\times 0=0(\mathrm{V})$$

当 6 s$\leqslant t\leqslant$10 s 时，电流从 4 A 均匀下降到 −4 A，其变化率为

$$\frac{\mathrm{d}i}{\mathrm{d}t}=\frac{-4-4}{10-6}=-2(\mathrm{A/s})$$

$$u_{\mathrm{L}}=L\,\frac{\mathrm{d}i}{\mathrm{d}t}=0.1\times(-2)=-0.2(\mathrm{V})$$

当 10 s$\leqslant t\leqslant$14 s 时，电流为 −4 A，其变化率为 0。

$$u_{\mathrm{L}}=L\,\frac{\mathrm{d}i}{\mathrm{d}t}=0.1\times 0=0(\mathrm{V})$$

当 14 s$\leqslant t\leqslant$16 s 时，电流从 −4 A 均匀上升到 0，其变化率为

$$\frac{\mathrm{d}i}{\mathrm{d}t}=\frac{0-(-4)}{2}=2(\mathrm{A/s})$$

$$u_{\mathrm{L}}=L\,\frac{\mathrm{d}i}{\mathrm{d}t}=0.1\times 2=0.2(\mathrm{V})$$

根据所计算的数据绘出的电压波形如图 3.34(b)所示。

(2) 根据 $p=u_{\mathrm{L}}i$ 可知，当 $0\leqslant t\leqslant 2$ s 时，$p=0.4t$；当 2 s$\leqslant t\leqslant$6 s 时，$p=0$；当 6 s$\leqslant t\leqslant$8 s 时，$p=-0.4t$；当 8 s$\leqslant t\leqslant$10 s 时，$p=0.4t$；当 10 s$\leqslant t\leqslant$14 s 时，$p=0$；当 14 s$\leqslant t\leqslant$16 s 时，$p=-0.4t$。

由此绘出如图 3.34(c)所示的瞬时功率波形图。

通过本例可知，电压是一矩形波。电流增大时，电压为正值；电流减小时，电压为负

值；电流不变时，电压为零。功率为正值时，电感元件吸收能量；功率为负值时，电感元件释放能量。

2. 交流电路中的电感元件

只含有电感元件的交流电路叫作纯电感电路。如图 3.35(a)所示，设电感元件流过的正弦交流电流 $i_L=\sqrt{2}I_L\sin(\omega t+\varphi_i)$，在电压、电流关联参考方向下，电感元件两端的电压为

$$\begin{cases} u_L=L\dfrac{\mathrm{d}i_L}{\mathrm{d}t}=L\dfrac{\mathrm{d}\sqrt{2}I_L\sin(\omega t+\varphi_i)}{\mathrm{d}t} \\ u_L=\omega L\sqrt{2}I_L\cos(\omega t+\varphi_i)=\sqrt{2}U_L\sin\left(\omega t+\dfrac{\pi}{2}+\varphi_i\right) \end{cases} \tag{3.36}$$

比较电压和电流的关系式可见，电感元件两端电压 u 和电流 i 也是同频率的正弦量，电压的相位超前电流相位 90°。

用相量表示电压和电流的关系为

$$\dot{U}_L=\mathrm{j}X_L\dot{I}_L=\mathrm{j}\omega L\dot{I}_L \tag{3.37}$$

电压与电流在数值上满足关系式

$$U_L=X_LI_L=\omega LI_L$$

相位关系为

$$\varphi_u=\angle\varphi_i+\frac{\pi}{2} \tag{3.38}$$

纯电感电路中电压与电流的波形如图 3.35(b)所示。纯电感电路的相量如图 3.35(c)所示。电感具有对交流电流起阻碍作用的物理性质，称为感抗，用 X_L 表示，即

$$X_L=\omega L=2\pi fL \tag{3.39}$$

式(3.39)中可以看出，感抗 X_L 与 f 成正比。频率 f 越高，感抗 X_L 越大；当频率 $f=0$(为直流电)时，电感相当于短路。这说明电感元件对高频电流有较大的阻碍作用，对低频电流阻碍较小即电感元件具有“通低阻高”的作用。在实际电路中常常利用电感元件的这一特性，如在无线电设备中的高频扼流圈和在滤波电路汇总的电感线圈。

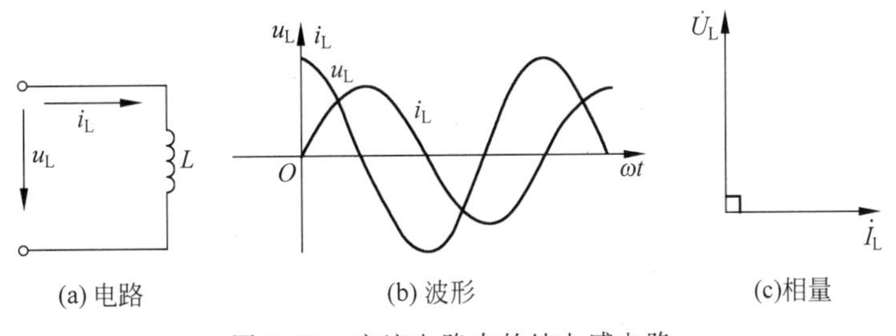

图 3.35 交流电路中的纯电感电路

【例 3.13】 把一个电感为 0.35 H 的线圈，接到 $u=220\sqrt{2}\sin(100\pi t+60°)$(V)，求线圈中电流瞬时值表达式。

解：由已知电压的瞬时值表达式，可得

$$U=220\ \text{V},\quad \omega=100\pi\ \text{rad/s},\quad \varphi=60^\circ$$

电压的极坐标式为

$$\dot{U}=220\angle 60^\circ\ \text{V}$$

而 $X_L=\omega L=100\times 3.14\times 0.35\ \Omega\approx 110\ \Omega$,即

$$\dot{I}_L=\frac{\dot{U}_L}{jX_L}=\frac{220\angle 60^\circ}{1\angle 90^\circ\times 110}=2\angle(-30^\circ)(\text{A})$$

因此,通过线圈的电流瞬时值表达式为

$$i=2\sqrt{2}\sin\left(100\pi t-\frac{\pi}{6}\right)(\text{A})$$

电阻、电感、电容元件特性见表 3.5。

表 3.5 电阻、电感、电容元件特性

特性名称		电阻	电感	电容
阻抗特性	阻抗	电阻 R	感抗 $X_L=\omega L$	容抗 $X_C=1/(\omega C)$
	直流特性	呈现一定的阻碍作用	通直流,阻交流(相当于短路)	通交流,阻直流(相当于开路)
	交流特性	呈现一定的阻碍作用	通低频,阻高频	通高频,阻低频
伏安关系	大小关系	$U_R=R_IR$	$U_L=X_LI_L$	$U_C=X_CI_C$
	相位关系(电压与电流相位差)	$\varphi=0^\circ$	$\varphi=90^\circ$	$\varphi=-90^\circ$

3.2.4 相量形式的基尔霍夫定律

1. 相量形式的基尔霍夫电流定律

根据基尔霍夫电流定律 KCL,电路中任一节点在任何时候都满足

$$\sum i=0$$

在正弦交流电路中所有响应都是与激励同频率的正弦量,根据正弦量与相量的对应关系可得

$$\sum \dot{I}=0 \tag{3.40}$$

式(3.40)是基尔霍夫电流定律的相量形式,表明正弦交流电路中任一节点的所有电流相量的代数和等于 0。

2. 相量形式的基尔霍夫电压定律

同样,正弦交流电路中任一闭合回路,所有电压相量的代数和也等于 0。即

$$\sum \dot{U}=0 \tag{3.41}$$

式(3.41)是基尔霍夫电压定律的相量形式。

3.2.5 RLC 串联电路

在实际应用中,电阻(R)、电感(L)和电容(C)这三个元件并不单独存在。工程实际电

路的模型往往是由多个电阻、电感和电容元件组成的串联或并联电路。一般感性负载如电动机、变压器和电磁铁等都可看成是电阻和电感串联的电路，荧光灯电路也是最常见的RL串联电路。电子技术中的阻容耦合放大器、RC振荡器及RC移相电路都是RC电路。而供电系统中的电容补偿电路和电子技术中的串联谐振电路都属于RLC电路。因此，在分析实际电路时，可把复杂的电路抽象为若干个理想电路元件串、并联组成的典型电路模型来进行简化处理。由电阻、电感和电容相串联构成的电路叫作RLC串联电路。

1. RLC串联电路的电压、电流关系

如图3.36所示的电路中，设电路中电流为参考正弦量，电压和电流为关联参考方向，根据R、L、C的基本特性有

$$u_R = U_{Rm}\sin\omega t = RI_m\sin\omega t,\quad \dot{U}_R = \dot{I}R$$

$$u_L = U_{Lm}\sin\left(\omega t + \frac{\pi}{2}\right) = X_L I_m\left(\sin\omega t + \frac{\pi}{2}\right),\quad \dot{U}_L = jX_L\dot{I}$$

$$u_C = U_{Cm}\sin\left(\omega t - \frac{\pi}{2}\right) = X_C I_m\left(\sin\omega t - \frac{\pi}{2}\right),\quad \dot{U}_C = -jX_C\dot{I}$$

根据基尔霍夫电压定律(KVL)，在任一时刻总电压 u 的瞬时值为

$$u = u_R + u_L + u_C \tag{3.42}$$

$$\dot{U} = \dot{U}_R + \dot{U}_L + \dot{U}_C = \dot{U}_R + \dot{U}_X \tag{3.43}$$

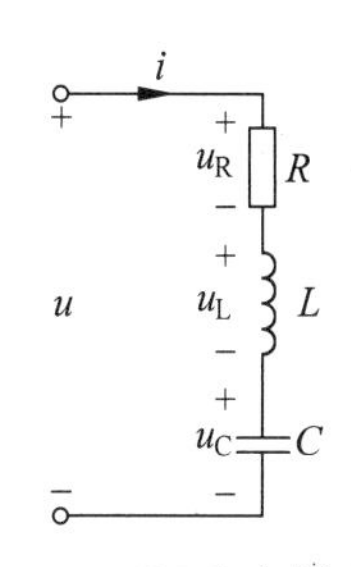

图3.36 RLC串联电路

其相量图如图3.37(a)所示，显然，$\dot{U}_R$、$\dot{U}$、$\dot{U}_X$ 组成了一个直角三角形，称其为电压三角形，电压三角形中反映了各个正弦交流电压的有效值和相位之间的关系。由电压三角形可得各元件电压有效值的关系为

$$U = \sqrt{U_R^2 + (U_L - U_C)^2} = \sqrt{U_R^2 + U_X^2} \tag{3.44}$$

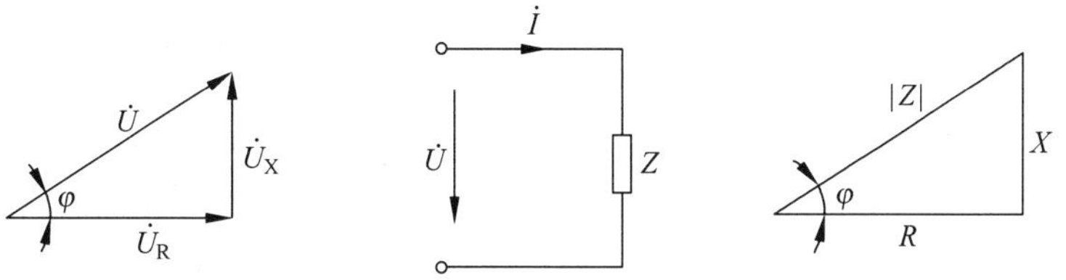

(a) 电压三角形　(b) 相量形式的电路模型　(c) 阻抗三角形

图3.37 RLC串联电路的相量

由此可见，通常正弦交流电路端口电压的有效值并不等于各串联元件两端电压的有效值之和。式(3.44)中，$U_X = U_L - U_C$ 称为电抗电压。从电压三角形中还可以得出总电压和总电流之间的相位差为

$$\varphi = \arctan\frac{U_L - U_C}{U_R} = \arctan\frac{U_X}{U_R} \tag{3.45}$$

2. RLC 串联电路的阻抗

把 R、L、C 元件的相量关系代入式(3.43)可得

$$\dot{U}=\dot{U}_{\mathrm{R}}+\dot{U}_{\mathrm{L}}+\dot{U}_{\mathrm{C}}=R\dot{I}+\mathrm{j}X_{\mathrm{L}}\dot{I}-\mathrm{j}X_{\mathrm{C}}\dot{I}$$

$$\dot{U}=[R+\mathrm{j}(X_{\mathrm{L}}-X_{\mathrm{C}})]\dot{I}=Z\dot{I} \tag{3.46}$$

所以,有

$$Z=\frac{\dot{U}}{\dot{I}}=\frac{U\mathrm{e}^{\mathrm{j}\varphi_u}}{I\mathrm{e}^{\mathrm{j}\varphi_i}}=\frac{U}{I}\mathrm{e}^{\mathrm{j}(\varphi_u-\varphi_i)}$$

$$=R+\mathrm{j}X=|z|\ \mathrm{e}^{\mathrm{j}\varphi} \tag{3.47}$$

式(3.46)中,$X=X_{\mathrm{L}}-X_{\mathrm{C}}$ 叫作电路的电抗;$Z=R+\mathrm{j}X$ 是个复数,叫作复阻抗。常把复阻抗当作一个二端元件,用符号 Z 表示,图 3.38(b)所示为相量形式的电路模型。$\dot{U}=Z\dot{I}$ 也叫正弦交流电路相量形式的欧姆定律。

将复阻抗 Z 分别取模和辐角,即 $|Z|=\sqrt{R^2+X^2}$ 称为复阻抗 Z 的模,量纲为欧姆。$\varphi=\arctan\dfrac{X}{R}$ 称为复阻抗 Z 的辐角,也称阻抗角。

RLC 串联阻抗与电压、电流有效值的关系为

$$|Z|=\frac{U}{I}=\sqrt{R^2+X^2}$$

电流与电压相位关系为

$$\varphi=\varphi_u-\varphi_i=\arctan\frac{X}{R}$$

从复阻抗的表达式可以看出,R、X、$|Z|$ 也组成直角三角形,它与电压三角形相似,反映了电阻 R、电抗 X 和阻抗的模 $|Z|$ 之间的数值关系,因此称为阻抗三角形,如图 3.37(c)所示。从阻抗三角形可以看出,阻抗角也是阻抗的模 $|Z|$ 和电阻 R 之间的夹角,即

$$\varphi=\arctan\frac{U_{\mathrm{L}}-U_{\mathrm{C}}}{U_{\mathrm{R}}}=\arctan\frac{U_{\mathrm{X}}}{U_{\mathrm{R}}}=\arctan\frac{X}{R} \tag{3.48}$$

3. RLC 串联电路的性质

对式(3.47)、式(3.48)进行分析可知,RLC 串联电路有以下三种不同的性质。

(1) 当 $\omega L>1/(\omega C)$ 时,即 $X_{\mathrm{L}}>X_{\mathrm{C}}$,$U_{\mathrm{L}}>U_{\mathrm{C}}$,$\varphi>0$,相量如图 3.38(a)所示,电路端电压超前电流,电路中感抗大于容抗,电感起决定作用,此时电路呈现感性,称为电感性电路,可以等效为电阻与电感串联的电路。

(2) 当 $\omega L<1/(\omega C)$ 时,即 $X_{\mathrm{L}}<X_{\mathrm{C}}$,$U_{\mathrm{L}}<U_{\mathrm{C}}$,$\varphi<0$,相量如图 3.38(b)所示,电压滞后电流。电路中电容的作用大于电感的作用,这种电路呈现容性,称为电容性电路,可以等效为电阻与电容串联的电路。

(3) 当 $\omega L=1/(\omega C)$ 时,即 $X_{\mathrm{L}}=X_{\mathrm{C}}$,$U_{\mathrm{L}}=U_{\mathrm{C}}$,$\varphi=0$,相量如图 3.38(c)所示,电路端电压与电流同相,电路中感抗等于容抗,此时电路呈现纯电阻性,称为电阻性电路,电路此时处于串联谐振状态,将在后面加以介绍。

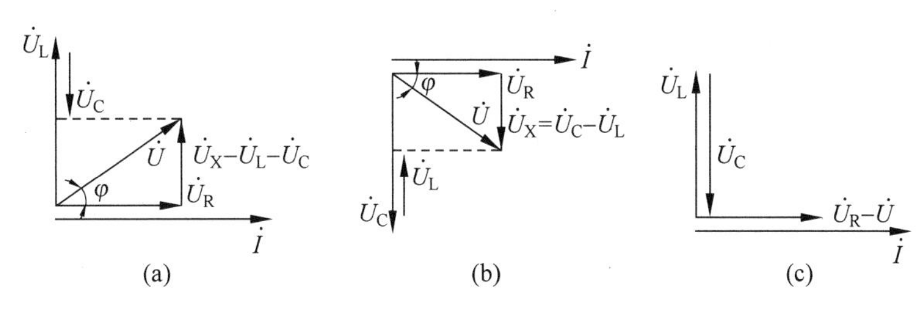

图 3.38 RLC 串联电路的相量

【例 3.14】 在 RLC 串联电路中，交流电源电压 $U=220\ \text{V}$，频率 $f=50\ \text{Hz}$，$R=30\ \Omega$，$L=445\ \text{mH}$，$C=32\ \mu\text{F}$，求：①电路中的电流大小 I；②总电压与电流的相位差 φ；③各元件上的电压 U_R、U_L、U_C。

解：(1)

$$X_L=2\pi fL\approx 140(\Omega)$$

$$X_C=\frac{1}{2\pi fC}\approx 100(\Omega)$$

$$|Z|=\sqrt{R^2+(X_L-X_C)^2}=50(\Omega)$$

则

$$I=\frac{U}{|Z|}=4.4(\text{A})$$

(2) $\varphi=\arctan\dfrac{X_L-X_C}{R}=\arctan\dfrac{40}{30}=53.1°$，即总电压比电流超前 53.1°，电路呈感性。

(3) $U_R=RI=132(\text{V})$，$U_L=X_LI=616(\text{V})$，$U_C=X_CI=440(\text{V})$。

本例题中电感电压、电容电压都比电源电压大，在交流电路中各元件上的电压可以比总电压大，这是交流电路与直流电路特性的不同之处。

【例 3.15】 已知图 3.39(a)中电压表读数 $U_1=30\ \text{V}$，$U_2=60\ \text{V}$；图 3.39(b)中电压表读数$U_1=15\ \text{V}$，$U_2=80\ \text{V}$，$U_3=100\ \text{V}$(电压表的读数为正弦电压的有效值)，求图 3.39(a)中电压 U_S。

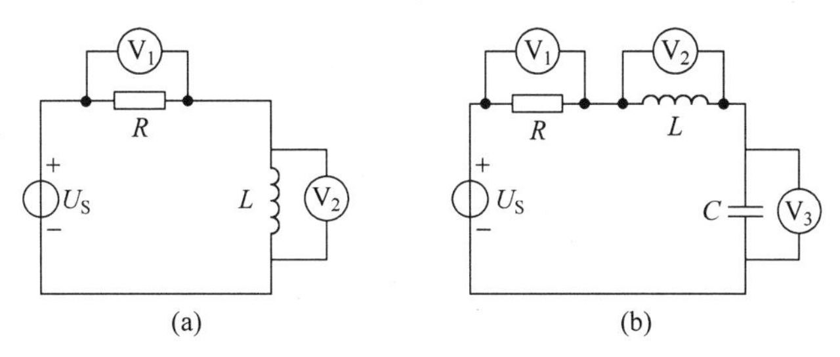

图 3.39 例 3.15 用图

解：方法一 利用相量形式的 KVL 来求解。

由图 3.39(a)可设回路中电流 $\dot{I}=I\angle 0°(\text{A})$，根据元件的电压、电流相量关系，可得

$$\dot{U}_R=R\dot{I}=RI\angle 0°=30\angle 0°(\text{V})$$

$$\dot{U}_L = jX_L\dot{I} = X_L I\angle 90° = 60\angle 90°(V)$$

$$\dot{U}_S = \dot{U}_R + \dot{U}_L = (30 + j60)(V)$$

所以，U_S 的有效值为 $U_S = \sqrt{30^2 + 60^2} = 67.08(V)$。

由图 3.39(b)可设回路中电流 $\dot{I} = I\angle 0°(A)$，有

$$\dot{U}_R = R\dot{I} = RI\angle 0° = 15\angle 0°(V)$$

$$\dot{U}_L = jX_L\dot{I} = X_L I\angle 90° = 80\angle 90°(V)$$

$$\dot{U}_C = -jX_C\dot{I} = X_C I\angle(-90°) = 100\angle(-90°)(V)$$

$$\dot{U}_S = \dot{U}_R + \dot{U}_L + \dot{U}_C = 15 + j80 - j100 = 15 - j20(V)$$

所以，U_S 的有效值为 $U_S = \sqrt{15^2 + 20^2} = 25(V)$。

方法二　利用相量图求解。图 3.40 为对应相量图。

由图 3.40(a)可得

$$U_S = \sqrt{30^2 + 60^2} = 67.08(V)$$

由图 3.40(b)可得

$$U_S = \sqrt{U_R^2 + (U_C - U_L)^2} = \sqrt{15^2 + (100 - 80)^2} = 25(V)$$

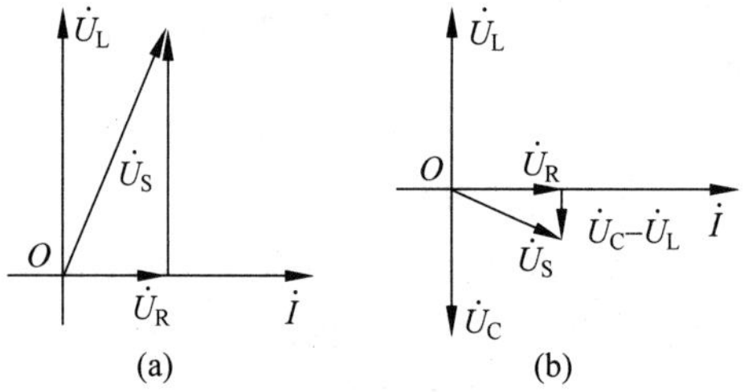

(a)　(b)

图 3.40　例 3.15 相量

4. RL 串联与 RC 串联电路

1) RL 串联电路

只要将 RLC 串联电路中的电容 C 短路去掉，即令 $X_C = 0, U_C = 0$，则有关 RLC 串联电路的公式完全适用于 RL 串联电路。

【例 3.16】 在 RL 串联电路中，已知电阻 $R = 40\ \Omega$，电感 $L = 95.5\ mH$，外加频率为 $f = 50\ Hz$，$U = 200\ V$ 的交流电压源，求：①电路中的电流 I；②各元件电压 U_R、U_L；③总电压与电流的相位差 φ。

解：(1) $X_L = 2\pi fL \approx 30(\Omega)$，$|Z| = \sqrt{R^2 + X_L^2} = 50(\Omega)$，则 $I = \dfrac{U}{|Z|} = 4(A)$。

(2) $U_R = RI = 160(V)$，$U_L = X_L I = 120(V)$，显然 $U = \sqrt{U_R^2 + U_L^2}$。

(3) $\varphi = \arctan\dfrac{X_L}{R} = \arctan\dfrac{30}{40} = 36.9°$，即总电压比电流超前 36.9°，电路呈感性。

2）RC 串联电路

只要将 RLC 串联电路中的电感 L 短路去掉，即令 $X_L=0, U_L=0$，则有关 RLC 串联电路的公式完全适用于 RC 串联电路。

【例 3.17】 在 RC 串联电路中，已知电阻 $R=60\ \Omega$，电容 $C=20\ \mu F$，外加电压为 $u=141.2\sin 628t$(V)，求：①电路中的电流 I；②各元件电压 U_R、U_C；③总电压与电流的相位差 φ。

解：(1) 由 $X_C=\dfrac{1}{\omega C}=80(\Omega)$，$|Z|=\sqrt{R^2+X_C^2}=100(\Omega)$，$U=\dfrac{141.2}{\sqrt{2}}=100(V)$，则电流为 $I=\dfrac{U}{|Z|}=1(A)$。

(2) $U_R=RI=60(V)$，$U_C=X_CI=80(V)$，显然 $U=\sqrt{U_R^2+U_C^2}$。

(3) $\varphi=\arctan\left(-\dfrac{X_C}{R}\right)=\arctan\left(-\dfrac{80}{60}\right)=-53.1°$，即总电压比电流滞后 53.1°，电路呈容性。

3.2.6 并联电路

在供电电路中，额定电压相同的负载可以并联，如照明灯具及家用电器都是并联在电路的两端。因此，RLC 并联电路是很常见的电路结构形式。

1. RLC 并联电路的电流、电压关系

RLC 并联电路如图 3.41 所示。

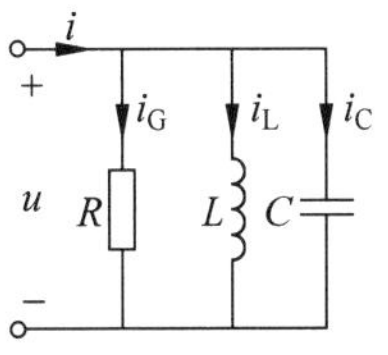

对于电阻元件，也可用电导形式表示相量形式的欧姆定律，即

$$\dot{I}_G=\frac{\dot{U}_R}{R}=G\dot{U}_R \tag{3.49}$$

$$\dot{I}_L=\frac{\dot{U}_L}{jX_L}=Y_L\dot{U}_L=-jB_L\dot{U}_L \tag{3.50}$$

$$\dot{I}_C=-\frac{\dot{U}_C}{jX_C}=Y_C\dot{U}_C=jB_C\dot{U}_C \tag{3.51}$$

图 3.41 RLC 并联电路

根据基尔霍夫电流定律的相量形式，有

$$\dot{I}=\dot{I}_G+\dot{I}_L+\dot{I}_C \tag{3.52}$$

显然，$\dot{I}$、$\dot{I}_G$、$\dot{I}_B$ 组成一个直角三角形，称为电流三角形，如图 3.42(a)所示，由电流三角形可得

$$\begin{aligned}I&=\sqrt{I_G^2+(I_C-I_L)^2}=\sqrt{I_G^2+I_B^2}\\&=\sqrt{(UG)^2+(UB)^2}=U\sqrt{G^2+B^2}=U\,|Y|\end{aligned}$$

从电流三角形中还可以得出总电压和总电流之间的相位差 φ'，即

$$\varphi' = \arctan \frac{I_C - I_L}{I_R} \tag{3.53}$$

2. RLC 并联电路的导纳

把式(3.49)、式(3.50)、式(3.51)代入式(3.52)中，有

$$\dot{I} = G\dot{U} - jB_L\dot{U} + jB_C\dot{U}$$

$$\dot{I} = [G + j(B_C - B_L)]\dot{U}$$

$$\dot{I} = (G + jB)\dot{U} = Y\dot{U} \tag{3.54}$$

Y 称为复导纳，$B = B_C - B_L$ 称为导纳，量纲为西门子，同阻抗一样，导纳也是复数，导纳的电路模型如图 3.42(b)所示。由式(3.54)中导出

$$Y = G + j(B_C - B_L) = G + jB = |Y| \angle\varphi'$$

$$\varphi' = \arctan \frac{B}{G} = \arctan \frac{B_C - B_L}{G} \tag{3.55}$$

式中，$|Y|$ 称为导纳的模；φ' 称为导纳角。

导纳既表示了电路中电压和总电流的有效值的关系，又表示了电压和总电流的相位关系，与阻抗三角形一样，同样也可得到导纳三角形，如图 3.43 所示。

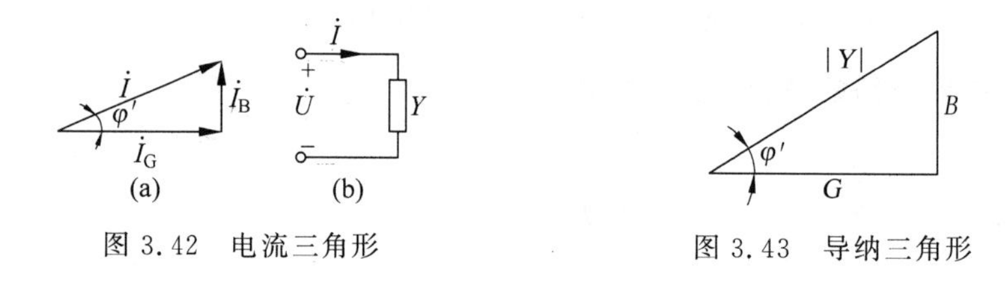

图 3.42　电流三角形

图 3.43　导纳三角形

3. RLC 并联电路的性质

(1) 当 $\omega C > 1/(\omega L)$ 时，$B_C > B_L$，$X > 0$，$\varphi' > 0$，电流超前电压，其相量如图 3.44(a)所示，电路中的电容作用大于电感作用，这种电路称为电容性电路，可以等效为电阻与电容并联的电路。

(2) 当 $\omega C < 1/(\omega L)$ 时，$B_C < B_L$，$X < 0$，$\varphi' < 0$，电流滞后电压，其相量如图 3.44(b)所示，电路中的电容作用小于电感作用，这种电路称为电感性电路，可以等效为电阻与电感并联的电路。

(3) 当 $\omega C = 1/(\omega L)$ 时，$B_C = B_L$，$X = 0$，$\varphi' = 0$，电流与电压同相，其相量如图 3.44(c)所示，电路中电容的作用和电感的作用相互抵消，这种电路称为电阻性电路，这种情况表明电路发生了并联谐振。

RLC 串联电路和并联电路阻抗特性、电压或电流关系以及电路性质总结见表 3.6。

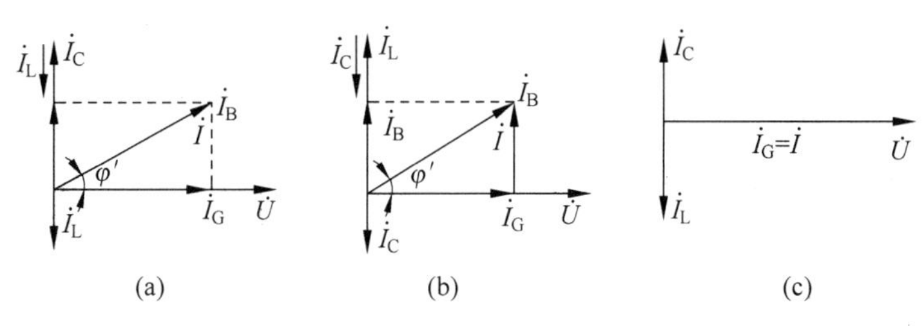

图 3.44 RLC 并联电路的相量

表 3.6 RLC 串联电路和并联电路特性

特性名称		RLC 串联电路	RLC 并联电路
阻抗特性	阻抗大小	$\|Z\|=\sqrt{R^2+X^2}$ $=\sqrt{R^2+(X_L-X_C)^2}$	$\|Z\|=\frac{1}{\|Y\|}=\frac{1}{\sqrt{G^2+B^2}}$ $=\frac{1}{\sqrt{\frac{1}{R^2}+\left(\frac{1}{X_C}-\frac{1}{X_L}\right)^2}}$
	阻抗角	$\varphi=\arctan\frac{X}{R}$	$\varphi=\arctan\frac{B}{G}$
	大小关系	$U=\sqrt{U_R^2+(U_L-U_C)^2}$	$I=\sqrt{I_R^2+(I_L-I_C)^2}$
电压或电流关系	感性电路	$X_L>X_C,U_L>U_C,\varphi>0$	$X_L<X_C,I_L>I_C,\varphi<0$
	容性电路	$X_L<X_C,U_L<U_C,\varphi<0$	$X_L>X_C,I_L<I_C,\varphi>0$
电路性质	谐振电路	$X_L=X_C,U_L=U_C,\varphi=0$	$X_L=X_C,I_L=I_C,\varphi=0$

【例 3.18】 在 RLC 串联电路中，已知电源电压 $U=120$ V，频率 $f=50$ Hz，$R=50\ \Omega$，$L=0.19$ H，$C=80\ \mu$F，求：①各支路电流 I_R、I_L、I_C，总电流 I，并说明该电路为什么性质？②等效阻抗 $|Z|$。

解：(1) $\omega=2\pi f=314(\text{rad/s})$，$X_L=\omega L=60(\Omega)$，$X_C=1/(\omega C)=40(\Omega)$。

$I_R=\frac{U}{R}=\frac{120}{50}=2.4(\text{A})$，$I_L=\frac{U}{X_L}=2(\text{A})$，$I_C=\frac{U}{X_C}=3(\text{A})$，

$I=\sqrt{I_R^2+(I_C-I_L)^2}=2.6(\text{A})$，因 $X_L>X_C$，则电路呈容性。

(2) $|Z|=\frac{U}{I}=\frac{120}{2.6}=46(\Omega)$。

【例 3.19】 已知在 RL 并联电路中，$R=50\ \Omega$，$L=0.318$ H，频率 $f=50$ Hz，电压 $U=220$ V，求：①各支路电流 I_R、I_L 和总电流 I；②等效阻抗 $|Z|$；③电路呈什么性质。

解：(1) 由 $I_R=\frac{U}{R}=\frac{220}{50}=4.4(\text{A})$，$X_L=2\pi fL\approx100(\Omega)$，$I_L=\frac{U}{X_L}=2.2(\text{A})$，可得

$$I=\sqrt{I_R^2+I_L^2}=4.92(\text{A})$$

(2) $|Z|=\frac{U}{I}=\frac{220}{4.92}=44.7(\Omega)$。

(3) 在 RL 并联电路中，$B_C=0$，$B_L>0$，则 $B=B_C-B_L<0$，电路呈感性。

【例 3.20】 已知在 RC 并联电路中，电阻 $R=40\ \Omega$，电容 $C=21.23\ \mu$F，频率 $f=$

50 Hz,$U=220$ V,求：①各支路电流 I_R、I_L 和总电流 I；②等效阻抗 $|Z|$；③电路呈何性质。

解：(1) 由 $I_R=\frac{U}{R}=\frac{220}{40}=5.5(\text{A})$,$X_C=\frac{1}{2\pi fC}\approx 150(\Omega)$,$I_C=\frac{U}{X_C}=1.47(\text{A})$,得

$$I=\sqrt{I_R^2+I_C^2}=5.69(\text{A})$$

(2) $|Z|=\frac{U}{I}=\frac{220}{5.69}=38.7(\Omega)$。

(3) 在 RC 并联电路中,$B_C>0$,$B_L=0$,则 $B=B_C-B_L>0$,电路呈容性。

【例 3.21】 已知图 3.45 所示正弦电流电路中,电流表 A_1、A_2、A_3 的读数分别为 5 A、20 A、25 A,求：①图 3.45 中电流表 A 的读数；②如果维持电流表 A_1 的读数不变,而把电源的频率提高一倍,再求电流表 A 的读数。

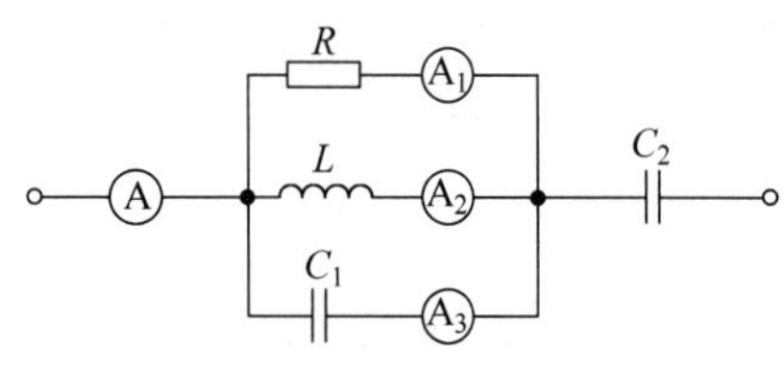

图 3.45 例 3.21 用图

解：方法一 利用 KCL 相量形式求解。

(1) 由于 RLC 并联,设元件的电压为

$$\dot{U}_R=\dot{U}_L=\dot{U}_C=\dot{U}=U\angle 0°(\text{V})$$

根据元件电压、电流的相量关系,可得

$$\dot{I}_R=\frac{\dot{U}}{R}=\frac{U\angle 0°}{R}=5\angle 0°(\text{A})$$

$$\dot{I}_L=\frac{\dot{U}}{\text{j}X_L}=\frac{U\angle 0°}{X_L\angle 90°}=-\text{j}20(\text{A})$$

$$\dot{I}_C=\frac{\dot{U}}{-\text{j}X_C}=\frac{U\angle 0°}{X_C\angle(-90°)}=\text{j}25(\text{A})$$

应用 KLC 的相量形式,总电流相量为

$$\dot{I}=\dot{I}_R+\dot{I}_L+\dot{I}_C=5-\text{j}20+\text{j}25=5+5\text{j}=5\sqrt{2}\angle 45°(\text{A})$$

故总电流表 A 的读数为

$$I=5\sqrt{2}=7.07(\text{A})$$

(2) 设$\dot{U}_R=\dot{U}_L=\dot{U}_C=\dot{U}=U\angle 0°(\text{V})$,得

$$\dot{I}_L=\frac{\dot{U}}{\text{j}X_L}=\frac{\dot{U}}{\text{j}2\omega L}=\frac{1}{2}\times 20\angle(-90°)=10\angle(-90°)(\text{A})$$

$$\dot{I}_C=\frac{\dot{U}}{-\text{j}\frac{1}{2\omega C}}=2\times 25\angle 90°=\text{j}50(\text{A})$$

由 KCL 相量形式,得

$$\dot{I}=\dot{I}_R+\dot{I}_L+\dot{I}_C=5-\text{j}10+\text{j}55=5+\text{j}40$$

电流表 A 的读数为

$$I=\sqrt{5^2+40^2}=40.31(\text{A})$$

方法二 利用相量图求解。

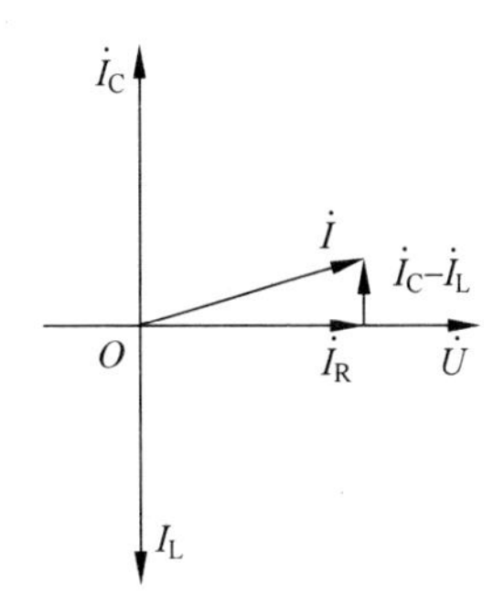

图 3.46 例 3.21 相量

设 $\dot{U}=U\angle 0°(\text{V})=\dot{U}_R=\dot{U}_L=\dot{U}_C$ 为参考向量，相量如图 3.46 所示。

故电流表的读数为

$$I=\sqrt{I_R^2+(I_C-I_L)^2}(\text{A})$$

（1）电流表 A 的读数为

$$I=\sqrt{5^2+(25-20)^2}=7.07(\text{A})$$

（2）电流表 A 的读数为

$$I=\sqrt{5^2+(25-10)^2}=40.31(\text{A})$$

从例 3.21 的方法二可以体会到应用向量图分析电路的要点如下。

（1）选好一个参考相量，其选择必须能方便地将电路中其他电压、电流的相量，根据电路的具体结构及参数特点逐一画出，把所给的条件转化成相量图中的几何关系。

（2）根据相量图中的相量关系使问题得到解决。一般对串联电路，选电流做参考方向较方便，如例 3.19；对并联电路，选电压做参考相量较方便，如例 3.21。有些问题通过相量图分析将很直观和简便。

思考与练习

一、填空题

1. 正弦交流电的三要素是________、________和________。

2. 已知正弦交流电压 $u=380\sqrt{2}\sin(314t-60°)(\text{V})$，则它的最大值是________V，有效值是________V，频率为________Hz，周期是________s，角频率是________rad/s，相位是________，初相是________度，合________弧度。

3. 串联电路各元器件上________相同，因此画串联电路相量图时，通常选择________作为参考相量；并联电路各元器件上________相同，所以画并联电路相量图时，一般选择________作为参考相量。

4. 只有电阻和电感元件相串联的电路，电路性质呈________性；只有电阻和电容元件相串联的电路，电路性质呈________性。

5. 工频正弦交流电的频率等于________，周期等于________。

6. 一个电感为 100 mH，电阻可不计的线圈接在“220 V，50 Hz”的交流电上，线圈的感抗是________，线圈中的电流是________。

7. 在纯电阻电路中，电流与电压的相位________；在纯电容电路中，电压________电流 90°，在纯电感电路中，电压________电流 90°。

8. 已知 $i_1=5\sqrt{2}\sin(\omega t+30°)(\text{A})$，$i_2=5\sqrt{2}\sin(\omega t+90°)(\text{A})$，则 $\dot{I}_1+\dot{I}_2=$

________，所以 $i_1+i_2=$________。

9. 在正弦交流电路中，已知流过纯电感元件的电流 $I=5$ A，电压 $u=20\sqrt{2}\sin 314t$（V），若 u、i 取关联方向，则 $X_L=$________ Ω，$L=$________ H。

10. 在 RL 串联电路中，若已知 $U_R=6$ V，$U=10$ V，则电压 $U_L=$________ V，总电压________总电流，电路呈________性。

二、选择题

1. 已知工频正弦电压的有效值和初始值均为 380 V，则该电压的瞬时值表达式为（　　）。

A. $u=380\sin 314t$　　B. $u=537\sin(314t+45°)$（V）

C. $u=380\sin(314t+90°)$（V）　　D. $u=380\sin(314t-90°)$（V）

2. 一个电热器，接在 10 V 的直流电源上，产生的功率为 P。把它改接在正弦交流电源上，使其产生的功率为 $P/2$，则正弦交流电源电压的最大值为（　　）V。

A. 7.07　　B. 5　　C. 14　　D. 10

3. 已知 $i_1=10\sin(314t+90°)$（A），$i_2=10\sin(628t+30°)$（A），则（　　）。

A. i_1 超前 i_2 260°　　B. i_1 滞后 i_2 260°

C. 相位差无法判断　　D. i_1 与 i_2 同相

4. 若电路中某元件两端的电压 $u=10\sin(314t+45°)$（V），电流 $i=5\sin(314t+135°)$（A），则该元件是（　　）。

A. 电阻　　B. 电容　　C. 电感　　D. 无法确定

5. 在纯电感电路中，电压有效值不变，增加电源频率时，电路中电流（　　）。

A. 增大　　B. 减小　　C. 不变　　D. 不能确定

6. 正弦电路中的电容元件（　　）。

A. 频率越高，容抗越大　　B. 频率越高，容抗越小

C. 容抗与频率无关　　D. 容抗与电流大小有关

7. 在纯电容电路中，增大电源频率时，其他条件不变，电路中电流将（　　）。

A. 增大　　B. 减小　　C. 不变　　D. 不能确定

8. 在 RLC 串联交流电路中，当电流与电压同相时，下列关系式正确的是（　　）。

A. $\omega^2 C=1$　　B. $\omega^2 LC=1$　　C. $\omega LC=1$　　D. $\omega=LC$

三、判断题

1. 正弦量的三要素是指其最大值、角频率和相位。（　　）

2. 正弦量可以用相量表示，因此可以说，相量等于正弦量。（　　）

3. 正弦交流电路的视在功率等于有功功率和无功功率之和。（　　）

4. 电压三角形、阻抗三角形和功率三角形都是相量图。（　　）

5. 正弦交流电路的频率越高，阻抗越大；频率越低，阻抗越小。（　　）

四、简答题

1. 若日光灯电路在正常电压作用下不能启辉，如何用万用表找出故障部位？

2. 如果启辉器损坏时，如何点亮日光灯？

3. 在日常生活中，当日光灯上缺少启辉器时，人们常用一根导线将启辉器的两端短接一下，然后迅速断开，使日光灯点亮；或用一个启辉器点亮多只同类型的日光灯，这是为什么？

五、计算题

1. 如图 3.47 所示电路中，$U=4\sqrt{2}$ V，$I=1$ A，$\omega=10$ rad/s，电路消耗功率 $P=4$ W，求 R 及 L。

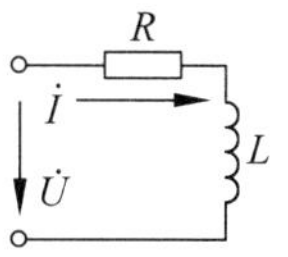

图 3.47　计算题 1 电路

2. 一个 RL 串联电路，接正弦交流电压 $u=220\sqrt{2}\sin(314t+75°)$(V)，测得 $i=5\sqrt{2}\sin(314t+15°)$(A)，求：①电路的阻抗 Z；②有功功率 P；③无功功率 Q。

3. 在 RLC 串联的电路中，$R=40\ \Omega$，$L=223$ mH，$C=80\ \mu$F，外加电源电压 $U=220$ V，$f=50$ Hz。①求电路的复阻抗 Z；②求电流 $\dot{I}$、i；③求电阻、电感、电容元件的端电压相量；④判断电路的性质。

4. 已知某电感元件的自感为 10 mH，加在元件上的电压为 10 V，初相为 30°，频率为 10^6 rad/s。试求元件中的电流，写出其瞬时值三角函数表达式，并画出相量图。

5. 在 RLC 元件串联的电路中，已知电源电压 $u=220\sqrt{2}\sin(314t+20°)$(V)，$R=30\ \Omega$，$L=127$ mH，$C=40\ \mu$F，求：①感抗、容抗和阻抗；②电流的有效值 I 与瞬时值 i 的表达式。

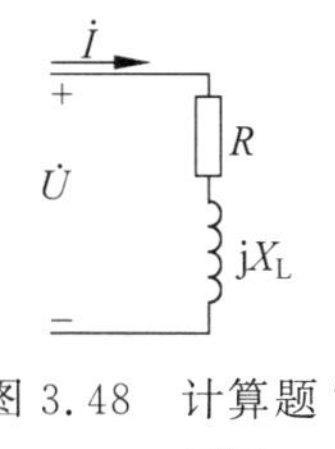

图 3.48　计算题 7 用图

6. 在 RLC 元件串联的电路中，已知电源电压 $u=220\sqrt{2}\times\sin(314t+20°)$(V)，$R=30\ \Omega$，$L=127$ mH，$C=40\ \mu$F。①求电流的有效值 I；②求电路功率因数 $\cos\varphi$；③求各部分电压的有效值；④画出相量图。

7. 电路如图 3.48 所示，已知 $U=100$ V，$I=5$ A，且电压 $\dot{U}$ 超前电流 $\dot{I}$ 53.1°，试求电阻 R 与感抗 X_L 有效值。

任务 3.3　串联谐振电路的研究

学习目标

知识目标：了解谐振电路的组成应用；掌握电路中谐振各元件的作用及相关参数计算；了解谐振电路的参数测量方法。

技能目标：学会设计谐振电路；学会测试谐振电路。

素质目标：提高学生学以致用，将所学知识应用于实际电路的能力；培养学生逻辑思维能力。

任务要求

通过本任务的学习，使学生掌握串联谐振的条件，通过实验的测量验证电阻、电容、电感元件上的电压和电流的相位关系。

(1) 按图 3.49 组成电路。先选用 C_1、R_1，用交流毫伏表测电压，用示波器监视信号源输出。令信号源输出电压 $U_i = 4V_{PP}$，并保持不变。

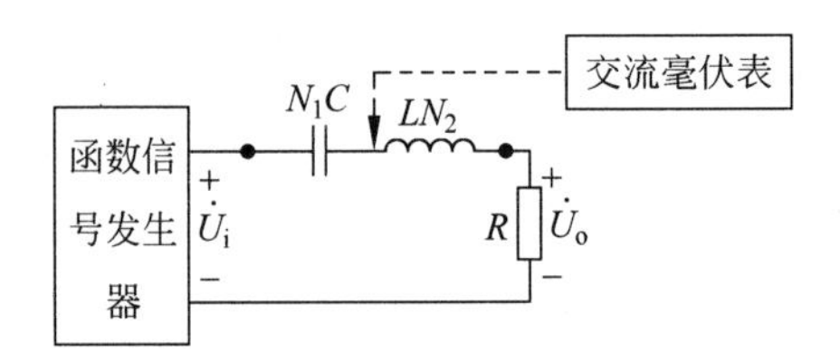

图 3.49 串联谐振实验电路

(2) 找出电路的谐振频率 f_0，其方法是：将毫伏表接在 R(200 Ω)两端，令信号源的频率由小逐渐变大(注意要维持信号源的输出幅度不变)，当 U_o 的读数为最大时，读得频率计上的频率值，即电路的谐振频率 f_0，并测量 U_C 与 U_L 的值(注意及时更换毫伏表的量限)。

(3) 在谐振点两侧，按频率递增或递减 500 Hz 或 1 kHz，依次各取 8 个测量点，逐点测出 U_o、U_L、U_C 的值，记入数据表格(表 3.7)。

表 3.7 串联谐振测量记录表

f/kHz														
U_o/V														
U_L/V														
U_C/V														
$U_i=4V_{PP}$，$C=0.01\ \mu F$，$R=200\ \Omega$，$f_0=$________，$f_2-f_1=$________，$Q=$________														

(4) 将电阻改为 R_2，重复步骤(2)、(3)的测量过程。

3.3.1 串联谐振

在含有电容、电感元件的电路中，在一定条件下，电路端口电压 $\dot{U}$ 与端口电流 $\dot{I}$ 的相位相同，这时就称电路发生了谐振。电阻、电感、电容串联电路的谐振叫作串联谐振。谐振现象是正弦交流电路的一种特定工作状态，一方面，它广泛地应用于电工技术和无线电技术，如用于高温淬火、高频加热和收音机、电视机中；另一方面，谐振会导致电路的某些元件中产生较大的电压或电流，使元件受损，破坏电路系统的正常工作，必须加以避免。

1. 串联谐振的条件

RLC 串联电路中发生的谐振现象称为串联谐振。

图 3.50(a)所示的 RLC 串联电路中，一般情况下，输入电压和电流不是同相位的，但是如果调节电路参数(L、C)或改变外加电压源的频率 ω，就会使输入电压 $\dot{U}$ 和输入电流 $\dot{I}$ 同相位，电路就发生谐振。串联谐振的相量图如图 3.50(b)所示。

设电流为参考正弦量，则电路的复阻抗为

$$Z=R+\mathrm{j}X=R+\mathrm{j}(X_{\mathrm{L}}-X_{\mathrm{C}})=R+\mathrm{j}\left(\omega L-\frac{1}{\omega C}\right)$$

由谐振的概念可知，若使串联电路发生谐振，则复阻抗的虚部为 0，$Z=R$，即

$$X_{\mathrm{L}}=X_{\mathrm{C}}=\omega L=\frac{1}{\omega C} \tag{3.56}$$

由式(3.56)可得谐振时电源的角频率为

$$\omega_0=\frac{1}{\sqrt{LC}} \tag{3.57}$$

由于 $\omega_0=2\pi f_0$，所以谐振频率为

$$f_0=\frac{1}{2\pi\sqrt{LC}} \tag{3.58}$$

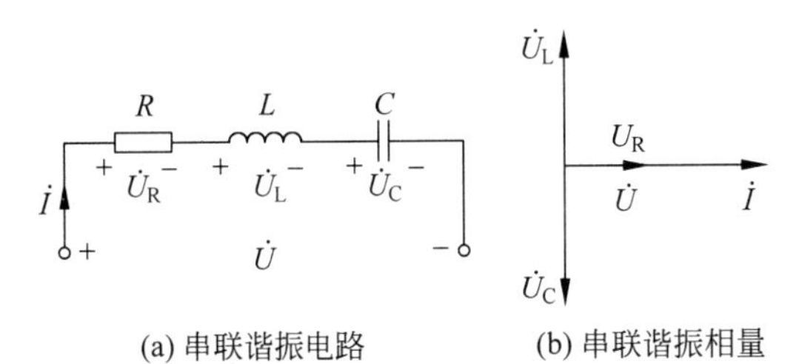

(a) 串联谐振电路　　(b) 串联谐振相量

图 3.50　RLC 串联谐振电路

由此可见，ω_0 和 f_0 只与电路的固有参数 L、C 有关，它反映了串联电路的一种固有性质，因此它们又分别称为电路的固有角频率和固有频率。也就是说，只有当电源频率等于电路的固有频率时，才能发生谐振。对于每一个 RLC 串联电路，总有一个对应的谐振频率，而且改变 ω、L 或 C 都可使电路发生谐振或消除谐振。

2. 串联谐振电路的特点

(1) 谐振时，阻抗最小，且为纯电阻性，电流最大。

串联电路阻抗 $|Z|=\sqrt{R^2+X^2}$，谐振时，$X=X_{\mathrm{L}}-X_{\mathrm{C}}=0$，所以 $|Z|=R$，为最小值，称为谐振阻抗，即 $Z_0=R+\mathrm{j}X=R$。在端口电压有效值不变的情况下，串联谐振电路的电流达到最大值，即

$$I_0=\frac{U}{|Z_0|}=\frac{U}{R} \tag{3.59}$$

此时的电流称为谐振电流。相位差 $\varphi=\arctan\dfrac{X}{R}=0$，即电流与外加电压同相。相量图如图 3.50(b)所示。

(2) 谐振时，感抗与容抗相等，并定义为电路的特性阻抗，用符号 ρ 表示，即

$$\rho=X_{\mathrm{L}}=X_{\mathrm{C}}=\omega_0 L=\frac{1}{\omega_0 C}=\sqrt{\frac{L}{C}} \tag{3.60}$$

可见，ρ 是一个仅与电路固有参数有关的量，单位为欧姆（Ω）。

（3）谐振时，电感和电容上要产生大小相等、相位相反的电压，即

$$U_{L0}=U_{C0}=I_0X_L=I_0X_C=I_0\rho=\frac{U}{R}\rho=\frac{\rho}{R}U$$

定义串联谐振电路的特性阻抗与串联电阻值之比为品质因数或谐振系数，用 Q 表示（不要和无功功率混淆），即

$$Q=\frac{\rho}{R}=\frac{\omega_0 L}{R}=\frac{1}{\omega_0 RC} \tag{3.61}$$

因此有

$$U_{L0}=U_{C0}=QU \tag{3.62}$$

RLC 串联电路发生谐振时，电感与电容上的电压大小都是外加电源电压的 Q 倍，所以串联谐振电路又叫作电压谐振。一般情况下串联谐振电路都符合 $Q\gg1$ 的条件。

（4）谐振时，电源仅供给电阻消耗的能量，电源与电路不发生能量交换，而电感与电容之间则以恒定的总能量进行磁能与电能的转换，且总能量保持恒定。

3. 串联谐振的应用

串联谐振电路常用作对交流信号的选择，例如收音机中选择电台信号（调谐），即

$$|Z|=\sqrt{R^2+\left(\omega L-\frac{1}{\omega C}\right)^2}$$

在 RLC 串联电路中，阻抗大小，设外加交流电源（又称信号源）电压的大小为 U_S，则电路中电流的大小为

$$I=\frac{U_S}{|Z|}\quad\frac{U_S}{\sqrt{R^2+\left(\omega L-\frac{1}{\omega C}\right)^2}} \tag{3.63}$$

由于 $I_0=\frac{U_S}{R}, Q=\frac{\omega_0 L}{R}=\frac{1}{\omega_0 CR}$，则

$$\frac{I}{I_0}=\frac{1}{\sqrt{1+Q^2\left(\frac{\omega}{\omega_0}-\frac{\omega_0}{\omega}\right)^2}} \tag{3.64}$$

式（3.64）表示电流大小与电路工作频率之间的关系，叫作串联电路的电流幅频特性。电流大小 I 随频率 f 变化的曲线，叫作谐振特性曲线，如图 3.51 所示。

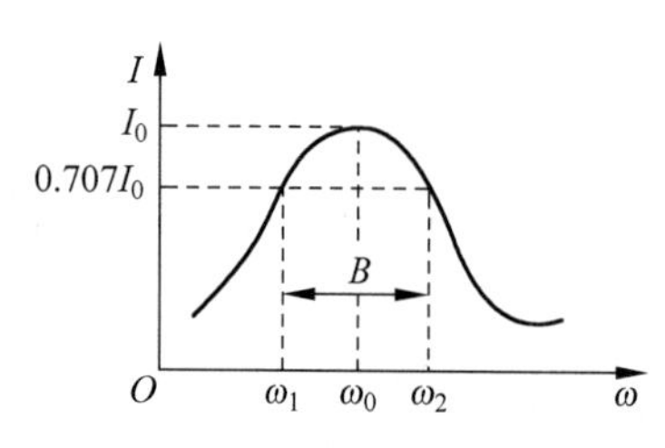

图 3.51　RLC 串联电路的谐振特性曲线

当外加电源的频率 $f=f_0$ 时，电路处于谐振状态；当 $f\neq f_0$ 时，电路处于失谐状态；若 $f<f_0$，则 $X_L<X_C$，电路呈容性；若 $f>f_0$，则 $X_L>X_C$，电路呈感性。

在实际应用中，规定把电流 I 范围在 $0.707\,1I_0<I<I_0$ 所对应的频率范围（$f_1\sim f_2$）叫作串联谐振电路的通频带（又叫作频带宽度），用符号 B 或 Δf 表示，其单位也是频率的单位。

理论分析表明，串联谐振电路的通频带为

$$B=\Delta f=f_2-f_1=\frac{f_0}{Q} \tag{3.65}$$

频率 f 在通频带以内($f_1< f<f_2$)的信号,可以在串联谐振电路中产生较大的电流,而频率 f 在通频带以外($f<f_1$ 或 $f>f_2$)的信号,仅在串联谐振电路中产生很小的电流,因此谐振电路具有选频特性。

Q 值越大,说明电路的选择性越好,但频带较窄;反之,若频带越宽,则要求 Q 值越小,选择性越差。选择性与频带宽度是相互矛盾的两个物理量。

【例 3.22】 在 RLC 串联电路中,已知 $L=100$ mH,$R=3.4\ \Omega$,电路在输入信号频率为 400 Hz 时,发生谐振,求电容的电容量和回路的品质因数。

解:$C=\dfrac{1}{2\pi f_0 X_C}=\dfrac{1}{2\pi f_0 X_L}=\dfrac{1}{(2\pi f_0)^2 L}=\dfrac{1}{(2\times 3.14\times 400)^2\times 100\times 10^{-3}}$

$\approx 1.58\ \mu\text{F}$

$$Q=\frac{X_L}{R}=\frac{2\pi f_0 L}{R}=\frac{2\times 3.14\times 400\times 0.1}{3.4}\approx 74$$

【例 3.23】 已知某收音机输入回路的电感 $L=260\ \mu$H,当电容调到 100 pF 时,发生串联谐振,求电路的谐振频率,若要收听频率为 640 kHz 的电台广播,电容应为多大。(设 L 不变)

解:$f_0=\dfrac{1}{2\pi\sqrt{LC}}=\dfrac{1}{2\times 3.14\times\sqrt{260\times 10^{-6}\times 10\times 10^{-12}}}\approx 3\,123(\text{kHz})$

$$C=\frac{1}{(2\pi f)^2 L}=\frac{1}{(2\times 3.14\times 640\times 10^3)^2\times 260\times 10^{-6}}\approx 238(\text{pF})$$

【例 3.24】 一个线圈与电容串联后,加 1 V 的正弦交流电压,当电容为 100 pF 时,电容两端的电压为 100 V 且最大,此时信号源的频率为 100 kHz,求线圈的品质因数和电感量。

解:电容两端产生过电压,说明发生了串联谐振,$U_L=U_C$,即 $X_L=X_C$。

$$I=\frac{U_C}{X_C}=2\pi f_0 C U_C\approx 6.28(\text{mA})$$

$$R=\frac{U}{I}\approx 160(\Omega)$$

$$Q=\frac{X_C}{R}\approx 100$$

$$L=\frac{X_L}{2\pi f_0}\approx 250(\text{mH})$$

【例 3.25】 已知一串联谐振电路的参数 $R=10\ \Omega$,$L=0.13$ mH,$C=558$ pF,外加电压 $U=5$ mV。试求电路在谐振时的电流、品质因数及电感和电容上的电压。

解:

$$f_0=\frac{1}{2\pi\sqrt{LC}}\approx 600\ (\text{kHz})$$

$$Q=\frac{2\pi f_0 L}{R}=49$$

$$I=\frac{U}{R}=0.5(\mathrm{mA})$$

$$U_C=QU=245(\mathrm{mV})$$

【例 3.26】 设在 RLC 串联电路中，$L=30\ \mu\mathrm{H}$，$C=211\ \mathrm{pF}$，$R=9.4\ \Omega$，外加电源电压 $u=\sqrt{2}\sin(2\pi ft)(\mathrm{mV})$。试求：

(1) 该电路的固有谐振频率 f_0 与通频带 B。

(2) 当电源频率 $f=f_0$ 时(电路处于谐振状态)电路中的谐振电流 I_0，电感与电容元件上的电压 U_{L0}、U_{C0}。

(3) 如果电源频率与谐振频率偏差 $\Delta f=f-f_0=10\% f_0$，电路中的电流 I 为多少？

解：(1) $f_0=\dfrac{1}{2\pi\sqrt{LC}}=2(\mathrm{MHz})$，$Q=\dfrac{\omega_0 L}{R}=40$，$B=\dfrac{f_0}{Q}=50(\mathrm{kHz})$。

(2) $I_0=\dfrac{U}{R}=\dfrac{1}{9.4}=0.106(\mathrm{mA})$，$U_{L0}=U_{C0}=QU=40(\mathrm{mV})$。

(3) $f=f_0+\Delta f=2.2(\mathrm{MHz})$时，$\omega=2\pi f=13.816\times10^6(\mathrm{rad/s})$

$$|Z|=\sqrt{R^2+\left(\omega L-\frac{1}{\omega C}\right)^2}=72(\Omega)$$

$$I=\frac{U}{|Z|}=0.014(\mathrm{mA})$$

I 仅为谐振电流 I_0 的 13.2%。

【例 3.27】 已知串谐电路的线圈参数为 $R=1\ \Omega$，$L=2\ \mathrm{mH}$，接在角频率 $\omega=2\,500\ \mathrm{rad/s}$ 的 10 V 电压源上，求电容 C 为何值时电路发生谐振？求谐振电流 I_0、电容两端电压 U_C、线圈两端电压 U_{RL} 及品质因数 Q。

解：$C=\dfrac{1}{(2\pi f_0)^2L}=\dfrac{1}{\omega^2L}=80(\mu\mathrm{F})$

$$I_0=\frac{U}{R}=10(\mathrm{A})$$

$$Q=\frac{X_L}{R}=\frac{\omega L}{R}=5$$

$$U_C=U_L=QU=50(\mathrm{V})$$

$$U_{RL}=\sqrt{U_R^2+U_L^2}=51(\mathrm{V})$$

3.3.2 并联谐振

串联谐振电路通常用于电压源(低内阻)的情况，从式(3.61)和图 3.51 可以看出，当电源内阻较大时，会严重降低电路的品质因数，使谐振曲线变宽，从而使选择性变差。故内阻较大的电流源宜采用并联谐振电路做负载，如图 3.52(a)所示。RLC 并联电路中发生的谐振现象称为并联谐振。

1. 并联谐振电路的条件

RLC 并联谐振电路如图 3.52(a)所示，设输入电流源 $\dot{I}$ 为参考正弦量，则电路的复导纳为

$$Y=G+\mathrm{j}\left(\omega C-\frac{1}{\omega L}\right)$$

RLC 并联电路相量形式如图 3.52(b)所示，由 KCL 定律得出电流的相量形式为

$$\dot{I}=\dot{I}_{\mathrm{G}}+\dot{I}_{\mathrm{L}}+\dot{I}_{\mathrm{C}}=\frac{\dot{U}}{R}+\frac{\dot{U}}{\mathrm{j}\omega L}+\mathrm{j}\omega C\dot{U}=\left(\frac{1}{R}+\frac{1}{\mathrm{j}\omega L}+\mathrm{j}\omega C\right)\dot{U}$$

$$=[G+\mathrm{j}(B_{\mathrm{G}}-B_{\mathrm{L}})]\dot{U}=(G+\mathrm{j}B)\dot{U}$$

$$G=\frac{1}{R}$$

$$B_{\mathrm{L}}=\frac{1}{X_{\mathrm{L}}}$$

$$B_{\mathrm{G}}=\frac{1}{X_{\mathrm{C}}}$$

$$B=B_{\mathrm{G}}-B_{\mathrm{L}}$$

$$Y=G+\mathrm{j}B$$

式中，G 为电导，S；B_{L} 为感纳，S；B_{G} 为容纳，S；B 为电纳，S；Y 为复导纳，S。

并联谐振的定义与串联谐振定义相同，即端口上的电压$\dot{U}$ 与输入电流$\dot{I}$ 同相位时的工作状态，图 3.52(c)所示为并联谐振的相量图。由谐振的概念可知，若使并联电路发生谐振，则 $Y=G$，即

$$\omega C=\frac{1}{\omega L} \tag{3.66}$$

因此，并联谐振电路的谐振角频率为

$$\omega_0=\frac{1}{\sqrt{LC}} \tag{3.67}$$

发生谐振频率时电源频率为

$$f_0=\frac{1}{2\pi\sqrt{LC}} \tag{3.68}$$

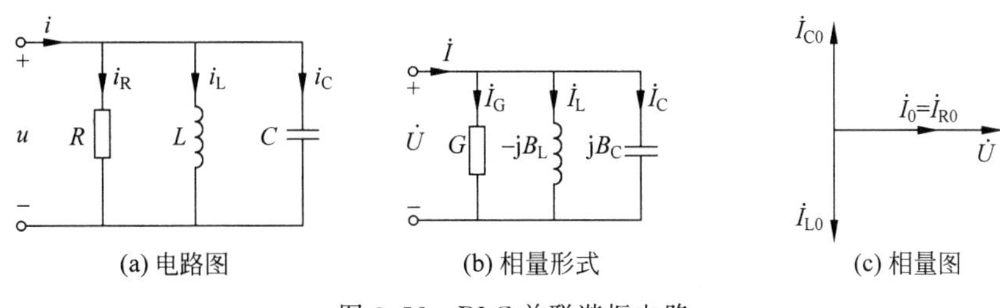

图 3.52 RLC 并联谐振电路

可见，RLC 并联电路与串联电路的谐振条件相同，当信号源的 $\omega=\omega_0$ 时，电路便会发生谐振。

2. 并联谐振电路的特点

(1) 谐振时，感纳等于容纳，电路总导纳最小，总阻抗最大，为纯电阻 R，$\dot{U}$、$\dot{I}$ 同相。

所以谐振时端电压达最大值，即

$$U=\frac{I}{G}$$

(2) 谐振时，并联电路的总阻抗为纯电阻 R，相当于从 LC 两端看进去，LC 等效阻抗为无穷大，相当于开路(这与串联谐振中 LC 等效阻抗为零相当于短路是不同的)，即

$$\dot{I}=\dot{I}_{R0}$$

$$\dot{I}_C+\dot{I}_L=0 \tag{3.69}$$

(3) 谐振时，电感支路与电容支路的电流大小相等且为总电流的 Q 倍，其方向相反，相互补偿，电路中的总电流等于电阻中的电流，即

$$I_L=QI \tag{3.70}$$

$$I_C=QI$$

$$Q=\frac{I_L}{I}=\frac{I_C}{I}=\frac{R}{\omega_0 L}=\omega_0 CR=R\sqrt{\frac{C}{L}} \tag{3.71}$$

式(3.71)中，Q 称为并联谐振电路的品质因数。

由式(3.70)、式(3.71)可知，在并联谐振电流中，电感和电容上的电流大小是输入电流的 Q 倍。当 $Q\geqslant 1$ 时，会在电感和电容上出现远高于总电流的过电流，称为过电流现象。因此又把并联谐振称为电流谐振。

(4) 谐振时电容与电感之间发生电磁能量的相互转换，并完全补偿。而电源与振荡电路之间并不发生能量转换，只是补充电路谐振时电阻的损耗。

【例 3.28】 电感线圈与电容器构成的 LC 并联谐振电路，已知 $R=10\ \Omega$，$L=80\ \mu H$，$C=320$ pF，求：①该电路的固有谐振频率 f_0、通频带 B 与谐振阻抗模 $|Z_0|$；②若已知谐振状态下总电流 $I=100\ \mu A$，则电感支路与电容支路中的电流 I_{L0}、I_{C0} 各为多少？

解：(1) $\omega_0=\dfrac{1}{\sqrt{LC}}=\dfrac{1}{\sqrt{80\times10^{-6}\times320\times10^{-12}}}\approx6.25\times10^6(\text{rad/s})$

$$f_0=\frac{1}{2\pi\sqrt{LC}}=\frac{1}{2\pi\times\sqrt{80\times10^{-6}\times320\times10^{-12}}}\approx1\times10^6(\text{Hz})\approx1(\text{MHz})$$

$$Q_0=\frac{\omega_0 L}{R}=\frac{6.25\times10^6\times80\times10^{-6}}{10}=50$$

$$B=\frac{f_0}{Q_0}=\frac{1\times10^6}{50}=20000(\text{Hz})=20(\text{kHz})$$

$$|Z_0|=Q_0^2R=50^2\times10=25000(\Omega)=25(\text{k}\Omega)$$

(2) $I_{L0}=I_{C0}=Q_0 I=50\times100\times10^{-6}=0.005(\text{A})=5(\text{mA})$

【例 3.29】 图 3.53 所示为线圈与电容器并联电路，已知线圈的电阻 $R=10\ \Omega$，电感 $L=0.127$ mH，电容 $C=200$ pF，试求电路的谐振频率 f_0 和谐振阻抗 Z_0。

解：谐振回路的品质因数为

$$Q=\frac{1}{R}\sqrt{\frac{L}{C}}=\frac{1}{10}\times\sqrt{\frac{0.127\times10^{-3}}{200\times10^{-12}}}\approx80$$

因为回路的品质因数 $Q \gg 1$，所以谐振频率为

$$f_0 \approx \frac{1}{2\pi\sqrt{LC}} = \frac{1}{2\pi\sqrt{0.127\times10^{-3}\times200\times10^{-12}}}$$

$$=3.16\times10^4(\text{Hz})$$

电路的谐振阻抗为

$$Z_0=\frac{L}{CR}=Q^2R=80^2\times10=64\times10^3(\Omega)$$

$$=64(\text{k}\Omega)$$

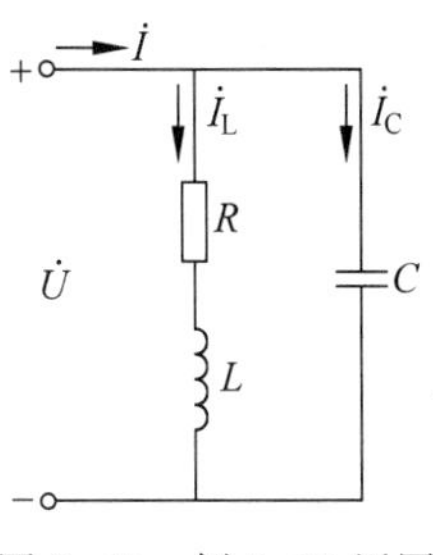

图 3.53 例 3.29 用图

对于复杂的交流电路，可以像直流电路一样，应用电源等效变换法、节点电位法、支路电流法、叠加原理、等效电源定理等来计算。不同的是，电压和电流要用相量来表示，电路的参数要用复数来表示。电阻、电感、电容以及组成的电路可用阻抗或导纳来表示，采用相量法计算。

分析步骤如下。

(1) 先将原电路的时域模型变换为相量模型。

(2) 利用 KCL、KVL 和元件伏安关系的相量形式及各种分析方法、定理和等效变换建立复数的代数方程，并求解出所求量的相量表达式。

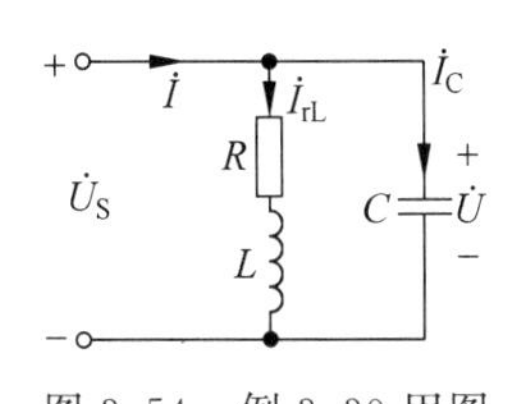

图 3.54 例 3.30 用图

(3) 将相量变换为正弦量。

讨论直流电路时所采用的各种网络分析方法、原理和定理都完全适用于线性正弦交流电路。

【例 3.30】 在图 3.54 所示电路中，$L=0.25$ mH，$R=25\ \Omega$，$C=85$ pF，试求谐振角频率 ω_0、品质因数 Q 和谐振时电路的谐振阻抗模 $|Z_0|$。

解：
$$\omega_0 \approx \sqrt{\frac{1}{LC}}=\sqrt{\frac{1}{0.25\times10^{-3}\times85\times10^{-12}}}$$

$$=\sqrt{4.7\times10^{13}}=6.86\times10^6(\text{rad/s})$$

$$f_0=\frac{\omega_0}{2\pi}=\frac{6.86\times10^6}{2\pi}=1\,100(\text{rad/s})$$

$$Q=\frac{\omega_0 L}{R}=\frac{6.86\times10^6\times0.25\times10^{-3}}{25}=68.6$$

$$|Z_0|=\frac{L}{RC}=\frac{0.25\times10^{-3}}{25\times85\times10^{-12}}=117(\text{k}\Omega)$$

【例 3.31】 在图 3.55 所示电路中，已知 $Z_1=(3.16+\text{j}6)\Omega$，$Z_2=(3+\text{j}3)\Omega$，$Z_3=(2.5-\text{j}4)\Omega$，电源电压为 $\dot{U}=220\angle30^\circ$，求：①电路中电流及各复阻抗电压；②电路的用功功率。

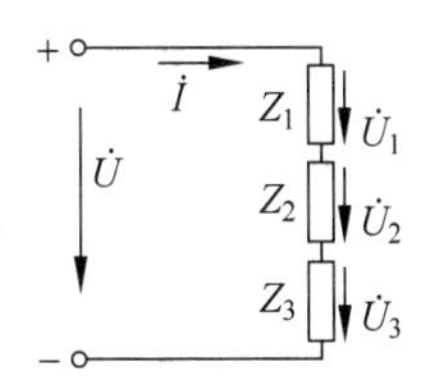

图 3.55 例 3.31 用图

解：(1) 电路的复阻抗为

$$Z=Z_1+Z_2+Z_3$$

$$=3.16+\text{j}6+3+\text{j}3+2.5-\text{j}4$$

$$=8.66+\text{j}5=10\angle30^\circ(\Omega)$$

电路中的电流为

$$\dot{I}=\frac{\dot{U}}{Z}=\frac{220\angle 30^\circ}{10\angle 30^\circ}=22\angle 0^\circ(\text{A})$$

即

$$i=22\sqrt{2}\sin\omega t(\text{A})$$

各负阻抗的电压为

$$\dot{U}_1=Z_1\dot{I}=(3.16+\text{j}6)\times 22\angle 0^\circ=149.16\angle 62.2^\circ(\text{V})$$

$$\dot{U}_2=Z_2\dot{I}=(3+\text{j}3)\times 22\angle 0^\circ=93.28\angle 45^\circ(\text{V})$$

$$\dot{U}_3=Z_3\dot{I}=(2.5-\text{j}4)\times 22\angle 0^\circ=103.84\angle -58^\circ(\text{V})$$

(2) 电路的复功率为

$$\bar{S}=\dot{U}\dot{I}^*=220\angle 30^\circ\times 22\angle 0^\circ$$
$$=4\,840\angle 30^\circ=4\,191.56+\text{j}2\,420(\text{V}\cdot\text{A})$$

即

$$S=4\,840\ \text{V}\cdot\text{A},\quad P=4\,191.56\ \text{W},\quad Q=2\,420\ \text{var}$$

思考与练习

一、填空题

1. 在 RL 串联电路中,已知 $U_R=6$ V,$U=10$ V,则电压 $U_L=$________ V,总电压________总电流,电路呈________性。

2. 串联正弦交流电路发生谐振的条件是________,谐振时的谐振频率品质因数 $Q=$________,串联谐振又称为________。

3. 在发生串联谐振时,电路中的感抗与容抗________;此时电路中的阻抗最________,电流最________,总阻抗 $Z=$________。

4. 在 RLC 串联正弦交流电路中,用电压表测得电阻、电感、电容上电压均为 10 V,用电流表测得电流为 10 A,此电路中 $R=$________,$P=$________,$Q=$________,$S=$________。

5. 在含有 L、C 的电路中,出现总电压、电流同相位,这种现象称为________。这种现象若发生在串联电路中,则电路中阻抗________,电压一定时电流________,且在电感和电容两端将出现________。

6. 串联谐振发生时,电路中的角频率 $\omega_0=$________,$f_0=$________。

二、选择题

1. 在正弦交流电路中,当总电流的相位超前电压一个角度时,这种负载称为(　　)负载。

A. 感性　　B. 容性　　C. 电阻性　　D. 电源性

2. 在 RLC 串联的正弦交流电路中,当电流与总电压同相位时,这种电路称为(　　)。

A. 感性　　B. 容性　　C. 串联谐振　　D. 并联谐振

3. 在 RLC 串联电路中，当 $X_L=X_C$ 时，电路中电流达到（　　），总阻抗（　　）。

A. 最小　　B. 最大　　C. 不变　　D. 无法确定

4. RLC 并联电路在 f_0 时发生谐振，当频率增加到 $2f_0$ 时，电路性质呈（　　）。

A. 电阻性　　B. 电感性　　C. 电容性　　D. 无法确定

5. 处于谐振状态的 RLC 串联电路，当电源频率升高时，电路将呈现出（　　）。

A. 电阻性　　B. 电感性　　C. 电容性　　D. 无法确定

6. 下列说法中正确的是（　　）。

A. 串联谐振时阻抗最小　　B. 并联谐振时阻抗最小

C. 电路谐振时阻抗最小　　D. 并联谐振时阻抗最大

7. 发生串联谐振的电路条件是（　　）。

A. $\frac{\omega_0 L}{R}$　　B. $f_0=\frac{1}{\sqrt{LC}}$　　C. $\omega_0=\frac{1}{\sqrt{LC}}$　　D. $f_0=\frac{2}{\sqrt{LC}}$

8. 在 RLC 串联正弦交流电路中，已知 $X_L=X_C=20\ \Omega$，$R=20\ \Omega$，总电压有效值为 220 V，电感上的电压为（　　）V。

A. 0　　B. 220　　C. 73.3　　D. 110

9. 正弦交流电路如图 3.56 所示，已知电源电压为 220 V，频率 $f=50$ Hz 时，电路发生谐振。现将电源的频率增加，电压有效值不变，这时灯泡的亮度（　　）。

A. 比原来亮　　B. 比原来暗

C. 和原来一样亮　　D. 无法确定

10. 正弦交流电路如图 3.57 所示，已知开关 S 打开时，电路发生谐振。当把开关 S 合上时，电路呈现（　　）。

A. 阻性　　B. 感性　　C. 容性　　D. 无法确定

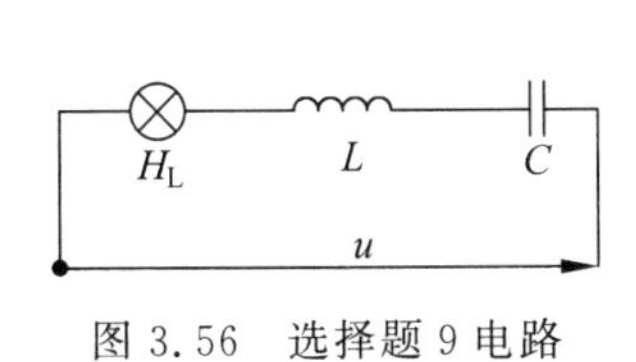

图 3.56　选择题 9 电路

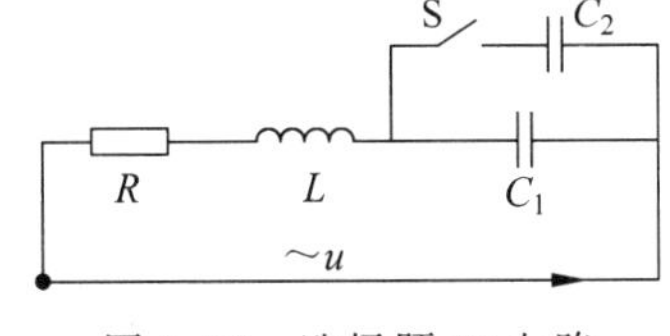

图 3.57　选择题 10 电路

三、判断题

1. 串联谐振电路不仅广泛应用于电子技术中，也广泛应用于电力系统中。（　　）

2. 串联谐振在 L 和 C 两端将出现过电压现象，因此也把串谐称为电压谐振。（　　）

四、计算题

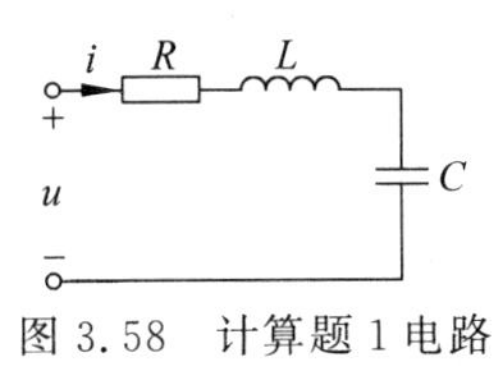

图 3.58　计算题 1 电路

1. 如图 3.58 所示电路，其中 $u=100\sqrt{2}\cos 314t$（V），调节电容使电流 i 与电压 u 同相，此时测得电感两端电压为 200 V，电流 $I=2$ A。求电路中参数 R、L、C，当频率下调为 $f_0/2$ 时，电路呈何种性质？

2. 有一个 RLC 串联电路，$R=20\ \Omega$，$L=40\ \text{mH}$，$C=40\ \mu\text{F}$，外加电源电压 $u=50\sqrt{2}\sin(1\ 000t+37°)(\text{V})$，求：①电路的总阻抗；②电流有效值 I；③电路的功率因数 $\cos\varphi$ 及平均功率 P。

3. 在 RLC 串联谐振电路中，电阻 $R=50\ \Omega$，电感 $L=5\ \text{mH}$，电容 $C=50\ \text{pF}$，外加电压有效值 $U=10\ \text{mV}$，求：①电路的谐振频率；②谐振时的电流；③电路的品质因数；④电容器两端的电压。

4. 在 RLC 串联交流电路中，已知 $R=30\ \Omega$，$L=127\ \text{mH}$，$C=40\ \mu\text{F}$，电路两端交流电压 $u=311\sin 314t(\text{V})$。①求电路阻抗；②求电流有效值；③求各元件两端电压有效值；④求电路的有功功率、无功功率、视在功率；⑤分析电路的性质。

5. 在图 3.59 所示电路中，$\dot{U}=220\angle 0°\ \text{V}$，$R_1=30\ \Omega$，$X_L=40\ \Omega$，$R_2=X_C=20\ \Omega$。求 $\dot{I}$、$\dot{I}_1$ 和 $\dot{I}_2$。

6. 在图 3.60 所示电路中，已知电源电压 $\dot{U}=220\angle 0°\ \text{V}$，求：①等效复阻抗 Z；②电流 $\dot{I}$、$\dot{I}_1$ 和 $\dot{I}_2$。

7. 在图 3.61 所示电路中，如果用频率为 f_1 和 f_2 的两个正弦电源对线圈进行测试，测试结果为 $f_1=100\ \text{Hz}$，$I_1=22\ \text{A}$；$f_2=200\ \text{Hz}$，$I_2=12.9\ \text{A}$。测试时所施加的电压 $U=220\ \text{V}$，求线圈的 R 与 L。

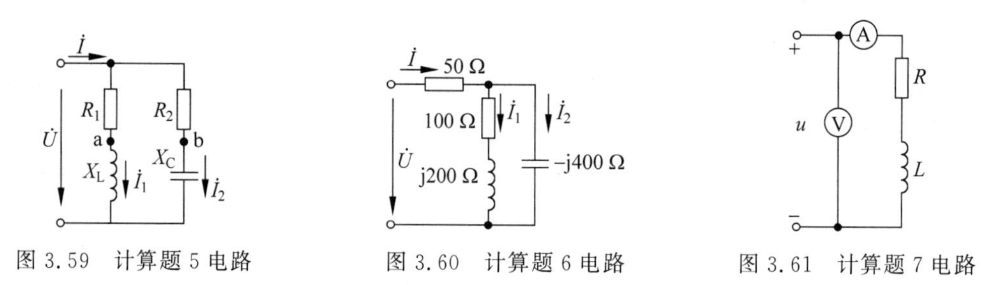

图 3.59　计算题 5 电路　　图 3.60　计算题 6 电路　　图 3.61　计算题 7 电路

任务 3.4　提高电路功率因数

学习目标

知识目标：了解谐振电路的组成应用；掌握电路中各元件的功率及相关参数计算；了解提高感性负载功率因数的方法。

技能目标：学会计算交流电路相关功率参数；学会测试感性负载电路。

素质目标：提高学生学以致用，将所学知识应用于实际电路的能力；培养学生逻辑思维能力。

任务要求

电力负载多数为感性负载，因此为了提高功率因数，一般采用在感性负载上并联电容器。这样就可以用电容器的无功功率来补偿感性负载的无功功率，从而减少，甚至消除感性负载与电源之间的能量交换。

提高感性负载功率因数的实验电路如图3.62所示。以日光灯作为负载为例，用可变电容器并联电容两端，保持负载电压不变，改变电容 C 值，观察总电流 I 的变化。

(1) 按图3.62所示接线，当 $C=0\ \mu F$ 时，接通电源，使日光灯点亮，测量总电流 I、总电压 U、$\cos\varphi$、灯管两端电压 U_R 和镇流器端电压 U_L，将数据填入表3.8。

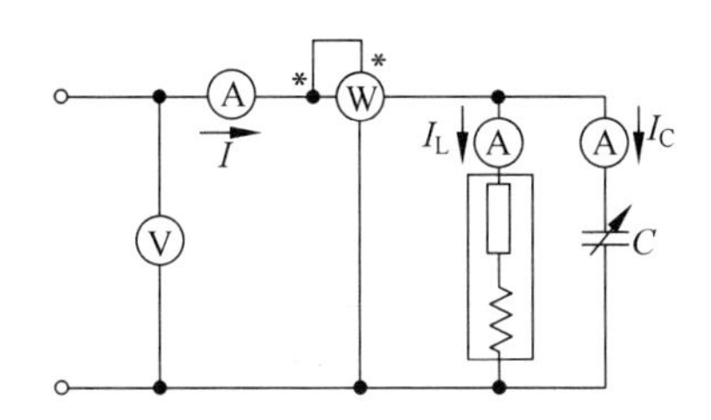

图3.62 提高感性负载功率因数的实验电路

表3.8 功率因数测量数据表1

I/A	U/V	P/W	$\cos\varphi$	U_R/V	U_L/V

(2) 电容值，$C=1,2,3,\cdots,7(\mu F)$。保持 U 不变，测量在不同 C 值时，电路总电流 I、电感电流 I_L、电容电流 I_C 与 $\cos\varphi$ 的值，将数据填入表3.9。

表3.9 功率因数测量数据表2

C/μF	1	2	3	3.5	4	4.5	5	6	7
I/A									
I_L/A									
I_C/A									
P/W									
$\cos\varphi$									

3.4.1 正弦交流电的功率及功率因数

1. 瞬时功率 p

图3.63(a)所示为二端网络。设正弦交流电路的总电压 u 与总电流 i 的相位差(阻抗角)为 φ，则电压与电流的瞬时值表达式为

$$u=U_m\sin(\omega t+\varphi),\quad i=I_m\sin\omega t$$

瞬时功率随时间变化曲线如图3.63(b)所示，其表达式为

$$p=ui=U_mI_m\sin(\omega t+\varphi)\sin\omega t \tag{3.72}$$

利用三角函数关系式 $\sin(\omega t+\varphi)=\sin\omega t\cos\varphi+\cos\omega t\sin\varphi$ 可得

$$\begin{aligned}p&=U_mI_m[\sin\omega t\cos\varphi+\cos\omega t\sin\varphi]\sin\omega t\\&=U_mI_m[\sin(\omega t)^2\cos\varphi+\sin\omega t\cos\omega t\sin\varphi]\end{aligned}$$

$$=U_m I_m \frac{1-\cos(2\omega t)}{2}\cos\varphi + U_m I_m \frac{\sin(2\omega t)}{2}\sin\varphi$$
$$=UI\cos\varphi[1-\cos(2\omega t)]+UI\sin\varphi\sin(2\omega t)$$

式中，$U=\frac{U_m}{\sqrt{2}}$为电压有效值；$I=\frac{I_m}{\sqrt{2}}$为电流有效值。

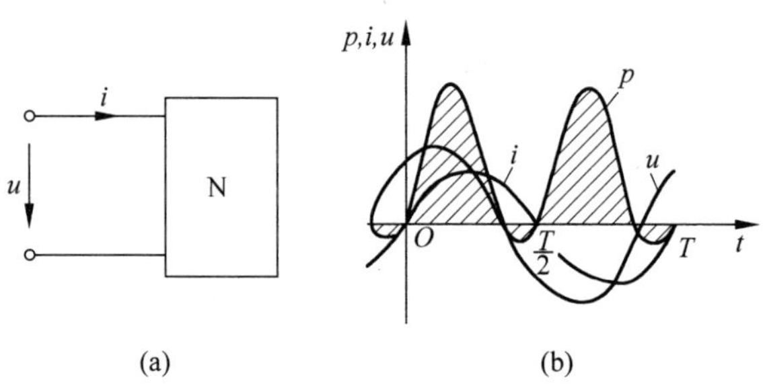

图 3.63 二端网络的功率

2. 有功功率 P 与功率因数 λ

瞬时功率在一个周期内的平均值叫作平均功率，它反映了交流电路中实际消耗的功率，所以又叫作有功功率，用 P 表示，单位是瓦特(简称瓦，W)。

在瞬时功率 $p=UI\cos\varphi[1-\cos(2\omega t)]+UI\sin\varphi\sin(2\omega t)$中，第一项与电压、电流相位差 φ 的余弦值 $\cos\varphi$ 有关，在一个周期内的平均值为 $UI\cos\varphi$；第二项与电压、电流相位差 φ 的正弦值 $\sin\varphi$ 有关，在一个周期内的平均值为零。则瞬时功率 p 在一个周期内的平均值(有功功率)为

$$P=UI\cos\varphi=UI\lambda \tag{3.73}$$

式中，$\lambda=\cos\varphi$ 为正弦交流电路的功率因数。

3. 视在功率 S

在交流电路中，电源电压有效值与总电流有效值的乘积(UI)叫作视在功率，用 S 表示，即 $S=UI$，单位是伏安(VA)。

S 代表了交流电源可以向电路提供的最大功率，又称为电源的功率容量。于是交流电路的功率因数等于有功功率与视在功率的比值，即

$$\lambda=\cos\varphi=\frac{P}{S} \tag{3.74}$$

所以，电路的功率因数能够表示出电路实际消耗功率占电源功率容量的百分比。

4. 无功功率 Q

在瞬时功率 $p=UI\cos\varphi[1-\cos(2\omega t)]+UI\sin\varphi\sin(2\omega t)$中，第二项表示交流电路与电源之间进行能量交换的瞬时功率，$|UI\sin\varphi|$是这种能量交换的最大功率，并不代表电路实际消耗的功率。即

$$Q=UI\sin\varphi \tag{3.75}$$

Q 叫作交流电路的无功功率，单位是乏尔，简称乏(var)。

当 $\varphi>0$ 时，$Q>0$，电路呈感性；当 $\varphi<0$ 时，$Q<0$，电路呈容性；当 $\varphi=0$ 时，$Q=0$，

电路呈电阻性。显然，有功功率 P、无功功率 Q 和视在功率 S 三者之间呈三角形关系，即

$$S=\sqrt{P^2+Q^2} \tag{3.76}$$

这一关系称为功率三角形，如图 3.63(c)所示。

3.4.2　电阻、电感、电容电路的功率

1. 纯电阻电路的功率

在纯电阻电路中，由于电压与电流同相，即相位差 $\varphi=0$，则瞬时功率为

$$p_{\mathrm{R}}=UI\cos\varphi[1-\cos(2\omega t)]+UI\sin\varphi\sin(2\omega t)=UI\cos\varphi[1-\cos(2\omega t)]$$

有功功率为

$$P_{\mathrm{R}}=UI\cos\varphi=UI=I^2R=\frac{U^2}{R}$$

无功功率为

$$Q_{\mathrm{R}}=UI\sin\varphi=0$$

视在功率为

$$S=\sqrt{P^2+Q^2}=P_{\mathrm{R}}$$

即纯电阻电路消耗功率(能量)。

【例 3.32】 如图 3.64 所示，有一个阻值 $R=2\ \mathrm{k}\Omega$ 的电阻丝，通过电阻丝的电流 $i_{\mathrm{R}}=2\sqrt{2}\sin(\omega t-45°)$(A)，求电阻丝两端的电压 u_{R}、U_{R} 及其消耗的功率 P_{R}。

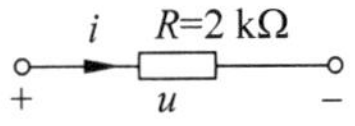

i　R=2 kΩ
\+　u　−

图 3.64　例 3.32 用图

解：(1) 电压表达式为

$$\begin{aligned}u_{\mathrm{R}}&=R\times i_{\mathrm{R}}=2\,000\times2\sqrt{2}\sin(\omega t-45°)\\&=4\,000\sqrt{2}\sin(\omega t-45°)(\mathrm{V})\end{aligned}$$

电压有效值为

$$U_{\mathrm{R}}=\frac{U_{\mathrm{Rm}}}{\sqrt{2}}=\frac{4\,000\sqrt{2}}{\sqrt{2}}=4\,000(\mathrm{V})$$

电流有效值为

$$I_{\mathrm{R}}=\frac{I_{\mathrm{Rm}}}{\sqrt{2}}=\frac{2\sqrt{2}}{\sqrt{2}}=2(\mathrm{A})$$

(2) 有功功率为

$$P=U_{\mathrm{R}}I_{\mathrm{R}}=4\,000\times2=8\,000(\mathrm{W})$$

2. 纯电感电路的功率

在纯电感电路中，由于电压比电流超前 90°，即电压与电流的相位差 $\varphi=90°$，则瞬时功率为

$$p_{\mathrm{L}}=UI\cos\varphi[1-\cos(2\omega t)]+UI\sin\varphi\sin(2\omega t)=UI\sin(2\omega t)$$

有功功率为

$$P_{\mathrm{L}}=UI\cos\varphi=0$$

无功功率为

$$Q_L = UI = I^2 X_L = \frac{U^2}{X_L}$$

视在功率为

$$S = \sqrt{P^2 + Q^2} = Q_L$$

即纯电感电路不消耗功率(能量),电感与电源之间进行可逆的能量转换。

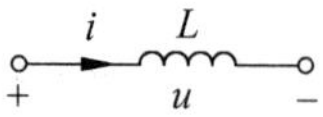

图 3.65　例 3.33 用图

【例 3.33】 如图 3.65 所示,把一个电阻可以忽略的线圈,接到 $u = 220\sqrt{2}\sin(100\pi t + 60°)$(V)的电源上,线圈的电感为 0.4 H,求:①线圈的感抗 X_L;②电流 i_L、I_L;③电路的无功功率。

解:(1) 感抗为 $X_L = \omega L = 100\pi \times 0.4 = 125.6(\Omega)$。

(2) 电压有效值为 $U = 220$ V,流过线圈的电流有效值为

$$I_L = \frac{U}{X_L} = \frac{220}{125.6} = 1.75(\text{A})$$

电压超前电流 90°,则电流瞬时值为

$$i_L = 1.75\sqrt{2}\sin(100\pi t - 30°)(\text{A})$$

(3) 无功功率为

$$Q_L = UI_L = 220 \times 1.75 = 385(\text{var})$$

3. 纯电容电路的功率

在纯电容电路中,由于电压比电流滞后 90°,即电压与电流的相位差 $\varphi = -90°$,则瞬时功率为

$$p_C = UI\cos\varphi[1 - \cos(2\omega t)] + UI\sin\varphi\sin(2\omega t) = -UI\sin(2\omega t)$$

有功功率为

$$P_C = UI\cos\varphi = 0$$

无功功率为

$$Q_C = UI = I^2 X_C = \frac{U^2}{X_C}$$

视在功率为

$$S = \sqrt{P^2 + Q^2} = Q_C$$

即纯电容电路不消耗功率(能量),电容与电源之间进行可逆的能量转换。

【例 3.34】 如图 3.66 所示,已知 220 V、40 W 的日光灯上并联的电容器为 4.75 μF,求:①电容的容抗;②电容上电流的有效值;③电容的无功功率。

解:(1) 容抗为

$$X_C = \frac{1}{\omega C} = \frac{1}{2\pi fC} = \frac{1}{2\pi \times 50 \times 4.75 \times 10^{-6}} = 670(\Omega)$$

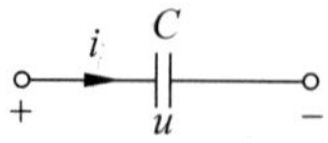

图 3.66　例 3.34 用图

(2) 电流的有效值为

$$I_C = \frac{U}{X_C} = \frac{220}{670} = 0.328(\text{A})$$

(3) 无功功率为

$$Q_C = U_C I_C = 220 \times 0.328 = 72.25(\text{var})$$

【例 3.35】 RLC 串联电路如图 3.67 所示，求：①电流的有效值 I 与瞬时值 i；②各部分电压的有效值与瞬时值；③有功功率 P、无功功率 Q 和视在功率 S。

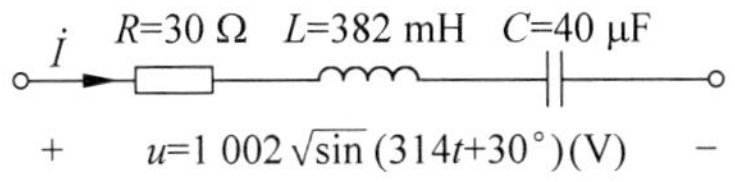

$\dot{I}$　R=30 Ω　L=382 mH　C=40 μF

+　u=1 002 √sin (314t+30°)(V)　−

图 3.67　例 3.35 用图

解：选定电流、电压的参考方向为关联的参考方向。

(1) $X_L = \omega L = 314 \times 382 \times 10^{-3} = 120(\Omega)$

$$X_C = \frac{1}{\omega C} = \frac{1}{314 \times 40 \times 10^{-6}} = 80(\Omega)$$

$$Z = R + \text{j}(X_L - X_C) = 30 + \text{j}(120 - 80) = 30 + \text{j}40 = 50\angle 53.1^\circ(\Omega)$$

$$\dot{U} = 100\angle 30^\circ \text{V}$$

$$\dot{I} = \frac{\dot{U}}{Z} = \frac{100\angle 30^\circ}{50\angle 53.1^\circ} = 2\angle -23.1^\circ(\text{A})$$

$$i = 2\sqrt{2}\sin(314t - 23.1^\circ)(\text{A})$$

(2) $\dot{U}_R = Z_R \cdot \dot{I} = 30 \times 2 \times \angle -23.1^\circ = 60\angle -23.1^\circ(\text{V})$

$$u_R = 60\sqrt{2}\sin(314t - 23.1^\circ)(\text{V})$$

$$\dot{U}_L = Z_L \cdot \dot{I} = 120 \times 2\angle(90^\circ - 23.1^\circ) = 240\angle 66.9^\circ(\text{V})$$

$$u_L = 240\sqrt{2}\sin(314t + 66.9^\circ)(\text{V})$$

$$\dot{U}_C = Z_C \cdot \dot{I} = 80 \times 2\angle(-90^\circ - 23.1^\circ) = 160\angle -113.1^\circ(\text{V})$$

$$u_C = 160\sqrt{2}\sin(314t - 113.1^\circ)(\text{V})$$

(3) $S = U \cdot I = 100 \times 2 = 200(\text{V} \cdot \text{A})$

$$P = S\cos 53.1^\circ = 120(\text{W})$$

$$Q = S\sin 53.1^\circ = 160\ (\text{var})$$

【例 3.36】 在如图 3.68 所示的 RLC 串联电路中，电阻为 30 W，电感为 127 mH，电容为 40 μF，电路两端的电压 $u = 311\sin 314t(\text{V})$，求：①电路的阻抗值；②电流的有效值；③各元件两端电压的有效值；④电路的有功功率、无功功率和视在功率。

解：根据 $u = 311\sin 314t(\text{V})$ 可得

$$U_m = 311\ \text{V},\quad \omega = 314\ \text{rad/s}$$

(1) 线圈的感抗为

$$X_L = \omega L = 314 \times 127 \times 10^{-3} \approx 40(\Omega)$$

电容的感抗为

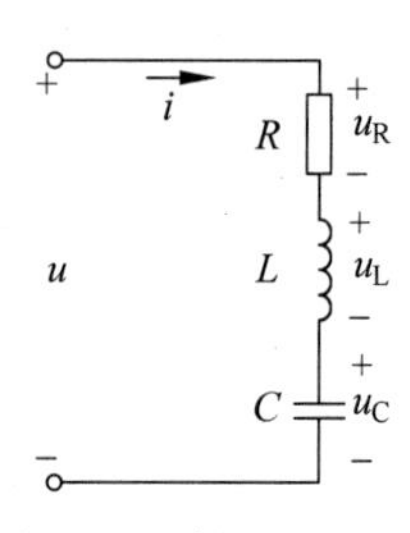

图 3.68 例 3.36 用图

$$X_C=\frac{1}{\omega C}=\frac{1}{314\times 40\times 10^{-6}}\approx 80(\Omega)$$

电路的阻抗为

$$|Z|=\sqrt{R^2+(X_L-X_C)^2}=\sqrt{30^2+(40-80)^2}=50(\Omega)$$

(2) 电压的有效值为

$$U=\frac{U_m}{\sqrt{2}}=\frac{311}{\sqrt{2}}=220(\text{V})$$

电路中电流的有效值为

$$I=\frac{U}{|Z|}=\frac{220}{50}=4.4(\text{A})$$

(3) 各元件两端电压的有效值分别为

$$U_R=RI=30\times 4.4=132(\text{V})$$

$$U_L=X_LI=40\times 4.4=176(\text{V})$$

$$U_C=X_CI=80\times 4.4=352(\text{V})$$

(4) 电路的有功功率、无功功率、视在功率分别为

$$P=RI^2=30\times 4.4^2=580.8(\text{W})$$

$$Q=Q_L+Q_C=(X_L-X_C)I^2=(40-80)\times 4.4^2=-774.4(\text{var})$$

$$S=UI=220\times 4.4=968(\text{V}\cdot\text{A})$$

【例 3.37】 RC 串联电路如图 3.69 所示，已知输入电压 $U_1=1$ V，$f=500$ Hz，求：①求输出电压 U_2，并讨论输入和输出电压之间的大小和相位关系；②当将电容 C 改为 20 μF 时，求①中各项；③当将频率改为 4 000 Hz 时，求①中各项。

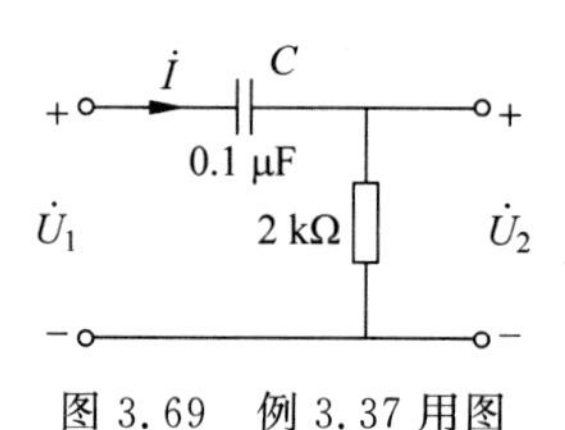

图 3.69 例 3.37 用图

解：(1) $X_C=\frac{1}{\omega C}=\frac{1}{2\times 3.14\times 500\times 0.1\times 10^{-6}}$

$=3.2(\text{k}\Omega)$

$Z=2-\text{j}3.2(\text{k}\Omega)$

$$\dot{I}=\frac{\dot{U}_1}{Z}$$

设 $\dot{U}_1=1\angle 0°$ V，则

$$\dot{I}=\frac{\dot{U}_1}{Z},\quad \dot{U}_2=\dot{I}R$$

或

$$\dot{U}_2=\frac{R}{Z}\dot{U}_1=\frac{2}{2-\text{j}3.2}\times 1\angle 0°=\frac{2}{3.77\angle -58°}=0.54\angle 58°(\text{V})$$

大小和相位关系为

$$\frac{U_2}{U_1}=54\%$$

即 $\dot{U}_2$ 超前 $\dot{U}_1$ 58°。

(2) $X_C=\frac{1}{\omega C}=\frac{1}{2\times3.14\times500\times20\times10^{-6}}=16(\Omega)\ll R$

$Z=2\ 000-\mathrm{j}16\approx2\ 000\angle0°(\Omega)$

$|Z|=\sqrt{R^2+X_C^2}\approx2(\mathrm{k}\Omega)$

$\varphi=\arctan\frac{-X_C}{R}\approx0°$

$U_2=U_1\cos\varphi\approx U_1=1(\mathrm{V})$

(3) $X_C=\frac{1}{\omega C}=\frac{1}{2\times3.14\times4\ 000\times0.1\times10^{-6}}=\frac{1}{0.002\ 512}=398.09(\Omega)$

$Z=R-\mathrm{j}X_C=2-\mathrm{j}0.4(\mathrm{k}\Omega)$

$\dot{U}_2=\frac{R}{Z}$, $\dot{U}_1=\frac{2}{2-\mathrm{j}0.4}\times1\angle0°=0.98\angle11.3°(\mathrm{V})$

大小和相位关系为

$$\frac{U_2}{U_1}=98\%$$

即 $\dot{U}_2$ 超前 $\dot{U}_1$ 11.3°。

RC 串联电路也是一种移相电路,改变 C、R 或 f 都可达到移相的目的。

3.4.3 功率因数的提高

1. 提高功率因数的意义

功率因数是指有功功率与视在功率之比,即 $\cos\varphi=P/S$。

功率因数的大小是随负荷的性质和有功功率在视在功率中所占的比例决定的。在感性负荷的电路中,功率因数在 0～1 变化,即 $0<\cos\varphi<1$。如果用户负荷所需要的无功功率(包括变压器的无功功率损耗)都能就地补偿,并就地供应,供电可变损失就大为降低,电压质量也会相应得到改善。用户装设并联电容器,负荷功率因数可从 $\cos\varphi_1$ 提高到 $\cos\varphi_2$,当输送的有功功率和电压不变时,供电线路和变压器的损耗会降低;供电线路的有功功率损耗减少;变压器铜耗减少。所以,电力用户安装了无功补偿设备后,可节约有功功率损耗电量。

另外,提高功率因数还能提高线路或设备输送有功功率的能力,从而减小发、供电设备的装机容量和投资;并能提高线路电压,改善电能质量。对用户来说,由于供电部门对用户实行按功率因数调整电费的办法,当功率因数高于其规定标准时,电业部门给予奖励,减收电费;功率因数低于规定标准时,予以罚款,加收电费。因此,提高功率因数可减少企业的电费开支,降低生产成本。

2. 提高功率因数的方法

在交流电力系统中,负载多为感性负载。例如,常用的感应电动机,接上电源时要建立磁场,所以它除了需要从电源取得有功功率外,还要从电源取得磁场的能量,并与电源做周期性的能量交换。在交流电路中,负载从电源接收的有功功率 $P=UI\cos\varphi$,显然与功率因数有关。

负载的功率因数低,导致电源设备的容量不能充分被利用。因为电源设备(发电机、变压器等)是依照它的额定电压与额定电流设计的。例如,一台容量为 $S=100$ kV·A 的变压器,若负载的功率因数 $\lambda=1$,则此变压器就能输出 100 kW 的有功功率;若 $\lambda=0.6$,则此变压器只能输出 60 kW,也就是说变压器的容量未能充分利用。

在一定的电压 U 下,向负载输送一定的有功功率 P 时,负载的功率因数越低,输电线路的电压降和功率损失越大。一方面,因为输电线路电流 $I=\dfrac{P}{U\cos\varphi}$,当 $\lambda=\cos\varphi$ 较小时,I 必然较大。从而输电线路上的电压降也要增加,因为电源电压一定,所以负载的端电压将减少,这要影响负载的正常工作。另一方面,电流 I 增加,输电线路中的功率损耗也要增加。因此,提高负载的功率因数对合理科学地使用电能以及国民经济都有着重要的意义。

常用的感应电动机在空载时的功率因数为 0.2～0.3,而在额定负载时为 0.83～0.85,不装电容器的日光灯的功率因数为 0.45～0.60,应设法提高这类感性负载的功率因数,以降低输电线路电压降和功率损耗。

提高感性负载功率因数的最简便的方法,是用适当容量的电容器与感性负载并联,如图 3.70 所示。

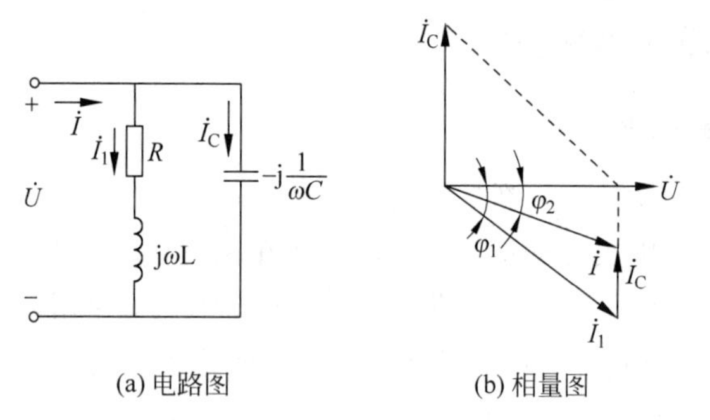

图 3.70 感性负载提高功率因数的电路图和相量图

这样就可以使电感中的磁场能量与电容器的电场能量进行交换,从而减少电源与负载间的能量交换。在感性负载两端并联一个适当的电容后,对提高电路的功率因数十分有效。借助相量图分析方法容易证明:对于额定电压为 U、额定功率为 P、工作频率为 f 的感性负载 RL 来说,将功率因数从 $\lambda_1=\cos\varphi_1$ 提高到 $\lambda_2=\cos\varphi_2$,所需要并联的电容为

$$C=\frac{P}{2\pi fU^2}(\tan\varphi_1-\tan\varphi_2) \tag{3.77}$$

式中，$\varphi_1=\arccos\lambda_1$，$\varphi_2=\arccos\lambda_2$，且 $\varphi_1>\varphi_2$，$\lambda_1<\lambda_2$。

当感性负载并联电容后，负载的工作情况没有任何变化，但由于电容支路电流 $\dot{I}_C$ 的出现，电路中的总电流发生了变化，即 $\dot{I}=\dot{I}_0+\dot{I}_C$，且 $I<I_0$，故电路中的总电流减小了。同时，总电流滞后于电压的相位角也由原来的 φ_0 减小到 φ，即 $\varphi_0>\varphi$，所以 $\cos\varphi>\cos\varphi_0$，这样就提高了功率因数，降低了对电源输出电流的要求(电路中的总电流减小)，可以增加一定容量电源的带负载能力。

式(3.77)表明，并联电容后的电压和总电流的相位差减小了($\varphi_1>\varphi_2$)，即功率因数提高了。线路上的电流减小，因而线路的损耗和电压降也减小了。如果电容选择的合适，还可以使 $\varphi_2=0$。但是，如果电容选择的过大，线路的电流会超前于电压，φ_2 反而比 φ_1 大，出现过补偿现象。因此，必须选择合适的电容。

【例 3.38】 已知某单相电动机(感性负载)的额定参数是，功率 $P=120$ W，工频电压 $U=220$ V，电流 $I=0.91$ A。试求：把电路功率因数 λ 提高到 0.9 时，应使用一只多大的电容与这台电动机并联？

解：(1) 先求未并联电容时负载的功率因数 $\lambda_1=\cos\varphi_1$。因 $P=UI\cos\varphi_1$，则

$$\lambda_1=\cos\varphi_1=\frac{P}{UI}=0.5994$$

$$\varphi_1=\arccos\lambda_1=53.2^\circ$$

(2) 把电路功率因数提高到 $\lambda_2=\cos\varphi_2=0.9$ 时，$\varphi_2=\arccos\lambda_2=25.8^\circ$，则

$$C=\frac{P}{2\pi fU^2}(\tan\varphi_1-\tan\varphi_2)=\frac{120}{314\times220^2}\times(1.3367-0.4834)=6.74(\mu\text{F})$$

【例 3.39】 日光灯装置的等效电路如图 3.71 所示，已知 $P=40$ W，$U=220$ V，$I=0.4$ A，$f=50$ Hz，求：①日光灯的功率因数？②若把功率因数提高 0.9，需要补偿的无功功率 Q_C 及电容量 C 各为多少？

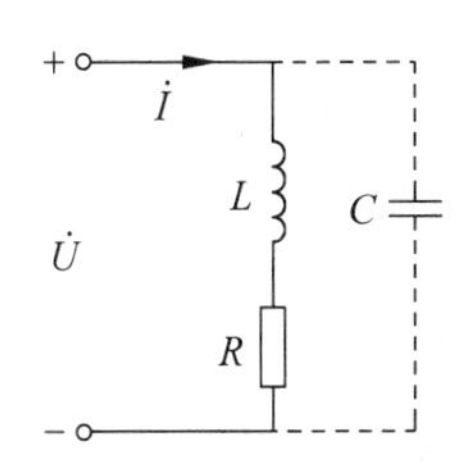

图 3.71　例 3.39 电路图

解：(1) $P=UI\cos\varphi$

$$\cos\varphi=\frac{P}{UI}=\frac{40}{220\times0.4}=0.455$$

(2) $\cos\varphi_1=0.455\varphi_1=63^\circ\tan\varphi_1=1.96$

$\cos\varphi_2=0.9\varphi_2=26^\circ\tan\varphi_2=0.487$

$Q_C=40\times(1.96-0.487)=58.9(\text{var})$

$$C=\frac{P}{\omega U^2}(\tan\varphi_1-\tan\varphi_2)$$

$$C=\frac{40}{2\times3.14\times50\times220^2}\times(1.96-0.487)=3.88\times10^{-6}(\text{F})=3.88(\mu\text{F})$$

3.4.4　人工补偿法

1. 人工补偿法的概念

实际中可使用电路电容器或调相机，多采用电力电容器补偿无功功率，即在感性负载

上并联电容器。

在感性负载上并联电容器时，可用电容器的无功功率来补偿感性负载的无功功率，从而减少甚至消除感性负载与电源之间原有的能量交换。

在交流电路中，纯电阻电路，负载中的电流与电压同相位，纯电感负载中的电流滞后于电压 90°，而纯电容的电流超前于电压 90°，电容中的电流与电感中的电流相差 180°，能相互抵消。

- 无功补偿原理：把具有容性功率负荷的装置与感性功率负荷并接在同一电路，当容性负荷释放能量时，感性负荷吸收能量；而感性负荷释放能量时，容性负荷吸收能量。能量在两种负荷之间交换，这样，感性负荷所吸收的无功功率可在容性负荷输出的无功功率中得到补偿。
- 有功功率：有功功率是保持用电设备正常运行所需要的电功率，也就是将电能转换为其他形式能量(机械能、光能、热能)的电功率。
- 无功功率：无功功率比较抽象，它是用于电路内电场与磁场的交换，并用来在电气设备中建立和维持磁场的电功率。它不对外做功，而是转变为其他形式的能量。凡是有电磁线圈的电气设备要建立磁场，就要消耗无功功率。无功功率不是无用功率，它的用处很大。电动机需要建立和维持旋转磁场，使转子转动，从而带动机械运动，电动机的转子磁场就是从电源取得无功功率建立的。变压器也同样需要无功功率才能使变压器的一次线圈产生磁场，在二次线圈感应出电压。因此，没有无功功率，电动机就不会转动，变压器也不能变压，交流接触器不会吸合。
- 感性无功功率：电动机和变压器在能量转换过程中建立交变的磁场，在一个周期内吸收和释放的功率相等。
- 容性无功功率：电容器在交流电网中接通时，在一个周期内，上半周期的充电功率与下半周期的放电功率相等，而不消耗能量。

2. 并联电容器补偿

(1) 个别补偿。在用电设备附近按其本身无功功率的需要量装设电容器组，与用电设备同时投入运行和断开，也就是在实际中将电容器直接接在用电设备附近。

它适合用于低压网络，优点是补偿效果好，缺点是电容器利用率低。

(2) 分组补偿。将电容器组分组安装在车间配电室或变电所各分路出线上，它可与工厂部分负荷的变动同时投入或切除，也就是在实际中将电容器分别安装在各车间配电盘的母线上。

它的优点是电容器利用率较高且补偿效果较理想(比较折中)。

(3) 集中补偿。把电容器组集中安装在变电所的一次或二次侧的母线上。在实际中会将电容器接在变电所的高压或低压母线上，电容器组的容量按配电所的总无功负荷来选择。

它的优点是电容器利用率高，能减少电网和用户变压器供电线路的无功负荷；缺点是不能减少用户内部配电网络的无功负荷。

在实际中上述方法可同时使用。对较大容量机组进行就地无功补偿。

无功补偿就是借助无功补偿设备提供必要的无功功率，以提高系统的功率因数，降低能耗，改善电网电压质量。从电力网无功功率消耗的基本状况可以看出，各级网络和输配电设备都要消耗一定数量的无功功率，尤以低压配电网所占比重最大。为了最大限度地减少无功功率的传输损耗，提高输配电设备的效率，无功补偿设备的配置，应按照"分级补偿，就地平衡"的原则合理布局。

(1) 总体平衡与局部平衡相结合，以局部为主。

(2) 电力部门补偿与用户补偿相结合。

在配电网络中，用户消耗的无功功率占50%～60%，其余的无功功率消耗在配电网中。因此，为了减少无功功率在网络中的输送，要尽可能地实现就地补偿，就地平衡，所以必须由电力部门和用户共同进行补偿。

(3) 集中补偿与分散补偿相结合，以分散为主。

集中补偿是指在变电所集中装设较大容量的补偿电容器。分散补偿是指在配电网络中分散的负荷区，如配电线路、配电变压器和用户的用电设备等进行的无功补偿。集中补偿主要是补偿主变压器本身的无功损耗，以及减少变电所以上输电线路的无功电力，从而降低供电网络的无功损耗，但不能降低配电网络的无功损耗。因为用户需要的无功功率通过变电所以下的配电线路向负荷端输送，所以为了有效地降低线损，必须做到无功功率在哪里发生，就应在哪里补偿。因此，中、低压配电网应以分散补偿为主。

(4) 降损与调压相结合，以降损为主。

3. 影响功率因数的主要因素

功率因数的产生主要是因为交流用电设备在其工作过程中，除消耗有功功率外，还需要无功功率。当有功功率 P 一定时，如减少无功功率 Q，则功率因数便能够提高。在极端情况下，当 Q 为0时，则其功率等于1。因此，提高功率因数的实质就是减少用电设备的无功功率需要量。

(1) 异步电动机和电力变压器是耗用无功功率的主要设备。异步电动机的定子与转子间的气隙是决定异步电动机需要较多无功功率的主要因素。异步电动机所耗用的无功功率是由其空载时的无功功率和一定负载下无功功率增加值两部分组成的。要改善异步电动机的功率因数就要防止异步电动机的空载运行，并尽可能提高负载率。变压器消耗无功功率的主要成分是其空载无功功率，它和负载率的大小无关。因此，为了改善电力系统和企业的功率因数，变压器不应空载运行或长其处于低负载运行状态。

(2) 供电电压超出规定范围也会对功率因数造成很大的影响。当供电电压高于额定值的10%时，由于磁路饱和的影响，无功功率将增长得很快，据有关资料统计，当供电电压为额定值的110%时，一般工厂的无功功率将增加35%左右。当供电电压低于额定值时，无功功率相应减少，而功率因数会有所提高。但供电电压降低会影响电气设备的正常工作。所以，应当采取措施使电力系统的供电电压尽可能保持稳定。

(3) 电网频率的波动也会对异步电动机和变压器的磁化无功功率造成一定的影响。

以上论述了影响电力系统功率因数的一些主要因素,因此必须要寻求一些能够使低压电力网功率因数提高的一些实用方法,使低压电力网能够实现无功的就地平衡,达到降损节能的效果。

4. 功率表

功率表是电动系仪表,它用于在直流电路和交流电路中测量电功率。功率表主要由固定的电流线圈和可动的电压线圈组成,电流线圈与负载串联,反映负载的电流;电压线圈与负载并联,反映负载的电压。功率表分为低功率因数功率表和高功率因数功率表。电路实验室中常用到两种型号的功率表:D34-W 型功率表,属于低功率因数功率表,$\cos\varphi=0.2$;D51 型功率表,属于高功率因数功率表,$\cos\varphi=1$。

功率表的电压量程和电流量程根据被测负载的电压和电流来确定,要求其大于被测电路的电压、电流值。只有保证电压线圈和电流线圈都不过载,测量的功率值才准确,功率表也不会被烧坏。

如图 3.72(a)所示为 D34-W 型功率表面板,该表有四个电压接线柱,其中一个带有"*"标的接线柱为公共端,另外三个接线柱是电压量程选择端,有 25 V、50 V、100 V 量程。四个电流接线柱没有标明量程,需要通过对四个接线柱的不同连接方式改变量程,即通过活动连接片使两个 0.25 A 的电流线圈串联,得到 0.25 A 的量程,如图 3.72(b)所示。通过活动连接片使两个 0.25 A 的电流线圈并联,得到 0.5 A 的量程,如图 3.72(c)所示。

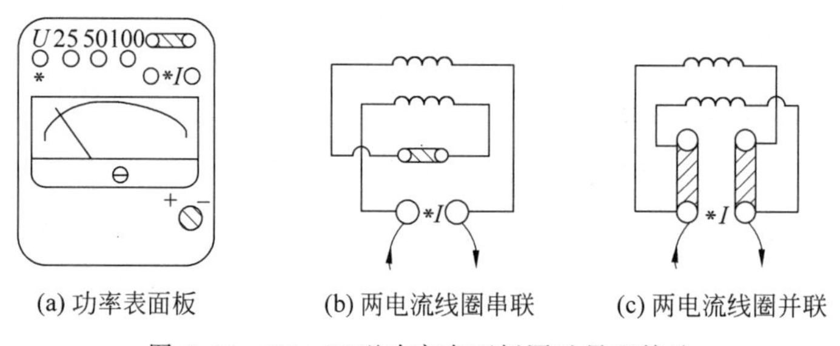

(a) 功率表面板　(b) 两电流线圈串联　(c) 两电流线圈并联

图 3.72　D34-W 型功率表面板图及量程接法

用功率表测量功率时,需要使用四个接线柱,两个电压线圈接线柱和两个电流线圈接线柱,电压线圈要并联接入被测电路,电流线圈要串联接入被测电路。通常情况下,电压线圈和电流线圈中带有"*"标的应短接在一起,否则功率表除反偏外,有可能会损坏。

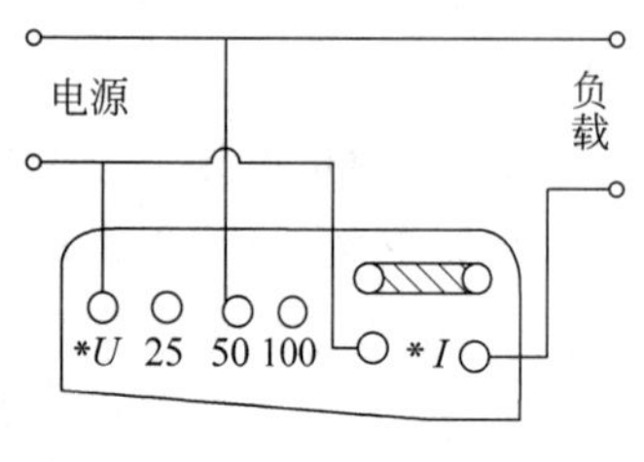

图 3.73　D50 V 量程实际接线

根据电路参数,选择电压量程为 50 V,电流量程为 0.25 A 时,功率表的实际连线如图 3.73 所示。

功率表与其他仪表不同,功率表的表盘上并不标明瓦特数,而只标明分格数,所以从表盘上并不能直接读出所测的功率值,而需经过计算得到。当选用不同的电压、电流量程时,每分格所代表的瓦特数是不相同的,设每分格代表的功率为 C,则

$$C=\frac{\text{电压量程}\times\text{电流量程}\times\cos\varphi}{\text{表盘满刻度}}(\text{W/格}) \tag{3.78}$$

式中，$\cos\varphi$ 为功率表的功率因数，对于 D34-W 型功率表，表盘满刻度数为 125。

知道了 C 值和仪表指针偏转后指示格数 a，即可求出被测功率 $P=Ca$，即

$$C=\frac{50\times0.25\times0.2}{125}=0.02(\text{W/格})$$

注意事项如下。

(1) 功率表在使用过程中应水平放置。

(2) 仪表指针如不在零位时，可利用表盖上零位调整器调整。

(3) 测量时，如遇仪表指针反向偏转，应改变仪表面板上的“+”“−”换向开关极性，勿互换电压接线，以免使仪表产生误差。

(4) 功率表与其他指示仪表不同，指针偏转大小只表明功率值，并不显示仪表本身是否过载，有时表针虽未达到满度，只要 U 或 I 之一超过该表的量程，就会损坏仪表。故在使用功率表时，通常需要接入电压表和电流表进行监控。

(5) 功率表所测功率值包括其本身电流线圈的功率损耗，所以在做准确测量时，应从测得的功率中减去电流线圈消耗的功率，才是所求负载消耗的功率。

思考与练习

一、填空题

1. 在 RL 串联电路中，既有耗能元件________，又有储能元件________，为了反映功率利用率，在工程上，将________功率与________功率的比值称作功率因数，用符号________表示。

2. 在纯电容正弦交流电路中，已知电流 $I=5$ A，电压 $u=20\sqrt{2}\sin(\omega t+45°)$(V)，则容抗 $X_C=$________Ω，$P=$________W，$Q_C=$________var。

3. 纯电感元件在正弦交流电路中消耗的平均功率为________，功率因数为________。一个纯电感线圈接在直流电源上，其感抗 $X_L=$________，电路相当于电路处于________状态。

二、选择题

1. 交流电路中提高功率因数的目的是(   )。

A. 提高电动机的效率

B. 减小电路功率损耗，减少电源的利用率

C. 增加用电器的输出功率

D. 减少无功功率，提高电源的利用率

2. 正弦交流电路的视在功率的定义为(   )。

A. 电压有效值与电流有效值的乘积

B. 平均功率

C. 瞬时功率最大值

3. 正弦交流电路的无功功率表征该电路中储能元件的(　　)。

A. 瞬时功率　　　B. 平均功率　　　C. 瞬时功率最大值

4. 正弦交流电路中的功率因数等于该电路的(　　)。

A. $\frac{P}{S}$　　　B. $\frac{Q}{S}$　　　C. $\frac{P}{Q}$

5. 正弦交流电路的视在功率 S,有功功率 P 与无功功率 Q 的关系为(　　)。

A. $S=P+Q_L-Q_C$

B. $S^2=P^2+Q_L^2-Q_C^2$

C. $S^2=P^2+(Q_L-Q_C)^2$

6. 已知某负载无功功率 $Q=3$ kvar,功率因数为 0.8,则其视在功率 S 为(　　)kV·A。

A. 2.4　　　B. 3　　　C. 5

7. 已知某电路的电压相量 $\dot{U}=100\angle30°$ V,电流相量 $\dot{I}=5\angle-30°$ A,则电路的无功功率 Q 为(　　)var。

A. 500　　　B. $250\sqrt{3}$　　　C. 250

8. 已知某电路的电压相量 $\dot{U}=141\angle45°$ V,电流相量 $\dot{I}=5\angle-45°$ A,则电路的有功功率 P 为(　　)W。

A. 705　　　B. 500　　　C. 0

三、简答题

1. 提高感性负载的功率因数,为什么不采用给负载串联电容的方法?所并联电容是否越大越好?

2. 并联电容后,总电流和功率因数有何变化?试以此说明提高功率因数的实际意义。

四、计算题

1. 把一个 6 Ω 的电阻与 120 μF 的电容串接在 $u=220\sqrt{2}\sin(314t+\pi/2)$(V)的电源上,求电路的阻抗、电流、有功功率、无功功率及视在功率。

2. 一个线圈接到 220 V 的直流电源上,功率为 1.2 kW,接到 50 Hz,220 V 的交流电源上时,功率为 0.6 kW。试求该线圈的电阻与电感各为多少?

3. 有一 RLC 串联电路,$R=20\ \Omega$,$L=40$ mH,$C=40\ \mu$F,外加电源电压 $u=50\sqrt{2}\sin(1\,000t+53°)$(V),试求:①电路的总阻抗;②电流有效值 I;③电路的功率因数 $\cos\varphi$ 及平均功率 P。

4. 将功率为 40 W,功率因数为 0.5 的荧光灯 100 只,与功率为 100 W 的白炽灯 40 只(白炽灯为纯电阻),并联接于 220 V 的正弦交流电源上,求总电流及总功率因数,如果要求把功率因数提高到 0.9,应并联多大的电容?

5. 日光灯导通后的电路模型为电阻与电感串联,其等效电阻为 300 Ω,等效电感为

1.66 H，接在 220 V 的工频交流电压上使用，求：①日光灯电路的电流 I，功率 P 及功率因数 $\cos\varphi$；②欲将电路的功率因数提高到 0.9，应并联多大的电容？

6. 图 3.74 所示电路中，电源端电压 $U=100$ V，频率 $\omega=1\,000$ rad/s，电路总有功功率为 1 800 W，功率因数为 0.6（感性），求：①电源发出的视在功率；②如使电路的功率因数提高到 0.9（感性），需要并联多大的电容？

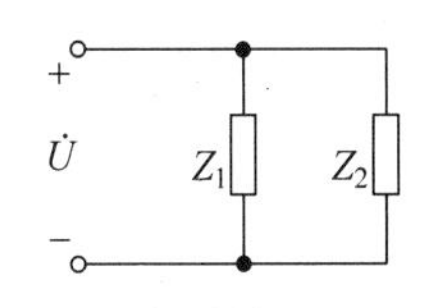

图 3.74　计算题 6 用图

7. 在 RL 串联电路中，已知：$R=300\ \Omega$，$X_L=400\ \Omega$，电源电压 $u=220\sqrt{2}\sin(314t+90°)$(V)，求：①电路中电流的有效值 I；②电阻和电感两端的电压；③有功功率和无功功率。

任务 3.5　变压器的测试与使用

学习目标

知识目标：了解变压器的实际应用；掌握变压器的组成及相关参数计算；了解变压器的参数测定方法。

技能目标：学会计算变压器相关参数；学会测定变压器的参数。

素质目标：提高学生将所学知识应用于实际的能力；培养学生逻辑思维能力。

任务要求

通过本任务的学习，使学生掌握变压器的参数测定方法，掌握变压器空载特性曲线的绘制方法。

(1) 按图 3.75 线路接线。其中 A、X 为变压器的低压绕组，a、x 为变压器的高压绕组。即电源经屏内调压器接至低压绕组，高压绕组 220 V 接 Z_L，即 15 W 的灯组负载（3 只灯泡并联），经指导教师检查后才可进行实验。

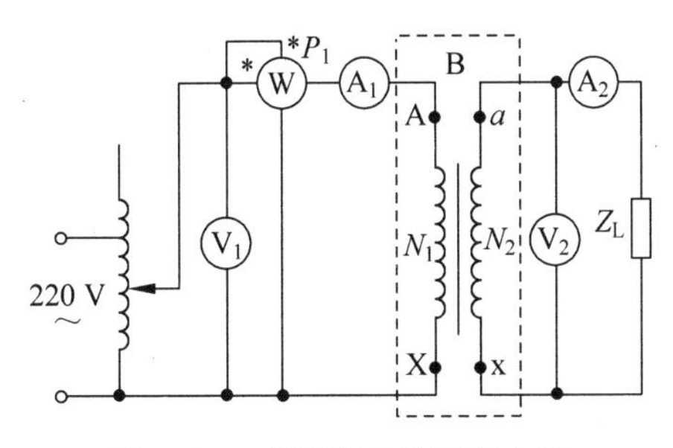

图 3.75　变压器参数测定电路

(2) 将调压器手柄置于输出电压为零的位置（逆时针旋到底），合上电源开关，并调节调压器，使其输出电压为 36 V。令负载开路并逐次增加负载（最多亮 5 个灯泡），分别记下五个仪表的读数，填入自拟的数据表格，绘制变压器的外特性曲线。实验完毕将调压器调回零位，断开电源。

当负载为 4 个或 5 个灯泡时，变压器已处于超载运行状态，很容易烧坏。因此，测试和记录应尽量快，总用时不应超过3分钟。实验时，可先将5只灯泡并联安装好，断开控制每个灯泡的开关，通电且电压调至规定值后，再逐一打开各个灯的开关，并记录仪表读数。5个灯泡的数据记录完毕，应立即用相应的开关断开各灯。

(3) 将高压侧(副边)开路，确认调压器处在零位后，合上电源，调节调压器输出电压，使U_1从零逐次上升到1.2倍的额定电压(1.2×36 V)，分别记下各次测得的U_1、U_{20}和I_{10}数据，填入自拟的数据表格，用U_1和I_{10}绘制变压器的空载特性曲线。

3.5.1 互感及互感电压

通过互感线圈可以使能量或电气信号由一个线圈方便地传递到另一个线圈，利用互感现象的原理可制成变压器、感应圈等。但是有些情况下，互感也会产生不利影响，如有线电话往往由于两路电话之间的互感而造成串音；收音机、电视机及电子设备中也会由于导线或部件间的互感而影响正常工作，这些互感的干扰都要设法避免。

1. 互感与耦合

载流线圈之间通过磁场相互联系的物理现象称为磁耦合。具有耦合的两个线圈既存在自感电压又存在互感电压。为了区分自感与互感，以下都用相同双下标表示自感变量，如u_{11}、u_{22}，用不同双下标表示互感变量，如u_{12}、u_{21}。

在图3.76(a)所示电路中，相邻放置的两个电感线圈L_1、L_2的匝数分别为N_1、N_2，根据两个线圈的缠绕方向和电流的参考方向，按照右手螺旋定则可确定流经两个线圈的电流产生的感应电动势的情况。

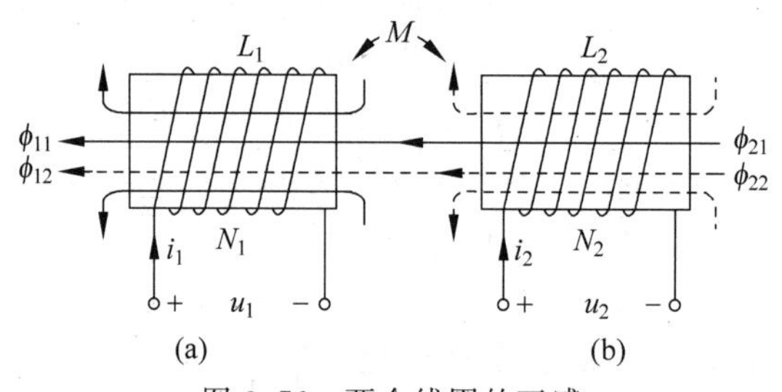

图3.76 两个线圈的互感

当给L_1通交变电流i_1时，将其产生于L_1线圈相交链的磁通设为ϕ_{11}，方向如图3.76(a)所示。ϕ_{11}与线圈L_1交链产生的磁链称为自感磁链ψ_{11}，即

$$\psi_{11}=N_1\phi_{11}$$

同时，将电流i_1产生的部分或全部与L_2相交链的磁通设为ϕ_{21}，方向如图3.76(b)所示。ϕ_{21}与线圈L_2交链产生的磁链称为互感磁链ψ_{21}，即

$$\psi_{21}=N_2\phi_{21}$$

同理，线圈L_2通交变电流i_2时，将其产生与L_2相交链的磁通设为ϕ_{22}，方向如图3.76(b)所示。ϕ_{22}与线圈L_2交链产生的磁链称为自感磁链ψ_{22}，即

$$\psi_{22}=N_2\phi_{22} \tag{3.79}$$

同时，将电流i_2产生的部分或全部与L_1相交链的磁通设为ϕ_{12}。ϕ_{12}与线圈L_1交链产生的磁链称为互感磁链ψ_{12}，即

$$\psi_{12}=N_1\phi_{12}$$

由自感系数的定义得

$$\begin{cases} L_1=\dfrac{\psi_{11}}{i_1}=\dfrac{N_1\phi_{11}}{i_1} \\ L_2=\dfrac{\psi_{22}}{i_2}=\dfrac{N_2\phi_{22}}{i_2} \end{cases} \tag{3.80}$$

仿照自感系数的定义，定义 ψ_{21} 与 i_1 的比值为 L_1 对 L_2 的互感系数 M_{21}，定义 ψ_{12} 与 i_1 的比值为 L_2 对 L_1 的互感系数 M_{12}。即

$$M_{21}=\frac{\psi_{21}}{i_1}=M_{12}=\frac{\psi_{12}}{i_2} \tag{3.81}$$

互感系数简称为互感，互感的大小反映一个线圈的电流在另一个线圈中产生磁链的能力。互感的单位与自感相同，也是亨(H)。可以证明

$$M_{21}=M_{12}$$

因此，用 M 表示 M_{21} 和 M_{12}。

线圈 L_1 和 L_2 是相互独立的，它们的相互影响是靠磁场联系起来的，故称为磁耦合。由于 L_1 中电流 i_1 产生的磁通与 L_2 相交链的部分 ϕ_{21} 总是小于或等于 ϕ_{11}，即 ϕ_{11} 中有一部分不与 L_2 相交链，同理 ϕ_{22} 中也有一部分不与 L_1 相交链，把不与另一线圈相交链的磁通称为漏磁通。两线圈只有部分磁通相互交链，通常为了表示耦合的紧密程度，定义一个参数称作耦合系数 k，即

$$k=\frac{M}{\sqrt{L_1L_2}} \tag{3.82}$$

耦合系数 k 是一个无量纲的参数，取值范围为 0～1，其大小反映了两线圈耦合的强弱。

如果两个线圈紧密地缠绕在一起，一个线圈电流产生的磁通几乎全部与另一个线圈交链，k 值就接近 1，即两线圈全耦合。在无线电技术中和电力变压器上，为了更有效地传输信号和功率，总是采用极紧密的耦合，使 k 值尽可能接近 1，如图 3.77 所示。

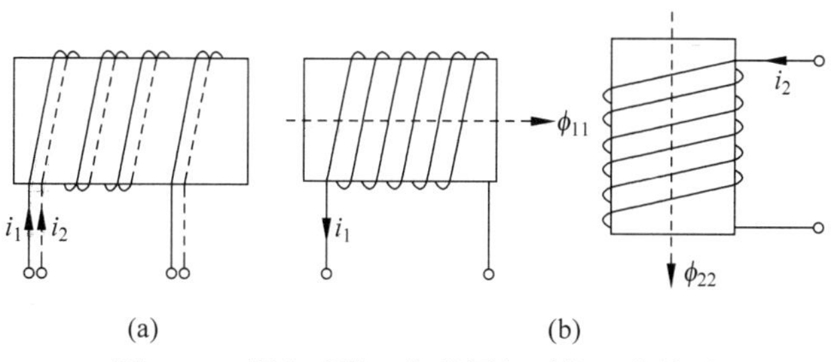

图 3.77 耦合系数 k 与线圈相对位置的关系

若两线圈相距较远，或线圈的轴线相互垂直放置，k 值就很小，甚至有可能为零，即两线圈无耦合。在工程上有时尽量减小互感的作用，以避免线圈之间的相互干扰，实际应用中，有时甚至需要加上磁屏蔽罩。

2. 同名端

一对互感线圈中,一个线圈的电流发生变化时,在本线圈中产生的自感电压与在相邻线圈中产生的互感电压极性相同的端点称为同名端。

如果两个互感线圈的电流 i_1 和 i_2 产生的磁通是相互增强的,那么两电流同时流入(或流出)的端钮就是同名端;如果磁通相互削弱,则两电流同时流入(或流出)的端钮就是异名端,如图 3.78 所示。

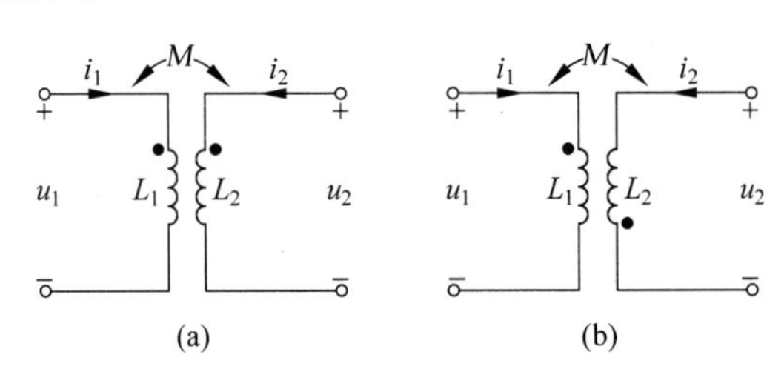

图 3.78 耦合线圈的电路模型

当两个线圈同时通电流时,每个线圈两端的电压均包含自感电压和互感电压,即

$$u_1=u_{11}+u_{12}=L_1\frac{\mathrm{d}i_1}{\mathrm{d}t}+M\frac{\mathrm{d}i_2}{\mathrm{d}t}$$

$$u_2=u_{21}+u_{22}=M\frac{\mathrm{d}i_1}{\mathrm{d}t}+L_2\frac{\mathrm{d}i_2}{\mathrm{d}t}$$

图 3.78(a)相量形式的方程为

$$\dot{U}_1=\mathrm{j}\omega L_1\dot{I}_1+\mathrm{j}\omega M_{12}\dot{I}_2$$

$$\dot{U}_2=\mathrm{j}\omega M_{21}\dot{I}_1+\mathrm{j}\omega L_2\dot{I}_2$$

同名端在电路中以“*”“·”“Δ”等符号表示,另一同名端则无须再标。

同名端的判断原则如下。

(1) 已知两个互感线圈绕向时——磁通相互增强法,如图 3.79 所示。

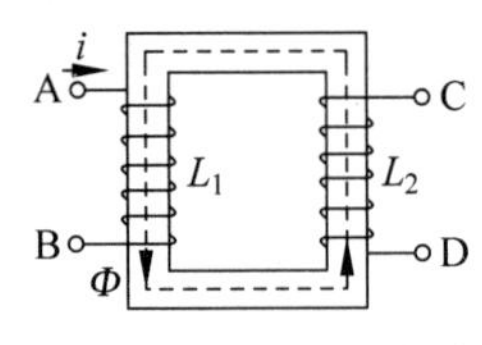

图 3.79 同名端的判断

假定端子 A 为电流 i 流入并增大(或减小),则由楞次定律知,电流 i 所产生的自感磁通和互感磁通也随时间增加(或减小),则原线圈 L_1 自感电动势从 B 指向 A(或由 A 指向 B),互感线圈 L_2 的互感电动势从 C 指向 D(或从 D 指向 C),可见 A 与 D,B 与 C 为同名端。

(2) 不知线圈绕向时——实验法,如图 3.80 所示。

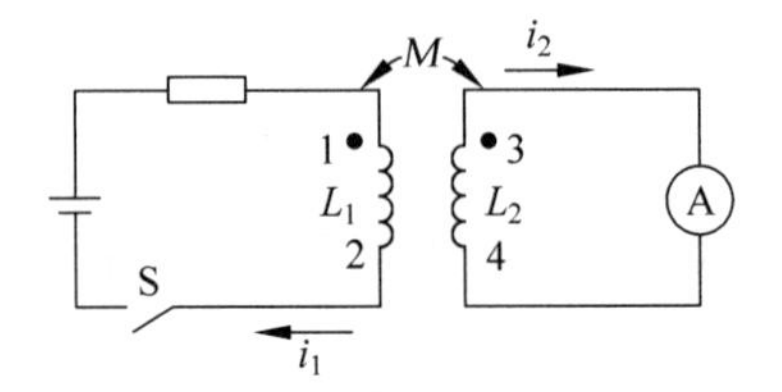

图 3.80 实验法判断同名端电路图

当开关 S 闭合时，电流从线圈的端点 1 流入，且电流随时间增大。若此时电流表的指针向正刻度方向偏转，则说明 1 与 3 是同名端，否则 1 与 3 是异名端。

3. 互感电压的参考方向

当电流的参考方向从同名端指向另一端时，互感电压的参考方向也从同名端指向另一端；反之当电流的参考方向从另一端指向同名端时，互感电压的参考方向也从另一端指向同名端。即互感电压的方向与产生该互感电压的电流方向相对同名端是一致的，也叫互感电压同名端一致的原则。

【例 3.40】 写出图 3.81 所示互感线圈端电压 u_1 和 u_2 的表达式。

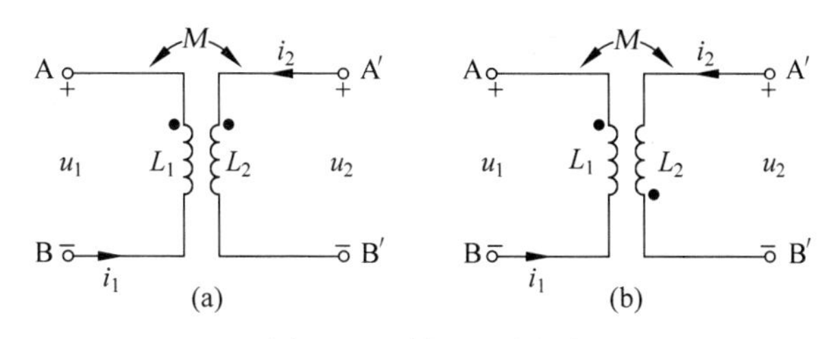

图 3.81 例 3.40 用图

解：电图 3.81(a)可得

$$u_1=-L_1\frac{\mathrm{d}i_1}{\mathrm{d}t}+M\frac{\mathrm{d}i_2}{\mathrm{d}t}$$

$$u_2=L_2\frac{\mathrm{d}i_2}{\mathrm{d}t}-M\frac{\mathrm{d}i_1}{\mathrm{d}t}$$

对于图 3.81(b)，同样可得

$$u_1=-L_1\frac{\mathrm{d}i_1}{\mathrm{d}t}-M\frac{\mathrm{d}i_2}{\mathrm{d}t}$$

$$u_2=L_2\frac{\mathrm{d}i_2}{\mathrm{d}t}+M\frac{\mathrm{d}i_1}{\mathrm{d}t}$$

【例 3.41】 图 3.82 所示电路中，$M=0.025$ H，试求互感电压 u_{21}。

解：选择互感电压 u_{21} 与电流 i_1 的参考方向和同名端一致，如图 3.82 所示。则

$$u_{21}=M\frac{\mathrm{d}i_1}{\mathrm{d}t}$$

其相量形式为

$$\dot{U}_{21}=\mathrm{j}\omega M\dot{I}_1,\quad \dot{I}_1=10\angle 0^\circ\ \mathrm{A}$$

$$\dot{U}_{21}=\mathrm{j}\omega M\dot{I}_1=\mathrm{j}1\,200\times 0.025\times 10\angle 0^\circ=30\angle 90^\circ(\mathrm{A})$$

$$u_{21}=30\sqrt{2}\sin(1\,200t+90^\circ)(\mathrm{V})$$

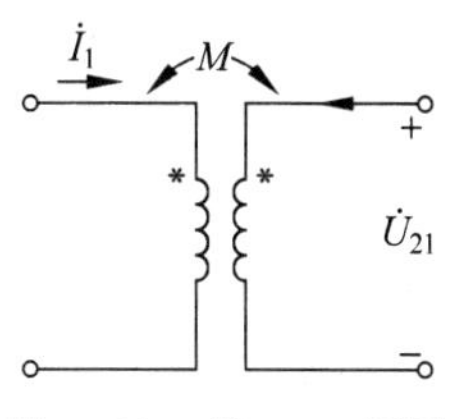

图 3.82 例 3.41 用图

4. 互感线圈的串联

互感线圈的连接比较复杂，先通过互感线圈的简单连接分析含有互感的电路，然后再学习复杂互感电路的一般分析方法。

两个互感线圈串联时，有两种接法：一是两线圈的异名端连接在一起，称为顺向串联；二是两线圈的同名端连接在一起，称为反向串联。

1）顺向串联

图 3.83(a)所示是互感线圈顺向串联的电路模型，即互感线圈异名端相连。

总电压与线圈的自感和互感电压的相量关系为

$$\dot{U}=\dot{U}_{11}+\dot{U}_{22}+\dot{U}_{12}+\dot{U}_{21}=\mathrm{j}\omega L_1\dot{I}+\mathrm{j}\omega L_2\dot{I}+\mathrm{j}\omega M\dot{I}+\mathrm{j}\omega M\dot{I}=\mathrm{j}\omega(L_1+L_2+2M)\dot{I}$$

式中，令 $L_s=L_1+L_2+2M$，L_s 称为顺向串联的等效电感。

线圈顺向串联的等效电感为

$$L_s=L_1+L_2+2M \tag{3.83}$$

顺向串联的等效电路如图 3.83(b)所示。

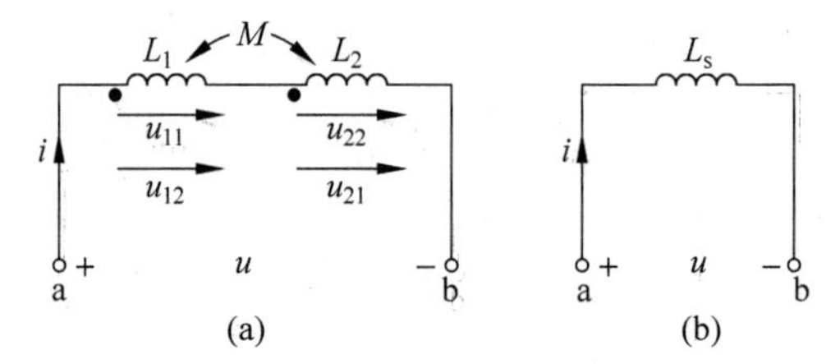

图 3.83 互感线圈顺向串联

2）反向串联

图 3.84(a)所示是互感线圈反向串联的电路模型，即互感线圈同名端相连。

总电压与线圈的自感和互感电压的相量关系为

$$\dot{U}=\dot{U}_{11}+\dot{U}_{22}-\dot{U}_{12}-\dot{U}_{21}=\mathrm{j}\omega L_1\dot{I}+\mathrm{j}\omega L_2\dot{I}-\mathrm{j}\omega M\dot{I}-\mathrm{j}\omega M\dot{I}=\mathrm{j}\omega(L_1+L_2-2M)\dot{I}$$

式中，令 $L_f=L_1+L_2-2M$，L_f 称为反向串联的等效电感。

线圈反向串联的等效电感为

$$L_f=L_1+L_2-2M \tag{3.84}$$

反向串联的等效电路如图 3.84(b)所示。

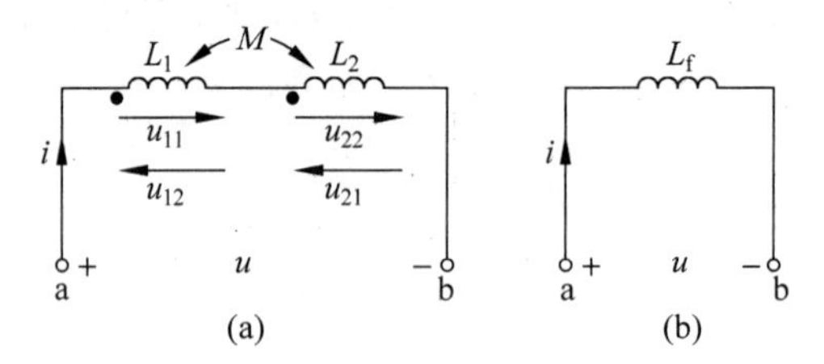

图 3.84 互感线圈反向串联

根据式(3.82)和式(3.83)可得互感系数为

$$M=\frac{L_s-L_f}{4} \tag{3.85}$$

【例 3.42】 将两个线圈串联接到工频 220 V 的正弦电源上，顺向串联时电流为 2.7 A，功率为 218.7 W，反向串联时电流为 7 A，求互感 M。

$$L_s = L_1 + L_2 + 2M = \frac{1}{2\pi f}\sqrt{\left(\frac{U}{I_s}\right)^2 - (R_1 + R_2)^2} = 0.24(\text{H})$$

$$L_f = L_1 + L_2 - 2M = \frac{1}{2\pi f}\sqrt{\left(\frac{U}{I_f}\right)^2 - (R_1 + R_2)^2} = 0.03(\text{H})$$

$$M = \frac{L_s - L_f}{4} = \frac{0.24 - 0.03}{4} = 0.053(\text{H})$$

3.5.2 互感线圈的并联

互感线圈的并联也有两种接法：一种是两个线圈的同名端相连，称为同侧并联；另一种是两个线圈的异名端相连，称为异侧并联。

互感线圈同侧并联的电路模型如图 3.85(a)所示，电压、电流的参考方向和同名端如图所示。设外加正弦交流电压 $u = U_m \sin\omega t$，则得相量方程为

$$\begin{cases} \dot{I} = \dot{I}_1 + \dot{I}_2 \\ \dot{U} = \mathrm{j}\omega L_1 \dot{I}_1 + \mathrm{j}\omega M \dot{I}_2 \\ \dot{U} = \mathrm{j}\omega L_2 \dot{I}_2 + \mathrm{j}\omega M \dot{I}_1 \end{cases}$$

解方程组，得

$$Z = \frac{\dot{U}}{\dot{I}} = \mathrm{j}\omega \frac{L_1 L_2 - M^2}{L_1 + L_2 - 2M}$$

同侧并联的等效电感为

$$L_{eq} = \frac{L_1 L_2 - M^2}{L_1 + L_2 - 2M} \tag{3.86}$$

图 3.85(b)所示为互感线圈异侧并联电路，电压、电流的参考方向和同名端如图所示，同理可得其等效电感 L_{eq} 为

$$L_{eq} = \frac{L_1 L_2 - M^2}{L_1 + L_2 + 2M} \tag{3.87}$$

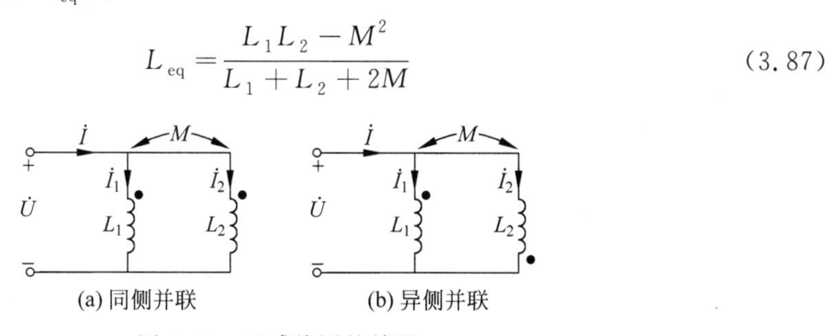

图 3.85 互感线圈的并联

【例 3.43】 电路如图 3.86 所示，$L_1 = L_2 = 0.2$ H，$M = 0.1$ H。求：①b、d 端短接时，等效电感 L_{ac}；②c、a 和 d、b 并接时，等效电感 L_{ab}；③c、d 开路时，等效电感 L_{ab}。

解：根据同名端的定义判断两线圈的同名端，并用耦合电感元件表示，如图 3.86(b)所示。

(1) b、d 短接是两互感线圈的顺侧串联，即

$$L_{ac}=L_1+L_2+2M=0.2+0.2+2\times0.1=0.6(\mathrm{H})$$

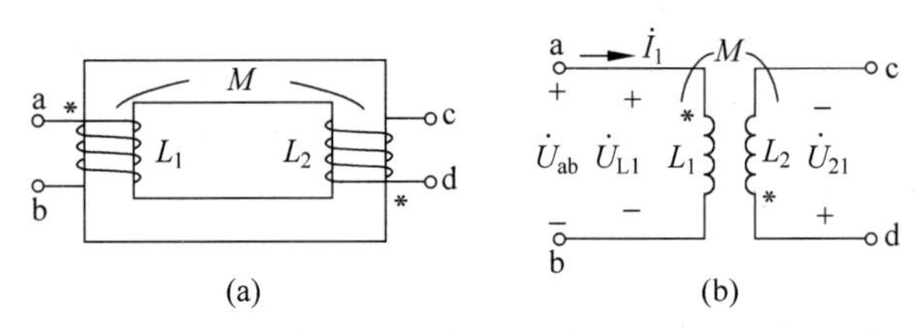

图 3.86 例 3.43 用图

(2) c、a 和 d、b 并接是两互感线圈的异侧并联，即

$$L_{ab}=\frac{L_1L_2-M^2}{L_1+L_2+2M}=\frac{0.2\times0.2-0.1^2}{0.2+0.2+2\times0.1}=0.05(\mathrm{H})$$

(3) c、d 开路时，该回路不可能有电流。假定在 a 端有一个电流 $\dot{I}_1$ 流入，在 L_1 上仅有 $\dot{I}_1$ 产生的自感电压 U_{L1}，它们的参考方向如图 3.86(b)所示。即

$$\dot{U}_{ab}=\mathrm{j}\omega L_1\dot{I}_1$$

$$L_{ab}=L_1=0.2\ \mathrm{H}$$

3.5.3 变压器

理想变压器在现实中并不存在，但由理想变压器模型导出的结论，不仅反映了实际变压器的主要特性，而且在工程应用中也比较接近实际情况。此外，为了便于在理论上对变压器进行分析和讨论，也需要提出一个理想化的电路模型，就像在交流电路中提出的纯电阻、纯电感、纯电容等理想元件一样。我们假定：

(1) 变压器全部磁通都闭合在铁芯中，即没有漏磁通。

(2) 初次级绕组的内阻为零，即没有铜损。

(3) 铁芯中没有涡流和磁滞现象，即没有铁损。

(4) 铁芯材料的磁导率趋近于无限大，产生磁通的磁化电流趋近于零，可以忽略不计。

满足上述条件的理想化的变压器元件，称为理想变压器。

变压器是一种借助于磁耦合实现能量传输和信号传递的电气设备，它通常由两个互感线圈组成，一个线圈与电源相连接，称为一次侧；一个线圈与负载相连接，称为二次侧。若变压器互感线圈在非铁磁材料芯上，则变压器称为空心变压器，图 3.87 为空心变压器的电路。

根据图 3.88 所示的电流、电压参考方向以及标注的同名端，可列出一次侧、二次侧的 KVL 方程为

$$\begin{cases}(R_1+\mathrm{j}\omega L_1)\dot{I}_1+\mathrm{j}\omega M\dot{I}_2=\dot{U}_S\\ \mathrm{j}\omega M\dot{I}_1+(R_2+\mathrm{j}\omega L_2+Z_1)\dot{I}_2=0\end{cases}$$

$$\dot{I}_1=\frac{\dot{U}_1}{Z_{11}+\dfrac{X_M^2}{Z_{22}}}$$

反射阻抗为

$$Z_1'=\frac{X_M^2}{Z_{22}}=\frac{X_M^2}{R_{22}+jX_{22}}=R_1'+jX_1' \tag{3.88}$$

$$\begin{cases} R_1'=\dfrac{X_M^2}{R_{22}^2+X_{22}^2}R_{22} \\ X_1'=\dfrac{-X_M^2}{R_{22}^2+X_{22}^2}X_{22} \end{cases} \tag{3.89}$$

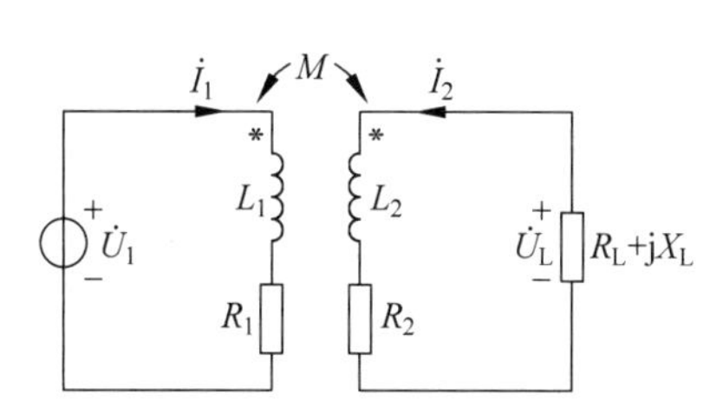

图 3.87 空心变压器的电路

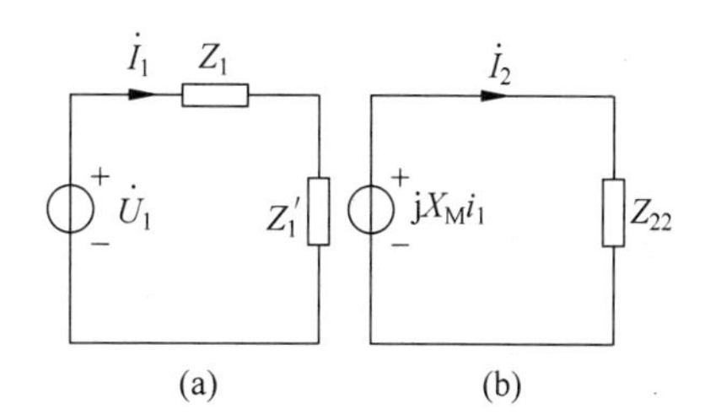

图 3.88 空心变压器一、二次侧等效电路

反射电抗与二次侧电抗性质相反，即二次侧电抗是容性时，则反射电抗为感性；反之，当二次侧电抗是感性时，反射电抗为容性。

【例 3.44】 如图 3.89 所示，已知 $R_1+jX_{L1}=j10(\Omega)$，$R_2+jX_{L2}=j8(\Omega)$，$X_M=5\ \Omega$，负载 $R_L+jX_L=6(\Omega)$，电源电压 $U=50$ V，$\omega=314$ rad/s。

求：①一次侧的输入阻抗；②两绕组的电流。

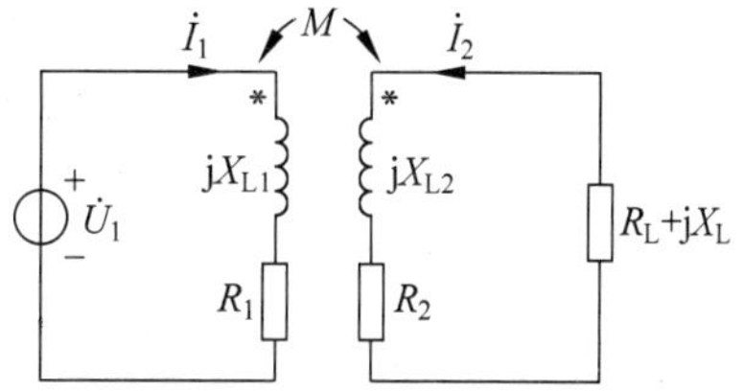

图 3.89 例 3.44 用图

解：(1) $Z_{in}=\dfrac{\dot{U}_1}{\dot{I}_1}=Z_1+Z'=R_1+X_{L1}+Z'$

$=15-j10(\Omega)$

(2) $\dot{I}_1=\dfrac{\dot{U}_1}{Z_{in}}=2.77\angle 33.69°(\text{A})$

$$\dot{I}_2=-\frac{jX_M}{(R_1+R_2)+j(X_{L1}+X_{L2})}\dot{I}_1=1.385\angle -109.44°(\text{A})$$

【例 3.45】 已知空心变压器 $R_1=5$ kΩ，$j\omega L_1=j12$ kΩ，$j\omega L_2=j10$ kΩ，$j\omega M=j2$ kΩ，$Z_L=(0.2-j9.8)$ kΩ。外加电压$\dot{U}_1=10\angle 0°$ V，求 $\dot{I}_1$、$\dot{I}_2$、$\dot{U}_L$ 及输入功率和输出功率 P_1、P_2。

解：(1) $Z_{11}=R_1+j\omega L_1=5+j12(\text{k}\Omega)$

$$Z_{22}=R_2+\mathrm{j}\omega L_2=\mathrm{j}10(\mathrm{k\Omega})$$

$$Z_{\mathrm{r}}=\frac{(\omega M)^2}{Z_{22}+Z_{\mathrm{L}}}=\frac{2^2}{\mathrm{j}10+0.2-\mathrm{j}9.8}=10-\mathrm{j}10(\mathrm{k\Omega})$$

$$Z_1=5+\mathrm{j}12+10-\mathrm{j}10=15+\mathrm{j}2(\mathrm{k\Omega})$$

(2) $\dot{I}_1=\dfrac{\dot{U}}{Z_1}=\dfrac{10\angle 0^\circ}{15+\mathrm{j}2}=\dfrac{10\angle 0^\circ}{15.13\angle 7.6^\circ}=0.661\angle -7.6^\circ(\mathrm{mA})$

$$\dot{I}_2=\frac{\mathrm{j}\omega M\dot{I}_1}{Z_{22}+Z_{\mathrm{L}}}=\frac{1.32\angle 82.4^\circ}{0.2+\mathrm{j}0.2}=4.67\angle 37.4^\circ(\mathrm{mA})$$

$$\dot{U}_{\mathrm{L}}=\dot{I}_2Z_{\mathrm{L}}=4.67\angle 37.4^\circ\times(0.2-\mathrm{j}9.8)=45.8\angle -51.4^\circ(\mathrm{V})$$

(3) 输入功率

$$P_1=UI_1\cos\varphi_1=10\times 0.661\times\cos 7.6^\circ=6.55(\mathrm{mW})$$

输出功率

$$P_2=I_2^2R_1=4.67^2\times 0.2=4.36(\mathrm{mW})$$

输入回路线圈电阻损耗的功率

$$P_{R_1}=I_1^2R_1=2.185(\mathrm{mW})$$

反射阻抗消耗的功率

$$P_2=I_1^2R_{\mathrm{r}}=0.66^2\times 10=4.36(\mathrm{mW})$$

即

$$P_2+P_{R_1}=4.36+2.185\approx 6.55(\mathrm{mW})$$

可见，原方回路是以磁耦合的方式将功率传递给负方的。

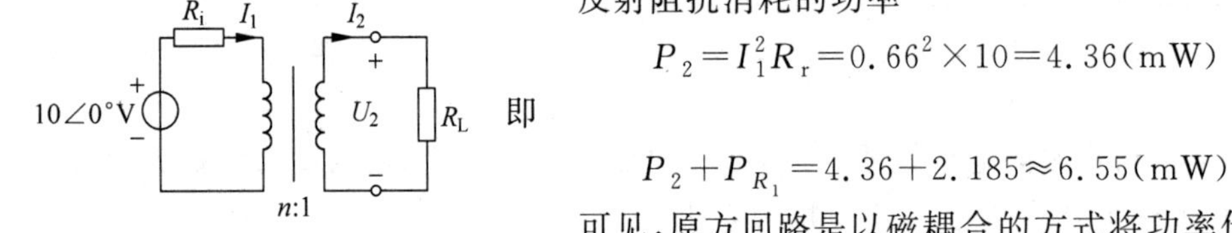

图 3.90 例 3.46 用图

【例 3.46】 如图 3.90 所示，已知 $R_{\mathrm{i}}=15\ \mathrm{k\Omega}$，$R_{\mathrm{L}}=200\ \Omega$，$n=5$，求：$I_1$、$I_2$、$U_2$。

解：

$$R'_{\mathrm{L}}=n^2R_{\mathrm{L}}$$

$$R'_{\mathrm{L}}=5^2\times 200=5\,000(\Omega)=5(\mathrm{k\Omega})$$

$$I_1=\frac{U_{\mathrm{S}}}{R_{\mathrm{i}}+R'_{\mathrm{L}}}=\frac{10}{15+5}=0.5(\mathrm{mA})$$

$$\frac{I_1}{I_2}=\frac{N_2}{N_1}$$

$$I_2=\frac{N_1}{N_2}I_1=\frac{5}{1}\times 0.5=2.5(\mathrm{mA})$$

或者

$$U_2=I_2R_{\mathrm{L}}=2.5\times 0.2=0.5(\mathrm{V})$$

$$U_1=U_{\mathrm{S}}-I_1R_{\mathrm{i}}$$

$$U_1=10-0.5\times 15=2.5(\mathrm{V})$$

$$\frac{U_1}{U_2}=\frac{N_1}{N_2}$$

$$U_2 = \frac{1}{5} \times 2.5 = 0.5(\text{V})$$

3.5.4 互感器

1. 电流互感器(图 3.91)

定义：电流互感器是将大电流变换成小电流的变压器。即

$$\frac{I_1}{I_2} = \frac{N_2}{N_1} = K_i$$

K_i 称为电流互感器的变流比。通常电流互感器二次侧额定电流设计成标准值 5 A 或 1 A。将测量仪表的读数乘以电流互感器的变流比，就可得到被测电流值。

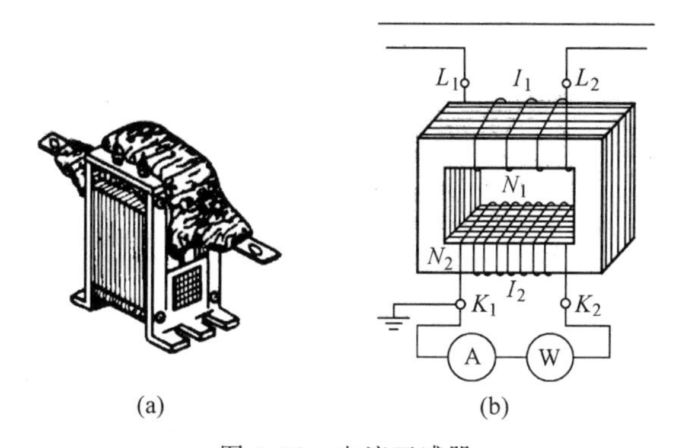

图 3.91 电流互感器

其特点如下。

(1) 一次侧绕组用粗线绕成，只有一匝或几匝，与被测电路负载串联。

(2) 二次侧绕组匝数较多，导线较细，与电流表或功率表的电流线圈连接。

注意：

(1) 在运行中不允许二次侧开路，否则会使铁芯发热甚至烧坏绕组并在二次侧绕组感应高压，造成绕组的绝缘击穿，危及生命安全。

(2) 二次侧电路中不允许装设熔断器，拆装仪表时，必须先将绕组短路。

(3) 为了安全，铁芯和二次侧绕组的一端必须接地，防止绝缘击穿后，电力系统的高电压传到低压侧，进而危及二次侧设备及操作人员的安全。

2. 电压互感器

定义：电压互感器(图 3.92)是将高电压变换成低电压的变压器。即

$$\frac{U_1}{U_2} = \frac{N_1}{N_2} = K_u$$

K_u 称为电压互感器的电压比。通常电压互感器低压侧的额定值均设计为 100 V。将测量仪表的读数乘以电压互感器的电压比，就可得到被测电压值。

其特点如下。

(1) 一次侧绕组匝数较多，与被测的高压电网并联。

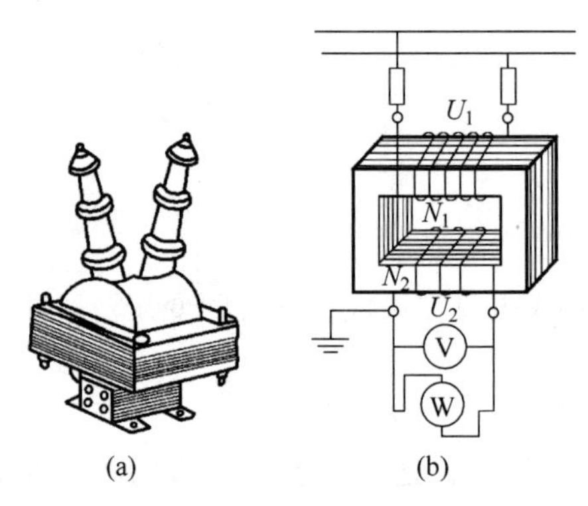

图 3.92 电压互感器

(2) 二次侧绕组匝数较多,导线较细,与电流表或功率表的电流线圈连接。

注意:

(1) 二次侧不允许短路,否则会产生很大的短路电流,绕组将因过热而烧毁,故在高压侧应接入熔断器进行保护。

(2) 为防止电压互感器高压绕组绝缘损坏,使低压侧出现高电压现象,电压互感器的铁芯、金属外壳和二次绕组的一端必须可靠接地。

思考与练习

一、选择题

1. 当交流电源电压加到变压器一次侧绕组后,就有交流电流通过该绕组,在铁芯中产生交变磁通,这个交变磁通(　　),两个绕组分别产生感应电势。

A. 只穿过一次侧绕组

B. 只穿过二次侧绕组

C. 有时穿过一次侧绕组,有时穿过二次侧绕组

D. 不仅穿过一次侧绕组,同时也穿过二次侧绕组

2. 变压器一、二次侧感应电势之比(　　)一、二次侧绕组匝数之比。

A. 大于　　B. 小于　　C. 等于　　D. 无关

3. 变压器一、二次侧绕组因匝数不同将导致一、二次侧绕组的电压高低不等,匝数多的一边电压(　　)。

A. 高　　B. 低

C. 可能高也可能低　　D. 不变

4. 如果忽略变压器的内损耗,可认为变压器二次侧输出功率(　　)变压器一次输入功率。

A. 大于　　B. 等于

C. 小于　　D. 可能大于也可能小于

5. 变压器一、二次侧电流的有效值之比与一、二次侧绕组的匝数比(　　)。

A. 成正比　　B. 成反比　　C. 相等　　D. 无关系

6. 变压器匝数多的一侧电流比匝数少的一侧电流(　　)。

A. 大　　B. 小

C. 大小相同　　D. 以上答案皆不对

7. 变压器电压高的一侧电流比电压低的一侧电流(　　)。

A. 大　　B. 小

C. 大小相同　　D. 以上答案皆不对

8. 变压器铭牌上额定容量的单位为(　　)。

A. kV·A 或 MV·A　　B. V·A 或 MV·A

C. kV·A 或 V·A　　D. kvar 或 Mvar

9. 电源 E、开关 S、定值电阻 R、小灯泡 A 和带铁芯的线圈 L(其电阻可忽略),连成如图 3.93 所示的电路。闭合开关 S,电路稳定时,小灯泡 A 发光,则断开 S 瞬间,以下说法正确的是(　　)。

A. 小灯泡 A 立即熄灭

B. 小灯泡 A 逐渐变暗,且电流方向与断开 S 前相同

C. 小灯泡 A 逐渐变暗,且电流方向与断开 S 前相反

D. 小灯泡 A 先变得比断开 S 前更亮,然后逐渐变暗

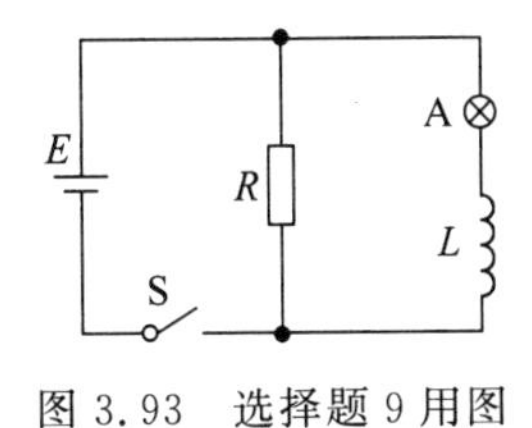

图 3.93　选择题 9 用图

10. 自耦变压器与一般变压器都具有的特性是(　　)。

A. 有一次侧和二次侧绕组

B. $U_1/U_2=N_1/N_2=k$

C. $I_1/I_2=N_1/N_2=k$

D. 只要电压降得足够低,就可以作为安全变压器使用

二、判断题

1. 变压器是一种静止的电气设备,它利用电磁感应原理将一种电压等级的交流电转变成异频率的另一种电压等级的交流电。(　　)

2. 变压器运行时,绕组和铁芯中产生的损耗会转化为热量,必须及时散热,以免变压器过热造成事故。(　　)

3. 变压器是根据电磁感应原理工作的。(　　)

4. 变压器匝数多的一侧电流小,匝数少的一侧电流大,也就是电压高的一侧电流小,电压低的一侧电流大。(　　)

5. 所谓额定容量,是指在变压器铭牌规定的额定状态下,变压器二次侧的输出能力

(kV·A)。对于三相变压器,额定容量是三相容量之和。(　　)

6. 变压器额定容量的大小与电压等级也是密切相关的,电压低的容量较大,电压高的容量较小。(　　)

三、简答题

1. 互感应现象与自感应现象有什么异同?

2. 互感系数与线圈的哪些因素有关?

3. 已知两耦合线圈的 $L_1=0.04$ H,$L_2=0.06$ H,$k=0.4$,试求其互感。

4. 两线圈的自感分别为 0.8 H 和 0.7 H,互感为 0.5 H,电阻不计。试求当电源电压一定时,两线圈反向串联时的电流与顺向串联时的电流之比。

5. 为什么要将低压绕组作为原边进行通电实验?在实验过程中应注意什么问题?

6. 为什么变压器的励磁参数一定是在空载实验加额定电压的情况下求出?

7. 具有互感的两个线圈顺接串联时总电感为 0.6 H,反接串联时总电感为 0.2 H,若两线圈的电感量相同时,求互感和线圈的电感。

四、计算题

1. 求图 3.94 所示电路中的电流。

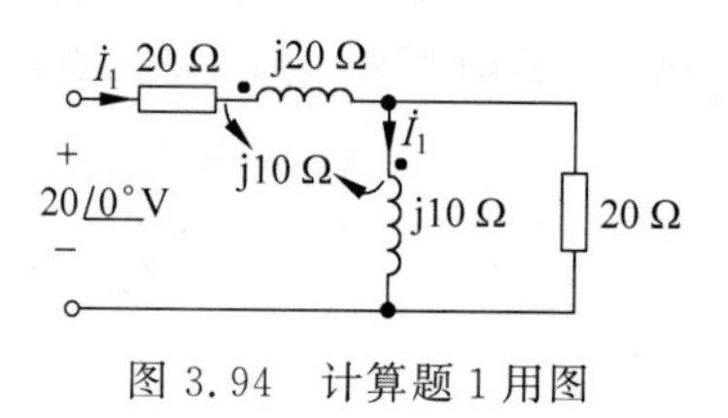

图 3.94　计算题 1 用图

2. 由理想变压器组成的电路如图 3.95 所示,已知 $\dot{U}_S=160\angle 0°$ V,求:$\dot{I}_1$、$\dot{U}_2$ 和 R_L 吸收的功率。

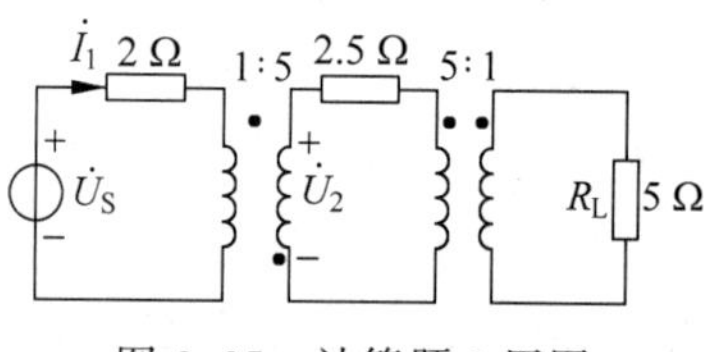

图 3.95　计算题 2 用图

4
模◆块

三相交流电的测量

前面所讲的单相正弦交流电路中的电源只有两根输电线，如日常生活中的220 V单相照明电源就是由一根火线和一根零线组成的。但在工业生产中广泛应用的是由三相制供电的三相交流电路。

三相交流电路是由三相电源、负载以及连接导线共同组成的电路，三相电源由三个振幅相等、频率相同、相位依次相差120°的电动势组成，单相交流电源通常是从三相交流电源中取其一相而获得的。

三相电路具有以下几个优点：①三相电动机的稳定性要远远大于单相电动机；②三相供电比单相供电更节省能源和材料；③三相供电更有利于远距离传输和分配电能。以上这些优点使三相电路在动力方面获得了广泛应用，是目前电力系统所采用的主要供电方式。研究三相电路要注意以下两点：①特殊的电源和负载；②特殊的连接和求解方式。

任务4.1 三相交流电路的测试

学习目标

知识目标：掌握三相电路的产生和特点；掌握三相电源和负载的连接方式；掌握三相四线制电源的线电压和相电压的关系。

技能目标：熟练使用电压表和电流表；掌握三相交流电路电压和电流的测量方法。

素质目标：培养学生勤于思考、善于动手的良好习惯；培养学生认真观察分析的科学态度。

任务要求

在日常生活中，会经常接触到三相交流电路，如图4.1所示就是一个三相照明负载电路。它由三相对称电源和三相灯组负载等部件组成，是三相负载星形联结的三相四线制电路。通过对此电路中电压、电流的测量，掌握三相负载星形联结的接线方法，然后将此电路改接成三相负载三角形联结的电路，再次进行测量，以此掌握两种接法下线电压与相电压、线电流与相电流之间的关系。

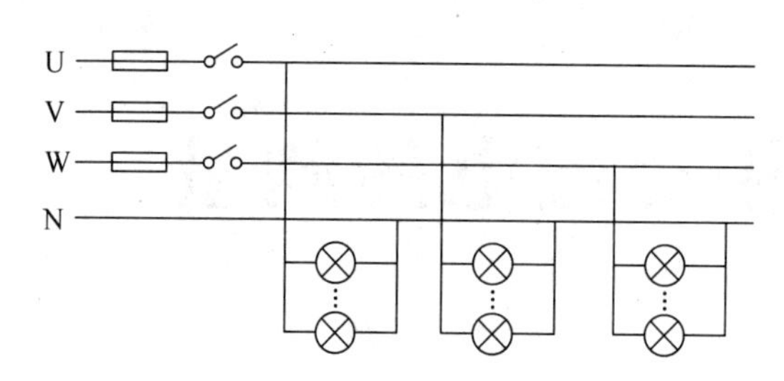

图 4.1　三相照明负载电路

(1) 按要求准备电路材料，材料清单见表 4.1。

表 4.1　实验材料

序号	名　称	型号与规格	数　量	备　注
1	交流电压表	0～500 V	1	
2	交流电流表	0～5 A	1	
3	万用表		1	自备
4	三相自耦调压器		1	
5	三相灯组负载	220 V/15 W 白炽灯	9	DGJ-04
6	电门插座		3	DGJ-04

(2) 按线路图组接实验电路。图 4.2 电路三相负载进行了星形联结，三相灯组负载经三相自耦调压器接通三相对称电源，将三相调压器的旋柄置于输出为 0 V 的位置(逆时针旋转到底)，经指导教师检查合格后，才可开启实验台电源。调节调压器的输出，使输出的三相线电压为 220 V，分别测量三相负载的线电压、相电压、线电流、相电流、中线电流、电源与负载中点间的电压。将所测得的数据填入表 4.2 中，并观察各相灯组亮暗的变化程度，特别要注意观察中线的作用。

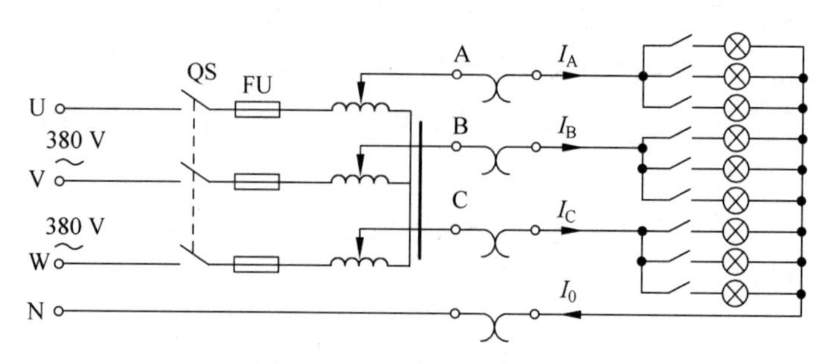

图 4.2　三相负载星形联结

表 4.2 测量数据

测量数据实验内容(负载情况)	开灯盏数			线电流=相电流/A			线电压/V			相电压 V			中性线电流 I_0/A	中点电压 U_{N0}/V
	A 相	B 相	C 相	I_A	I_B	I_C	U_{AB}	U_{BC}	U_{CA}	U_{A0}	U_{B0}	U_{C0}		
Y₀ 接平衡负载	3	3	3											
Y接平衡负载	3	3	3											
Y₀ 接不平衡负载	1	2	3											
Y接不平衡负载	1	2	3											
Y₀ 接 B 相断开	1		3											
Y接 B 相断开	1		3											
Y接 B 相短路	1		3											

注：① Y_0 指有中线，Y指没有中线，0 是中点。

② 在做Y接不平衡负载或缺相测量时，所加的线电压应以最高相电压小于 240 V 为宜。

(3) 按图 4.3 改接实验线路。

按图 4.3 改接线路，经指导教师检查合格后接通三相电源，并调节调压器，使其输出的线电压为 220 V，并按表 4.3 的内容进行测试，通过测量的数据总结它们之间的关系。

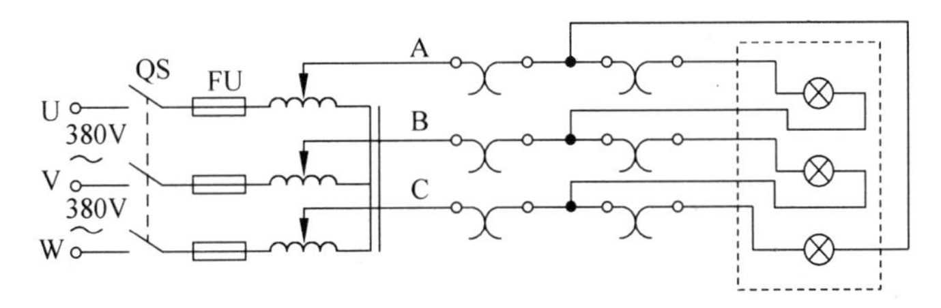

图 4.3 三相负载三角形联结

表 4.3 测量数据

负载情况	测量数据											
	开灯盏数			线电压=相电压/V			线电流/A			相电流/A		
	A—B 相	B—C 相	C—A 相	U_{AB}	U_{BC}	U_{CA}	I_A	I_B	I_C	I_{AB}	I_{BC}	I_{CA}
三相平衡	3	3	3									
三相不平衡	1	2	3									

(4) 分析表 4.2 测得的数据，写出结论。

____

(5) 分析表 4.3 测得的数据，写出结论。

____

4.1.1 三相电源的产生与连接

1. 三相正弦交流电的产生

三相交流电通常是由三相交流发电机产生的对称三相电源。最简单的三相交流发电机如图 4.4 所示，它主要由定子和转子组成。转子是电磁铁，定子铁芯中嵌放着三个对称绕组。这里所说的对称是指三个在尺寸、匝数和绕法上完全相同且在空间彼此相隔 120°的三组线圈，又称为三相对称绕组。

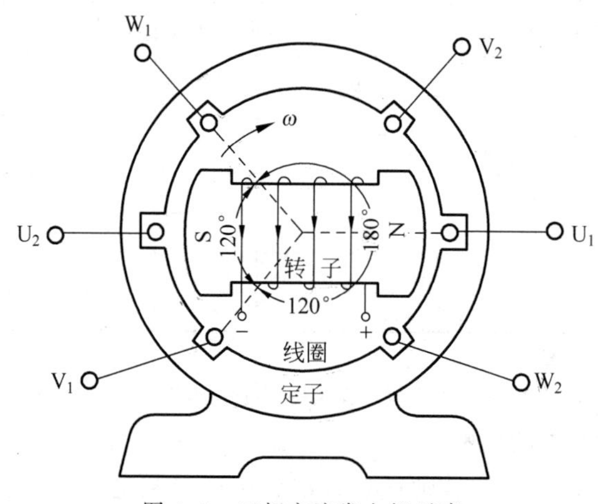

图 4.4　三相交流发电机示意

三相绕组始端分别用 U_1、V_1、W_1 表示，末端分别用 U_2、V_2、W_2 表示，分别称为 U 相、V 相、W 相。

当转子由原动机带动，并以匀速按顺时针方向转动时，每相绕组依次切割磁力线，在绕组 U 相、V 相和 W 相中分别产生正弦电动势 e_U、e_V、e_W。电动势的参考方向选定为各自绕组的末端指向始端，如图 4.5 所示。以 A 相为参考，则可得出三相电动势的瞬时值表达式为

$$\begin{cases} e_U = E_m \sin\omega t \\ e_V = E_m \sin(\omega t - 120^\circ) \\ e_W = E_m \sin(\omega t - 240^\circ) = E_m \sin(\omega t + 120^\circ) \end{cases} \tag{4.1}$$

由式(4.1)可以看出 e_U、e_V、e_W 的幅值相等、频率相同、相位差为 120°，所以称该三相电动势为三相对称电动势。三相对称电动势的波形如图 4.6 所示。

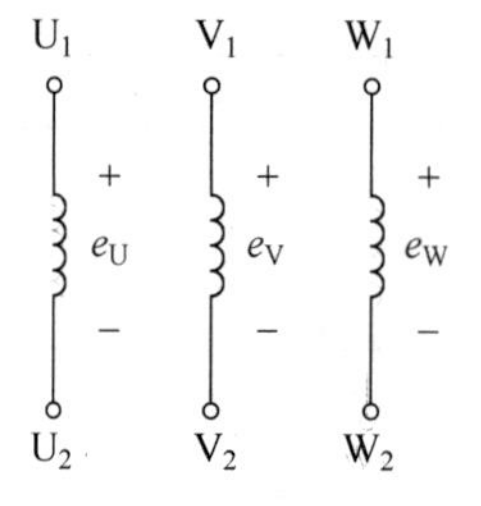

图 4.5　感应电动势方向

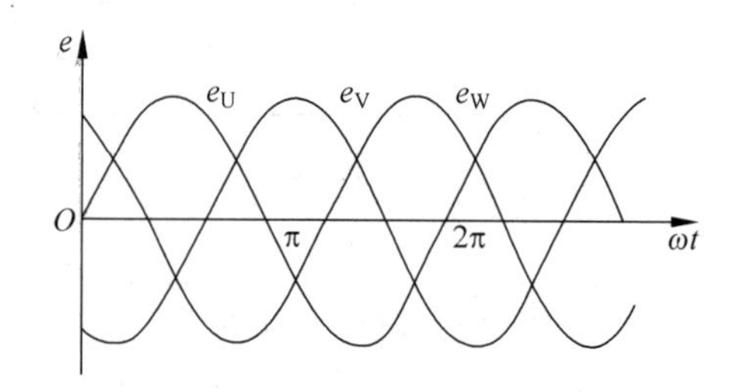

图 4.6　三相对称电动势波形

三相对称电动势的相量表达式可写为

$$\begin{cases}\dot{E}_{\mathrm{U}}=E\angle 0^{\circ}\\ \dot{E}_{\mathrm{V}}=E\angle -120^{\circ}\\ \dot{E}_{\mathrm{W}}=E\angle 120^{\circ}\end{cases}\tag{4.2}$$

它们可以用图 4.7 所示的相量图来表示。

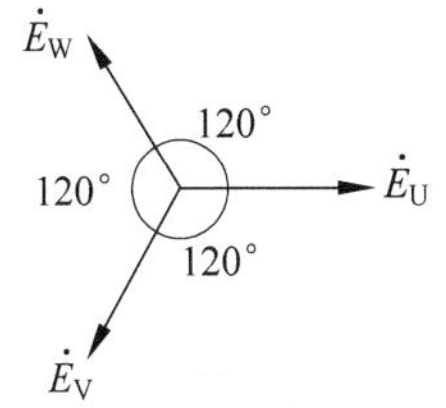

由以上分析可知，三相对称定子绕组以同一角速度切割同一磁场时，在三相对称定子绕组中便产生了三个幅值相等、频率相同、相位彼此相差 120°的三相对称正弦交流电动势。以后在没有特别指明的情况下，三相交流电就是指对称的三相交流电，而且规定每一相电动势的正方向是从绕组的末端指向始端，即电流从始端流出为正，反之为负。

图 4.7　三相对称电动势相量图

由以上式子可以得出对称三相对称电动势的特点为

$$\begin{cases}e_{\mathrm{U}}+e_{\mathrm{V}}+e_{\mathrm{W}}=0\\ \dot{E}_{\mathrm{U}}+\dot{E}_{\mathrm{V}}+\dot{E}_{\mathrm{W}}=0\end{cases}\tag{4.3}$$

即三相对称电动势的瞬时值之和与相量之和均为零。

2. 三相电源的联结方法

三相电源的三个绕组有两种接线方式，即星形联结和三角形联结。

1）星形联结（Y联结）

（1）连接方式。如图 4.8 所示，星形联结是指把发电机三个定子绕组的末端 U_2、V_2、W_2 连接成一个公共点，该点称为中性点。在低压电网中，中性点通常与大地相接，故中性点也称为零点，从中性点引出的输电线称为中性线，也称零线，用符号 N 来表示。从三相绕组的首端引出三条导线，称为端线或相线，俗称火线。因为总共引出四根导线，所以这样的电源被称为三相四线制电源。我国低压配电系统中，大都采用三相四线制，线电压为 380 V，相电压为 220 V，一般标注为 380/220 V。

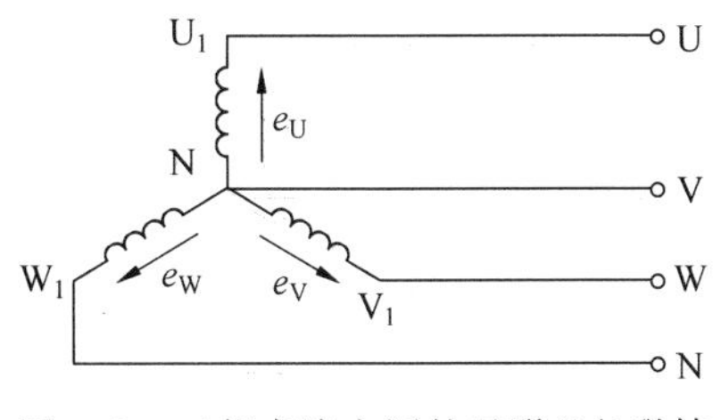

图 4.8　三相交流电源的星形（Y）联结

星形联结的电源有两种方式向负载供电：一种是三相三线制；另一种是三相四线制。三相三线制即用三条相线向负载供电，为负载提供一套三相电压；三相四线制供电，即除了三根相线外，从中性点也引出一条导线叫作中性线，与相线共同向负载供电，可向负载提供两套三相电压。

（2）电源的相电压与线电压。

① 电压相电压。发电机每相绕组的首端和尾端之间的电压（相线和中性线之间的电压）叫作相电压。如图 4.9 所示，相线 U、V、W 和中性线 N 之间的电压为三相交流电源的相电压，其有效值分别用 U_{U}、U_{V}、U_{W}来表示，用相量表示为$\dot{U}_{\mathrm{U}}$、$\dot{U}_{\mathrm{V}}$、$\dot{U}_{\mathrm{W}}$。因为三相绕组的电动势是对称的，所以三相绕组的相电压$\dot{U}_{\mathrm{U}}$、$\dot{U}_{\mathrm{V}}$、$\dot{U}_{\mathrm{W}}$ 也是对称的。将幅值相等、频率相同、相位差为 120°的三个电压叫作三相对称电压。

② 电源线电压。三相电源相线与相线之间的电压叫作线电压。如图 4.10 所示，三根相线 U、V、W 之间的电压为三相交流电的线电压，其有效值分别用 U_{UV}、U_{VW}、U_{WU} 来表示，用相量表示为$\dot{U}_{UV}$、$\dot{U}_{VW}$、$\dot{U}_{WU}$。

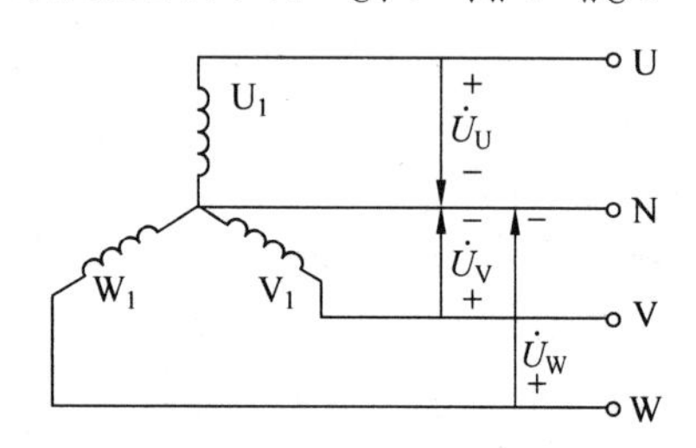

图 4.9 三相交流电源的星形(Y)联结三相四线制电源(相电压)

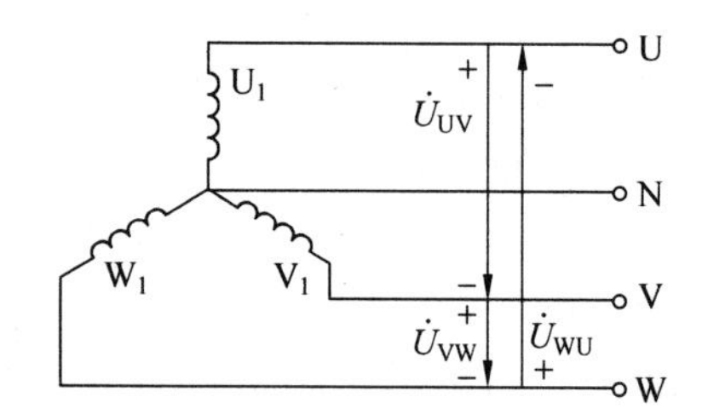

图 4.10 三相交流电源的星形(Y)联结三相四线制提供电源(线电压)

③ 相电压与线电压的关系。

在图 4.11 中，利用 KVL 定律可以得出三相线电压与相电压相量关系式为

$$\begin{cases}\dot{U}_{UV}=\dot{U}_{U}-\dot{U}_{V}\\ \dot{U}_{VW}=\dot{U}_{V}-\dot{U}_{W}\\ \dot{U}_{WU}=\dot{U}_{W}-\dot{U}_{U}\end{cases} \tag{4.4}$$

由式(4.4)可画出它们的相量图，如图 4.12 所示。

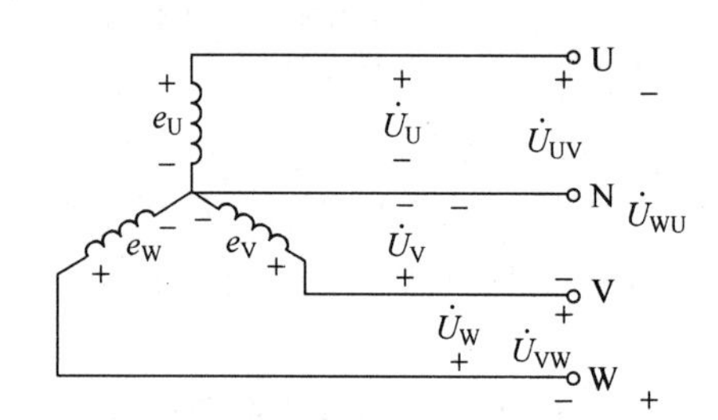

图 4.11 三相四线制电源线电压和相电压关系图

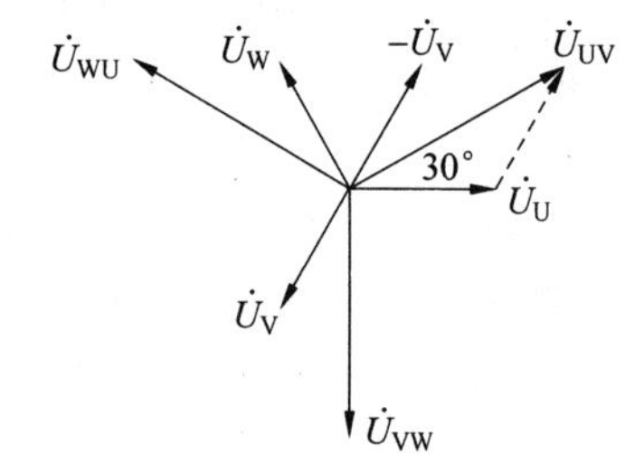

图 4.12 三相四线制电源线电压和相电压相量图

线电压与相电压的大小关系为

$$\frac{1}{2}U_{UV}=U_{U}\cos 30^{\circ}=\frac{\sqrt{3}}{2}U_{U}$$

$$U_{UV}=\sqrt{3}U_{U} \tag{4.5}$$

即线电压的有效值是相电压的有效值的$\sqrt{3}$倍，在相位上线电压超前相电压 30°。

同理，有

$$U_{VW}=\sqrt{3}U_{V},\quad U_{WU}=\sqrt{3}U_{W} \tag{4.6}$$

在三相交流电源中，一般用 U_{P} 表示相电压有效值，U_{L} 表示线电压有效值，即

$$U_{L}=\sqrt{3}U_{P} \tag{4.7}$$

特别需要注意的是，我国低压供电系统采用三相四线制供电。在工业用电系统中如果只引出三根导线（三相三线制），那么就都是火线（没有中性线），这时所说的三相电压大小均指线电压 U_L；而民用电源则需要引出中性线，所说的电压大小均指相电压 U_P。

(3) 三相电源的相序。三相电源的相序是指三相电源中各相电源经过同一值（如最大值）的先后顺序。上面内容的分析中，三相电源的相序称为正序（或顺序），即 U→V→W→U 为正序。反之，如果 V 相超前 U 相 120°，W 相超前 V 相 120°，这种相序就称为反序（或逆序），即 U→W→V→U。以后如果不加说明，都认为是正序。

三相电源的相序改变时，将使其供电的三相电动机改变旋转方向，这种方法常用于控制电动机使其正转或反转。

在实际应用中，一般规定各相用不同的颜色加以区别：第一相（U 相）黄色；第二相（V 相）绿色；第三相（W 相）红色。在工业控制中，三相交流电源各相也常用 L_1、L_2、L_3 来表示。

当各相颜色由于时间过长看不清时，需要先判断 A、B、C 三相，判定的方法有很多，比如采用相序表进行判断，如图 4.13 所示。

具体检测方法如下。

① 接线：将相序表的三根表笔 U（黄）、V（绿）、W（红）分别对应接到被测源的三根线上。

② 相序指示：当被测源三相的相序正确时，与正相序所对应的绿灯亮。当被测源三相的相序错误时，与逆相序所对应的红灯亮。

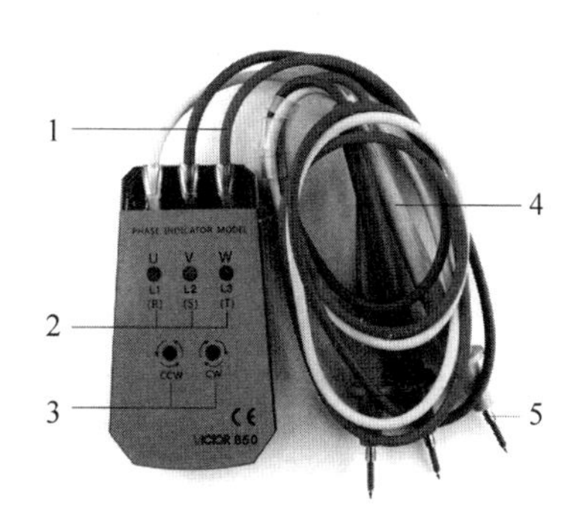

图 4.13 相序表检测仪 VC850A

1—测试导线；2—开放相位检查用 LED；3—相位顺序检查用 LED；4—鱼眼针；5—插针

2) 三角形联结（△联结）

(1) 连接方式。将三相电源的绕组首尾相接构成一个闭环，由三个连接点分别向外引出三根输电线（火线）的供电方式，就称为电源的三角形联结。从图 4.14 可以看出电源采用三角形联结时，线电压就是相电压，即只有一组三相电压。

三相电源无论是采用星形联结还是三角形联结，在进行电路计算分析时，可将它看成是三相对称的恒压源，其端电压不随负载的改变而变化。

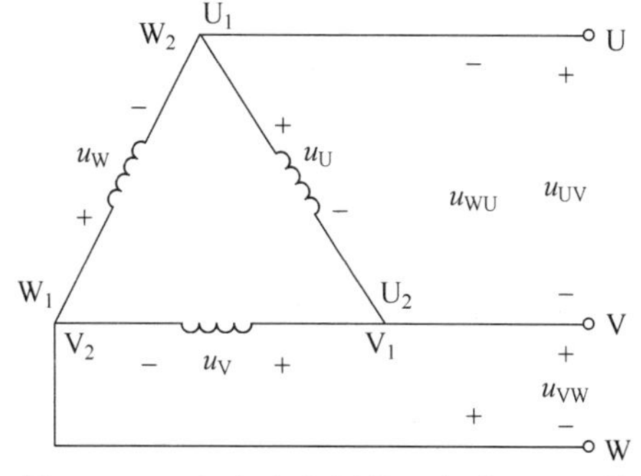

图 4.14 三相交流电源的三角形（△）联结

注意：三角形联结的电源必须是始端末端依次相连，由于$\dot{U}_U+\dot{U}_V+\dot{U}_W=0$，电源中不会产生环流。如果任意一相接反，都会造成电源中产生大的环流从而损坏电源。因此，当将一组三相电源连接成三角形时，应先不完全闭合，留下一个开口，然后在开口处接上一个交流电压表，测量回路中总的电压是否为零。如果电压为零，则说明连接正确，然后再把开口处接在一起。

(2) 线电压与相电压的关系。从图4.14可知，当三相交流电源进行三角形联结时，线电压与相电压是相等的，即

$$U_L=U_P=220\ \text{V} \tag{4.8}$$

4.1.2 三相负载的连接

在电力系统中，用电设备种类繁多，既有三相用电设备，如三相电动机、大功率三相电炉等，也有单相用电设备，如交流电焊机、日光灯、家用电器等。

三相电路的负载主要由三部分组成，其中每一部分叫作一相负载。三相电路中的三相负载可分为对称三相负载和不对称三相负载。用三相电源供电时，首先电源的电压应与设备的额定电压相同；其次应力求三相负载对称。将各单相负载尽可能均匀分接在三相电源上，使各相负载阻抗大小相等、阻抗角相同，即各项负载的性质相同，我们把这种负载称为三相对称负载。若三相负载不对称，即阻抗大小不同或者阻抗角不等的三相电路称为不对称三相电路。

在三相电路中，三相负载的连接方式有两种：星形(Y)联结和三角形(△)联结。

1. 三相负载的星形联结

1) 连接方式

把各相负载的末端连在一起接到三相电源的中性线上，把各相负载的首端分别接到三相交流电源的三根相线上，这种连接方法叫作三相负载有中性线的星形联结，用Y_0表示，如图4.15所示。

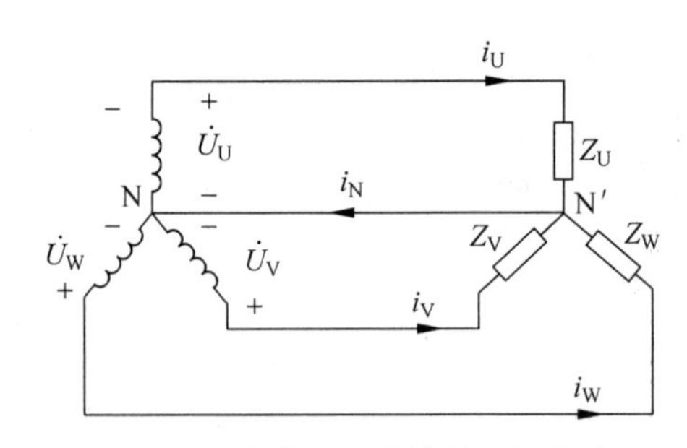

图4.15 负载星形联结的三相电路

如果不计连接导线的阻抗，负载承受的电压就是电源的相电压，且每相负载与电源构成一个单独的回路。

为了更好地理解相关计算问题，首先要明确以下几个概念。

(1) 相电流。流过每相负载的电流，如图4.15中所标注的i_U、i_V、i_W。

(2) 线电流。流过电源相线的电流,如图 4.5 中线电流为 i_U、i_V、i_W。由图 4.15 可知,当负载作星形联结时,线电流和相电流为同一电流。

(3) 中性线电流。流过电源中性线的电流,如图 4.15 中所标注的 i_N。

2) 负载星形联结电路的计算

负载作星形联结并具有中性线时,三相交流电路的每一相就是一个单相交流电路,所以各相电压与电流间数值及相位关系可应用单相交流电路的方法处理。

(1) 通用公式。如图 4.15 所示,假设 U 相电压的初相位为 0,则下列关系式成立。

相(线)电流为

$$\begin{cases} \dot{I}_U = \dfrac{\dot{U}_U}{Z_U} = \dfrac{U_U\angle 0^\circ}{|Z_U|\angle\varphi_U} \\ \dot{I}_V = \dfrac{\dot{U}_V}{Z_V} = \dfrac{U_V\angle -120^\circ}{|Z_V|\angle\varphi_V} \\ \dot{I}_W = \dfrac{\dot{U}_W}{Z_W} = \dfrac{U_W\angle 120^\circ}{|Z_W|\angle\varphi_W} \end{cases} \tag{4.9}$$

中性线电流为

$$\dot{I}_N = \dot{I}_U + \dot{I}_V + \dot{I}_W \tag{4.10}$$

(2) 对称三相负载。当三相负载对称时($Z_U = Z_V = Z_W = Z$),由以上各式,可以得出如下结论。

① 相电流为

$$I_U = I_V = I_W = \frac{U_P}{|Z|} \tag{4.11}$$

三相负载的相电流大小相等,可将其大小记为 I_P,各相电流之间的相位差为$\dfrac{2\pi}{3}$。

② 线电流。负载所对应的线电流和相电流为统一物理量,所以可记为

$$I_L = I_P = \frac{U_P}{|Z|} \tag{4.12}$$

③ 中性线电流。对称负载星形联结时,其各相相电流的幅值相等,相位相差$\dfrac{2\pi}{3}$,作旋转矢量图分析可得,三个相电流的旋转矢量和为

$$\dot{I}_N = 0$$

即三个相电流瞬时值之和为

$$i_N = 0 \tag{4.13}$$

此时,中性线上无电流通过,可以省掉中性线,电路可采用三相三线制。注意,只有当负载完全对称时,才能接成三相三线制。如三相异步电动机、三相电炉等都是三相对称负载,因此它们都采用三相三线制供电,这样可省去一根中性线,节约电工材料。

不对称三相负载星形联结时,$i_N \neq 0$,中性线不可省,且要可靠接地不允许安装开关和熔断器。若有中性线,则各相负载仍有对称的电源相电压,从而保证了各相负载能正常

工作；若没有中性线，则各相负载的电压不再等于电源的相电压，这时阻抗较小的负载的相电压可能低于其额定电压，阻抗较大的负载的相电压可能高于其额定电压，使负载不能正常工作，甚至会造成事故。

【例 4.1】 在负载作Y联结的对称三相电路中，已知每相负载均为$|Z|=20\ \Omega$，设线电压$U_L=380$ V，试求各相电流(也就是线电流)。

解：负载两端电压等于电源相电压，即

$$U_P=\frac{U_L}{\sqrt{3}}=220(\text{V})$$

负载相电流(线电流)为

$$I_P=\frac{U_P}{|Z|}=\frac{220}{20}=11(\text{A})$$

【例 4.2】 三相对称负载星形联结，每相负载的$R=10\ \Omega$，$X_L=15\ \Omega$，接到三相电源上，已知$u_{UV}=380\sqrt{2}\sin(\omega t+30°)$(V)，试求各线电流。

解：因为负载对称，故用“只算一相，推知其他”的方法计算，现只计算 U 相。

U 相负载两端电压大小为

$$U_P=\frac{U_{UV}}{\sqrt{3}}=220(\text{V})$$

相电压u_U在相位上滞后于线电压u_{UV} 30°，所以

$$u_U=220\sqrt{2}\sin\omega t(\text{V})$$

U 相负载的阻抗

$$Z_U=R+\text{j}X=10+\text{j}15$$

式中，$|Z_U|=18\ \Omega$，$\varphi_U=56.3°$。

U 相的电流为

$$I_U=\frac{U_P}{|Z|}=\frac{220}{18}=12.2(\text{A})$$

即

$$i_U=12.2\sqrt{2}\sin(\omega t-56.3°)(\text{A})$$

同理可推出

$$i_V=12.2\sqrt{2}\sin(\omega t-176.3°)(\text{A})$$

$$i_W=12.2\sqrt{2}\sin(\omega t+63.7°)(\text{A})$$

此时中线电流$i_N=i_U+i_V+i_W=0$。

【例 4.3】 将白炽灯照明电路按三相四线制星形联结，如图 4.16 所示，各白炽灯额定电压为 220 V，设 U 相负载Z_U与 V 相负载Z_V的阻抗均为 220 Ω，而 W 相负载Z_W的阻抗为 20 Ω，将它们接在 380 V 的三相对称电源上，若将 U 相灯开关断开又将中性线断开，会出现什么现象？

解：U 相关闭、中性线断开，相当于将 V 相白炽灯与 W 相白炽灯串联于 380 V 的线电压中，此时两负载电流为

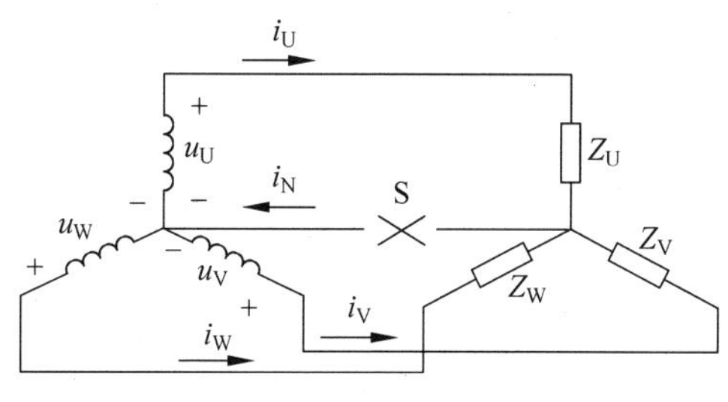

图 4.16　例 4.3 用图

$$I=\frac{U_L}{|Z_V|+|Z_W|}=\frac{380}{220+20}\approx 1.58(\mathrm{A})$$

V 相白炽灯电压为

$$U_V=|Z_V|I=220\times 1.58=347.6(\mathrm{V})$$

W 相白炽灯电压为

$$U_W=|Z_W|I=20\times 1.58=31.6(\mathrm{V})$$

结论：V 相电压升高很多，白炽灯将烧毁。

2. 三相负载的三角形联结

1）连接方式

将三相负载首尾相接构成一个闭环，三个连接点分别与三相电源线相接，负载的这种连接方法叫作三角形联结，用符号“△”表示，如图 4.17 所示。

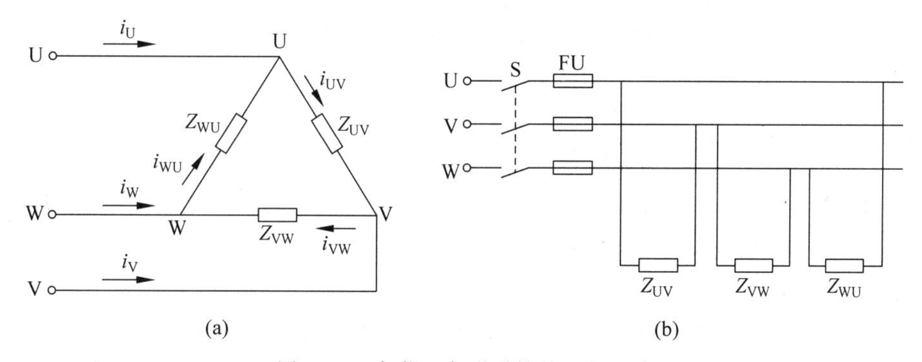

图 4.17　负载三角形联结的三相电路

在三角形联结中，负载连接在电源的两根相线之间，每相负载所承受的电压等于电源的线电压。负载端的电压（负载相电压）与电源线电压相等，即

$$U'_P=U_L \tag{4.14}$$

2）电路计算

（1）通用公式。

① 相电流。在如图 4.17 所示电路中，流过每相负载的电流为 $\dot{I}_{UV}$、$\dot{I}_{VW}$、$\dot{I}_{WU}$，计算方法为

$$\begin{cases}\dot{I}_{UV}=\dfrac{\dot{U}_{UV}}{Z_{UV}}\\ \dot{I}_{VW}=\dfrac{\dot{U}_{VW}}{Z_{VW}}\\ \dot{I}_{WU}=\dfrac{\dot{U}_{WU}}{Z_{WU}}\end{cases} \tag{4.15}$$

② 线电流。在如图 4.17 所示电路中，流过电源相线的电流表示为$\dot{I}_U$、$\dot{I}_V$、$\dot{I}_W$，它们为线电流。根据 KCL，线电流的计算方法为

$$\begin{cases}\dot{I}_U=\dot{I}_{UV}-\dot{I}_{WU}\\ \dot{I}_V=\dot{I}_{VW}-\dot{I}_{UV}\\ \dot{I}_W=\dot{I}_{WU}-\dot{I}_{VW}\end{cases} \tag{4.16}$$

（2）对称三相负载。

① 相电流。在对称三相电源的作用下，对称负载的各相电流也是对称的，即

$$I_P=\frac{U'_P}{|Z|}=\frac{U_L}{|Z|} \tag{4.17}$$

各相电流间的相位差仍为$\frac{2\pi}{3}$。

② 线电流。当对称三相负载作三角形联结时，线电流的大小为相电流的$\sqrt{3}$倍，即

$$I_L=\sqrt{3}I_P \tag{4.18}$$

线电流在相位上滞后相应的相电流$\frac{\pi}{6}$。

【例 4.4】 一台三相异步电动机正常运行时做△联结，为了减小起动电流，起动时先把它做Y联结，转动后再改成△联结。试求Y联结起动和直接做△联结起动两种情况下的线电流的比值。

解：做Y联结时，实际加在各相负载两端的电压为电源的相电压，即

$$U'_P=\frac{1}{\sqrt{3}}U_L$$

线电流为

$$I_{LY}=I_{PY}=\frac{\frac{1}{\sqrt{3}}U_L}{Z_P}=\frac{U_L}{\sqrt{3}Z_P}$$

做△联结时，实际加在各相负载两端的电压是电源线电压，因此有

$$I_{L\triangle}=\sqrt{3}I_{P\triangle}=\frac{\sqrt{3}U_L}{Z_P}$$

两种情况下线电流的比值为

$$\frac{I_{L\triangle}}{I_{LY}}=\frac{\dfrac{\sqrt{3}U_L}{Z_P}}{\dfrac{U_L}{\sqrt{3}Z_P}}=\frac{\sqrt{3}U_L}{Z_P}\times\frac{\sqrt{3}Z_P}{U_L}=3$$

即直接做△联结起动和Y联结降压起动这两种情况下线电流的比值是3。

3. 对称三相负载星形联结和三角形联结总结

1）对称负载Y联结

（1）电压关系。在三相四线制电路，负载两端的相电压 U'_P 等于电源的相电压 U_P，与电源线电压 U_L 的关系为

$$U_L=\sqrt{3}U_P=\sqrt{3}U'_P$$

（2）相电流。流过负载的电流为相电流。各个相电流大小相等，即 $I_P=I_U=I_V=I_W=\frac{U_P}{|Z|}=\frac{U_L}{\sqrt{3}|Z|}$，且相位差为$\frac{2\pi}{3}$。

（3）线电流。线电流等于相电流，即 $I_L=I_P$。

2）对称负载△联结

（1）电压关系。电路中负载两端的相电压 U'_P 都等于电源的线电压 U_L，即

$$U'_P=U_L$$

（2）相电流。各相相电流大小相等，即 $I_P=I_{UV}=I_{VW}=I_{WU}=\frac{U'_P}{|Z|}=\frac{U_L}{|Z|}$，且相位差为$\frac{2\pi}{3}$。

（3）线电流。线电流的大小为相电流的$\sqrt{3}$倍，即 $I_L=\sqrt{3}I_P$，线电流滞后对应的相电流$\frac{\pi}{6}$。

4. 交流电流表和交流电压表的使用

一般选用交流电流表测量三相交流电路的电流。先根据所测电流的大小选择相应的量程，如果电流未知，应先选择大量程，再根据所测电流的大小调节到合适量程。交流电流表应串接在被测电路中，为了不影响电路的测量结果，电流表的内阻必须远小于所测电路的负载电阻。

交流电压表用来测量三相交流电路的电压。先根据所测电压的大小选择相应的量程，如果电压未知，应先选择大量程，再根据所测电压的大小调节到合适量程。交流电压表应并联在被测电压的两端。为了尽可能减小测量误差，不影响电路的正常工作状态，电压表的内阻必须远大于所测支路的负载电阻。

思考与练习

一、填空题

1. 如果对称三相交流电路的U相电压 $u_U=220\sqrt{2}\sin(314t+30°)$(V)，那么其余两

相电压分别为________。

2. 三相四线制系统是指三根________和一根________组成的供电系统,其中相电压是指________和________之间的电压,线电压是指________和________之间的电压。

3. 三相照明负载必须采用________接法,且中性线上不允许安装________和________,中性线的作用是________。

4. 三相对称负载星形联结时,线电压是相电压的________倍,线电流是相电流的________倍;三相对称负载三角形联结时,线电压是相电压的________倍,线电流是相电流的________倍。

5. 对称三相电源要满足________、________、________三个条件。

6. 不对称三相负载接成星形,供电电路必须为________制,其每相负载的相电压对称且为线电压的________。

7. 三相电路中的三相负载,可分为________三相负载和________三相负载。

8. 线电压不变,对称负载由星形联结改为三角形联结后,相电压和相电流为原来的________倍,而线电流为原来的________倍。

9. 对称三相电源作Y形联结,已知 $u_U = 220\sqrt{2}\sin(314t - 30°)$ (V),则 $u_V =$ ________,$u_{WU} =$ ________。

10. 三相负载的接法中,________接法线电流等于相电流,________接法线电压等于相电压。

11. 若三相异步电动机每相绕组的额定电压为 380 V,则该电动机应________联结才能接入线电压为 220 V 的三相交流电源中正常工作。

12. 接在线电压为 380 V 的三相四线制线路上的星形对称负载,当 U 相负载断路时,则 V 相和 W 相负载上的电压均为________。

13. 同一个三相对称负载接入同一电网中,做三角形联结时的线电流是做星形联结时的________,做三角形联结时的有功功率是做星形联结时的________。

14. 在对称三相交流电路中,若 $i_U = 10\sqrt{2}\sin\left(100\pi t - \frac{\pi}{2}\right)$ (A),则 $i_W =$ ________。

15. 三相负载接到三相电源中,若各相负载的额定电压等于电源线电压的 $1/\sqrt{3}$ 时,负载做________联结。

16. 已知三相电源的线电压为 380 V,而三相负载的额定相电压为 220 V,则此负载应做________形联结,若三相负载的额定相电压为 380 V,则此负载应做________形联结。

17. 三相对称电源做星形联结,已知 $u_{AB} = 380\sqrt{2}\sin(\omega t - 30°)$ (V),则 $u_{CA} =$ ________ V,$u_{BC} =$ ________ V。

二、选择题

1. 已知三相对称电源中 U 相电压 $\dot{U}_U = 220\angle 0°$ V,电源绕组为星形联结,则线电压 $\dot{U}_{VW}$ 为(　　)V。

A. $220\angle -120°$　　B. $220\angle -90°$　　C. $380\angle -120°$　　D. $380\angle -90°$

2. 在三相四线制电路的中线上,不准安装开关和保险丝的原因是(　　)。

A. 中线上没有电流

B. 开关接通或断开对电路无影响

C. 安装开关和保险丝会降低中线的机械强度

D. 开关断开或保险丝熔断后，三相不对称负载承受三相不对称电压的作用，无法正常工作，严重时会烧毁负载

3. 一台三相电动机，每相绕组的额定电压为 220 V，对称三相电源的线电压为 380 V，则三相绕组应采用（　　）。

A. 星形联结，不接中线

B. 星形联结，接中线

C. A、B 均可

D. 三角形联结

4. 三相对称负载作三角形联结时，相电流是 10 A，线电流最接近的值是（　　）A。

A. 14　　B. 17　　C. 7　　D. 20

5. 若要求三相负载中各相互不影响，负载应接成（　　）。

A. 三角形　　B. 星形有中线

C. 星形无中线　　D. 三角形或星形有中线

6. 三相对称电源的线电压为 380 V，接Y形对称负载，没有接中性线。若某相突然断开，其余两相负载的相电压为（　　）。

A. 380 V　　B. 220 V　　C. 190 V　　D. 无法确定

7. 在三相四线制供电系统中，中线上不准装开关和熔断器的原因是（　　）。

A. 中线上没有电流

B. 会降低中线的机械强度

C. 三相不对称负载承受三相不对称电压的作用，无法正常工作，严重时会烧毁负载

8. 对称三相交流电路，下列说法正确的是（　　）。

A. 三相交流电各相之间的相位差为$\frac{2\pi}{3}$

B. 三相交流电各相之间的周期互差$\frac{2T}{3}$

C. 三相交流电各相之间的频率互差$\frac{2f}{3}$

D. 三相交流电各相的数值都相同

9. 三相对称电源的线电压为 380 V，接Y形对称负载，没有接中性线。若某相发生短路，其余两相负载的相电压为（　　）。

A. 380 V　　B. 220 V　　C. 190 V　　D. 无法确定

10. 下列说法正确的是（　　）

A. 当负载做星形联结时，必然有中性线

B. 负载做三角形联结时，线电流必为相电流的$\sqrt{3}$倍

C. 当三相负载越接近对称时，中性线电流越小。

11. 在对称的三相电源作用下，将一个对称三相负载分别拼成三角形和星形时，通过相线的电流之比为(　　)。

A. 1　　B. $\sqrt{3}$　　C. 2　　D. 3

12. 选择三相负载连接方式的依据是(　　)。

A. 三相负载对称选△接法，不对称选Y接法

B. 希望获得较大功率选△接法，否则，选Y接法

C. 电源为三相四线制选Y接法，电源为三相三线制选△接法

D. 选用的接法应保证每相负载得到的电压等于其额定电压

13. 三相对称电源绕组相电压为220 V，若有一个三相对称负载额定相电压为380 V，电源和负载应接(　　)。

A. Y-△　　B. △-△　　C. Y-Y　　D. △-Y

三、判断题

1. 三相电源的三个电压的有效值均为100 V，则为对称电源。(　　)

2. 三相负载做三角形联结，不论负载对称与否，三个线电流的相量和均为零。(　　)

3. 三相电源的三个电动势之和为零，它一定是对称的。(　　)

4. 在三相四线制供电系统中，为确保安全，中性线及火线上必须装熔断器。(　　)

5. 凡负载做三角形联结时，其线电压就等于相电压。(　　)

6. 不对称三相负载做星形联结，为保证相电压对称，必须有中性线。(　　)

7. 三相不对称负载星形联结时，为了使各相电压保持对称，必须采用三相四线制供电。(　　)

8. 三相负载做星形联结时，无论负载对称与否，线电流必定等于相电流。(　　)

9. 三相负载做星形联结时，负载越接近对称，则中性线电流越小。(　　)

四、计算题

1. 星形联结的对称三相负载，每相的电阻 $R=24\ \Omega$，感抗 $X_L=32\ \Omega$，接到线电压为380 V的三相电源上，求相电压 U_P、相电流 I_P、线电流 I_P。

2. 对称三相交流电源Y形联结，相电压为 $\dot{U}_V=220\angle 30°\ V$，写出其他各相电压以及三个线电压的相量表达式。

3. 对称三相负载三角形联结，线电流 $\dot{I}_U=10\angle -30°\ A$。写出其他各线电流以及三个相电流的相量表达式。

4. 某大楼照明采用三相四线制供电，线电压为380 V，每层楼均有220 V，100 W的白炽灯各110只，分别接在U、V、W三相上，求：

(1) 三层楼电灯全部亮时的相电流和线电流。

(2) 当第一层楼电灯全部熄灭，另二层楼电灯全部开亮时的相电流和线电流。

(3) 当第一层楼电灯全部熄灭，且中性线因故断开，另二层楼电灯全部开亮时灯泡两端电压为多少？

5. 如图 4.18 所示，在线电压为 380 V 电路中，三相都接有 220 V 灯泡，功率为 40 W，若 U 相灯泡的灯丝断裂，试计算此时三相负载电压 $U_{U'N'}$、$U_{V'N'}$、$U_{W'N'}$。

6. 如图 4.19 所示电路，已知$\dot{U}_A=220\angle 0°$ V，求：

(1) A 相负载断开时负载的相电压 U'_A、U'_B、U'_C。

(2) A 相负载短路时负载的相电压 U''_A、U''_B、U''_C。

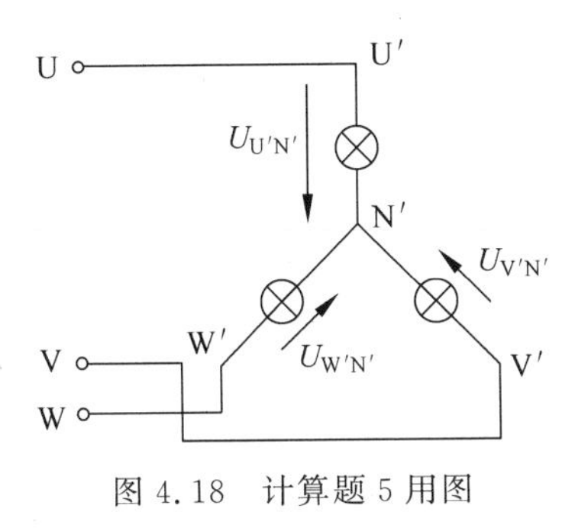

图 4.18　计算题 5 用图

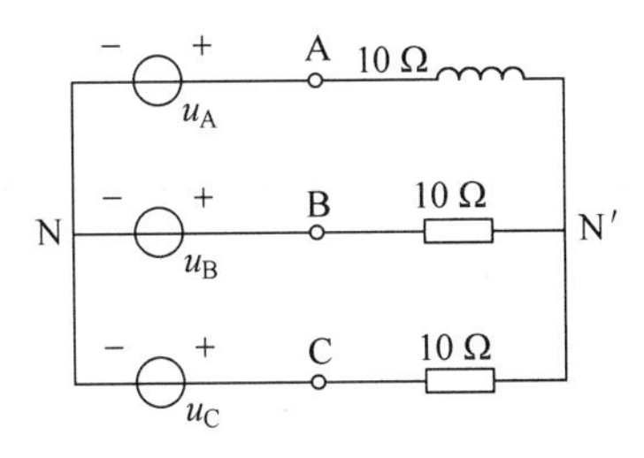

图 4.19　计算题 6 用图

7. 额定电压为 220 V 的三盏日光灯接到三相电源上，灯管的等效电阻 $R=6\ \Omega$，等效阻抗 $X_L=8\ \Omega$，$u_{UV}=380\sqrt{2}\sin\left(314t+\frac{\pi}{6}\right)$(V)，请问日光灯应怎样联结并求线电流 i_U、i_V、i_W。

8. 由三相四线制供电的电路中，各相负载为 $R_U=5\ \Omega$，$R_V=10\ \Omega$，$R_W=20\ \Omega$，电源线电压 $U_L=380$ V，求各相负载的相电压、相电流及中线电流。

9. 在电压为 380 V 的三相电源上，一组三相对称负载采用三角形联结，已知每相负载消耗有功功率 6.4 kW，功率因数为 0.8(感性)。求：①每相负载的阻抗；②负载的相电流、线电流。

10. 一组对称三相负载，每相负载的电阻 $R=6\ \Omega$，感抗 $X_L=8\ \Omega$，当电源电压为 380 V 时，求负载星形联结两种情况下的线电压、线电流、相电压、相电流和有功功率、无功功率、视在功率，并比较两种情况下的线电流和功率。

任务 4.2　三相交流电路功率的测量

学习目标

知识目标：掌握三相交流电路功率的基本概念；掌握三相交流电路功率的计算方法；掌握三相交流电路功率表的使用。

技能目标：熟练使用电压表和电流表；掌握三相交流电路的功率测量方法。

素质目标：培养学生勤于思考、善于动手的良好习惯；培养学生认真学习的态度。

任务要求

4.1 节介绍了三相交流电路的电压和电流的测量方法，那么对于三相交流电路的功率，又该如何测量呢？本次任务我们来解决这个问题。

(1) 按要求准备电路材料,材料清单见表 4.4。

表 4.4 实验材料

序号	名 称	型号与规格	数量	备 注
1	交流电压表	0～500 V	2	
2	交流电流表	0～5 A	2	
3	单相功率表		2	DGJ-07
4	万用表		1	自备
5	三相自耦调压器		1	
6	三相灯组负载	220 V,15 W 白炽灯	9	DGJ-04
7	三相电容负载	1 μF,2.2 μF,4.7 μF/500 V	各 3	DGJ-05

(2) 按图 4.20 所示线路组接实验电路。

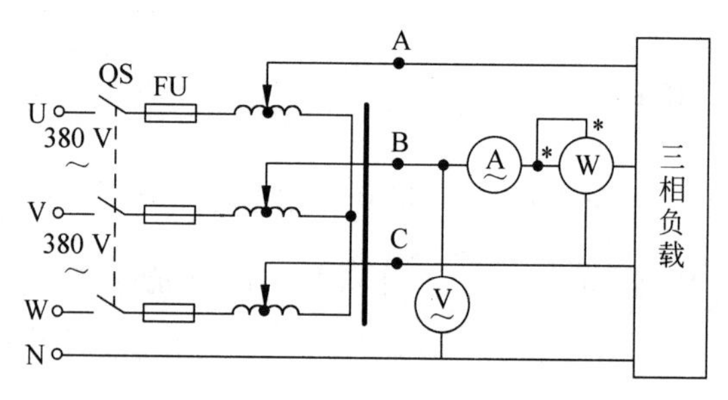

图 4.20 一瓦特表法测量负载总功率

用一瓦特表法测量三相对称Y_0接及不对称Y_0接负载的总功率$\sum P$,实验按图 4.20 线路接线。线路中的电流表和电压表用以监视该相的电流和电压,不要超过功率表电压和电流的量程。

经指导教师检查后,接通三相电源,调节调压器输出,使输出线电压为 220 V,按表 4.5 的要求进行测量及计算。

表 4.5 一瓦特表法实验数据

负载情况	开灯盏数			测量数据			计算值
	A 相	B 相	C 相	P_A/W	P_B/W	P_C/W	$\sum P$/W
Y_0 接对称负载	3	3	3				
Y_0 接不对称负载	1	2	3				

首先将三只表按图 4.20 接入 B 相进行测量,然后分别将三只表换接到 A 相和 C 相,再进行测量。

(3) 按图 4.21 所示线路组接实验电路。

① 用二瓦特表法测量三相负载的总功率,按图 4.21 接线。将三相灯组负载接成Y形接法,经指导教师检查后,接通三相电源,调节调压器的输出线电压为 220 V,按表 4.6 的内容进行测量。

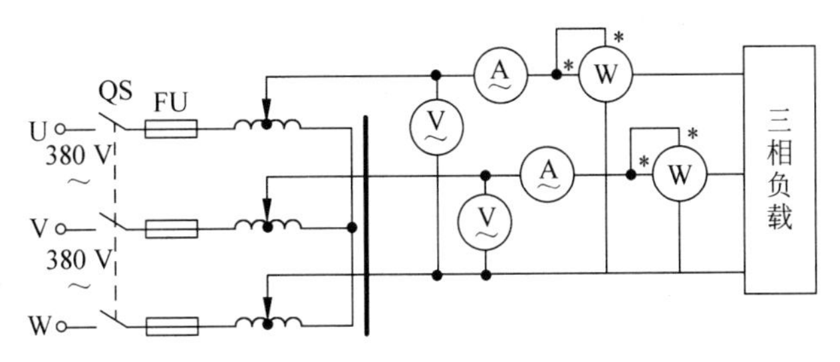

图 4.21　二瓦特表法测量负载总功率

② 将三相灯组负载改成△形接法，重复步骤①的测量，将数据填入表 4.6 中。

表 4.6　二瓦特表法实验数据

负载情况	开灯盏数			测量数据		计算值
	A 相	B 相	C 相	P_1/W	P_2/W	$\sum P$/W
Y接平衡负载	3	3	3			
Y接不平衡负载	1	2	3			
△接不平衡负载	1	2	3			
△接平衡负载	3	3	3			

③ 将两只瓦特表依次按另外两种方法接入线路，重复步骤①、步骤②的测量。（表格自拟）

（4）按图 4.22 所示线路组接实验电路。

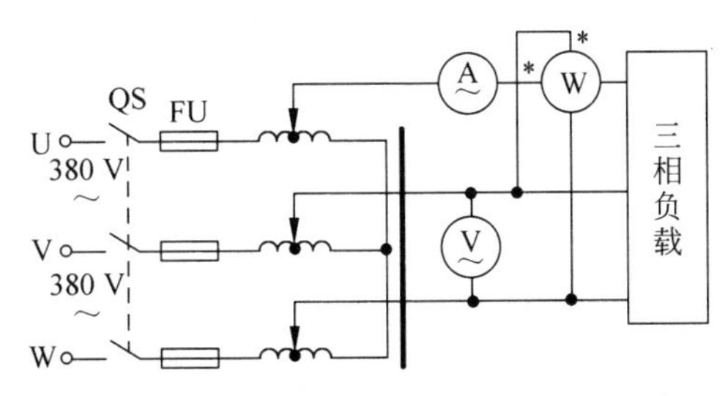

图 4.22　一瓦特表法测量负载的无功功率

① 用一瓦特表法测量三相对称星形负载的无功功率，按图 4.22 所示的电路接线。

② 分别按 I_V、U_{UW} 和 I_W、U_{UV} 接法，重复①的测量，将数据填入表 4.7 中，并比较各自的 $\sum Q$ 值。

注意：每次实验完毕，均需要将三相调压器旋柄调回零位。每次改变接线，均需要断开三相电源，以确保人身安全。

（5）完成数据表格中的各项测量和计算任务，比较一瓦特表法和二瓦特表法的测量结果。

(6) 总结、分析三相电路功率测量的方法与结果。

表 4.7 一瓦特表法测量无功功率的实验数据

接法	负载情况	测量值			计算值
		U/V	I/A	Q/var	$\sum Q=\sqrt{3}Q$
I_A, U_{BC}	(1) 三相对称灯组(每相开 3 盏)				
	(2) 三相对称电容器(每相 4.7 μF)				
	(3) (1)和(2)的并联负载				
I_B, U_{AC}	(1) 三相对称灯组(每相开 3 盏)				
	(2) 三相对称电容器(每相 4.7 μF)				
	(3) (1)和(2)的并联负载				
I_C, U_{AB}	(1) 三相对称灯组(每相开 3 盏)				
	(2) 三相对称电容器(每相 4.7 μF)				
	(3) (1)和(2)的并联负载				

4.2.1 三相电路的功率

在三相交流电路中,三相负载消耗的总功率为各相负载消耗功率之和。在对称三相电路中,各相的相电压、相电流的有效值都相等,功率因数也相等。在实际工作中,测量线电流比测量相电流要方便些(指三角形联结的负载),且三相电器设备铭牌上的额定值均为线电压、线电流,因此三相功率的计算通常用线电流、线电压来表示。

工程上三相电路的功率计算通常有有功功率、无功功率和视在功率。

在三相交流电路中,每一相负载所消耗的功率都可以用单相正弦交流电路中学过的方法计算。

1. 一般三相电路功率的计算

1) 有功功率(P)

三相电路的有功功率等于各相负载有功功率之和。

已知各相电压、相电流及功率因数($\lambda=\cos\varphi$)的值,则负载消耗的总功率为

$$P=U'_U I_U\cos\varphi_U+U'_V I_V\cos\varphi_V+U'_W I_W\cos\varphi_W \tag{4.19}$$

式中,U'_U、U'_V、U'_W分别为三相负载两端的相电压;I_U、I_V、I_W 分别为通过三相负载的相电流;φ_U、φ_V、φ_W 分别为各相负载的相电压和相电流之间的相位差。

2) 无功功率(Q)

三相负载的总无功功率等于各相无功功率之和,即

$$Q=Q_U+Q_V+Q_W=U'_U I_U\sin\varphi_U+U'_V I_V\sin\varphi_V+U'_W I_W\sin\varphi_W \tag{4.20}$$

2. 对称三相负载功率的计算

1) 有功功率(P)

(1) 对称三相负载星形联结:

$$\begin{cases} U'_{U}=U'_{V}=U'_{W}=U'_{P}=U_{P} \\ I_{U}=I_{V}=I_{W}=I_{P} \\ \cos\varphi_{U}=\cos\varphi_{V}=\cos\varphi_{W}=\cos\varphi \\ U_{P}=\dfrac{U_{L}}{\sqrt{3}} \\ I_{P}=I_{L} \\ P=3U'_{P}I_{P}\cos\varphi=3U_{P}I_{P}\cos\varphi=\sqrt{3}U_{L}I_{L}\cos\varphi \end{cases} \tag{4.21}$$

（2）对称三相负载三角形联结：

$$\begin{cases} U'_{U}=U'_{V}=U'_{W}=U'_{P}=U_{L} \\ I_{U}=I_{V}=I_{W}=I_{P} \\ \cos\varphi_{U}=\cos\varphi_{V}=\cos\varphi_{W}=\cos\varphi \\ U_{P}=\dfrac{U_{L}}{\sqrt{3}} \\ I_{L}=\sqrt{3}I_{P} \\ P=3U'_{P}I_{P}\cos\varphi=3U_{L}\dfrac{I_{L}}{\sqrt{3}}\cos\varphi=\sqrt{3}U_{L}I_{L}\cos\varphi \end{cases} \tag{4.22}$$

所以，不论对称三相负载是星形联结还是三角形联结均可用以下公式计算其有功功率，即

$$P=3U'_{P}I_{P}\cos\varphi=\sqrt{3}U_{L}I_{L}\cos\varphi$$

式中，U'_{P}为负载两端的相电压，V；I_{P} 为流过负载的相电流，A；φ 为负载两端的相电压(U'_{P})与负载的相电流(I_{P})之间的相位差，rad；P 为三相负载总的有功功率，W。

由于在实际工作中，测量线电压和线电流比较方便，所以三相对称负载的功率常用线电压和线电流来计算。需要注意的事项如下。

（1）对称负载为星形或三角形联结时，线电压是相同的，相电流是不相等的。三角形联结时的线电流为星形联结时线电流的 3 倍。

（2）φ 仍然是相电压与相电流之间的相位差，而不是线电压与线电流之间的相位差。也就是说，功率因数是指每相负载的功率因数。

（3）和单相交流电路一样，三相负载中既有耗能元件，又有储能元件。

2）无功功率(Q)

（1）对称三相负载星形联结：

$$\begin{cases} U'_{U}=U'_{V}=U'_{W}=U'_{P}=U_{P} \\ I_{U}=I_{V}=I_{W}=I_{P} \\ \sin\varphi_{U}=\sin\varphi_{V}=\sin\varphi_{W}=\sin\varphi \\ U_{P}=\dfrac{U_{L}}{\sqrt{3}} \\ I_{P}=I_{L} \\ Q=3U'_{P}I_{P}\sin\varphi=3U_{P}I_{P}\sin\varphi=\sqrt{3}U_{L}I_{L}\sin\varphi \end{cases} \tag{4.23}$$

(2) 对称三相负载三角形联结:

$$\begin{cases} U'_U=U'_V=U'_W=U'_P=U_L \\ I_U=I_V=I_W=I_P \\ \sin\varphi_U=\sin\varphi_V=\sin\varphi_W=\sin\varphi \\ U_P=\dfrac{U_L}{\sqrt{3}} \\ I_L=\sqrt{3}I_P \\ Q=3U'_PI_P\sin\varphi=3U_L\dfrac{I_L}{\sqrt{3}}\sin\varphi=\sqrt{3}U_LI_L\sin\varphi \end{cases} \tag{4.24}$$

所以,不论对称三相负载是星形联结还是三角形联结均可用以下公式计算其无功功率,即

$$Q=3U'_PI_P\sin\varphi=\sqrt{3}U_LI_L\sin\varphi \tag{4.25}$$

3) 视在功率(S)

视在功率为

$$S=\sqrt{P^2+Q^2}=\sqrt{3}U_LI_L \tag{4.26}$$

4) 功率因数(λ)

三相负载的总功率因数为

$$\lambda=\frac{P}{Q} \tag{4.27}$$

在三相对称情况下,$\lambda=\cos\varphi$ 就是一相负载的功率因数,φ 为负载的阻抗角。

4.2.2 对称三相电路的瞬时功率

对称三相电路中的各相瞬时功率可写为

$$\begin{cases} p_A(t)=u_A(t)i_A(t)=\sqrt{2}U'_P\sin(\omega t)\times\sqrt{2}I_P\sin(\omega t-\varphi) \\ \qquad =U'_PI_P[\cos\varphi-\cos(2\omega t-\varphi)] \\ p_B(t)=u_B(t)i_B(t)=\sqrt{2}U'_P\sin(\omega t-120^\circ)\times\sqrt{2}I_P\sin(\omega t-120^\circ-\varphi) \\ \qquad =U'_PI_P[\cos\varphi-\cos(2\omega t-240^\circ-\varphi)] \\ p_C(t)=u_C(t)i_C(t)=\sqrt{2}U'_P\sin(\omega t+120^\circ)\times\sqrt{2}I_P\sin(\omega t+120^\circ-\varphi) \\ \qquad =U'_PI_P[\cos\varphi-\cos(2\omega t+240^\circ-\varphi)] \end{cases} \tag{4.28}$$

它们的和可写为

$$p(t)=p_A(t)+p_B(t)+p_C(t)=3U'_PI_P\cos\varphi \tag{4.29}$$

此结果表明,三相对称负载的瞬时功率 $p(t)$ 为一常量,这种性质称为瞬时功率的平衡,所以瞬时功率平衡的电路称为平衡制电路。这是三相平衡负载的一大优点,它可以避免三相电动机在转动中产生振动。

4.2.3　三相电路的功率计算

对三相电路进行分析和计算的过程中应当注意：三相负载采用星形联结还是采用三角形联结，要根据电源的线电压和负载的额定电压来确定。无论三相负载是Y联结还是△联结，只要三相负载对称，三相电路的总有功功率 $P=3U'_{P}I_{P}\cos\varphi_{P}=\sqrt{3}U_{L}I_{L}\cos\varphi_{P}$ 都是成立的；如果三相电路不对称，则该公式不成立。在三相负载不对称的情况下，通常三相电路要分别进行分析计算，即单独计算出各相的有功功率后再进行叠加。

【例 4.5】　有一对称三相负载，每相电阻 $R=6\ \Omega$，电抗 $X=8\ \Omega$，三相电源的线电压 $U_{L}=380\ V$。求：

(1) 负载做星形联结时的功率 P_{Y}。

(2) 负载做三角形联结时的功率 $P_{\triangle}$。

解：每相阻抗均为 $|Z|=\sqrt{6^2+8^2}=10\ \Omega$，功率因数 $\lambda=\cos\varphi=\dfrac{R}{|Z|}=0.6$

(1) 负载做星形联结时：

相电压为

$$U_{YP}=\frac{U_{L}}{\sqrt{3}}=220(V)$$

线电流等于相电流，即

$$I_{YL}=I_{YP}=\frac{U_{YP}}{|Z|}=22(A)$$

负载的功率为

$$P_{Y}=\sqrt{3}U_{YL}I_{YL}\cos\varphi=8.7\ (kW)$$

(2) 负载做三角形联结时：

相电压等于线电压，即

$$U_{\triangle P}=U_{\triangle L}=380(V)$$

相电流为

$$I_{\triangle L}=\frac{U_{\triangle P}}{|Z|}=38(A)$$

线电流为

$$I_{\triangle L}=\sqrt{3}I_{\triangle P}=66(A)$$

负载的功率为

$$P_{\triangle}=\sqrt{3}U_{\triangle L}I_{\triangle L}\cos\varphi=26\ (kW)$$

总结如下。

(1) 三相负载的有功功率等于各相功率之和，即

$$P=P_{1}+P_{2}+P_{3}$$

(2) 在对称三相电路中，无论负载是星形还是三角形联结，由于各相负载相同、各相电压大小相等、各相电流也相等，所以三相功率为

$$P = 3U'_{P} I_{P} \cos\varphi = \sqrt{3} U_{L} I_{L} \cos\varphi$$

式中，φ 为对称负载的阻抗角，也是负载相电压与相电流之间的相位差。

4.2.4 三相负载的功率测量

1. 一瓦特表法

对于三相四线制供电的三相星形联结的负载（Y_0 接法），可用一只功率表测量各相的有功功率 P_A、P_B、P_C，然后将其相加，即三相负载的总有功功率 $\sum P = P_A + P_B + P_C$，这就是一瓦特表法，如图 4.23 所示。如果三相负载是对称的，则只需要测量一相的功率，再乘以 3 即可得到三相总有功功率。

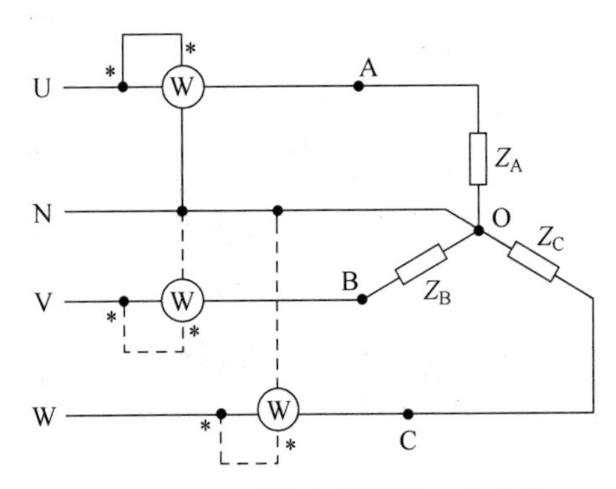

图 4.23 一瓦特表法测量三相功率

2. 二瓦特表法

在三相三线制供电系统中，不论三相负载是否对称，也不论负载是Y联结还是△联结，都可用两只功率表测量三相负载的总有功功率，测量线路如图 4.24 所示，通常把这种方法称为二瓦特表法。两只功率表读数的代数和等于要测的三相功率。

若负载为感性或容性，且当相位差 $\varphi > 60°$ 时，线路中的一只功率表指针将反偏（数字式功率表将出现负读数），这时应调换功率表电流线圈的两个端子（不能调换电压线圈端子），其读数应记为负值。三相总功率 $\sum P = P_1 + P_2$（P_1、P_2 本身不含有任何意义）。

除了如图 4.24 所示的 I_U、U_{UW} 与 I_V、U_{VW} 接法外，还有 I_V、U_{UV} 与 I_W、U_{UW} 以及 I_U、U_{UV} 与 I_W、U_{VW} 两种接法。

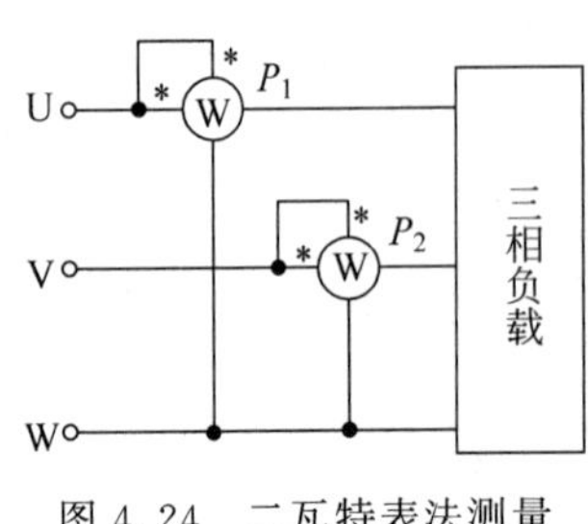

图 4.24 二瓦特表法测量三相功率

应当指出，用二瓦特表法测量三相功率时，即使在对称电路中，两个功率表的读数也不一定相等。

3. 三相三线制中三相负载的总无功功率 Q 的测量

对于三相三线制供电的三相对称负载，可用一瓦特表法测得三相负载的总无功功率 Q，测试线路如图 4.25 所示。

图示功率表读数的$\sqrt{3}$倍，即为对称三相电路总的无功功率。除了此图给出的一种连接方法（I_U、U_{VW}）外，还有另外两种连接方法，即接成(I_V、U_{UW})或(I_W、U_{UV})。

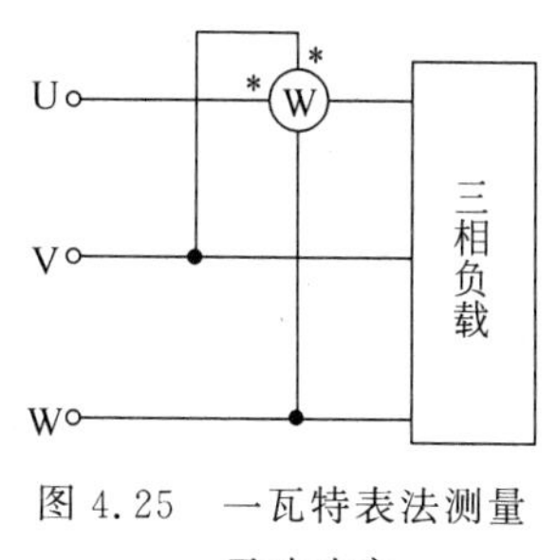

图 4.25　一瓦特表法测量无功功率

4. 功率表的使用

对功率表的使用主要包括功率表量程的选择以及功率表的接线方法。

1）选择功率表的量程

功率表有三种量程：电流量程、电压量程和功率量程。其中，电流量程是指仪表的串联回路允许通过的最大工作电流；电压量程是指仪表的并联回路可以承受的最高工作电压；功率量程等于两者的乘积，它实质上是由电流量程和电压量程来决定的。

2）功率表的接线方法

由于功率表指针的偏转方向与两线圈中电流的方向有关，为防止仪表指针反转，规定了两线圈的发电机端，用符号“＊”表示。功率表应按照“发电机端守则”进行连线。电流线圈与负载串联、电压线圈支路与负载并联，同时保证了电流从发电机端流入。在实际测量中，当负载电阻比功率表电流线圈电阻大得多时，应当采用电压线圈前接的方式；当负载电阻比功率表电压线圈支路电阻小得多时，应当采用电压线圈后接的方式。

思考与练习

一、填空题

对称三相电路有功功率的计算公式为________，它说明在对称三相电路中，有功功率的计算公式与负载的________无关。

二、选择题

三相对称交流电路的瞬时功率 p 为(　　)。

A. 一个随时间变化的量

B. 0

C. 一个常值，其值恰好等于有功功率 P

D. UI

三、判断题

1. 在同一个电源线电压作用下，三相对称负载做星形或三角形联结时，总功率相等，且 $P=\sqrt{3}U_L I_L \cos\varphi$。(　　)

2. 三相对称负载星形和三角形联结时，其总有功功率均为 $P=\sqrt{3}U_{线}I_{线}\cos\varphi_{相}$。(　　)

四、计算题

1. 对称三相交流电路，电源线电压为 380 V，每相负载中 $R=16\ \Omega$，$X_L=12\ \Omega$，△联结，求相电压、相电流、线电流及三相有功功率。

2. 一组Y形联结的对称负载，每相阻抗为$(28+j38)\Omega$，接在对称三相四线制电源上，线电压为 380 V，中性线阻抗忽略不计，输电线路阻抗 $Z_1=(2+j2)\Omega$。试求：

（1）U 相电流、U 线电流及中性线电流。

（2）负载端 U 相电压及 UV 线电压。

（3）负载的总功率。

3. 三相对称负载接在对称三相电源上。若电源线电压为 380 V，各相阻抗为 $Z=(30+j40)\Omega$。分别求负载做Y形联结和三角形联结时的相电压、相电流、线电流和负载消耗的功率。

4. 对称三相电路的线电压为 380 V，负载阻抗 $Z=(12+j16)\Omega$，求：①星形联结时负载的线电流及吸收的总功率；②三角形联结时负载的线电流、相电流及吸收的总功率。

5. 星形联结的对称三相负载，每相的电阻 $R=24\ \Omega$，感抗 $X_L=32\ \Omega$，接到线电压为 380 V 的三相电源上，求相电压 U_P、相电流 I_P、线电流 I_L 和三相总平均功率 P。

6. 已知三相对称负载做三角形联结，$Z=(12+j16)\Omega$，电源线电压为 380 V，求各相电流和线电流及总有功功率 P。

7. 对称三相负载做△形联结，接在对称三相电源上。若电源线电压 $U_L=380$ V，各相负载的电阻 $R=12\ \Omega$，感抗 $X_L=16\ \Omega$，输电线阻抗可忽略，试求：①负载的相电压 U_P 与相电流 I_P；②线电流 I_L 及三相总功率 P。

8. 有一个对称三相负载，每相的电阻 $R=6\ \Omega$，$X_L=8\ \Omega$，分别按星形、三角形联结到线电压为 380 V 的对称三相电源上。求：

（1）负载做星形联结时的相电流、线电流和有功功率。

（2）负载做三角形联结时的相电流、线电流和有功功率。

5
模◆块

电工操作技能

电工操作技能包括三部分：常用电工工具的使用；典型单相电路的安装；典型三相电路的安装。

任务 5.1 常用电工工具的使用

学习目标

知识目标：了解常用电工工具的结构及作用；熟悉常用电工工具的使用方法。

技能目标：熟练使用常用的电工工具。

素质目标：树立安全操作意识，规范使用各种电工工具。

任务要求

了解常用电工工具的结构及作用，并能够熟练使用。

5.1.1 试电笔

验电器又叫电压指示器，是用来检查导线和电器设备是否带电的工具。验电器分为高压和低压两种。

常用的低压验电器是验电笔，又称试电笔，电压检测范围一般为 60～500 V，常做成钢笔式或改锥式。使用时，必须手指触及笔尾的金属部分，并使氖管小窗背光且朝自己，以便观测氖管的亮暗程度，防止因光线太强造成误判断，其使用方法如图 5.1 所示。

当用试电笔测试带电体时，电流经带电体、试电笔、人体及大地形成通电回路，只要带电体与大地之间的电位差超过 60 V，电笔中的氖管就会发光。

注意事项如下。

(1) 使用前，必须在有电源处对验电器进行测试，以证明该验电器良好，才可使用。

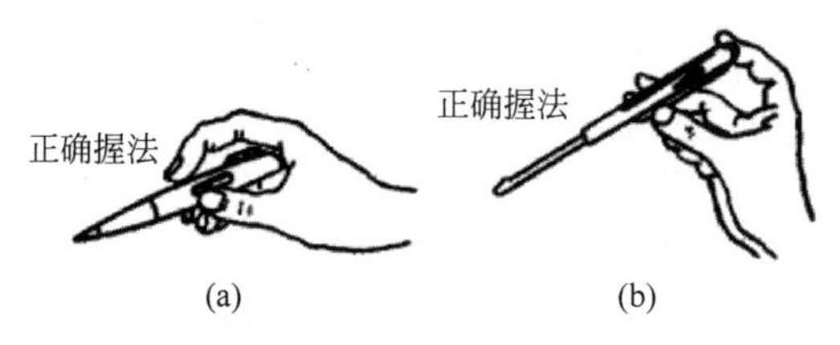

图 5.1 试电笔的正确握法

(2) 验电时,应使验电器逐渐靠近被测物体,直至氖管发亮,不可直接接触被测体。

(3) 验电时,手指必须触及笔尾的金属体,否则带电体也会误判为非带电体。

(4) 验电时,要防止手指触及笔尖的金属部分,以免造成触电事故。

5.1.2 电工刀

电工刀是用来剖切导线、电缆的绝缘层,切割木台缺口,削制木枕的专用工具。如图 5.2 所示。

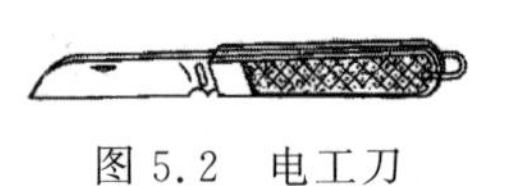
图 5.2 电工刀

在使用电工刀时,需要注意如下几点。

(1) 不得带电作业,以免触电。

(2) 应将刀口朝外剖削,注意避免伤及手指。

(3) 剖削导线绝缘层时,应使刀面与导线成较小的锐角,以免割伤导线。

(4) 使用完毕,应立即将刀身折进刀柄。

5.1.3 螺丝刀

螺丝刀用来紧固或拆卸螺钉,一般分为一字形和十字形两种,如图 5.3 所示。

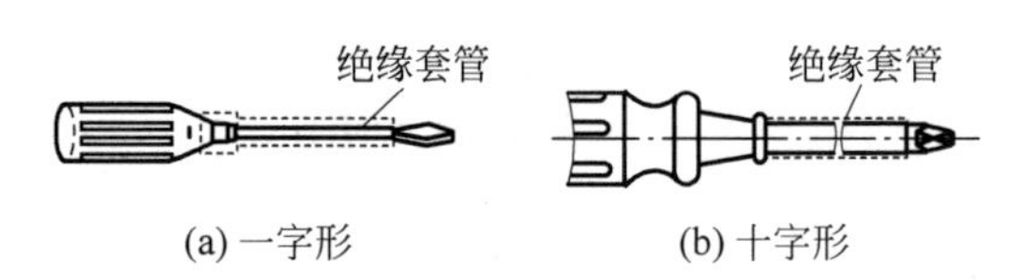

图 5.3 螺丝刀

螺丝刀较大时,除大拇指,食指和中指要夹住握柄外,手掌还要顶住柄的末端以防旋转时滑脱。螺丝刀较小时,用大拇指和中指夹住握柄,同时用食指顶住柄的末端用力旋动。螺丝刀较长时,用右手压紧手柄并转动,同时左手握住起子的中间部分(不可放在螺钉周围,以免将手划伤),以防止起子滑脱。

注意事项如下。

(1) 带电作业时,手不可触及螺丝刀的金属杆,以免发生触电事故。

(2) 不应使用金属杆直通握柄顶部的螺丝刀。

(3) 为防止金属杆触到人体或邻近带电体,金属杆应套上绝缘管。

5.1.4 钢丝钳

钢丝钳在电工作业时用途广泛。钳口可用来弯绞或钳夹导线线头;齿口可用来紧固或起松螺母；刀口可用来剪切导线或钳削导线绝缘层；铡口可用来铡切导线线芯、钢丝等较硬线材。钢丝钳各用途的使用方法如图 5.4 所示。

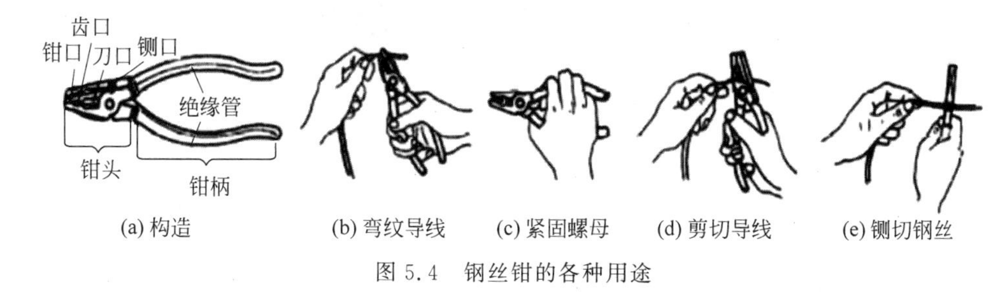

(a) 构造　(b) 弯纹导线　(c) 紧固螺母　(d) 剪切导线　(e) 铡切钢丝

图 5.4　钢丝钳的各种用途

注意事项如下。

(1) 使用前，检查钢丝钳绝缘是否良好，以免带电作业时造成触电事故。

(2) 在带电剪切导线时，不得用刀口同时剪切不同电位的两根线(如相线与零线，相线与相线等)，以免发生短路事故。

5.1.5　尖嘴钳

尖嘴钳因其头部尖细得名，适用于在狭小的工作空间操作，如图 5.5 所示

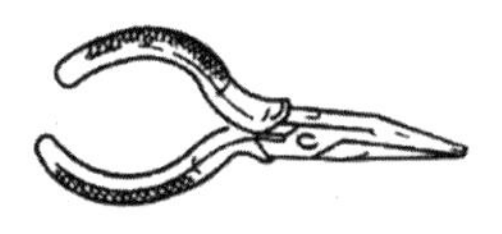

图 5.5　尖嘴钳

尖嘴钳可用来剪断较细小的导线；可用来夹持较小的螺钉、螺帽、垫圈，导线等；还可用来对单股导线整形(如平直、弯曲等)。若使用尖嘴钳带电作业，应检查其绝缘是否良好，并注意在作业时金属部分不要触及人体或邻近的带电体。

5.1.6　斜口钳

斜口钳专用于剪断各种电线电缆，如图 5.6 所示。

对粗细不同、硬度不同的材料，应选用大小合适的斜口钳。

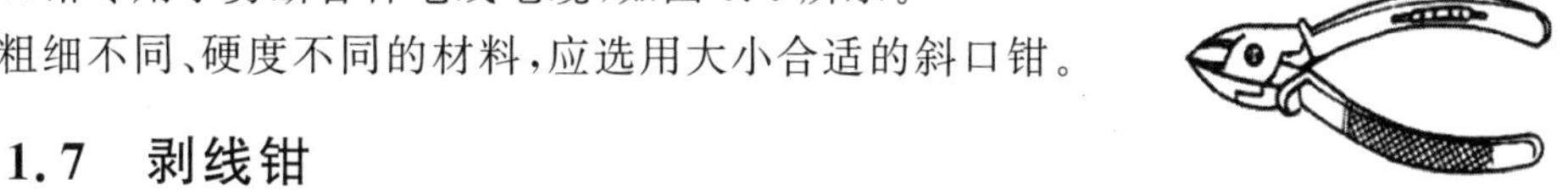

图 5.6　斜口钳

5.1.7　剥线钳

剥线钳是专用于剥削较细小导线绝缘层的工具，其外形如图 5.7 所示。

图 5.7　剥线钳

使用剥线钳剥削导线绝缘层时，先将要剥削的绝缘长度用标尺定好，然后将导线放入相应的刃口中(比导线直径稍大)，再用手将钳柄一握，导线的绝缘层即被剥离。

5.1.8　电烙铁

焊接前，一般要把焊头的氧化层除去，并用焊剂进行上锡处理，使焊头的前端经常保持一层薄锡，以防止氧化，减少能耗，导热良好。

电烙铁的握法没有统一的要求，以不易疲劳，操作方便为原则，一般有笔握法和拳握法两种，如图 5.8 所示。

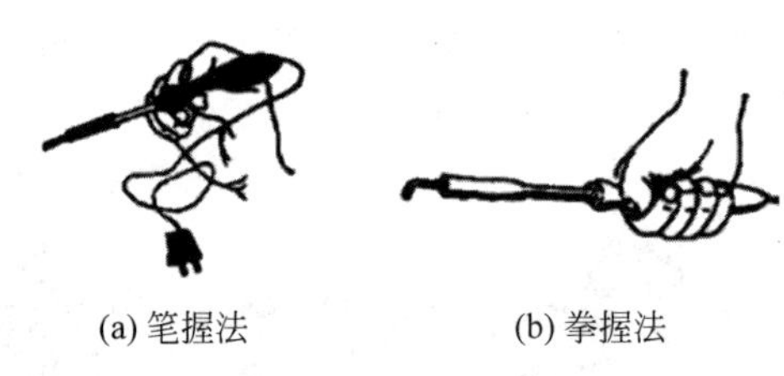

(a) 笔握法　　(b) 拳握法

图 5.8　电烙铁的握法

用电烙铁焊接导线时，必须使用焊料和焊剂。焊料一般为丝状焊锡或纯锡，常见的焊剂有松香、焊膏等。

对焊接的基本要求是，焊点必须牢固，锡液必须充分渗透，焊点表面光滑有泽，应防止出现“虚焊”“夹生焊”。产生“虚焊”的原因是焊件表面未清除干净或焊剂太少，使焊锡不能充分流动，造成焊件表面挂锡太少，焊件之间未能充分固定。造成“夹生焊”的原因是烙铁温度低或焊接时烙铁停留时间太短，焊锡未能充分熔化。

注意事项如下。

(1) 使用前应检查电源线是否良好，有无被烫伤。

(2) 焊接电子类元件(特别是集成块)时，应采用防漏电等安全措施。

(3) 当焊头因氧化而不“吃锡”时，不可硬烧。

(4) 当焊头上锡较多不便焊接时，不可甩锡、不可敲击。

(5) 焊接较小元件时，时间不宜过长，以免因过热损坏元件或绝缘。

(6) 焊接完毕，应拔去电源插头，将电烙铁置于金属支架上，以防止烫伤或火灾的发生。

5.1.9　钳形表

钳形表的最基本用途是测量交流电流，虽然准确度较低(通常为 2.5 级或 5 级)，但因在测量时无须切断电路，因此使用仍很广泛。如需要进行直流电流的测量，则应选用交、直流两用钳形表。(图 5.9)

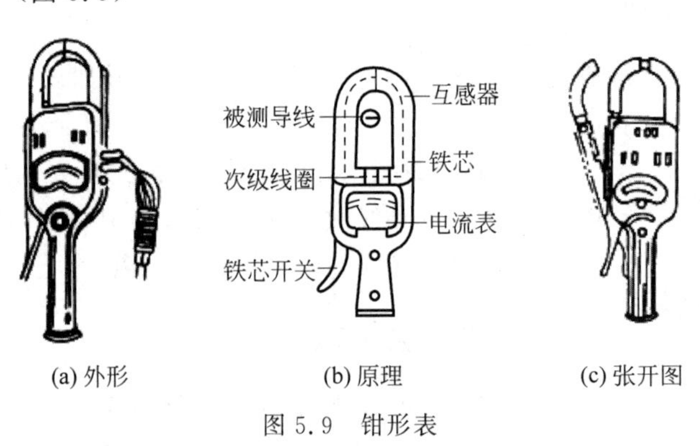

(a) 外形　　(b) 原理　　(c) 张开图

图 5.9　钳形表

1. 使用方法

使用钳形表测量前，应先估计被测电流的大小以合理选择量程。使用钳形表时，被测载流导线应放在钳口内的中心位置,以减小误差;钳口的结合面应保持接触良好,若有明显噪声或表针振动厉害,可将钳口重新开合几次或转动手柄;在测量较大电流后,为减小剩磁对测量结果的影响,应立即测量较小电流,并把钳口开合数次;测量较小电流时,为使测量数值较准确,在条件允许的情况下,可将被测导线多绕几圈后再放进钳口进行测量。(此时的实际电流值应为仪表的读数除以导线的圈数)

使用时,将量程开关转到合适位置,手持胶木手柄,用食指勾紧铁芯开关,便于打开铁芯。将被测导线从铁芯缺口引入铁芯中央,然后放松食指,铁芯即自动闭合。被测导线的电流在铁芯中产生交变磁通,表内感应出电流,即可直接读数。

在较小空间内(如配电箱等)测量时,要防止因钳口的张开而引起相间短路。

2. 注意事项

(1) 使用前应检查外观是否良好,绝缘有无破损,手柄是否清洁、干燥。

(2) 测量时应戴绝缘手套或干净的线手套,并注意保持安全距离。

(3) 测量过程中不得切换挡位。

(4) 钳形电流表只能用来测量低压系统的电流,被测线路的电压不能超过钳形表所规定的使用电压。

(5) 每次测量只能钳入一根导线。

(6) 若不是特别必要,一般不测量裸导线的电流。

(7) 测量完毕应将量程开关置于最大挡位,以防下次使用时,因疏忽大意而造成仪表的意外损坏。

5.1.10 兆欧表

1. 选用

兆欧表的选用主要考虑两个方面:一是电压等级;二是测量范围。

测量额定电压在 500 V 以下的设备或线路的绝缘电阻时,可选用 500 V 或 1 000 V 的兆欧表;测量额定电压在 500 V 以上的设备或线路的绝缘电阻时,可选用 1 000～2 500 V 的兆欧表;测量瓷瓶时,应选用 2 500～5 000 V 的兆欧表。(图 5.10)

兆欧表测量范围的选择主要考虑两点:一方面,测量低压电气设备的绝缘电阻时可选用 0～200 MΩ 的兆欧表,测量高压电气设备或电缆时可选用 0～2 000 MΩ 兆欧表;另一方面,因为有些兆欧表的起始刻度不是零,而是 1 MΩ 或 2 MΩ,这种仪表不宜用来测量处于潮湿环境中的低压电气设备的绝缘电阻,因其绝缘电阻可能小于 1 MΩ,造成仪表上无法读数或读数不准确。

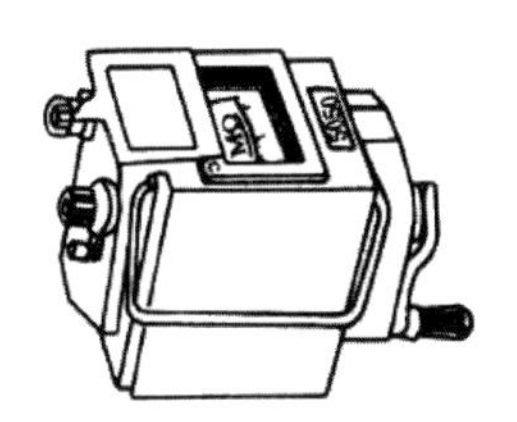

图 5.10 兆欧表

2. 正确使用

兆欧表上有三个接线柱,两个较大的接线柱上分别标有 E(接地)、L(线路),另一个较小的接线柱上标有 G(屏蔽)。其中,L 接被测设备或线路的导体部分,E 接被测设备或线路的外壳或大地,G 接被测对象的屏蔽环(如电缆壳芯之间的绝缘层上)或不需测量的部分。兆欧表的常见接线方法如图 5.11 所示。

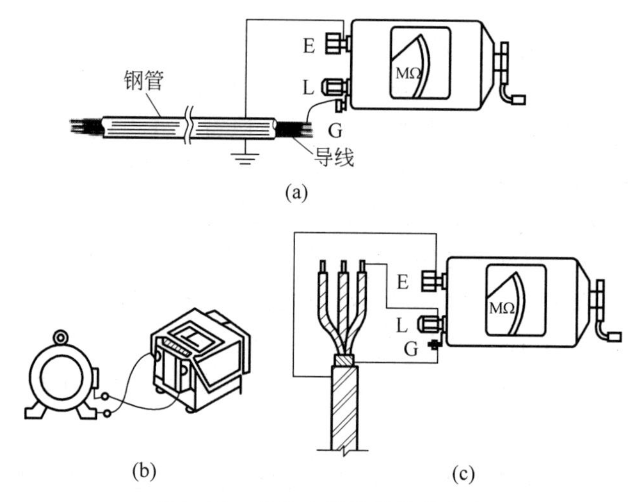

图 5.11　兆欧表的常见接线方法

测量注意事项如下。

(1) 测量前,应先切断被测设备或线路的电源,并将其导电部分对地进行充分放电。用兆欧表测量过的电气设备,也须进行接地放电,才可再次测量或使用。

(2) 测量前,应先检查仪表是否完好。将接线柱 L、E 分开,由慢到快摇动手柄约 1 分钟,使兆欧表内发电机转速稳定(约 120 转/分),指针应指在"∞"处;再将 L、E 短接,缓慢摇动手柄,指针应指在"O"处。

(3) 测量时,兆欧表应水平放置平稳。测量过程中,不可用手触及被测物的测量部分,以防止触电。

兆欧表的操作方法如图 5.12 所示。

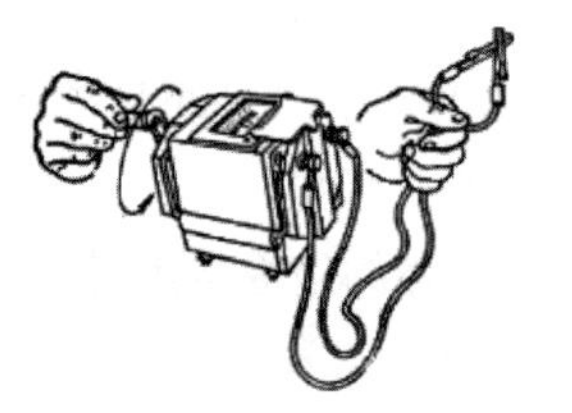

(a) 校试摇表的操作方法

(b) 测量时摇表的操作方法

图 5.12　兆欧表的操作方法

3. 注意事项

(1) 仪表与被测物间的连接导线应采用绝缘良好的多股铜芯软线,而不能用双股绝缘线或绞线,且连接线不得绞在一起,以免造成测量数据不准。

(2) 手摇发电机要保持匀速,不可忽快忽慢使指针不停地摆动。

(3) 测量过程中,若发现指针为零,说明被测物的绝缘层可能被击穿短路,此时应停止继续摇动手柄。

(4) 测量具有大电容的设备时,读数后不得立即停止摇动手柄,否则已充电的电容将对兆欧表放电,有可能烧坏仪表。

（5）温度、湿度、被测物等相关情况对绝缘电阻的影响较大，为便于分析比较，记录数据时应反映上述情况。

思考与练习

一、填空题

1. 验电器分为________和________两种。

2. 验电时，手指必须触及________，否则带电体也会误判为非带电体。

3. 使用电工刀时，应将刀口朝________剖削，以注意避免伤及手指。

4. 带电作业时，手不可触及螺丝刀的________，以免发生触电事故。

5. 使用前，应使检查钢丝钳________，以免带电作业时造成触电事故。

6. 在使用电烙铁焊接较小元件时，时间不宜________，以免因过热损坏元件或绝缘。

7. 钳形电流表每次测量只能钳入________根导线。

8. 使用绝缘电阻表时，应将接线柱 L、E 分开，由慢到快摇动手柄约 1 分钟，使兆欧表内发电机转速稳定（约________转/分）。

二、判断题

1. 验电器又叫电压指示器，是用来检查导线和电器设备是否带电的工具。（　　）

2. 在使用钢丝钳带电剪切导线时，可以用刀口同时剪切不同电位的两根线（如相线与零线，相线与相线等）。（　　）

3. 若使用尖嘴钳带电作业，应检查其绝缘是否良好，并在作业时金属部分不要触及人体或邻近的带电体。（　　）

4. 当电烙铁焊头上焊锡较多不便焊接时，可以甩锡，但不可敲击。（　　）

5. 钳形电流表测量过程中可以切换挡位。（　　）

任务 5.2　典型单相电路的安装

学习目标

知识目标：了解刀开关、熔断器、单相电能表等电气元件的作用；熟悉常用元件的电气图形符号。

技能目标：识读典型单相电路；正确安装典型单相电路。

素质目标：树立安全操作意识。

任务要求

完成以下电路的安装接线及调试。

（1）两只双联开关控制单只白炽灯照明线路接线。

（2）单只开关控制日光灯照明线路接线。

（3）两路单只开关分别控制两只 10 A 五孔插座线路接线。

5.2.1 常用低压电器元件介绍

凡是对电能的生产、输送、分配和使用起控制、调节、检测、转换及保护作用的电工器械均可称为电器。用于交流 1 200 V 以下、直流 1 500 V 以下电路，起通断、控制、保护与调节等作用的电器称为低压电器。

1. 低压电器的分类

低压电器的功能多、用途广、品种规格繁多，为了系统地掌握，必须加以分类。

1）按电器的动作性质分

（1）手动电器。人操作发出动作指令的电器，例如刀开关、按钮等。

（2）自动电器。不需要人工直接操作，按照电信号或非电信号自动完成接通、分断电路任务的电器，例如接触器、继电器、电磁阀等。

2）按用途分

（1）控制电器。用于各种控制电路和控制系统的电器，例如接触器、继电器、电动机起动器等。

（2）配电电器。用于电能的输送和分配的电器，例如刀开关、低压断路器等。

（3）主令电器。用于自动控制系统中发送动作指令的电器，例如按钮、转换开关等。

（4）保护电器。用于保护电路及用电设备的电器，例如熔断器、热继电器等。

（5）执行电器。用于完成某种动作或传送功能的电器，例如电磁铁、电磁离合器等。

3）按工作原理分

（1）电磁式电器。根据电磁感应原理工作的电器，如交直流接触器、各种电磁式继电器等。

（2）非电量控制电器。电器的工作靠外力或某种非电物理量的变化而动作，如刀开关、速度继电器、压力继电器、温度继电器等。

2. 熔断器

1）结构与用途

熔断器的结构一般包括熔体座和熔体等部分。熔断器是串联连接在被保护电路中的，当电路电流超过一定值时，熔体因发热而熔断，使电路被切断，从而起到保护作用。熔体的热量与通过熔体电流的平方及持续通电时间成正比，当电路短路时，电流很大，熔体急剧升温，立即熔断；当电路中电流值等于熔体额定电流时，熔体不会熔断。所以熔断器可用于短路保护。由于熔体在用电设备过载时所通过的过载电流可以积累热量，当用电设备连续过载一定时间后，熔体积累的热量也能使其熔断，所以熔断器也可作过载保护。常用的熔断器外形如图 5.13 所示。

2）图形符号

熔断器的图形符号如图 5.14 所示。

3）熔断器的选择

对熔断器的要求是，在电气设备正常运行时，熔断器不应熔断；在出现短路时，应立即熔断；在电流发生正常变动（如电动机起动过程）时，熔断器不应熔断；在用电设备持

(a) 瓷插式

(b) 螺旋式

(c) 无填料密封管式

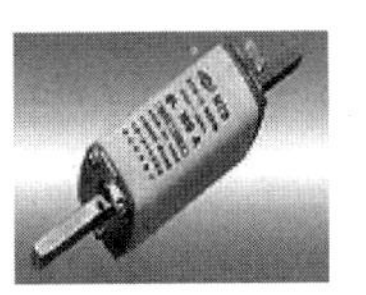
(d) 有填料密封管式

图 5.13 熔断器外形图

续过载时,应延时熔断。对熔断器的选用主要包括类型选择和熔体额定电流的确定。

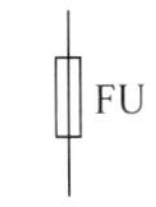

图 5.14 熔断器的图形符号

选择熔断器的类型时,主要根据负载的保护特性和短路电流的大小。例如,用于保护照明和电动机的熔断器,一般应考虑它们的过载保护,这时需要熔断器的熔化系数适当小些。容量较小的照明线路和电动机宜采用熔体为铅锌合金的 RC1A 系列熔断器,而大容量的照明线路和电动机,除过载保护外,还应考虑短路时分断短路电流的能力。若短路电流较小时,可采用熔体为锡质的 RC1A 系列或熔体为锌质的 RM10 系列熔断器。用于车间低压供电线路的保护熔断器,一般是考虑短路时的分断能力。当短路电流较大时,宜采用具有高分断能力的 RL1 系列熔断器;当短路电流相当大时,宜采用有限流作用的 RT0 系列熔断器。

熔断器的额定电压要大于或等于电路的额定电压,熔断器的额定电流要根据负载情况进行选择。

(1) 电阻性负载或照明电路,这类负载起动过程很短,运行电流较平稳,一般按负载额定电流的 1～1.1 倍选用熔体的额定电流,进而选定熔断器的额定电流。

(2) 电动机等感性负载,这类负载的起动电流为额定电流的 4～7 倍,一般选择熔体的额定电流为电动机额定电流的 1.5～2.5 倍。一般来说,熔断器难以起到过载保护作用,而只能用作短路保护,过载保护应选用热继电器。

对于多台电动机,有

$$I_{FU} \geqslant (1.5 \sim 2.5) I_{NMAX} + \sum I_N$$

式中,I_{FU} 为熔体额定电流,A;I_{NMAX} 为最大一台电动机的额定电流,A。

(3) 为防止发生越级熔断,上、下级(供电干线、支线)熔断器间应有良好的协调配合,为此,应使上一级(供电干线)熔断器的熔体额定电流比下一级(供电支线)大 1～2 个级差。

3. 闸刀开关和低压断路器

1) 闸刀开关

(1) 闸刀开关的作用。闸刀开关是一种手动配电电器。它主要用来隔离电源或手动接通与断开交直流电路,也可用于不频繁地接通与分断额定电流以下的负载,如小型电动机、电炉等。

(2) 外形与结构。图 5.15 是闸刀开关外形、结构以及图形符号,它主要有与操作瓷柄相连的动触刀、静触头刀座、熔丝、进线及出线接线座,这些导电部分都固定在瓷底板上，且用胶盖盖住。当闸刀合上时，操作人员不会触及带电部分。胶盖还具有下列保护作用：①将各极隔开，防止因极间飞弧导致电源短路；②防止电弧飞出盖外，灼伤操作人员；③防止金属零件掉落在闸刀上形成极间短路。熔丝的装设，又提供了短路保护功能。

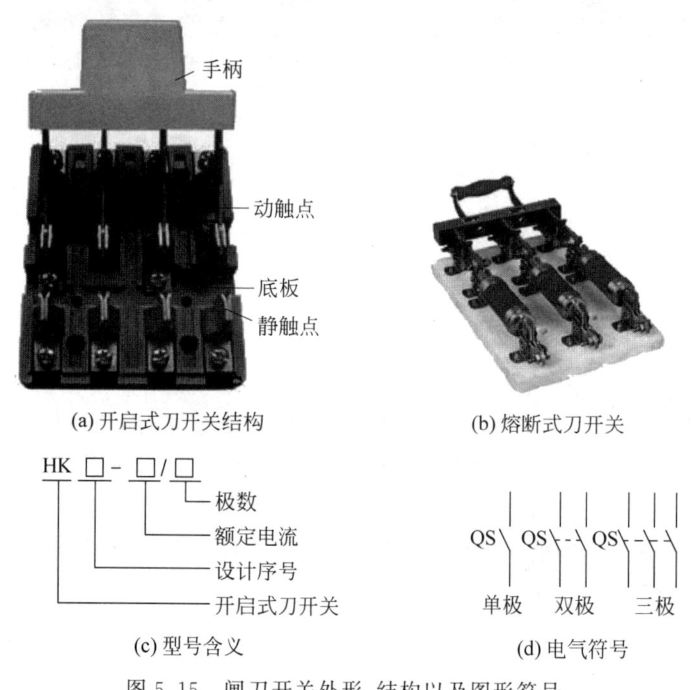

图 5.15 闸刀开关外形、结构以及图形符号

(3) 闸刀开关技术参数与选择。闸刀开关种类很多，有两极的(额定电压 250 V)和三极的(额定电压 380 V)，额定电流一般为 10～100 A，其中 60 A 及以下的开关用来控制电动机。常用的闸刀开关型号有 HK1、HK2 系列。正常情况下，闸刀开关一般能接通和分断其额定电流，因此，对于普通负载可根据负载的额定电流选择闸刀开关的额定电流。当用闸刀开关控制电机时，因其起动电流可达 4～7 倍的额定电流，所以闸刀开关的额定电流宜选电动机额定电流的 3 倍左右。

使用闸刀开关时的注意事项如下。

(1) 应将它垂直安装在控制屏或开关扳上，不可随意搁置。

(2) 进线座应在上方，接线时不能把它与出线座装反，否则在更换熔丝时会发生触电事故。

(3) 更换熔丝必须先拉开闸刀，并换上与原用熔丝规格相同的新熔丝，同时还要防止新熔丝受到机械损伤。

(4) 若胶盖和瓷底座损坏或胶盖失落，闸刀开关就不可再使用，以防止事故发生。

2) 低压断路器

(1) 低压断路器的用途及图形符号。低压断路器又称自动空气开关，分为框架式 DW 系列(又称万能式)和塑壳式 DZ 系列(又称装置式)两大类。主要在电路正常工作条件下作为线路的不频繁接通和分断使用，并在电路发生过载、短路及失压时自动分断电路。低压断路器的外形、结构、电气符号及型号含义如图 5.16 所示。

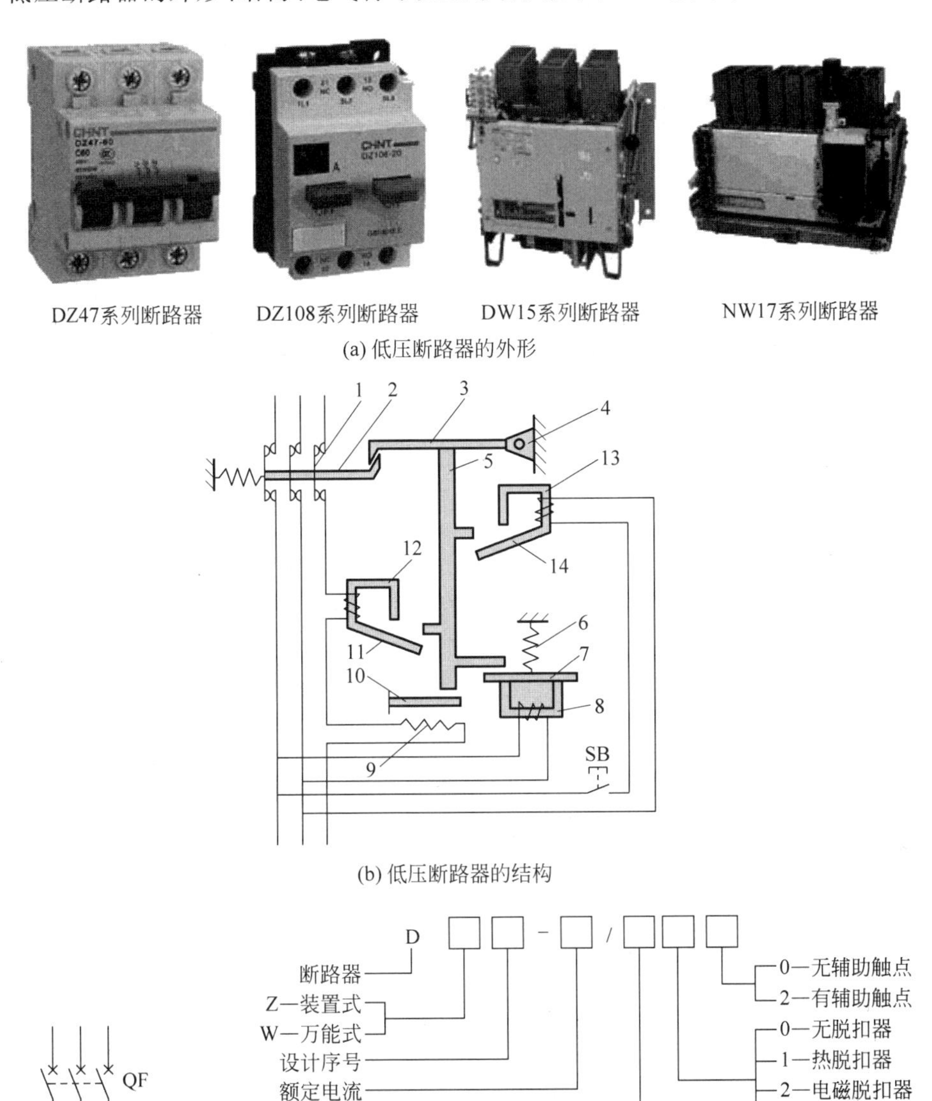

(c) 电气符号

(d) 型号含义

图 5.16 低压断路器的外形、结构、电气符号及型号含义

1—主触点；2、3—自由脱扣机构；4—轴；5—杠杆；6—弹簧；7、11、14—衔铁；8—欠电压脱扣器；9—热脱扣器；10—双金属片；12—过电流脱扣器；13—分励脱扣器

(2) DZ 系列断路器的结构和工作原理(图 5.17)。断路器由触头系统、灭弧室、传动机构和脱扣机构几部分组成。

在正常情况下，断路器的主触点是通过操作机构手动或电动合闸的。若要正常切断电路，应操作分励脱扣器。

自动开关的自动分断是由过电流脱扣器、热脱扣器和失压脱扣器完成的。当电路发

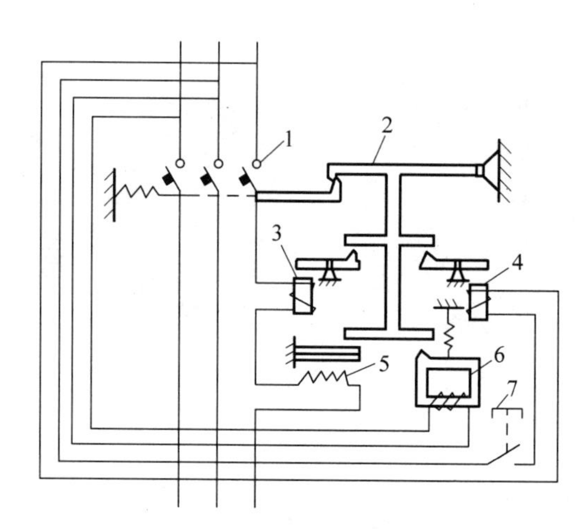

图 5.17 DZ 系列断路器结构

1—主触头；2—自由脱扣器；3—过电流脱扣器；4—分励脱扣器；5—热脱扣器；6—失压脱扣器；7—按钮

生短路或过流故障时，过流脱扣器衔铁被吸合，使自由脱扣机构的钩子脱开，自动开关触头分离，及时有效地切除高达数十倍额定电流的故障电流。当线路发生过载时，过载电流通过热脱扣器使触点断开，从而起到过载保护作用。若电网电压过低或为零时，失压脱扣器的衔铁被释放，自由脱扣机构动作，使断路器触头分离，从而在过流与零压欠压时保证了电路及电路中设备的安全。根据不同的用途，自动开关可配备不同的脱扣器。

5.2.2 模拟两只双联开关控制单只白炽灯照明线路接线

1. 原理图

两只双联开关控制单只白炽灯原理图如图 5.18 所示。

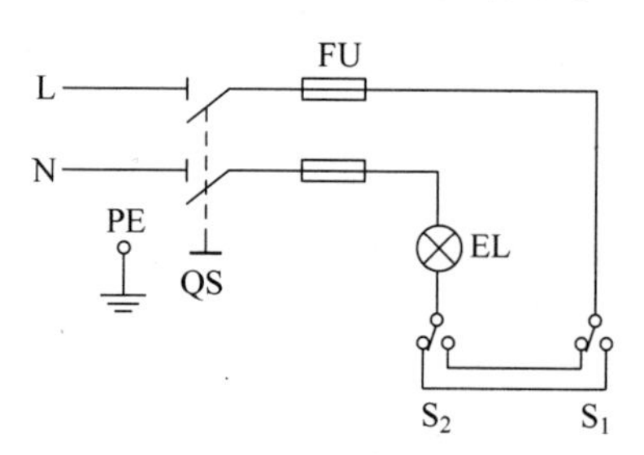

图 5.18 两只双联开关控制单只白炽灯原理图

其工作原理：QS 闭合之后，按动 S_1、S_2 开关中的任意一个，形成回路，电灯亮，再次按动 S_1、S_2 开关中的任意一个，则回路被切断，电灯灭。

2. 实训设备

两只双联开关控制单只白炽灯照明线路实训设备，如图 5.19 所示。

3. 接线图

两只双联开关控制单只白炽灯照明线路接线图，如图 5.20 所示。

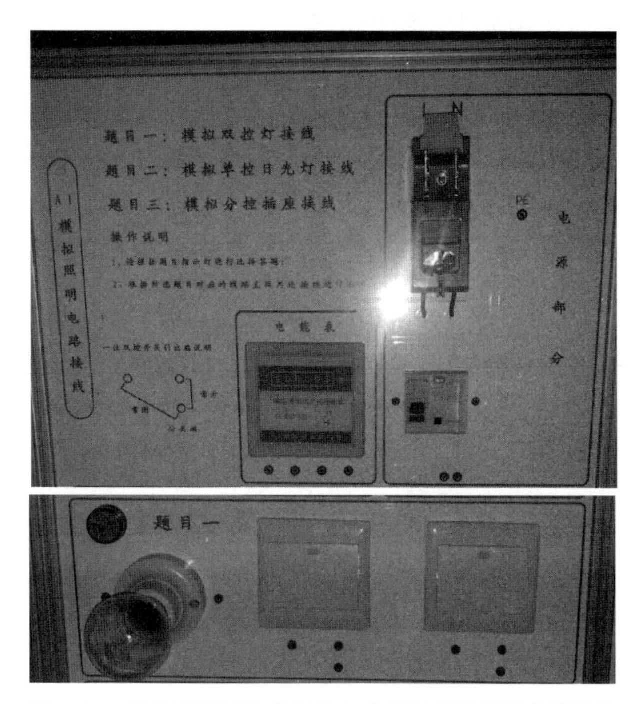

图 5.19　两只双联开关控制单只白炽灯照明线路实训设备

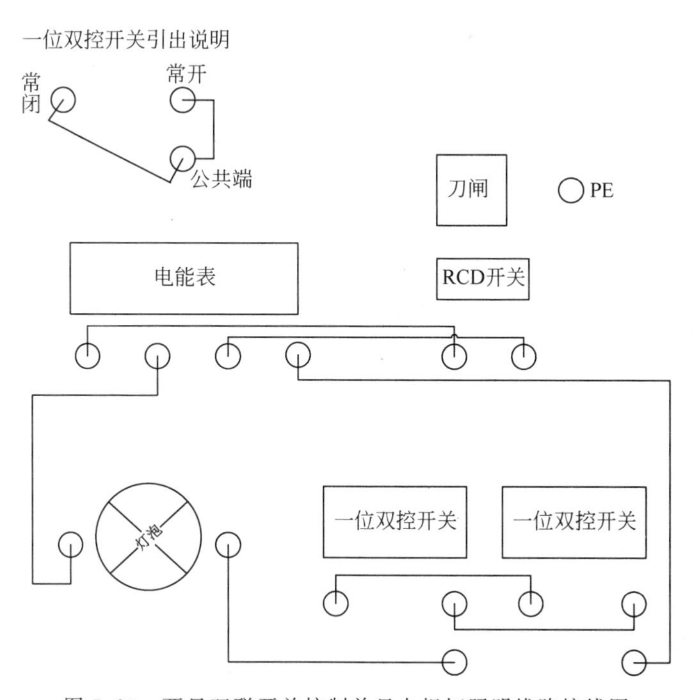

图 5.20　两只双联开关控制单只白炽灯照明线路接线图

5.2.3 单只开关控制日光灯照明线路接线

1. 原理图

单只开关控制日光灯照明线路原理图，如图 5.21 所示。

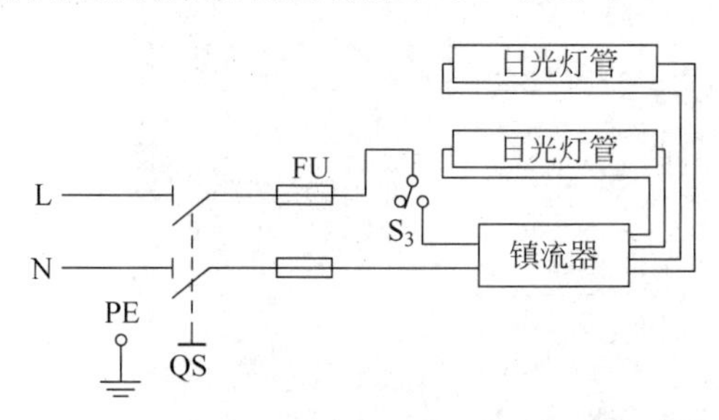

图 5.21 单只开关控制日光灯照明线路原理图

其工作原理：QS 闭合之后，接通 S_3 开关，整流器得电工作，两只日光灯管工作，断开 S_3 开关，则回路被切断，两只日光灯管灭。

2. 实训设备

单只开关控制日光灯照明线路实训设备，如图 5.22 所示。

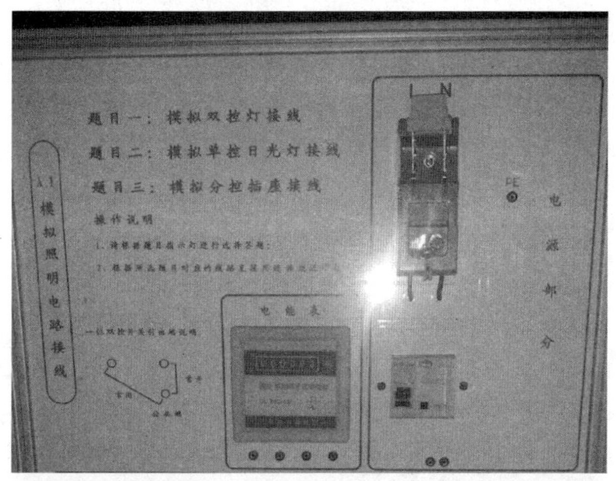

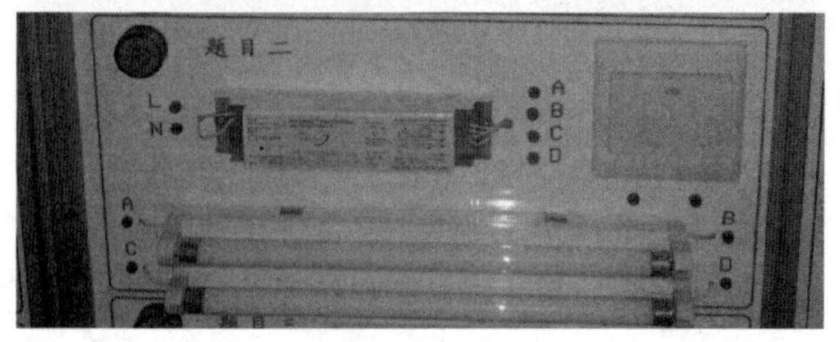

图 5.22 单只开关控制日光灯照明线路实训设备

3. 接线图

单只开关控制日光灯照明线路接线图,如图 5.23 所示。

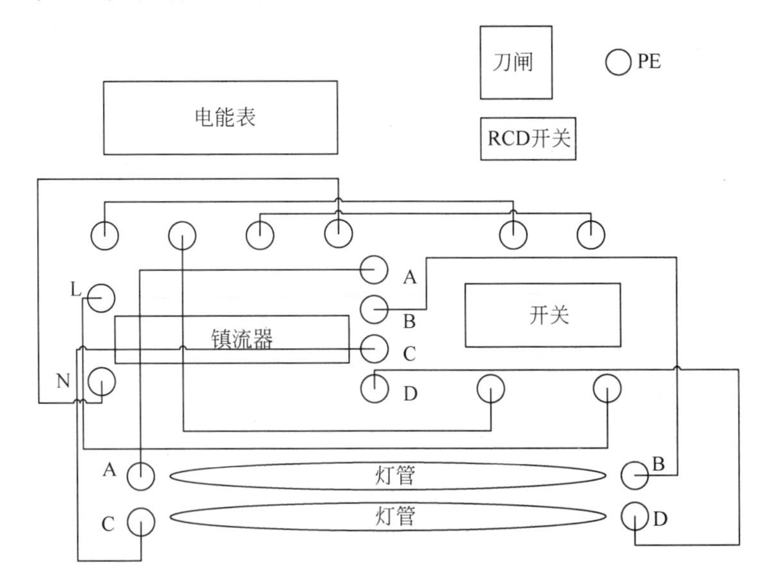

图 5.23　单只开关控制日光灯照明线路接线图

5.2.4　两路单只开关分别控制两只 10 A 五孔插座线路接线

1. 原理图

两路单只开关分别控制两只 10 A 五孔插座线路原理图,如图 5.24 所示。

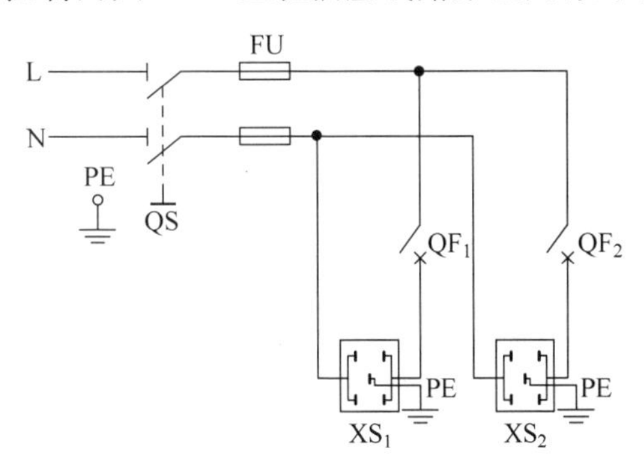

图 5.24　两路单只开关分别控制两只 10 A 五孔插座线路原理图

其工作原理：QS 闭合之后,QF_1、QF_2 两只断路器分别控制 XS_1、XS_2 两只五孔插座,断路器闭合,插座得电；断路器断开,插座断电。

2. 实训设备

两路单只开关分别控制两只 10 A 五孔插座线路实训设备,如图 5.25 所示。

3. 接线图

两路单只开关分别控制两只 10 A 五孔插座线路接线图,如图 5.26 所示。

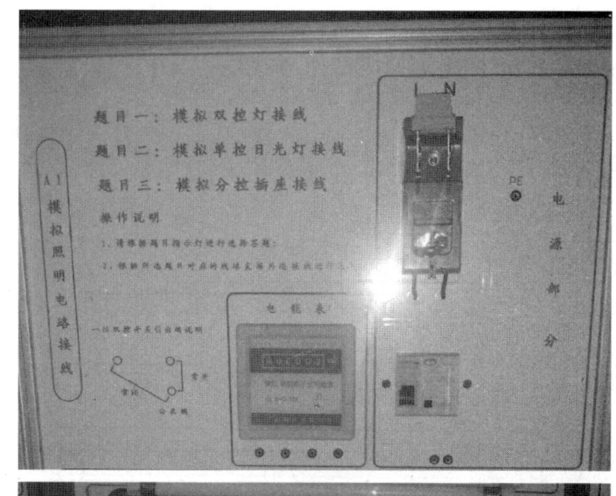

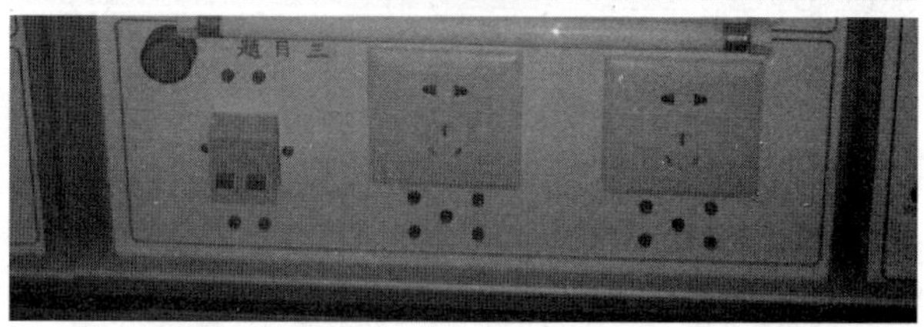

图 5.25　两路单只开关分别控制两只 10 A 五孔插座线路实训设备

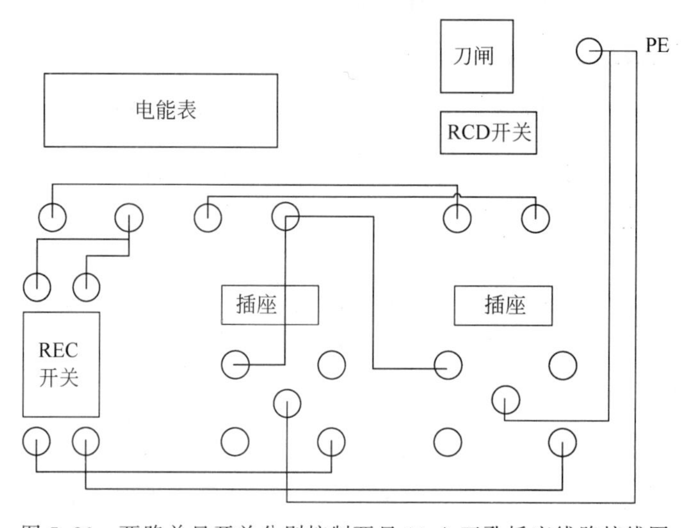

图 5.26　两路单只开关分别控制两只 10 A 五孔插座线路接线图

思考与练习

一、填空题

1. 低压电器是指工作于交流________V 以下或直流________V 以下电路中的

电器。

2. 熔断器用于各种电气电路中作________保护。

3. 低压断路器可以在电路发生________________时自动分断电路。

二、简答题

1. 电路中 QS、FU、QF 分别是什么电器元件的文字符号?

2. 闸刀开关和断路器在送电过程中的顺序和断电过程中的顺序有什么不同?

3. 画出模拟单只开关控制日光灯照明线路的原理图并说明其工作原理。

任务 5.3 典型三相电路的安装

学习目标

知识目标:了解按钮、接触器、热继电器等电气元件的作用;熟悉常用元件的电气图形符号。

技能目标:识读典型单相电路;正确安装典型单相电路。

素质目标:树立安全操作意识。

任务要求

完成以下电路的安装接线及调试。

(1) 三相电动机点动线路接线。

(2) 三相电动机自锁线路接线。

5.3.1 接触器

接触器是用来频繁接通和分断交直流主回路和大容量控制电路的低压控制电器。接触器主要控制对象是电动机,它能实现远距离控制,配合继电器可以实现定时操作、联锁控制及各种定量控制和失压及欠电压保护。接触器是电力拖动自动控制系统中应用最广泛的电器。

1. 结构与工作原理

接触器按流过其主触点的电流的性质分为直流接触器和交流接触器。如图 5.27 所示,交流接触器主要由电磁机构、触头系统、灭弧装置及其他部分组成。

(1) 电磁机构。电磁机构包括线圈、铁芯和衔铁,是接触器的重要组成部分,电磁机构靠它带动触点实现闭合与断开。为了消除衔铁在铁芯上的振动和噪声,铁芯用硅钢片叠压而成,上面设有短路环。

(2) 触头系统。触头是接触器的执行部分,包括主触点和辅助触点。主触点的作用是接通和分断主电路,控制较大的电流,它有 3 对触点,接在主电路中。辅助触点和线圈接在控制电路中,以满足各种控制方式的要求,其中线圈未通电时处于断开状态的触点称为动合触点,而处于闭合状态的触点称为动断触点。

(3) 灭弧装置。通常主触点额定电流在 10 A 以上的接触器都带有灭弧装置,其作用是减小和消除触点电弧，确保操作安全。

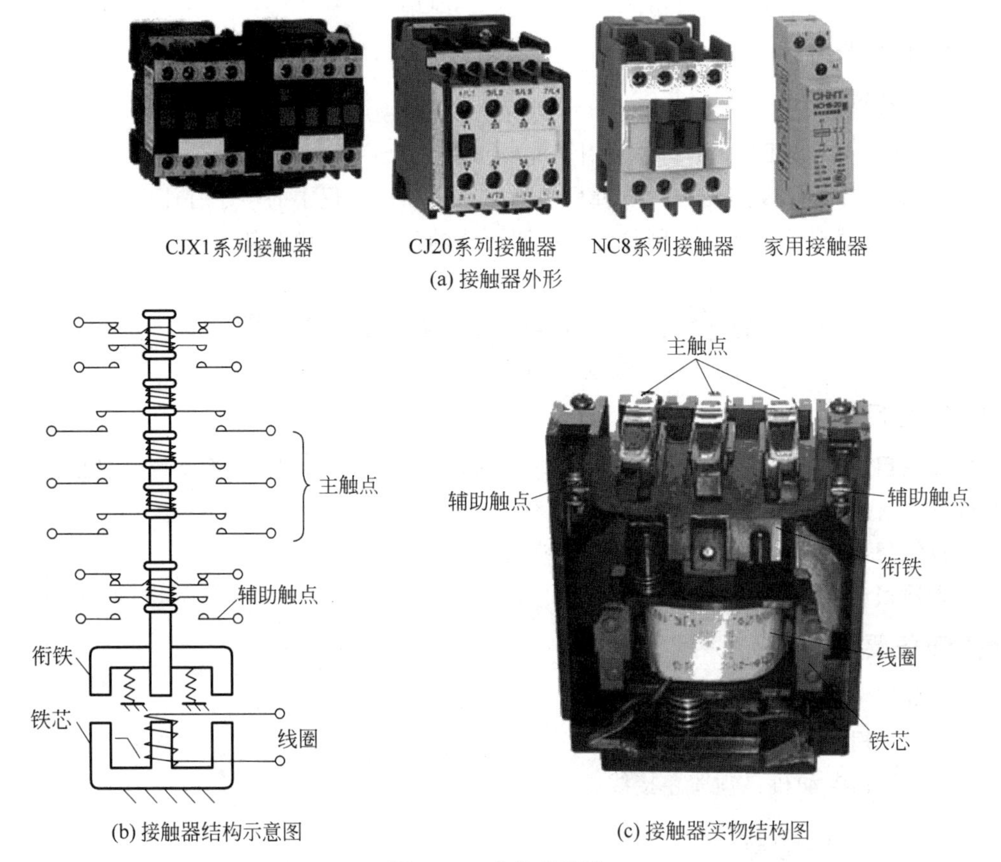

图 5.27　交流接触器

如图 5.27 所示，当接触器线圈通电后，在铁芯中产生磁通及电磁吸力，此电磁吸力克服弹簧弹力使衔铁吸合，带动触点机构动作，动断触点断开，动合触点闭合，互锁或接通线路；线圈失电或线圈两端电压显著降低时，电磁吸力小于弹簧弹力，使衔铁释放，触点机构复位，解除互锁或断开线路。

2. 主要技术参数与型号

（1）额定电压是指主触点的额定电压。交流有 220 V、380 V、500 V；直流有 110 V、220 V、440 V。

（2）额定电流是指主触点的额定电流。有 5 A、10 A、20 A、40 A、60 A、100 A、150 A、250 A、400 A、600 A。

（3）吸引线圈额定电压。交流有 36 V、110 V、220 V、380 V；直流有 24 V、48 V、220 V、440 V。

（4）通断能力。通断能力可分为最大接通电流和最大分断电流。最大接通电流是指触点闭合不会造成触点熔焊时的最大电流值；最大分断电流是指触点断开时能可靠灭弧的最大电流。一般情况，通断能力是额定电流的 5～10 倍，当然，这一数值与电路的电压等级有关,电压越高,通断能力越小。

(5) 电气寿命和机械寿命。接触器的电气寿命是按规定使用类别的正常操作条件下,无须修理或更换零件的负载操作次数。目前接触器的机械寿命为 1 000 万次以上,电气寿命是机械寿命的 5%～20%。

(6) 额定操作频率。额定操作频率(次/h)是指允许每小时接通的最多次数。交流接触器最高为 600 次/h,直流接触器可高达 1 200 次/h。

常用的交流接触器有 CJ20、CJX1、CJX2 等系列,直流接触器有 CZ18、CZ21、CZ22、CZ10、CZ2 等系列。接触器的型号含义和电气符号如图 5.28 所示。

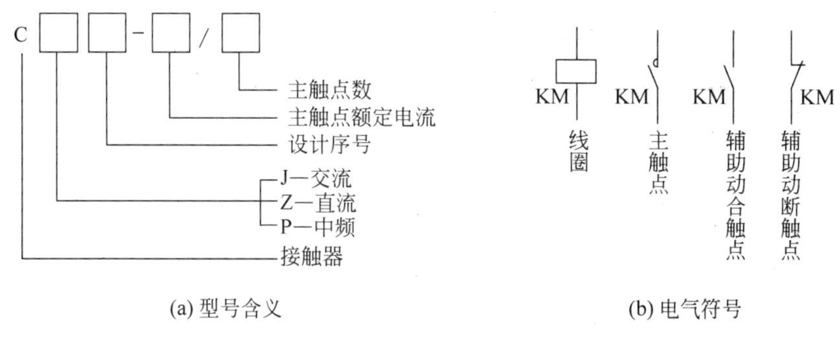

图 5.28 接触器的型号含义和电气符号

5.3.2 继电器

继电器主要用于在控制和保护电路中传递、转换信号,它有输入电路(又称感应元件)和输出电路(又称执行元件)。当感应元件中的输入量(如电流、电压、温度、压力等)变化到某一定值时继电器动作,执行元件便接通或断开控制回路。

控制继电器种类繁多,常用的有电流继电器、电压继电器、中间继电器、时间继电器、热继电器以及温度、压力、计数、频率继电器等。

1. 中间继电器

中间继电器实质上是电压继电器的一种,它的触点数多(有六对或更多),触点电流容量大,动作灵敏。其主要用途是当其他继电器的触点数或触点容量不够时,可借助中间继电器扩大它们的触点数或触点容量,从而起到中间转换的作用。

中间继电器主要根据被控制电路的电压等级、触点的数量、种类及容量进行选择。机床上常用的中间继电器有交流中间继电器和交直流两用中间继电器。

电磁式继电器的图形符号一般是相同的,如图 5.29 所示。电流继电器的文字符号为 KI,线圈方格中用 $I>$(或 $I<$)表示过电流(或欠电流)继电器。电压继电器的文字符号为 KV,线圈方格中用 $U<$(或 $U=0$)表示欠电压(或零电压)继电器。

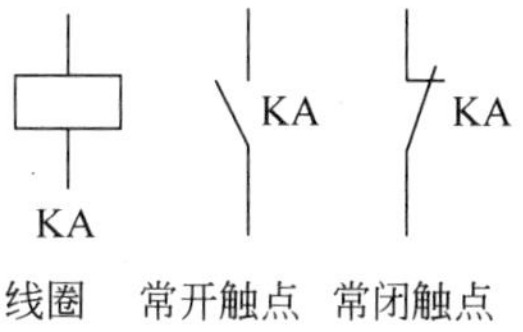

KA KA KA
线圈 常开触点 常闭触点

图 5.29 电磁式继电器的图形、文字符号

2. 时间继电器

时间继电器是一种用来实现触点延时接通或断开的控制电器，按其动作原理与构造可分为电磁式、空气阻尼式、电动式和晶体管式(图 5.30)等类型。机床控制线路中应用较多的是空气阻尼式时间继电器，目前晶体管式时间继电器也获得了越来越广泛的应用。

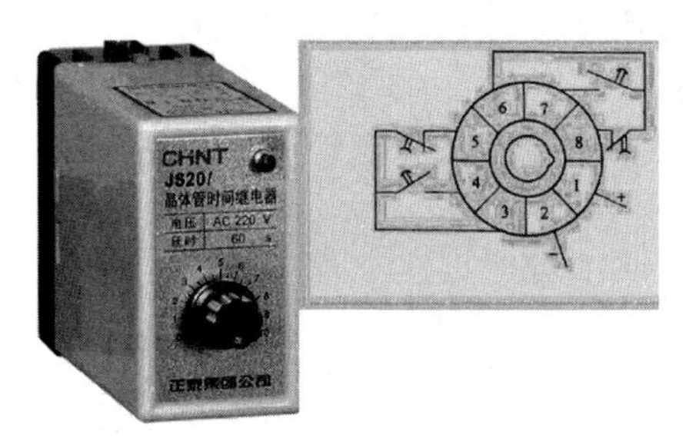

图 5.30　晶体管式时间继电器

晶体管式时间继电器具有延时范围广、体积小、精度高、调节方便及使用寿命长等优点，所以发展较快，应用广泛。

选择时间继电器主要根据控制回路所需要的延时触点的延时方式、瞬时触点的数目以及使用条件。

时间继电器的图形符号如图 5.31 所示，文字符号为 KT。

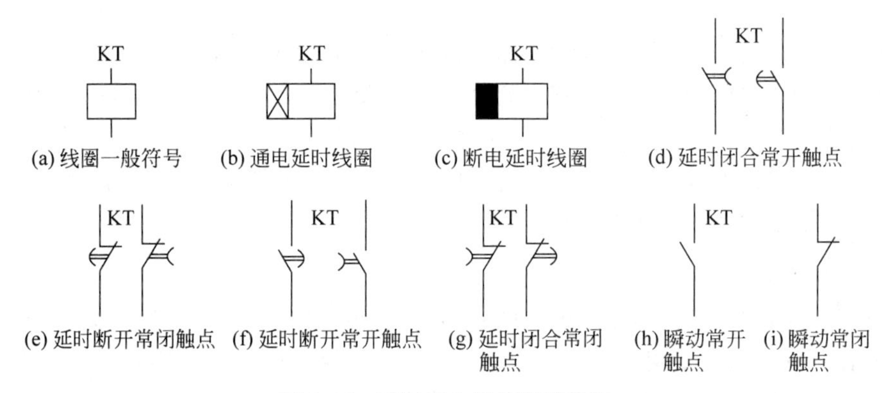

图 5.31　时间继电器的图形符号

3. 热继电器

1）热继电器的结构及工作原理

热继电器是利用电流的热效应原理来保护设备，使之免受长期过载的危害，主要用于电动机的过载保护、断相保护、三相电流不平衡运行的保护及其他电气设备发热状态的控制。它的结构和原理如图 5.32 所示。

热继电器主要由热元件、双金属片和触点三部分组成。当电动机过载时，流过热元件的电流增大，热元件产生的热量使双金属片向上弯曲，经过一定时间后，弯曲位移增大，推动板将常闭触点断开。常闭触点串接在电动机的控制电路中，控制电路断开使接触器的线圈断电，从而断开电动机的主电路。若要使热继电器复位，按下复位按钮即可。热继电器由于热惯性，当电路短路时不能立即动作使电路断开，因此不能用作短路保护。同理，在电动机起动或短时过载时，热继电器也不会动作，这可避免电动机不必要的停车。每一种电流等级的热元件，都有一定的电流调节范围，一般应调节到与电动机额定电流相等，以便更好地起到过载保护作用。

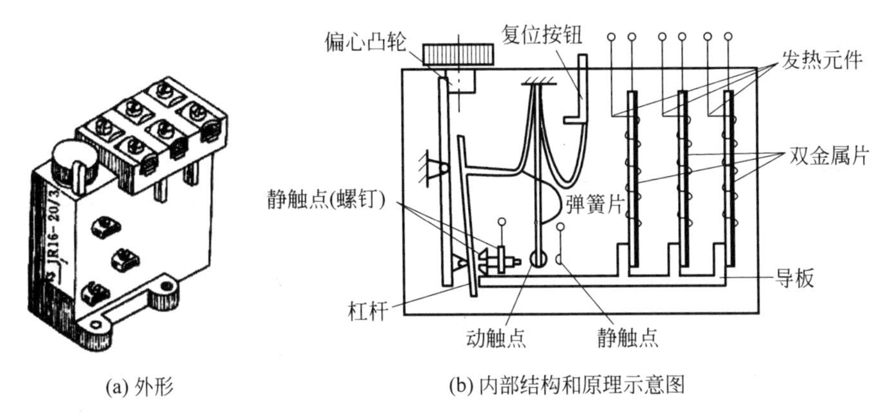

(a) 外形　　(b) 内部结构和原理示意图

图 5.32　热继电器的外形、结构和原理图

热继电器的图形及文字符号如图 5.33 所示。

2）热继电器的使用与选择

热继电器主要根据电动机的额定电流及热元件的额定电流等级来选择。

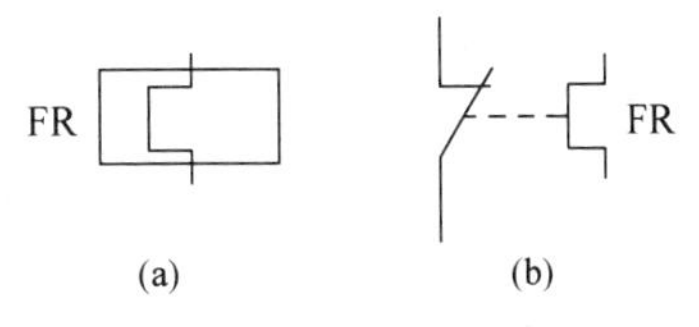

(a)　(b)

图 5.33　热继电器的图形及文字符号

5.3.3　按钮

控制按钮通常用作短时接通或断开小电流控制电路的开关。控制按钮是由按钮帽、复位弹簧、桥式触点和外壳等组成。通常制成具有常开触点和常闭触点的复合式结构，其结构如图 5.34 所示。指示灯式按钮内可装入信号灯显示信号；紧急式按钮装有蘑菇形钮帽，以便于紧急操作；旋钮式按钮用手扭动旋钮进行操作。

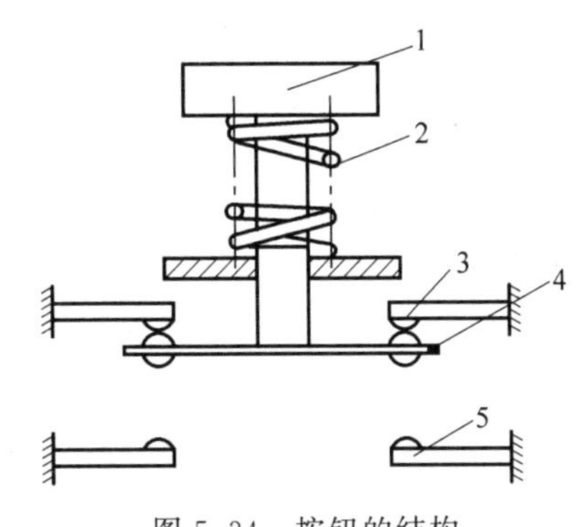

图 5.34　按钮的结构

1—按钮帽；2—复位弹簧；3—常闭触头；4—动触头；5—常开触头

按钮帽有多种颜色，一般红色用作停止按钮，绿色用作起动按钮。按钮主要根据所需

的触点数、使用场合及颜色进行选择。

按钮开关的图形符号及文字符号如图 5.35 所示。

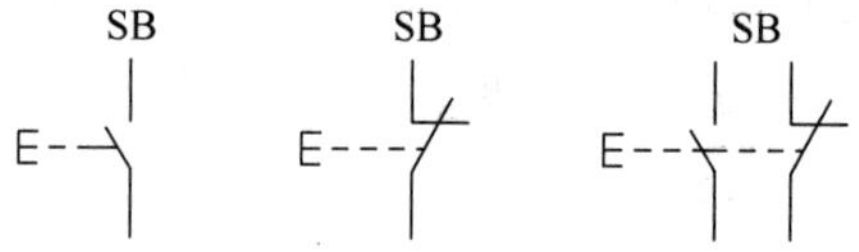

SB SB SB

(a) 常开触头 (b) 常闭触头 (c) 复式触头

图 5.35 图形符号及文字符号

5.3.4 行程开关

行程开关用来反映工作机械的位置变化(行程),用以发出指令,改变电动机的工作状态。如果把行程开关安装在工作机械行程的终点处,以限制其行程,就称为限位开关或终端开关。它不仅是控制电器,也是实现终端保护的保护电器。

行程开关主要由类似按钮的触头系统和接受机械部件发来信号的操作头组成。根据操作头的不同,行程开关可分为直动式、滚动式和微动式。按触点性质可分为有触点式和无触点式(接近开关)。(图 5.36)

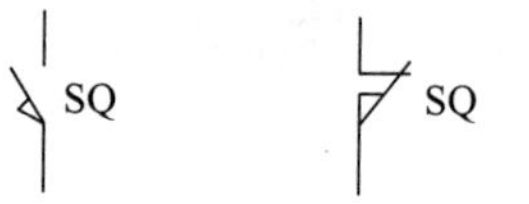

SQ SQ

(a) 常开触点 (b) 常闭触点

图 5.36 行程开关图形符号

5.3.5 三相电动机点动控制电路接线

1. 电路原理

点动控制电路适合短时间的起动操作,在起吊重物、生产设备调整工作状态时应用,其原理如图 5.37 所示。点动控制电路分为主电路和控制电路两部分,主电路的电源采用了刀开关 QS,电动机的电源由接触器 KM 主触点的通、断来控制。

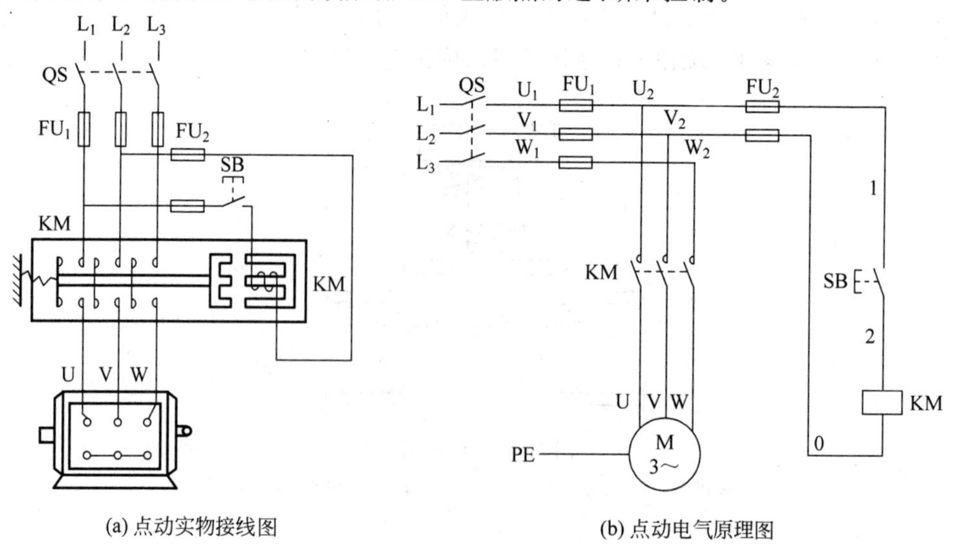

(a) 点动实物接线图 (b) 点动电气原理图

图 5.37 点动控制电路原理图

电路工作原理：首先合上电源开关 QS。

起动：

按下 SB ⟶ KM 线圈得电 ⟶ KM 主触点闭合 ⟶ 电动机 M 运转

停止：

松开 SB ⟶ KM 线圈失电 ⟶ KM 主触点分断 ⟶ 电机动 M 停转

这种当按钮被按下时电动机运转，按钮松开后电动机停转的控制方式，称为点动控制。

2. 电路接线

本项目用到的实训设备如图 5.38 所示。

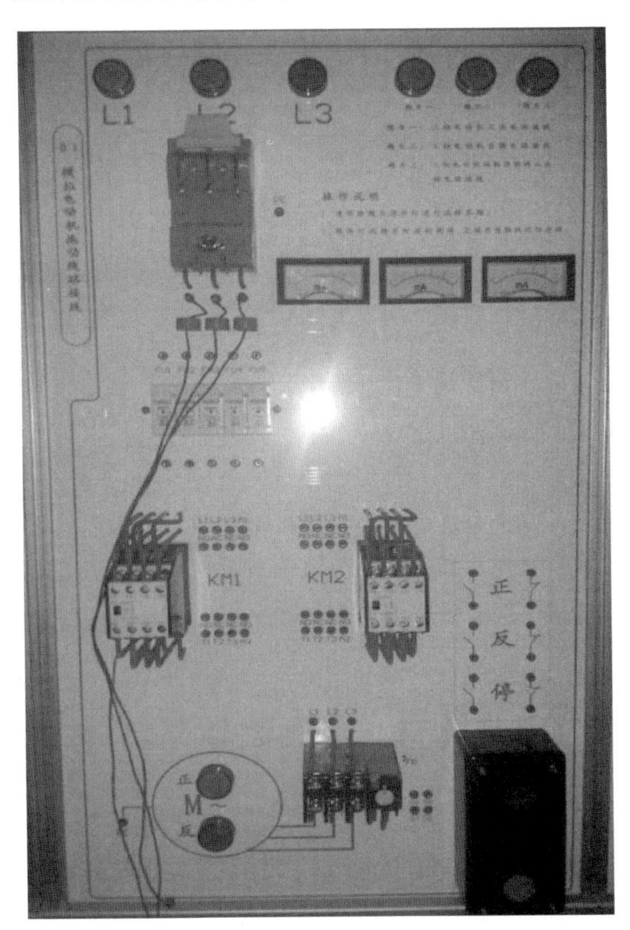

图 5.38 三相电动机点动控制电路实训设备

电路的接线图如图 5.39 所示。

5.3.6 三相电动机自锁控制电路接线

1. 电路原理

三相电动机自锁控制电路原理图如图 5.40 所示，它是一种广泛采用的连续运行控制

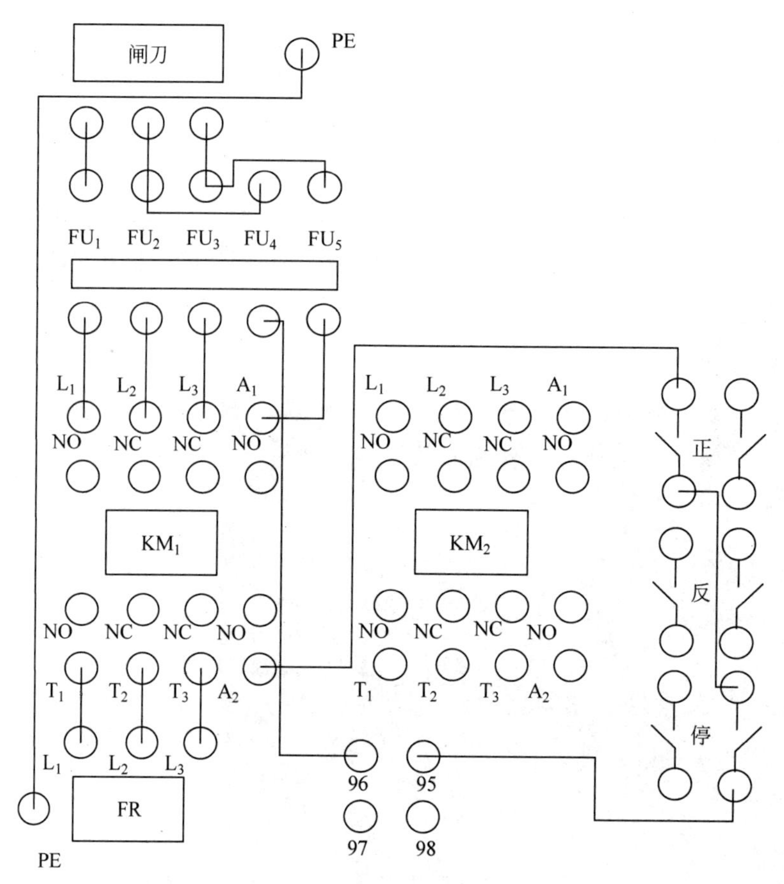

图 5.39 三相电动机点动控制电路接线图

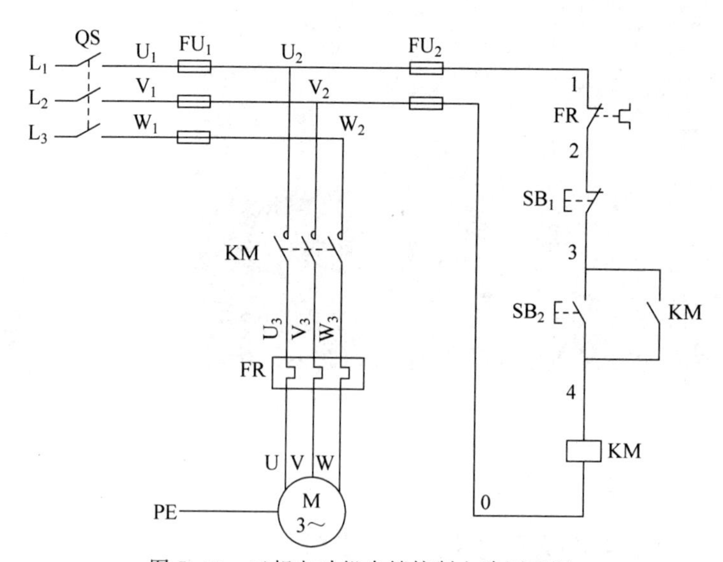

图 5.40 三相电动机自锁控制电路原理图

线路。在点动控制电路的基础上，它又在控制回路中增加了一个停止按钮 SB_1，还在起动按钮 SB_2 的两端并接了接触器的一对辅助动合触点 KM。除此之外，还增设了热继电器

FR 作为电动机的过载保护，它的动断触点串接在控制回路中，发热元件串接在主回路中，这对长期运转的电动机是很有必要的。

电路工作原理：首先合上电源开关 QS。

起动：

按下SB_2 → KM线圈得电 → KM主触点闭合 → 电动机M运转
　　　　　　　　　　　　 → KM辅助动合触点闭合，自锁

当松开 SB_2 后，由于 KM 辅助动合触点闭合，KM 线圈仍得电，电动机 M 继续运转。

这种依靠接触器自身辅助动合触点使其线圈保持通电的现象称为自锁(或自保)，起自锁作用的辅助动合触点，称为自锁触点(或自保触点)，这样的控制线路称为具有自锁功能(或自保)的控制线路。

停止：

按下SB_1 → KM线圈失电 → KM主触点分断 → 电动机M停转
　　　　　　　　　　　　 → KM辅助动合触点分断，解锁

2. 电路接线

该电路的接线图如图 5.41 所示。

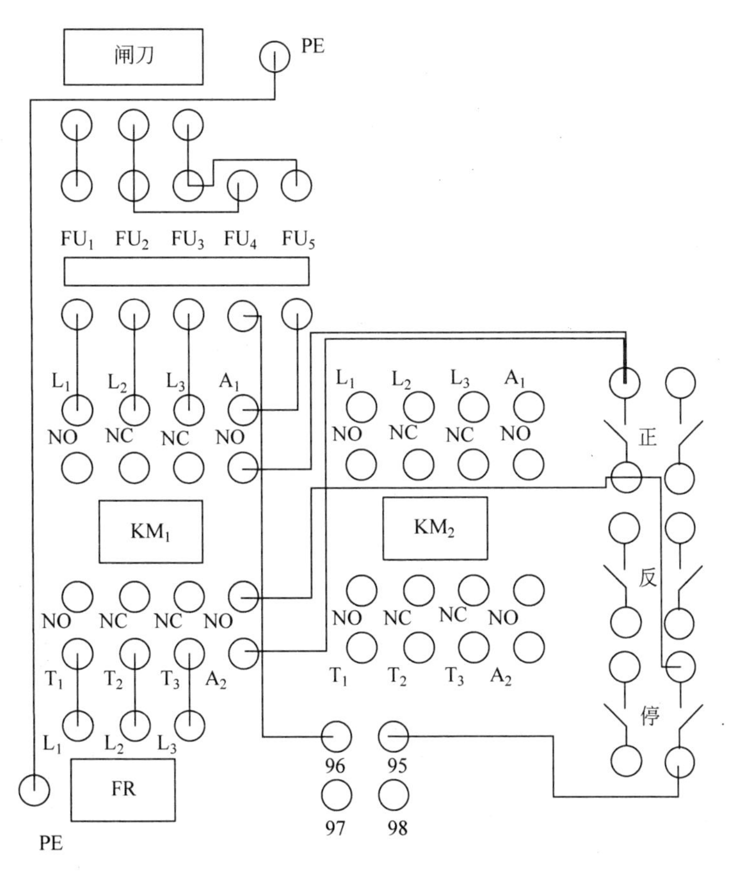

图 5.41　三相电动机自锁控制电路接线图

思考与练习

一、填空题

1. 接触器的结构主要由________、________和________等组成。

2. 线圈未通电时处于断开状态的触点称为________，处于闭合状态的触点称为________。

3. 热继电器是利用________切断电路的一种________电器，它用作电动机的________保护，不宜作为________保护。

二、选择题

1. 图 5.42 所示电路中，(   )图能实现点动和自锁工作。

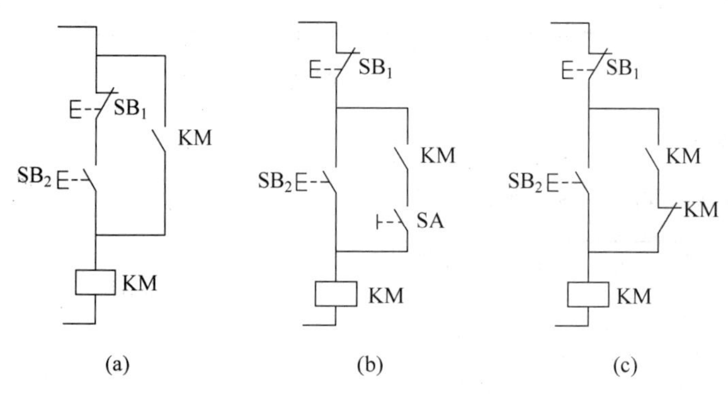

图 5.42 选择题 1 用图

2. 图 5.43 所示电路中，(   )图按正常操作时出现点动工作。

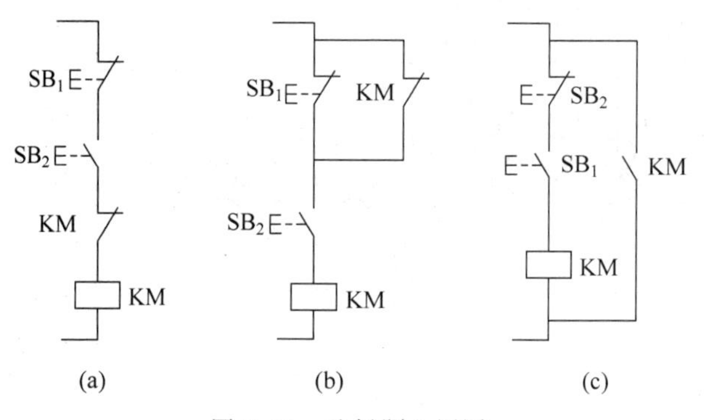

图 5.43 选择题 2 用图

三、简答题

1. 电路中 KM、FR、SB 分别是什么电器元件的文字符号？

2. 自锁的定义是什么？

3. 分析图 5.44 所示电路运行的结果，指出存在的错误之处，并更改。

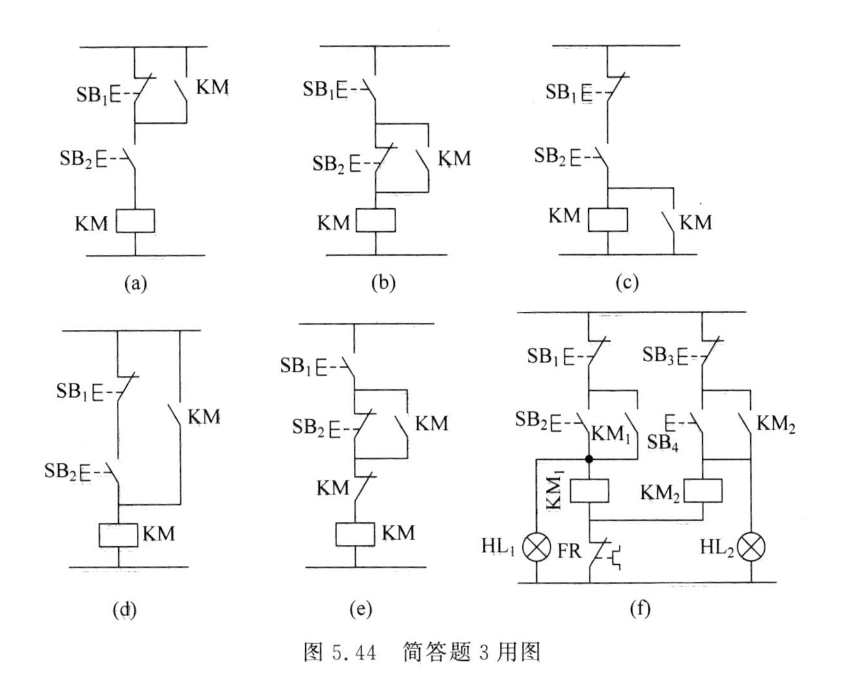

图 5.44 简答题 3 用图

4. 画出模拟电动机启动(自锁)、停止控制线路的原理图并说明其工作原理。

参 考 文 献

[1] 陈亚南.维修电工技能实训项目教程(中级)[M].北京：机械工业出版社,2013.
[2] 王兆晶.维修电工(中级)鉴定培训教材[M].北京：机械工业出版社,2014.
[3] 智强,李淑珍.电工基础[M].北京：化学工业出版社,2004.
[4] 张林.电工电子技术及应用[M].天津：南开大学出版社,2010.
[5] 陈菊红.电工基础[M].北京：机械工业出版社,2008.
[6] 展同军.电工基础[M].北京：机械工业出版社,2012.
[7] 徐慧杰.电工基础[M].北京：机械工业出版社,2012.
[8] 刘志平.电工基础[M].北京：机械工业出版社,2001.
[9] 程周.电工基础[M].北京：高等教育出版社,2004.
[10] 牛金生.电路分析基础[M].西安：西安电子科技大学出版社,2004.
[11] 石生,韩肖宁.电路基本分析[M].北京：高等教育出版社,2011.
[12] 刘岚,叶庆云.电路分析基础[M].北京：高等教育出版社,2010.
[13] 崔红.供配电技术[M].北京：北京邮电大学出版社,2015.
[14] 钱丽英.电气技术基础[M].北京：电子工业出版社,2017.

科学记数法和工程记数法

1. 科学记数法

科学记数法是一种记数的方法。把一个数表示成 a 与 10 的 n 次幂相乘的形式($1\leqslant|a|<10$,n 为整数),这种记数法叫作科学记数法。当我们要标记或运算某个较大或较小且位数较多的数时,用科学记数法可以节省很多空间和时间。

例如,$19\,971\,400\,000\,000=1.997\,14\times10^{13}$,计算器或计算机一般用 E 或 e 表示 10 的幂,也就是 1.99714E13=19 971 400 000 000。绝对值小于 1 的数也可以用科学记数法表示,例如,0.000 01。可以表示为 1×10^{-5}。

【例 1】 用科学记数法表示下列数字。

(1) 200 (2) 5 000 (3) 85 000 (4) 3 000 000

解:(1) $200=2\times10^{2}$ (2) $5\,000=5\times10^{3}$

(3) $85\,000=8.5\times10^{4}$ (4) $3\,000\,000=3\times10^{6}$

【例 2】 用科学记数法表示下列数字。

(1) 0.2 (2) 0.005 (3) 0.000 63 (4) 0.000 015

解:(1) $0.2=2\times10^{-1}$ (2) $0.005=5\times10^{-3}$

(3) $0.000\,63=6.3\times10^{-4}$ (4) $0.000\,015=1.5\times10^{-5}$

【例 3】 用标准十进制数表示下列数字。

(1) 2×10^{5} (2) 3×10^{3} (3) 4.2×10^{-2} (4) 25×10^{-6}

解:(1) $2\times10^{5}=200\,000$ (2) $3\times10^{3}=3\,000$

(3) $4.2\times10^{-2}=0.042$ (4) $25\times10^{-6}=0.000\,025$

电学和电子学的领域中存在着很多特别小或者特别大的值。例如,通常电流的值只有一安培的几千分之一或几百万分之一;电阻的值却能达到几千欧姆或者几百万欧姆。这时候采用科学记数法更加方便。

2. 科学记数法的运算

科学记数法有利于进行大数值和小数值的加减乘除运算。

1）加法

加法运算步骤如下。

（1）将被加数用相同的10的幂来表示。

（2）不包含10的幂，只将两个被加数前面的数字相加求和。

（3）提取两个被加数所共有的10的幂，这就是10的幂的加法运算之和。

【例4】 用科学记数法计算 2×10^5 与 5×10^6 的和，并用科学记数法表示该结果。

解：（1）将两个数用相同的10的幂来表示：$2\times10^5+50\times10^5$。

（2）进行加法计算：$2+50=52$。

（3）提取两个数所共有的10的幂（10^5），结果是 52×10^5。

2）减法

减法运算步骤如下。

（1）将减数和被减数用相同的10的幂来表示。

（2）不包含10的幂，只将减数和被减数前面的数字相减求差。

（3）提取减数和被减数所共有的10的幂，这就是10的幂的减法运算之差。

【例5】 用科学记数法计算 6.5×10^{-11} 减去 2.5×10^{-12} 的差，并用科学记数法表示该结果。

（1）将减数和被减数用相同的10的幂来表示：$6.5\times10^{-11}-0.25\times10^{-11}$。

（2）不包含10的幂，只将减数和被减数前面的数字相减求差，$6.5-0.25=6.25$。

（3）提取减数和被减数所共有的10的幂（10^{-11}），结果是 6.25×10^{-11}。

3）乘法

乘法运算步骤如下。

（1）不包含10的幂，直接将两个乘数前面的数字相乘求积。

（2）将10的幂进行代数相加（幂不一定相同）。

【例6】 用科学记数法计算 5×10^{12} 与 3×10^{-6} 的积，并用科学记数法表示该结果。

解：数值相乘，幂代数相加，即

$$5\times10^{12}\times3\times10^{-6}=15\times10^{12+(-6)}=15\times10^6=1.5\times10^7$$

4）除法

除法运算步骤如下。

（1）不包含10的幂，直接将被除数和除数前面的数字相除。

（2）用分子的10的幂减去分母的10的幂（幂不一定相同）。

【例7】 用科学记数法计算 5×10^{12} 与 2.5×10^{-6} 的结果，并用科学记数法表示该结果。

解：数值相除，幂代数相减，即

$$\frac{5\times10^{12}}{2.5\times10^{-6}}=\frac{5}{2.5}\times10^{12+(-6)}=2\times10^6$$

3. 工程记数法和国际单位词头

1）工程记数法

工程记数法与科学记数法类似。在工程记数法中，小数点左边可以含有1～3个阿拉伯数字，并且 10 的幂指数必须是 3 的倍数。例如，数字 3300 用工程记数法可以表示为 33×10^{3}，用科学记数法则表示为 3.3×10^{4}。

【例 8】 用工程记数法表示下列数字。

(1) 82 000　　(2) 243 000　　(3) 1 956 000

(4) 0.002 2　　(5) 0.000 000 047　　(6) 0.000 33

解：(1) $82\,000=82\times10^{3}$。　　(2) $243\,000=243\times10^{3}$

(3) $1\,956\,000=1.956\times10^{6}$　　(4) $0.002\,2=2.2\times10^{-3}$

(5) $0.000\,000\,047=47\times10^{-9}$　　(6) $0.000\,33=330\times10^{-6}$

2) 国际单位词头

国际单位制(SI)词头是工程记数法中用来表示经常使用的 10 的幂的符号。国际单位制的词头(SI)有 20 个，附表 A-1 中列出了一些常用的国际单位词头及其名称。括号内的字可在不致混淆的情况下省略。

附表 A-1　10 的幂的国际单位词头和符号

10 的幂	国际单位词头	符号
10^{12}	太(拉)	T
10^{9}	吉(咖)	G
10^{6}	兆	M
10^{3}	千	k
10^{-3}	毫	m
10^{-6}	微	μ
10^{-9}	纳(诺)	n
10^{-12}	皮(可)	p

国际单位词头可以放在单位符号的前面。例如，0.025 安培可以表示为 25×10^{-3} A，也可以用国际单位词头表示为 25 mA，读作 25 毫安，国际单位词头“毫”代表 10^{-3}。再如，100 000 000 欧姆可以表示为 100×10^{6} Ω，也可以用国际单位词头表示为 100 MΩ，其中国际单位词头“兆”代表 10^{6}，其符号为 M。

【例 9】 用适当的国际单位词头表示下列数值。

(1) 5 000 V　(2) 25 000 000 Ω　(3) 0.000 036 A

解：(1) $5\,000\text{ V}=5\times10^{3}\text{ V}=5\text{ kV}$

(2) $25\,000\,000\ \Omega=25\times10^{6}\ \Omega=25\text{ M}\Omega$

(3) $0.000\,036\text{ A}=36\times10^{-6}\text{ A}=36\ \mu\text{A}$

【例 10】 实现下列国际词头间的相互转换。

(1) 实现 0.15 mA 到 μA 的转换。　　(2) 实现 4 500 μV 到 mV 的转换。

(3) 实现 5 000 nA 到 μA 的转换。　　(4) 实现 47 000 pF 到 μF 的转换。

(5) 实现 0.002 2 μF 到 pF 的转换。　　(6) 实现 800 kΩ 到 MΩ 的转换。

解：(1) $0.15\text{ mA}=0.15\times10^{-3}\text{ A}=150\times10^{-6}\text{ A}=150\ \mu\text{A}$

(2) $4\,500\ \mu\text{V}=4\,500\times10^{-6}\text{ V}=4.5\times10^{-3}\text{ V}=4.5\text{ mV}$

(3) $5\,000\text{ nA}=5\,000\times10^{-9}\text{ A}=5\times10^{-6}\text{ A}=5\ \mu\text{A}$

(4) 47 000 pF=$47\,000\times10^{-12}$ F=0.047×10^{-6} F=0.047 μF

(5) 0.002 2 μF=$0.002\,2\times10^{-6}$ F=$2\,200\times10^{-12}$ F=2 200 pF

(6) 800 kΩ=800×10^{3} Ω=0.8×10^{6} Ω=0.8 MΩ

【例 11】 求 15 mA 与 8 000 μA 的和,并将其用 mA 表示。

解: 将 8 000 μA 转换为 8 mA。并进行加法运算。

$$15\ \text{mA}+8\,000\ \mu\text{A}=15\ \text{mA}+8\ \text{mA}=23\ \text{mA}$$

思考与练习

(1) 实现 0.01 MV 到 kV 的转换。

(2) 实现 250 000 pA 到 mA 的转换。

(3) 计算 2 873 mA 与 10 000 μA 的和,并将结果用 mA 表示。

(4) 计算 0.05 MW 与 75 kW 的和,并将结果用 kW 表示。

(5) 计算 50 mV 与 25 000 μV 的和,并将结果用 mV 表示。

(6) 计算下列运算式。

① 50 mA+680 μA　② 120 kΩ+2.2 MΩ　③ 0.02 μF+3 300 pF

(7) 计算下列运算式。

① 10 kΩ÷(2.2 kΩ+10 kΩ)　② 250 mV÷50 μV　③ 1 MW÷2 kW

B
附录

科学计算器的使用

1. 使用方法

（1）利用计算器进行复数计算时必须要使用计算器的“度”，按 DRG 键，计算器显示窗中显示 DEG，表示计算器进行所有带角度的运算时均以“度”为单位。

（2）分别按 2ndF 和 CPLX 让计算器进入复数运算状态，显示窗中显示 CPLX，此时计算器只能进行复数的运算，而进行其他计算则是无效的。进行复数的加减乘除运算时计算器必须处于复数运算状态。

2. 计算说明

（1）计算器中 a、b 分别表示进行复数运算的实部和虚部，进行代数式输入时可以直接按此键。

（2）计算器中→rθ、→xy 分别表示进行复数运算的模和角，进行极坐标式输入时必须与上挡键功能进行；同时这两个按键也是代数式和极坐标式转换的功能键。

（3）计算器在进行复数运算时均以代数式形式进行，也就是在进行极坐标式计算时必须要先转化成代数式，计算的结果也是代数式，如果希望得到极坐标式计算完成后需要进行转换。

（4）显示运算完成后的结果就是代数式且显示的是实部，按 b 显示虚部，再按 a 又显示实部。转换成极坐标式后则按 a 显示模，按 b 显示角，也可重复显示。

（5）在输入带有负号的值时，应先输入数值，再输入负号，输入负号应按＋/－键。

3. 计算举例

（1）代数式转化成极坐标式。

$$3+j4=5\angle 53.13^\circ$$

按键步骤：（按键动作用“↓”表示，下同。）

3↓a↓4↓b↓2ndF↓→rθ↓

显示模 5，b↓显示角 53.13°。

(2) 极坐标式转化成代数式。

$$15\angle -50° = 9.64 - j11.49$$

按键步骤：

15↓a↓50↓+/-↓b↓2ndF↓→xy↓

显示实部 9.64，b↓显示虚部 −11.49。

(3) 代数式的加减乘除。

$$(5-j4)\times(6+j3) = 42 - j9 = 42.953\angle -12.095°$$

按键步骤：

5↓a↓4↓+/-↓b↓×↓6↓a↓3↓b↓=↓

显示实部 42，b↓显示虚部 −9。

如要极坐标式只需继续进行转换即可。

2ndF ↓→rθ↓显示模 42.953，b↓显示角 −12.095°。

如进行其他运算只需将乘号转换成要进行的运算符号即可。这里只给出计算结果请读者自己进行练习。实际计算时可取小数点后两位。

$$(5-j4)+(6+j3) = 11 - j1 = 11.045\angle -5.1944°$$

$$(5-j4)-(6+j3) = -1 - j7 = 7.071\angle -98.13°$$

$$(5-j4)\div(6+j3) = 0.4 - j0.8667 = 0.9545\angle -65.2249°$$

(4) 极坐标式的加减乘除。

$$5\angle 40° + 20\angle -30° = 21.15 - j6.786 = 22.213\angle -17.788°$$

按键步骤：

5↓a↓40↓b↓2ndF↓→ xy↓+ 20↓a↓30↓+/-↓b↓2ndF↓→xy↓=↓

显示实部 21.15，b↓显示虚部 −6.786。

再转换成极坐标式：

2ndF↓→rθ↓显示模 22.213，b↓显示角 −17.788°。

如进行其他运算只需将乘号转换成要进行的运算符号即可。这里只给出计算结果请读者自己进行练习。

$$5\angle 40° - 20\angle -30° = -13.49 - j13.2139 = 22.213\angle 135.5929°$$

$$5\angle 40° \times 20\angle -30° = 98.48 - j17.3648 = 100\angle 10°$$

数字万用表的使用

万用表分为传统万用表和数字万用表。传统万用表是指针电磁偏转式的，每次使用前都需进行机械调零，使用较烦琐且示数的读取具有主观性，并不精确，现在已很少使用。数字万用表可直接显示数字，无须观察刻度进行读数，结果较精确，目前使用较为广泛。

下面以 DT9205A 型数字万用表(附图 C-1)为例，简单介绍其使用方法和注意事项。

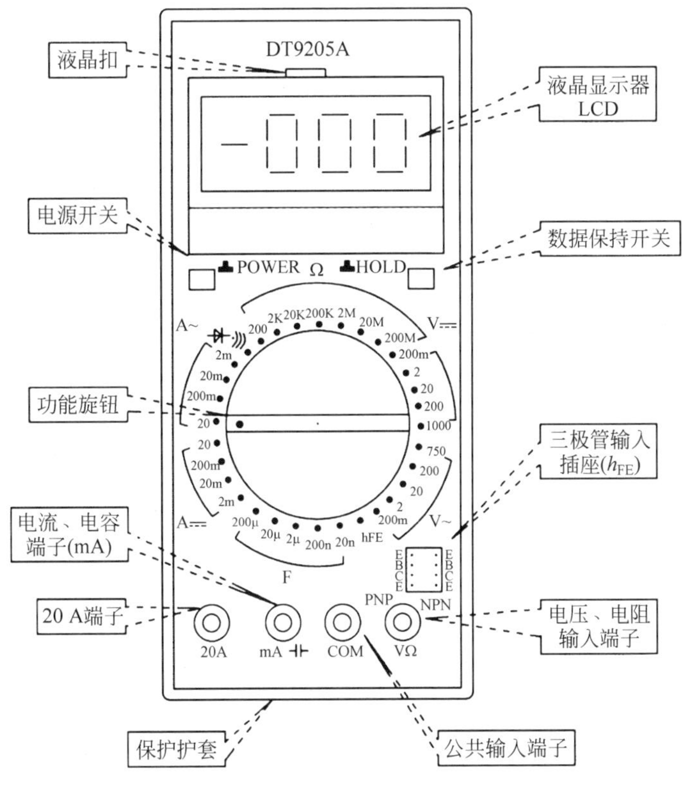

附图 C-1　数字万用表面板

1. 使用注意事项

(1) 如果无法预先估计被测电压或电流的大小,则应先拨至最高量程挡测量一次,再视情况逐渐把量程减小到合适位置。测量完毕,应将量程开关拨到最高量程挡,并关闭电源。

(2) 满量程时,仪表仅在最高位显示数字1,其他位均消失,这时应选择更高的量程。

(3) 测量电压时,应将数字万用表与被测电路并联。测电流时应与被测电路串联,测直流量时不必考虑正、负极性。

(4) 当误用交流电压挡测量直流电压,或者误用直流电压挡测量交流电压时,显示屏将显示000,或低位上的数字出现跳动。

(5) 禁止在测量高电压(220 V以上)或大电流(0.5 A以上)时换量程,以防止产生电弧,烧毁开关触点。

(6) 当无显示或显示BATT、LOW BAT时,表示电池电压低于工作电压。

2. 数字万用表的使用

使用前,应认真阅读有关的使用说明书,熟悉电源开关、量程开关、插孔、特殊插口的作用。将电源开关置于"ON"位置。

1) 数字万用表测电阻

(1) 具体步骤如下。

① 将黑表笔插入COM孔,将红表笔插入VΩ孔。

② 选择适当的电阻量程,将黑表笔和红表笔分别接在电阻两端,由于人体是一个很大的电阻导体,所以注意尽量不要用手同时接触电阻两端,这样会影响电阻的测量精确性。

③ 将显示屏上显示数据与电阻量程相结合,得到最后的测量结果。

(2) 数字万用表电阻测量注意事项。

① 测在线电阻时,须将线路电源关断,并将所有电容充分放电。

② 如果被测电阻开路或阻值超过仪表的最大量程时,仪表将显示OL。

③ 测量1 MΩ以上电阻时,仪表要几秒钟后读数才能稳定,这对高阻测量来说是正常的。

④ 测量电阻时,请勿输入电压值,否则会引起读数不准确,如果超过过载保护电压250 V,则有可能损坏仪表并危及使用者安全。

⑤ 测量完成后,要立即断开表笔与被测电路的连接。

2) 数字万用表测电压

交直流电压的测量:根据需要将量程开关拨至DCV(直流)或ACV(交流)的合适量程,将红表笔插入V/Ω孔,黑表笔插入COM孔,并将表笔与被测线路并联,读数即显示。

3) 数字万用表测电流

交直流电流的测量:将量程开关拨至DCA(直流)或ACA(交流)的合适量程,将红表笔插入mA孔(<200 mA时)或10 A孔(>200 mA时),黑表笔插入COM孔,并将万用表串联在被测电路中即可。测量直流量时,数字万用表能自动显示极性。

4）数字万用表测三极管

(1) 找到基极。将数字表的一支笔接在晶体管的假定基极上，另一支笔分别接另外两个极。如果两次测量的数字显示均为0.1～0.7 V，则说明晶体管的两个PN结发生了正向导通，此假定的基极为三极管的基极，另外两电极分别为集电极和发射极。如果只有一次显示0.1～0.7 V或一次都没有显示，则应重新假定基极再次测量，直到测出基极为止。

(2) 判断是PNP还是NPN管。

确定基极后，将红表笔接在基极上，用黑表笔先后接触其他两个引脚，如果都显示0.5～0.8 V，则被测管属于NPN型；若两次都显示溢出符号，则表明被测管为PNP型。

(3) 区分发射极和集电极。假定被测管是NPN型，将数字万用表拨至hFE挡，使用NPN插孔。把基极插入B孔，剩下两个引脚分别插入C孔和E孔中。若测出的hFE值为几十至几百，则说明管子属于正常接法，此时，C孔插的是集电极C、E孔插的是发射极；若测出的hFE值为几至几十，则说明管子的C孔插的是发射极，E孔插的是集电极。

D

附◆录

常用线缆类型

附表 D-1　常用线缆类型

标　　号	含　　义
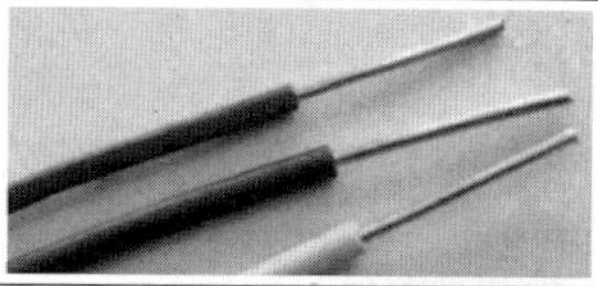	BV 表示单铜芯聚氯乙烯普通绝缘电线，无护套线。适用于交流电压 450/750 V 及以下动力装置、日用电器、仪表及电信设备用的电线电缆
	BVR 表示聚氯乙烯绝缘铜芯（软）布电线，常简称为软线。由于电线比较柔软，所以常用于电力拖动中和电机的连接以及电线常有轻微移动的场合
	BVV 表示铜芯聚氯乙烯绝缘聚氯乙烯圆形护套电缆，铜芯（硬）布电线。常简称为护套线，单芯的是圆的，双芯的是扁的，常用于明装电线
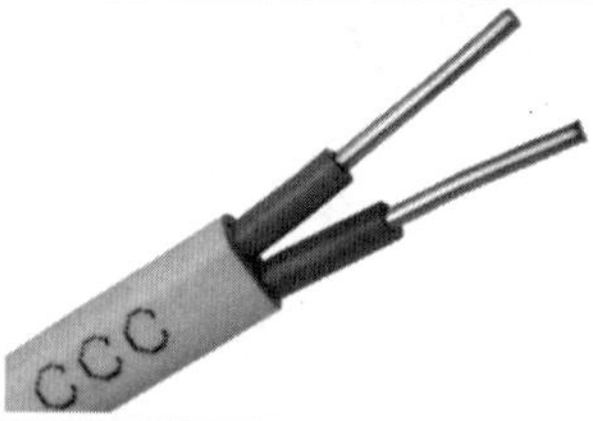	BVVB 表示铜芯聚氯乙烯绝缘聚氯乙烯平形护套电缆。适用于要求机械防护较高、潮湿等场合，可明敷或暗敷
	SYV 实心聚乙烯绝缘射频同轴电缆。适用于闭路监控及有线电视工程

续表

标 号	含 义
	RG 表示物理发泡聚乙烯绝缘电缆，常用于同轴光纤混合网(HFC)中传输数据模拟信号，以及视频传输、通信系统及信号控制系统
	RVS 表示铜芯聚氯乙烯绞形连接电线。常用于家用电器、小型电动工具、仪器仪表、控制系统、广播音响、消防、照明及控制用线
	RVV 表示铜芯聚氯乙烯绝缘聚氯乙烯护套圆形连接软电缆。适用于楼宇对讲、防盗报警、消防、自动抄表等工程

附录 E

电学量和单位

在电工电子学中常用字母表示量和单位。一类符号用来代表量的名称；另一类符号用来代表该量所测得数值的单位。例如，P 代表的量是功率，而 W 代表的是功率的单位(瓦特)。再以电压为例，电压量用符号 U 表示，其单位为 V(伏特)。

附表 E-1 中列出了较重要的一些电学量及其 SI 单位和表示符号。SI 是国际单位制(法语：Système International d'Unités)的缩写，源自公制或米制，旧称“万国公制”，是现在世界上普遍采用的标准度量衡单位系统，采用十进制进位系统。

附表 E-1　电学的量、单位和 SI 符号

量	符号	单　位	单位符号
电容	C	法拉	F
电荷	Q	库伦	C
电导	G	西门子	S
电流	I	安培	A
能量	W	焦耳	J
频率	f	赫兹	Hz
阻抗	Z	欧姆	Ω
电感	L	亨利	H
功率	P	瓦特	W
电抗	X	欧姆	Ω
电阻	R	欧姆	Ω
时间	t	秒	s
电压	V	伏特	V

附表 E-2 列出了磁学的量、单位和 SI 符号。

附表 E-2 磁学的量、单位和 SI 符号

量	符号	单 位	单位符号
磁通密度	B	特斯拉	T
磁通量	ϕ	韦伯	Wb
磁场强度	H	安(匝/米)	At/m
磁通势	F_{m}	安(匝)	At
磁导率	μ	磁阻	$\mathrm{R_m}$